大话 Python
机器学习

张居营◎编著

U0233062

中国水利水电出版社
www.waterpub.com.cn
·北京·

内 容 提 要

《大话 Python 机器学习》从机器学习的基础知识讲起，全面、系统地介绍了机器学习算法的主要脉络与框架，并在每个算法原理、应用等内容基础上，结合 Python 编程语言深入浅出地介绍了机器学习中的数据处理、特征选择、算法应用等技巧，是一本兼具专业性与入门性的 Python 机器学习书籍。

《大话 Python 机器学习》分为 13 章，主要内容有机器学习入门基础、应用 Python 实现机器学习前的准备、单变量线性回归算法、线性回归算法进阶、逻辑回归算法、贝叶斯分类算法、基于决策树的分类算法、K 近邻算法、支持向量机、人工神经网络、聚类算法、降维技术与关联规则挖掘，在具体介绍时侧重于机器学习原理、思想的理解，注重算法的应用，并辅助以相关的数据案例，方便读者快速入门。最后一章从一个关于房价预测的机器学习项目出发，系统展示了数据处理、特征提取、建模训练等机器学习完整流程，带领读者完成从零基础到入门数据科学家的飞跃。

《大话 Python 机器学习》条理清晰，内容深入浅出，以生活、工作中常见的例子来解释机器学习中的相关概念、算法原理和运算思维等，特别适合互联网创业者、数据挖掘相关人员、Python 程序员、人工智能从业者、数据分析师、计算机专业的学生学习，任何对机器学习、人工智能感兴趣的读者均可选择本书作为入门图书参考学习。

图书在版编目（CIP）数据

大话 Python 机器学习 / 张居营编著 . —北京：中国水利水电出版社，2019. 6
ISBN 978-7-5170-7434-2

Ⅰ . ①大… Ⅱ . ①张… Ⅲ . ①软件工具 – 程序设计②机器学习
Ⅳ. ①TP311. 561②TP181

中国版本图书馆 CIP 数据核字（2019）第 029352 号

书　　名	大话 Python 机器学习 DAHUA Python JIQI XUEXI
作　　者	张居营　编著
出版发行	中国水利水电出版社 （北京市海淀区玉渊潭南路 1 号 D 座　100038） 网址：www.waterpub.com.cn E-mail：zhiboshangshu@163.com 电话：(010) 62572966-2205/2266/2201（营销中心）
经　　售	北京科水图书销售中心（零售） 电话：(010) 88383994、63202643、68545874 全国各地新华书店和相关出版物销售网点
排　　版	北京智博尚书文化传媒有限公司
印　　刷	三河市龙大印装有限公司
规　　格	170mm×230mm　16 开本　26.5 印张　433 千字　1 插页
版　　次	2019 年 6 月第 1 版　2019 年 6 月第 1 次印刷
印　　数	0001—5000 册
定　　价	89.80 元

前　言

Preface

有这样一个职场故事：小明和小刚同时应聘一家食品企业，在面试的最后阶段，老板给他们出了一道题：让他们分别到市场上去买一袋芒果来。不到一会儿，小明很快买了一袋芒果回来，当老板问他：市场上有几家芒果店，价位如何？小明却愣住了，回答不上来。又过了一会，小刚也带着一袋芒果回来了，但他完美地回答了老板的问题，同时提供了店家的联系方式。

看完这两个人的表现，相信大多数人都认为老板会选择小刚，因为他做事积极主动、注重市场信息的搜集。但是，老板最后选择了小明，因为小明买的芒果个个果汁饱满，味道甜嫩。虽然小刚买的芒果颜色、个头也不差且经过了多方比较，但是芒果的味道差了些，甚至有酸的、不熟的。

从这个案例可以看出，小刚虽然做事积极主动，考虑问题周全，但是在核心业务——挑选优质的芒果上，反而顾此失彼。而小明为什么能够在短时间内抓住核心问题，并有效解决呢？

小明说，最初我在吃芒果的时候，也倾向于认为个大、颜色金黄的芒果味道要甜一些，但是这个规律并不时时准确。尤其当我在外地买当地自产的芒果时，发现个小、浅黄色的芒果反而更甜。随着我吃的芒果越来越多，面对不同颜色、大小、形状、产地、成熟度等特征的芒果，我自己却很难摸清楚挑选美味芒果的规律了。这时候我采用了机器学习的算法，它是一种让机器来学习、挖掘数据内在规律并能够进行预测的方法。

我把芒果的颜色、大小、形状、产地、成熟度、甜度、多汁程度等数据放进一个机器学习算法中，让它对芒果的物理特征与甜度等品质之间的关系进行学习，最后得到一个相关性模型。今天我就应用这个模型，找到了市场上的其中一家店，根据所卖芒果的特征与信息，马上就知道了哪家店芒果很甜的结论，然后我就很快买回来了。

这个故事告诉我们：一，在职场中，做事积极有责任心很重要，但是核心竞争力更重要；二，当我们掌握了机器学习的相关知识并能有所应用时，它将帮助我们挖掘出更多信息，并做出相对精确的决策，尤其身处当今的大数据时代，信息量与数据量均以几何级别的水平不断增长，它更需要我们对信息量进行提炼，精准获取需要的信息。

机器学习应运而生

在现有技术的限制下，人脑处理信息的能力毕竟有限，机器学习却能突破这一限制，以它自己的学习方式，从繁杂的数据中发现规律，进行预测。这也是机器学习越来越重要的一个原因。一方面，在我们生活的很多方面，机器学习正在帮助我们解决问题，比如过滤垃圾邮件、预防疾病等；另一方面，以机器学习为基础的深度学习逐渐形成了模拟人类思维的人工智能，例如 AlphaGo 在围棋上的成功、汽车自动驾驶等。

以上这些情况导致了机器学习的火爆，企业对机器学习的人才需求旺盛，年薪动辄几十万元，甚至上百万元。著名研究机构 SlashData 曾对 2 万名开发者进行调查，结果显示，这些开发者未来一年最希望掌握的技能就是机器学习与数据科学。然而，想进入机器学习领域具有一定的门槛，需要掌握一定的数学知识与编程技巧等，这也是令很多非专业人员望而却步的主要原因。

高门槛并不代表你不需要关注它、了解它，尤其是在未来"人工智能时代"，缺乏一定的算法思维，可能就会在核心业务上缺少关键助手，落后于他人。本书是一本兼具专业性与入门性的书籍，通过结合 Python——当前最流行、最受欢迎的机器学习编程语言，同时辅以大量有趣的生活和工作中的例子，既能向非专业人员讲解机器学习算法的基本原理与应用，又能帮助专业学习者深入掌握相关算法、Python 编程，甚至是数据科学思维等。

笔者作为一名多年从事数据分析的专业人士，在数据分析、挖掘、机器学习算法使用上有自己的见解与经验，也曾做过有关数据分析与机器学习的大众化培训，反响不错；另外，笔者也在一些科技自媒体平台上分享过有关机器学习的相关文章，传递机器学习应用知识。这些都促使笔者对机器学习及 Python 使用的相关感悟进行总结，最终形成本书。因笔者水平和成书时间所限，书中难免存有疏漏和不当之处，敬请指正。

本书特色

1. 结构编排注重算法间的内在逻辑，为读者提供较好的阅读体验

本书从初学者的视角出发，在注重机器学习的主要原理与数学基础之上，以平实通俗的语言，带领读者了解机器学习的理论基础及 Python 使用

技巧。在介绍机器学习算法时条理清晰，按照从回归问题到分类问题、从监督学习到无监督学习的顺序展开，内容编排上注重算法间的内在逻辑，给读者提供较好的阅读体验。

2. 内容深入浅出，以实例引导，方便读者快速入门

本书注重对机器学习原理和思想的理解，注重算法的应用，每一部分均辅以相关数据案例，方便读者快速入门；内容深入浅出，以生活与工作中常见的例子来解释机器学习中的相关概念、算法原理、运算思维等，基本做到了对每个关键知识点的案例解释。

3. 知识涵盖范围广，强调项目实战中的数据科学思维

本书介绍机器学习但内容又不限于机器学习，注重 Python 编程应用但又不限于此，具体表现在对每个机器学习的实战项目上，不仅论述了算法解决问题的过程，还注重算法训练之前的数据处理与数据清洗、算法训练之后的评价与效果比较等。特别是本书最后一章，从一个机器学习项目出发，系统地展示了数据处理、特征选择、算法应用等完整流程，带领读者完成从零基础到入门数据科学家的飞跃。

本书内容及体系结构

第1章　机器学习入门基础

本章以日常生活中的案例为基础，通俗地讲解了机器学习的内涵与思维，并介绍了机器学习项目的实施流程与应用等，相信读者学完第1章就能够对机器学习有一个整体的了解。

第2章　应用 Python 实现机器学习前的准备

本章对应用 Python 实现机器学习之前需要做什么准备进行了详细介绍，包括为什么使用 Python、Python 机器学习的一些常用库、Python 集成工具 Anaconda 的安装与使用、应用平台 Jupyter Notebook 模式的介绍等，既为后边章节的学习打下基础，也让读者初步掌握 Python 使用的一些技巧。

第3章　从简单案例入手：单变量线性回归

本章从机器学习最基础的算法——单变量线性回归入手，在介绍其基本原理、求解过程等专业知识的基础上，展示了利用机器学习算法解决一个实际案例的基本流程，引领读者建立对机器学习的初步印象。

第4章　线性回归算法进阶

本章在第3章的基础上，进一步讲解了机器学习中的主要线性回归算法，包括多变量线性回归、岭回归、Lasso 回归，其中还对一些典型问题进行了拓展，比如梯度下降法的原理与求解方法、正则化问题等。通过对本章的学习，读者可以对机器学习中的回归问题有个系统性的了解与知识构建。

第 5 章　逻辑回归算法

本章主要介绍机器学习中的逻辑回归算法。作为分类问题的基础算法，逻辑回归却又具有一定的回归特性，读者通过从线性回归过渡到逻辑回归的学习，能够理解回归、分类问题处理的共性与不同之处。

第 6 章　贝叶斯分类算法

本章进入对贝叶斯分类算法的学习，该算法强调了由事物发生的条件概率而构建的一种判定方法。本章通过对贝叶斯定理的介绍，对朴素贝叶斯分类算法的原理、参数估计、Python 实现，以及贝叶斯网络算法的基本原理与特点等的介绍，向读者全面展示了贝叶斯算法的相关内容。

第 7 章　基于决策树的分类算法

本章进入以信息论为基础的决策树算法的学习，通过对熵与信息熵等概念的介绍，系统展现了决策树算法中的 ID3、C4.5、CART 等算法，同时详细介绍了剪枝方法、集成学习算法、随机森林算法等内容。

第 8 章　K 近邻算法

本章介绍了 K 近邻算法的原理与特点、算法学习要解决的问题等内容，并结合两个具体案例——文化公司推广活动的效果预估和解决交通拥堵问题，通俗易懂地讲解了 K 近邻算法的应用以及 Python 实现。K 近邻算法借鉴了空间映射的原理。通过对本章的学习，读者可以了解机器学习中应用空间维度解决问题的思维方法。

第 9 章　支持向量机

本章主要介绍机器学习中支持向量机的算法，该算法不同于 K 近邻算法，它是通过超平面、间隔等空间思维特征来实现的一种算法。内容包括在线性可分下、线性不可分下、非线性、多类分类等不同情形下的支持向量机算法以及支持向量回归机，同时介绍了各种情形算法的 Python 实现技巧。

第 10 章　人工神经网络

本章开始进入对人工神经网络算法的学习，它是基于生物学而采用的复杂的并行计算分析技术，其最大特点是能够拟合极其复杂的非线性函数。当前比较热门的人工智能基础——深度学习就是以此为基础的。本章不仅介绍了人工神经网络算法的原理与应用，还介绍了深度学习的相关内容，引导读者对深度学习有初步认识。

第 11 章　聚类算法

本章是由机器学习中的监督学习向无监督学习算法延伸的一章，聚类算法就是典型的、应用最广泛的无监督算法。本章在对监督学习与无监督学习的原理和区别进行详细介绍的基础上，系统地讲解了聚类算法的原理、应用以及主要的聚类算法的实现。通过对本章的学习，读者能够快速理解并应用聚类算法。

第 12 章　降维技术与关联规则挖掘

本章介绍了无监督学习算法的另外几种处理方法——降维技术、关联规则挖掘等的基本原理与具体应用，并结合最基础的二维样本案例对各类算法进行讲解，有助于读者直观理解并掌握降维技术与关联规则挖掘的相关内容与算法实现。

第 13 章　机器学习项目实战全流程入门

本章介绍了从机器学习算法学习到项目实战的提升过程，同时以一个简单的项目实战全流程详细展示了机器学习项目解决方案的基本过程。通过本章的学习，读者不仅能够初步建立机器学习和数据科学思维，而且能够全面掌握 Python 的使用。

本书读者对象

- 互联网创业者
- 数据挖掘相关人员
- Python 程序员
- 人工智能从业者
- 数据分析师
- 计算机专业的学生

本书资源获取及联系方式

（1）扫描下面的微信公众号，关注后输入"74342"并发送到公众号后台，获取本书资源下载链接。然后将该链接粘贴到计算机浏览器地址栏中，按 Enter 键后即可进入资源下载页面，根据提示下载即可。

（2）推荐加入 QQ 群：981389956（若此群已满，请根据提示加入相应的群），可在线交流学习。

最后，祝您学习路上一帆风顺！

目　录

Contents

第1章　机器学习入门基础

机器学习（Machine Learning, ML），简单来说，就是让机器去学习。这种解释虽然简单，但是蕴含的内涵与外延很多，比如，机器如何去学习，机器学习的思维是什么样的，有什么具体的学习方法，机器学习的效果与应用价值如何等等。正如百度百科对机器学习的解释：机器学习是一门多领域交叉学科，涉及概率论、统计学、逼近论、凸分析、算法复杂度理论等多门学科，专门研究计算机怎样模拟或实现人类的学习行为，以获取新的知识或技能，重新组织已有的知识结构使之不断改善自身的性能。

本书作为一本专门介绍机器学习相关算法以及编程实现的书籍，在学习伊始有必要介绍一下机器学习的方法论与内在原理。需要特别指出，在了解其入门基础的前提下，对机器学习的理解需要在项目实战中逐渐深入。坐而论道，不如起而行之。本章对机器学习的概念、原理、框架、应用等方面进行介绍，给读者以初始印象。当大家学习完全书，并对每一部分动手实践之后，相信大家对机器学习会有一个更深入的理解，那时候再来阅读本章时，也许会有不一样的理解。

1.1　什么是机器学习

什么是机器学习？从广义上讲，机器学习是赋予机器以学习的能力，使机器能够完成通过直接编程无法完成的功能的方法。具体到应用实践中，机器学习是一种通过利用数据，训练出模型，然后使用模型预测的一种方法。

这种解释仍显得比较空洞，实际上让机器去学习的过程中也包含了人类学习的思维方式之一，只不过由于机器，或者说是计算机自身能够处理大量的、多维度的数据的优势，而人类由于脑容量限制，无法完成这样的任务，因此这也是机器学习的价值所在。但当人类面临复杂的、多维度的任务时，会在经验、专业积累之上凭直观感觉找出一个关键的解决线路，这是人类思维的伟大之处。

例如，A 是一个家庭条件一般的普通学生，A 的同学向 A 借 10 元钱，A 可能不假思索就会答应。虽然这一决策过程很短，但是其中包含了一些基础条件判断，如 10 元钱在 A 每个月的生活费占比很小（假设 A 每月的生活费为 1000 元，即便不还也不会影响 A 的消费）；这个同学和 A 的关系还不错（即和 A 的关系亲密度很高），通过这些条件 A 最终作出借钱的决策。

但是，当过了一段时间，A 的同学在不还钱的情况下，又出于某些原因再次向 A 借了 10 元钱，此时 A 可能会有些迟疑，但最终还是把 10 元钱借给了他。这次虽然 A 的最终决策是借钱，但是此时的决策除了这 10 元钱在 A 生活费占比、关系亲密度这两个条件之外，还加入了另一个条件，那就是他的信用程度——之前借了 A 10 元钱没还，但是由于前两个条件对 A 的决策所占权重更大，所以 A 的决策还是借钱。

接下来，A 的同学在连续两次借钱不还的情况下，又第三次向 A 借 10 元钱，这次 A 的决策可能就是不借了。虽然 A 的决策中还会有 10 元钱的生活费占比、关系亲密度等条件，但是由于他两次借钱不还的情况，信用程度在这次的决策过程中占了很大权重，最终 A 作出不借的决策。这是人的一个决策案例或者决策情景，过程如图 1.1 所示。

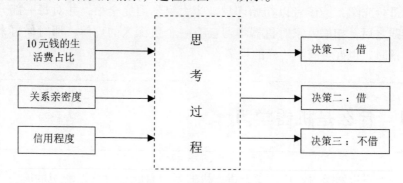

图 1.1　借钱的决策过程

如图 1.1 所示，三次的决策过程都是在输入一些前提条件（或者说是已知数据）的情况下，经过中间的思考过程，才能得到最终的决策结果。机器学习也就是在给定数据或者样本的条件下，经过模型训练（思考过程），进行预测或决策的过程。从这个角度讲，机器学习其实就是计算机模拟人类学习行为的一个过程，它从数据学习中得出规律和模式，并把规律和模式应用在新数据上完成预测的任务。

机器学习的复杂性在于采用模型训练的这一环节中，它需要根据大量已有样本或数据集，从中找到规律或模式，从而得到最优参数以应用在新数据上进行预测。这一训练过程可能需要成千上万次的计算，可能需要采用各种类型的算法，其中包含了大量的概率论、统计学、凸分析等知识。这一过程类似于图 1.1 中的人类思考过程。例如前边的借钱案例，三次借钱决策，其思考过程看似比较简单，但是这一过程是长时间的生活经验、人生阅历的积累，因而看似简单，实际也很复杂。

这种生活经验、人生阅历可能是一些历史教训，如在之前上学的时候曾经把大部分生活费借给同学了，导致生活过得很窘迫；或者在同学信用程度方面，可能来自于小时候听过的《狼来了》的故事，来自于"事不过三"的经验判断，等等。这些长期的经验积累就是人一次次的训练过程，最后形成了一些规律，在新的事件下——同学借钱会输出相应结果，进行决策。

随着计算机技术的飞速发展，我们有能力获取、存储并处理大量的数据，再加上近年来互联网数据大爆炸，数据的丰富度和覆盖面远远超出人工可以观察和总结的范畴，这些都是机器学习实现的必要条件。通过机器学习的算法能指引计算机在海量数据中，挖掘出有用的、有价值的数据，从而可以对各种未知场景作出相应决策。

再返回前文"借钱"的案例，我们考虑一个更复杂的场景，假如这个同学要向 A 借 200 元钱，由于这笔钱在 A 每月 1000 元钱的生活费中占据较大的比例，所以对于借还是不借的决策，A 可能会进行更深入的思考，此时会有更多的条件帮助 A 决策。例如，这个学生的家庭条件怎么样，有没有实力在短时间内就能还上这笔钱；这个学生出于什么理由借钱，如果这个学生生病了急需钱，出于人道主义原则 A 可能也就借了，但如果这个学生沉迷于赌球或者买彩票，可能 A 就不会借了；再例如，这个学生借钱的时候会给 A 打欠条，或者这个学生承诺会给 A 利息等，这有契约约束或者有收益等条件，也是 A 是否会借钱的一些新的判断条件，当然还会结合其他条件作出选择。

如果将以上案例扩展到更广泛的范围，比如 A 面对的不是一个同学的借钱，而是十个、一百个（如果 A 的收入能够承担的话），这时候 A 面临的问题复杂程度就不是靠一个人的精力或者脑容量能一一作出决策了。

事实上，商业银行就面临这种复杂的决策，作为一个信贷机构，每天可能都要收到很多份贷款申请。对于商业银行来说，更复杂的是借贷申请者大多数是陌生人，这就使得银行做出是否发放贷款的决策难上加难。这就需要机器学习来帮助人类提供决策指导，我们可以根据以往商业银行的贷款案例，案例中包括借款申请者的年龄、家庭、收入、职业、资产、信用记录等，以及最后是否违约的结果，通过大量数据的训练，得到不同申请者信息与违约的规律，再应用到新的申请者样本上，预判其违约的概率，最后做出是否借钱的决策，这就是一个完整的机器学习过程。

从上述案例中可以看出机器学习的一些特点，比如样本量或者数据量要大，输入的条件要进行量化或者是计算机能够识别并进行训练的内容。这就需要把我们思考的大量数据有序化或者量化，为机器所用，在此基础上实现对人脑的学习模拟。人脑思考与机器学习的比较如图 1.2 所示。

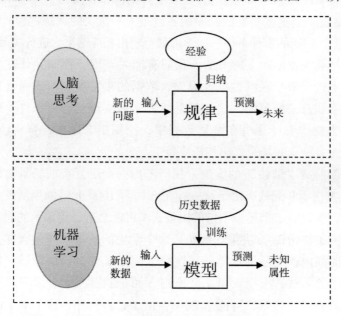

图 1.2 人脑思考与机器学习的比较

因此，机器学习本质上就是通过机器的计算来模拟人类思考的过程，不同之处在于机器学习需要的输入、训练过程、对未知的预测都是定量化、程序化、模式化，这也是其局限性。而人类的思考过程则有感性的东西在里边，在面对非结构性、不规律的问题或场景时，能够找到规律作出判断，但是当面对的信息量较大，很多的时候可能无法找到规律，这就需要机器学习来帮助。在对模型进行训练过程中，机器学习试图通过历史数据或经验来最优化一个性能标准，通常我们会有一个具有参数的定义好的模型，学习的过程就是通过执行计算以获得最优参数的过程。这个模型可能是对未来行为的预测模型，也可以是从数据中获得的描述性的知识总结。这是对机器学习的一个初步的、基本的界定。

1.2　机器学习的思维

1.1 节对机器学习的实现过程、模拟人类思考的基本流程作了一个初步的介绍，还有一个更深入的问题尚未触及，即机器学习的思维。我们知道机器学习是通过输入数据，基于历史数据的模型训练，然后输出预测结果，这个过程就是模拟人类思考的过程，但是机器学习到底通过什么样的手段来实现这一过程的？也就是说机器学习是如何思考的呢？这就涉及对机器学习最核心、最重要的环节——模型训练的方式方法。

正如 1.1 节介绍的借钱的例子，人类思考的过程来自于长期的生活经验积累归纳出来的规律，然后将这些规律应用到新的场景中，从而作出决策。这一过程哪个因素是起决定性作用的？新的条件（比如同学几次借钱不还）纳入进来又如何决定你的决策？而机器学习则是通过不同的算法或模型，将历史数据进行训练，得到哪个因素占据重要定位，或者说哪个因素的相关性更大，从而进行预测。这一过程包含了概率论、最优化、反复试错与迭代等复杂的数学过程，这就是机器学习的思维。

机器学习中有很多算法，比如回归、决策树、K 近邻、支持向量机、神经网络等，每个算法的原理都不一样，优劣性不同，因此基于这些算法不可能把机器学习的思维一一概括清楚。机器学习中一个非常著名的定理：针对某一领域的所有问题，所有算法的期望性能是相同的。怎么理解？就是在某一个领域，如果就这个问题算法 A 比算法 B 更优，那么一定存在别的问题，算法 B 比算法 A 更优。这个定理告诉我们，没有可以靠一个算法吃遍天下的可能性，我们需要具体问题具体分析。

以 K 近邻算法为例，在 K 近邻算法中有一个比较经典的应用案例，那就是鸢尾花（Iris）的分类问题。已知鸢尾花分为三个不同的类型：山鸢尾花

（Iris Setosa）、变色鸢尾花（Iris Versicolor）、维吉尼亚鸢尾花（Iris Virginica），三种类型在花萼长度（Sepal Length）、花萼宽度（Sepal Width）、花瓣长度（Petal Length）、花瓣宽度（Petal Width）4 个属性上有一定的差异（见图 1.3）。假定我们并不知道具体的分类标准，但是我们现在已有 150 朵不同的鸢尾花明确分类数据，如何根据这些类别及各自的属性特征，对未知的鸢尾花进行类别判定呢？

（a）山鸢尾花　　　　（b）变色鸢尾花　　　　（c）维吉尼亚鸢尾花

图 1.3　三种不同的鸢尾花

图 1.3 从左到右依次是山鸢尾花、变色鸢尾花和维吉尼亚鸢尾花，其数据展示如图 1.4 所示。该数据集中包含 150 行，有花萼长度、花萼宽度、花瓣长度、花瓣宽度、种类（Class）5 列数据，分别有山鸢尾花、变色鸢尾花和维吉尼亚鸢尾花各 50 个。按照不同类别对数据进行简单的可视化，可以得到如图 1.4 所示的图形。

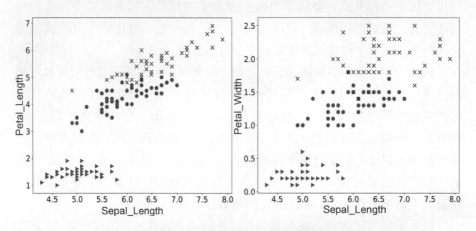

图 1.4　不同类别的鸢尾花按照不同特征的可视化结果

图 1.4 中▸表示山鸢尾花，■表示变色鸢尾花，✕表示维吉尼亚鸢尾花，左边的图中 X 轴为花萼长度（Sepal Length），Y 轴为花瓣宽度（Petal Length）；右边的图中 X 轴为花萼长度（Sepal Length），Y 轴为花瓣宽度（Petal Width）。从图 1.4 我们可以看到，将三种不同类型的鸢尾花仅仅按照其中几个特征在二维坐标轴可视化后，三个类别的鸢尾花有明显的边界，也就是除了部分样本有交叉重叠之外，大多数同一种类的花会紧紧地围绕在一起，表现在二维坐标轴上，不同的类别会有不同的团簇，三者之间有明显的区域边界。

这个案例给了我们启发，我们可以将所研究对象的不同特征数据映射到空间中，根据其相邻距离的远近，从中划分出不同类别的边界，当去预测某一个未知的类别时，我们就可以把它的特征数据放到空间上，该点在哪个区域或者离哪一类别的点最近，那么就可以把它归为哪一类。这个就是 K 近邻算法的思维。

可以看到，K 近邻算法借鉴了中国古语中的"近朱者赤，近墨者黑"原理，即先根据已知样本确定每一类别的划定区域，再根据未知类别样本与哪个类别的划定区域最近，则就将该样本归于哪类。而通过对 K 近邻算法思想的介绍，我们也可以对机器学习的思维有个初步印象，它是先将现实中的问题转化为数学中的概念、公式等，然后经过不断求解、训练得到某个规则或者标准，然后对未知数据进行预测。

比如决策树，可能就是根据每一个决策问题的自然状态或条件出现的概率、益损值、预测结果等，来作出不同的决策，再从这一决策出发遇到该决策条件下的不同选择问题时，又进一步根据其概率、益损值、预测结果等，再做进一步划分，由此形成不同问题的分类。

比如朴素贝叶斯，借鉴了中国古语中的"吃一堑，长一智"思想，就是通过后验经验法（条件概率）来对未知进行预测。假如你经常买水果，发现 10 个青苹果里边 8 个是酸的，而 10 个红苹果里有 7 个是甜的，这种经验告诉你以后再挑选苹果时，红苹果 7/10 的概率是甜的，青苹果 1/5 的概率是甜的，如果你喜欢甜的，那就选红苹果吧。

比如线性回归，就是将不同变量与因变量建立一条线性映射，$y = f(x)$，也就是 y 与所有 x 的变化关系可以通过一条直线表现出来，接下来就是通过训练，找到一条预测偏差最小的直线。

比如 SVM，也就是支持向量机，它把数据映射到多维空间中以点的形式存在，然后找到能够分类的最优超平面，最后根据这个平面来分类。K 均值聚类则是包含了"物以类聚，人以群分"的思想，它与 K 近邻算法的思想类似，即根据距离的思想定义类别标准，只不过前者没有预先分类，需要自己去确定，而后者是根据已有类别划分，建立规则去预测未知类别。

还有更多算法，在这不一一介绍，但是无论什么算法，大致是对人类现实中的一些思维过程数学化、模型化，例如像"近朱者赤，近墨者黑""吃一堑，长一智""物以类聚，人以群分"等，构建出计算机所能识别的数学语言与解决思路，通过不断训练，让计算机找到它自己能认识到的规律，然后用于预测。

1.3 机器学习的基本框架体系

按照目前主流的分类，机器学习算法分为有监督学习算法和无监督学习算法，二者主要区别在于输入的数据是否被标记。有监督学习算法是在已知目标变量标识值的引导下，来预测目标变量的值或所属类型，并通过不断调整模型的参数以达到更高的准确率；无监督学习算法则是在缺乏目标变量标识值的条件下，对数据进行训练和学习，来推导出概括数据潜在联系的模式，如寻找数据中的相关关系，描述数据的趋势，对数据中的不同的簇进行聚类，寻找数据中的异常值等。

在有监督学习算法里，输入的数据被称为"训练数据"，每组训练数据有一个明确的标识或结果，如对防垃圾邮件系统中"垃圾邮件""非垃圾邮件"，对手写数字识别中的"1""2""3""4"等。在建立预测模型的时候，有监督学习建立一个学习过程，将预测结果与"训练数据"的实际结果进行比较，不断地调整预测模型，直到模型的预测结果达到一个预期的准确率。有监督学习的常见应用场景如分类问题和回归问题。

在无监督学习中，数据并不被特别标识，学习模型是为了推断出数据的一些内在结构。常见的应用场景包括关联规则的学习以及聚类等。无监督学习目标不是告诉计算机怎么做，而是让它（计算机）自己去学习如何做。例如之前讲的鸢尾花数据集，在有监督学习的情况下，数据集中会对每个样本的类别进行界定，它是属于山鸢尾花、变色鸢尾花和维吉尼亚鸢尾花中的哪一种。

而在无监督学习算法下，没有每个样本的类别变量，只有花萼长度、花萼宽度、花瓣长度、花瓣宽度特征变量，采用聚类的方法就是把样本按 4 种特征的相关程度或相似度来划分出不同的类别，这个类别不一定就是三类，但是基本上可以把花萼长度、花萼宽度、花瓣长度、花瓣宽度等 4 个特征变量基本相近的样本划为一类。然后基于计算机分出的类别，我们再定义每一类别的标签。

　　按照主流方法，机器学习的框架体系又可以分为分类、回归、聚类分析和关联规则等方法。

1. 分类

　　分类任务就是确定对象属于哪个预定义的目标类，属于有监督学习算法。机器学习中的分类任务是一种根据输入数据建立分类模型的方法，在通过机器学习算法确定分类模型后，模型可以拟合所输入的训练数据的类型标签与数据各维度属性的联系。分类问题是人类社会中一个普遍存在的问题，比如根据病人核磁共振成像扫描的结果来判断肿瘤的种类，根据花瓣的长度、宽度、分叉程度来辨别花的种类等。

　　分类任务十分适合预测或描述二元或名义类型的数据集，如辨别个人贷款信用风险的高低，将贷款申请人群分为"好人"与"坏人"。需要注意的是，对于顺序类型的分类，分类技术的效果可能不太理想，因为一般的分类模型所采用的机器学习算法并不考虑顺序类型的数据内在所隐含的顺序关系，而全集与子集的关系（如灵长类与哺乳类的关系）也不属于一般分类模型算法的考虑范围。

2. 回归

　　分类模型关注的是离散的类别标签，而回归模型关注的是唯一的一个因变量（这个因变量是一个连续的值）与一个或多个数值型的解释变量之间的关系，回归模型与分类模型一样，都属于有监督学习算法。回归模型在对模型进行训练后，对已知的输入数据（即解释变量）估计得到其因变量的连续型数值的结果，如使用某个人的家庭成员数目、拥有车辆数目、历史贷款金额等信息，来预测这个人的收入金额。

　　但是在回归与分类之间，有一个特殊的算法，那就是逻辑回归算法，它是采用了回归的形式，却用于分类问题，其原因在于它在回归估计之后进行了转换，将连续型的因变量设定临界值，转换为离散型的类别因变量，有关逻辑回归算法的具体内容将在第 5 章详细介绍。

3. 聚类分析

聚类算法属于无监督学习算法中的一种，这种算法将样本中在某种维度上相似的对象归到同一个簇中，即根据数据中发现的对象及其关系，将数据中的对象进行分组。聚类算法的目标是使同一个簇或组内的对象间相似，而使不同的簇或组之间的对象不同。数据中的组内对象越相似，组之间的差距越大，则说明聚类算法的效果越好。

聚类分析所区分的簇应当捕获数据的自然结构（即数据的本质特征区分），但在实际应用当中，聚类分析在更多情况下是解决其他具体问题的起点。生物学家使用聚类算法来分析人类的基因遗传信息，用于发现有着相似功能的基因组；商业咨询公司使用聚类算法对目标客群进行划分，从而确定其产品的营销策略。

4. 关联规则

在数据挖掘和机器学习领域中，关联分析用来发现隐藏在海量数据中的内在联系的一种技术手段，所发现的这种联系可以使用关联规则来代表。关于关联规则算法，最经典的是沃尔玛的"啤酒与尿布"的案例，即通过关联分析，发现购买尿布的顾客，多数也会去购买啤酒，因而该超市将啤酒与尿布放在一起，从而提高了这两种商品的销量。

除了应用于商品营销，关联分析也应用在其他的许多领域，比如在地理科学的领域，可以通过分析某个地区的大气、水文、地质等方面的数据，为地理科学家揭示出该地区的有关地理科学性质的内在联系。关联分析有两个需要注意的地方，首先是如何探究和揭示事物之间的联系，其次是如何确定上一步中所发现的联系并非是虚假的联系，以免产生虚假的分析结果。

以上是当前主流的机器学习分类，本书也是基于这种框架体系来编排内容，但是本书论述内容强调了算法与算法之间的联系，比如在具体算法讲解时，是从线性回归讲起，这是目前使用最多、原理较为简单的一种算法，且是统计学的入门方法，便于读者理解。在此基础上又介绍了逻辑回归算法，这是一种兼顾回归与分类原理的算法，由此将读者由回归引入分类算法的学习中，接着在分类算法中又讲了逻辑回归算法、决策树分类算法，这两者与逻辑回归分类算法都包含从概率角度的分类过程。

接下来就是 K 近邻算法与支持向量机，这两者是基于空间划分思想的分类算法；然后又讲了人工神经网络算法，它是不同于以上算法的一种特殊模型，且具有自身的复杂性与特色。接下来我们又讲了无监督学习算法中的聚类算法，包括 K 均值聚类、层次聚类算法等；紧接着又讲解了数据降维技术——主成分分析（PCA）和 LDA 降维技术；然后是关联规则挖掘，这属于机器学习延伸的部分，因为在一个完整的机器学习项目中，不仅包含算法对数据的训练，还要对数据进行处理，以便找到包含主要信息的简化数据来降低机器学习的难度，提高效率。本书的最后以一个完整的机器学习项目来将以上理论介绍具体应用到实际项目中，让读者能够初步掌握一个基本的机器学习实现过程。本书的机器学习框架体系如图 1.5 所示。

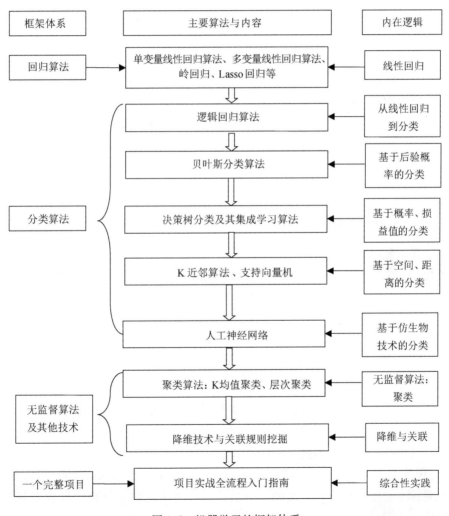

图 1.5　机器学习的框架体系

1.4 机器学习项目的实施流程

随着业务场景的变化，使用机器学习算法解决业务问题的实施流程，可能会有所不同，但在项目的实施应用中，其基本流程是一致的，主要涉及数据的收集、预处理、模型的开发与实施等过程。在这个流程中，使用机器学习解决实际应用问题，最重要的并不是具体的算法或是数据处理的技术本身，而是对实际应用问题的理解是否透彻。如果对实际应用的理解不够透彻，而直接对数据硬套上某种模型和算法，得出的结果大多不会太理想。因此，在使用机器学习算法解决实际应用问题时，需要与实际应用部门深入沟通，并对背景进行深入研究，明确是否需要使用机器学习的方法来解决这个问题，这种问题比较适合使用哪一种类型的算法和模型，是否有一些实际应用上的行业规范需要遵守等。这些问题，在进行模型建设之前必须得到充分的沟通和解决。而在这些问题得到解决后，会按照以下的流程实施机器学习算法。

1. 收集样本数据

样本数据的收集，是整个机器学习算法实施的第一步。有很多方法可以用来收集样本数据，如使用网络爬虫收集有关网站数据，使用公开或收费的 API 对有关数据进行收集。数据收集最重要的一点，是尽可能地保证所收集的数据的准确性，如果样本数据有问题，模型的实施也无从谈起。

2. 数据预处理

对样本数据的预处理，通常会占据整个工作流程 80% 以上的时间。首先，不同的算法与模型对输入的样本数据有不同的要求，比如逻辑回归模型只接收连续型的输入数据，而决策树模型可以输入分类型和连续型的数据；其次，在处理样本数据时，也需要注意所收集的数据中是否有所谓的"垃圾"或缺失数据。机器学习领域中有"Trash in Trash out"的说法，即查看样本数据中是否有明显的异常值，或者样本的收集过程中是否受到其他信息的干扰，从而扰乱模型对数据的处理。

3. 变量预处理

在完成对数据的清洗和确认之后，需要对进入模型的变量进行一定的预处理工作，即进入模型的变量需要做一些衍生的处理，或者进行某种格式的转换，以令其适应目标模型的输入格式。变量预处理的工作同样非常重要，需要模型的开发技术人员对变量和业务本身有深刻的理解，结合其机器学习模型方面的知识进行处理。

4. 模型的训练与优化

在完成对变量和数据的探索与处理后，接下来是将数据输入模型，并根据训练出来的模型在测试集上的表现调整模型的各个参数，以期得出一个准确率高且泛化能力强的模型。

5. 模型的应用

模型的效果在经过验证后，需要在实际应用中结合现实情况来确定其意义与价值，确认模型的输出结果是否是实际问题所认可的输出结果，即该模型可以被运用到实际问题中去。模型作为一种定量化、程序化的输出结果，有其局限性，虽然预测结果可能非常有效，但不一定能够适用于所有场景。比如防垃圾邮件系统中机器学习可能会把一些具有垃圾邮件特征，但是实际并不是垃圾邮件的邮件给过滤掉，这就需要结合实际情况，再进一步优化算法，避免在应用中出现影响较大的失误。

1.5　机器学习有什么用

关于"机器学习有什么用"，前边的章节已有所涉及，比如对个人信贷违约的预测、鸢尾花的分类以及对垃圾邮件的识别等。实际上，机器学习目前涉及的领域非常广，比如人工智能、文本挖掘与自然语言处理、图形识别、机器翻译以及金融领域的量化投资等。可以说，机器学习在很多领域掀起了"智能化"的趋势，以实现用机器学习来替代人类的部分工作，甚至是超越人类的工作上限。

文本挖掘是目前机器学习应用比较广泛的一个领域，它是通过分词、情感评价等技术对大量的文本内容进行数据挖掘，从中提取出关键的词语、概念等，再通过这些信息来进一步研究该文本的感情倾向、主要关注点，甚至是文本模式等。文本挖掘是指从大量文本数据中抽取事先未知的、可理解的、最终可用的知识的过程，同时运用这些知识更好地组织信息以便将来参考。

文本挖掘的意义在于从原本未经处理的文本中提取出未知的知识，用于进一步分析，但是文本挖掘工作实施起来非常困难，主要原因是文本数据的非结构化，语义和词之间的模糊性，例如北京市长期战略，有可能就把"市长"这一无关词语提炼出来。要想有效地进行文本挖掘，就需要综合信息技术、文本分析、模式识别、统计学、数据可视化、数据库技术、机器学习以及数据挖掘等多学科知识与技术。

文本挖掘是在数据挖掘的基础上延伸而来的，因此其定义与我们熟知的数据挖掘定义相类似。但相比于传统的数据挖掘，文本挖掘有以下特点：文档本身是半结构化或非结构化的，无确定形式并且缺乏机器可理解的语义，这是一般数据挖掘所不具备的。因此，数据挖掘的对象以数据库中的结构化数据为主，并利用关系表等存储结构来发现知识。因此，有些数据并不适用于文本挖掘，即使可用，也需要建立在对文本集预处理的基础之上。文本挖掘在商业智能、信息检索、生物信息处理等方面都有广泛的应用，例如，客户关系管理、自动邮件回复、垃圾邮件过滤、自动简历评审、搜索引擎等。

对于文本挖掘，当信息由文字记载时，我们就可以通过关键词搜索很容易地找到所需内容并进行编辑；而当信息由图片记载时，图片中的内容就很难进行检索，这导致了我们很难直接从图片中找到关键内容。通过图片，我们可以快捷地进行信息记录和分享方式，但我们的信息检索效率降低了。在这个环境下，机器学习的图像识别技术就逐步兴起并广泛发展起来了。

图像识别是计算机拥有对图像进行处理、分析和理解的能力，从而可以识别各种不同模式的目标和对象。与人不同，计算机识别图像过程一般包括图像预处理、图像分割、特征提取和判断匹配。简单来说，图像识别就是计算机如何像人一样读懂图片的内容。借助图像识别技术，我们不仅可以通过图片搜索更快地获取信息，还可以产生一种新的与外部世界交互

的方式，甚至会让外部世界更加智能地运行。"百度"创始人李彦宏在 2011
年提到"全新的读图时代已经来临"，现在随着图形识别技术的不断进步，
越来越多的科技公司开始涉猎图形识别领域，这标志着读图时代正式到来，
并且将引领我们进入更加智能的未来。目前图像识别的前沿领域就是无人
驾驶，通过图像识别，机器不仅可以对外部的行人、物体以及交通标识等
信息进行获取和分析，还全权负责所有的行驶活动，让我们得到完全解放。

　　机器学习在商业领域的应用就更多了，举个例子，我们打开京东网页，
随机单击任意一个商品界面，往下拉，最后就有一个猜你喜欢的栏目，如
图 1.6 所示。这就是电商网站的商品推荐体系。这个模块会根据用户的长期
或短期兴趣来推荐不同的商品。像这样的商品推荐应用中就大量地使用了
机器学习相关的技术。在我们日常浏览电商网站时，网站运营方从用户的
行为日志中挖掘可能的商品和商品之间的关联，以及用户的喜好。在做出
一些推荐之后，会对推荐进行排序、过滤等。其中，商品展示后是否会被
用户单击，用户单击后是否会购买，都是典型的二分类问题，都可以转化
为机器学习问题来处理。

图 1.6　京东的商品推荐体系

　　机器学习还可以用于金融投资领域，最典型的就是量化交易。随着机
器学习的使用，基于股票价格涨跌信息而建立起自动的股票交易策略，从
而使对股价进行预测变得相当简单。机器学习算法会利用公司的历史数据，
如资产负债表、损益表等，对它们进行分析，并找出关系到公司未来发展
的有意义的特征。此外，该算法还可以用于搜索有关该公司的新闻，并通
过世界各地的消息来源了解市场对公司的看法。同时，机器学习算法通过
自然语言处理技术，通过浏览新闻频道和社交媒体的视频库来搜索更多有
关该公司的数据。虽然这项技术目前还在发展中，还不够准确，但可以肯
定的是，在不久的将来，它将能够做出非常准确的股市预测。

　　随着 AlphaGo 在 2016 年、2017 年先后战胜了国际围棋冠军李世石、柯

洁，以机器学习技术为基础的人工智能也突破了人类最难的一个领域——围棋，这导致很多人突然感受到了危机，即人工智能将会在很多领域取代人类，从而导致很多人的失业。事实上这种恐慌有些过度反应，但是不可否认的是，以机器学习为基础的人工智能已经逐渐广泛地应用到现实中的很多领域。未来随着技术更快地更新升级，我们可能也会见识到很多意想不到的机器学习在现实中的应用，但是无论怎么样，机器学习自身还是以人类为主导的，它的各种算法以及思维过程也只是通过现实问题转化，来实现对人类思考的模仿，最关键的问题还是我们人类本身强大的学习与思考能力，由此才带来了机器学习的广泛发展与应用。

1.6 小结

本章主要介绍了关于机器学习入门的一些知识，包括机器学习的概念、思维、基本框架体系、项目实施流程、应用等。从广义上讲，机器学习是一种能够赋予机器学习的能力，让它以此完成直接编程无法完成的功能的方法。但从实践的意义上讲，机器学习是一种利用数据训练出模型，然后使用模型预测的一种方法。这种过程本质上还是一种模拟人脑思考的过程，只不过基于计算机的特性，需要将现实问题转化为计算机可识别的方式进行输入，然后通过建立模型训练做出预测。

机器学习的基本框架包括有监督学习算法和无监督学习算法，二者主要区别在于输入的数据是否被标记。有监督学习又包括分类算法和回归算法，其中分类算法包括逻辑回归、决策树、K 近邻算法、支持向量机、人工神经网络等；无监督学习包括聚类算法。机器学习项目的实施流程：收集样本数据、数据预处理、变量预处理、模型的训练与优化、模型应用等。机器学习目前涉及的领域非常广，例如人工智能、文本挖掘与自然语言处理、图形识别、机器翻译以及金融领域的量化投资等，机器学习在很多领域掀起了"智能化"的趋势。

第 2 章　应用 Python 实现机器学习前的准备

目前有很多实现机器学习的平台或语言，如 Matlab、GUN Octave、Mathematica、Maple、SPSS、R 语言等，但是 Python 是最受欢迎的语言之一。Python 具有免费开源的特性，可以为很多机器学习爱好者提供更多的低成本开发资源，更重要的是其语言简单清晰，易于上手，对于机器学习入门者来说，是一个非常不错的选择。

应用 Python 实现机器学习需要安装一些相关的开源软件库，通过它们，我们可以直接引用某些函数来进行机器学习的相关操作，而不用每一步都得自己编程或者构造函数去实现。例如科学计算包 Numpy、数据分析工具 Pandas、数值计算包 Scipy、绘图工具库 Matplotlib、机器学习包 Scikit-learn 等，对于初学者来说，只需要直接引入这些程序包就可以实现一些基本的机器学习过程。这么多程序包，可以通过安装 Anaconda 就可以直接使用。另外，Python 的 Jupyter Notebook 模式支持机器学习编程中的实时呈现、可视化、网页共享等功能。

2.1　为什么使用 Python

Python 是由 Guido Van Rossum 于 1989 年年底开发的一种脚本语言，并于 1991 年对外公开，Python 1.0 发布于 1991 年，并没有像 Java 一样引起巨大轰动。Python 2.0 发布于 2000 年，实现了完整的垃圾回收，而且支持 Unicode。随着 Python 社区的逐步完善，对 Python 的发展和推广起到了非常重要的作用。到 2008 年，Python 3.0 正式发布，Python 已经成为一种集支持命令式程序设计、函数式编程、面向对象程序设计、面向侧面的程序设计、泛型编程等多种编程范式于一身的脚本语言。

Python 语言的开发理念之一就是开源、简练,正如开源运动的领袖人物 Eric Raymond 对 Python 的评价:Python 语言非常干净,设计优雅,具有出色的模块化特性。其最出色的地方在于,鼓励清晰易读的代码,特别适合以渐进开发的方式构造项目。Python 的可读性使得即便是初学者也能看懂大部分的代码,Python 庞大的社区和大量的开发文档更是使得初学者能够快速地实现许多令人惊叹的功能。

以编程中入门代码——最简单的“Hello World”为例,在 Python 2.0 中直接操作就可以实现。

```
01  print "Hello World"
```

在 Python 3.0 以上的版本中,只需再加一个括号就可以实现。

```
01  print("Hello World")
```

而在 C 语言中,编写的程序需要引入 main() 函数,其可运行源代码程序如下:

```
01  #include <stdio.h>
02
03  int main()
04  {
05      printf("Hello World\n");
06      return 0;
07  }
```

在这里大家不需要读懂 C 语言的程序,但可以通过直观去感受一下二者的区别。首先,在最简单的输出“Hello World”命令时,Python 可以直接用一行代码,一个 print 函数就可以实现,而 C 语言则通过 7 行代码,引用了多个函数才能实现;其次,Python 在输出“Hello World”命令时所用的代码简单易懂,直接使用 print 也符合我们的思维,而 C 语言中,需要按顺序执行 main 函数大括号 {} 中的所有语句,不仅如此还需要加上 #include <stdio.h> 这一语句,用以声明调用的库函数,但是这个语法本身在 C 语言的含义就很深,理解起来需要大量的程序基础知识。

因此,通过上述简单例子的比较分析,可以看到 Python 语言对于编程初学者、入门者的意义所在,当然 Python 也有自身的缺点,例如执行速度慢、代码不能加密等,但是在目前计算机配置不断提升,且相对于非计算机专业的人员来说，使用 Python 所带来的好处远远大于其缺点。目前，不仅很多个人选择使用 Python 进行编程，很多网站也选择 Python 用于 Web 开发，比如豆瓣、知乎、果壳等。

我们进一步比较目前几种主流编程语言，如 C、VB、Java、C ++、Python、Matlab、R 等，比较结果如表 2.1 所示。

表 2.1 几种编程语言的比较分析

语言	学习内容	开发思路与理念	计算思维	拟解决问题	适用对象
C	数据类型、指针、内存、繁琐语法等	计算机系统结构阶段 编写与硬件紧密关联的程序	计算机系统结构的抽象	程序运行的性能和效率	计算机类专业
VB	对象、按钮、窗体、文本框、事件等	计算机视窗阶段 编写人机交互程序	视窗交互逻辑的抽象	桌面应用的开发	无明确适用对象
Java	对象、类、封装、跨平台运行等	计算机网络阶段 编写跨平台程序	主体和客体间的抽象	安卓或中间件的通用性	软件类专业
C ++	对象、类、封装、继承、多态等	计算机网络阶段 多人编写大规模程序	主体和客体间的抽象	大型程序开发的效率	计算机和软件类专业
Matlab	矩阵、命令、多维数据、矩阵运算等	计算机网络和视窗阶段 编写数据处理程序	数据组织和运算的抽象	数据逻辑和处理的表达	信息类专业
R	编程逻辑、脚本编程、第三方库	复杂信息系统阶段中期 统计分析与图形显示	数学组织、统计计算、可视化的抽象	统计建模、绘图等的程序表达	所有专业
Python	编程逻辑、脚本编程、第三方库	复杂信息系统阶段中期 高效编写解决问题的程序	问题和算法的抽象	计算问题的程序表达	所有专业

由表 2.1 可以看出，就学习内容方面，C、VB、Java、C ++ 都需要一定的计算机基础知识，而 Matlab 则侧重于矩阵等数学计算中的编程，R 语言与 Python 比较接近，更注重编程逻辑、第三方库等，这也为初学者编程带来了便利，因此，在适用对象中，二者也更宽泛，适用于所有专业，不仅仅是计算机或软件类专业。这些编程语言中，VB 语言主要用来编写 Windows 视窗应用，该语言在基本程序逻辑外，主要表达视窗系统中事件、控件和视窗体系下人机交互的关系。

C ++ 语言目标是取代 C 语言成为适合多人协作编写大规模程序的高效编程语言，但其复杂的语法和继承自 C 语言对系统结构的抽象，使该语言仅成为专业人士的小众语言。Matlab 以矩阵为数据的基本单元，通过友好的用户界面、相对简洁的编程逻辑和大量的工具箱极大简化了数据处理的难度，成为工程领域重要的计算软件。Matlab 适合信息类专业学生学习，其工具箱可以简化工程分析的复杂性。

因此，综合来看 R 语言和 Python 语言是最适合初学者学习的两种入门编程语言，那为什么目前在机器学习中更倾向于 Python 语言呢？实际上 R 语言也能实现机器学习算法，并且在其程序库中也有相关的数据处理、机器学习的程序包，但是从最开始的开发理念追根溯源，二者就有一些差异性，这种差异性就导致了 R 语言和 Python 语言在各自的发展中有了不同的用处。

R 语言是一门统计语言，其开发主要用于数据处理、数学运算、统计建模和绘图等方面，随着广泛应用，加之开源社区的发展，逐步延伸到各种编程应用上，成为一门比较流行的语言，但其本质还是应用于统计和绘图方面。Python 语言则是一门编程语言，由于其简单易学、功能强大的特点，它有高效率的高层数据结构，能简单而有效地实现面向对象编程。Python 简洁的语法和对动态输入的支持，再加上解释性语言的本质，使得它在大多数平台上的很多领域都是一个理想的脚本语言，特别适用于快速的应用程序开发，这些优点使得 Python 越来越流行，甚至超越了 Java、C ++ 等语言。

具体到机器学习方面，R 语言和 Python 语言各有优点，但是相对 R 语言来说，Python 入门更容易，处理大量数据更方便快捷。R 语言中的数据结构非常简单，主要包括向量（一维）、多维数组（二维时为矩阵）、列表（非结构化数据）、数据框（结构化数据）。Python 则包含更丰富的数据结构来实现数据更精准的访问和内存控制，多维数组（可读写、有序）、元组（只读、有序）、集合（唯一、无序）、字典（Key-Value）等。

另外，Python 在网络爬虫和数据抓取、文本挖掘、网站开发、数据库连接上更有优势，而 R 毕竟只是一个专注于统计和绘图的语言，在这方面的功能有所欠缺。但是这并不表明 Python 是万能的，在一些矩阵运算、数据可视化方面，Matlab 和 R 的功能更强大些。

但是，归根到机器学习这个方面，Python 在数据搜集（比如爬虫）、数据存储（数据库连接）、数据处理（Numpy、Pandas 等程序包）、算法调用（Scikit-learn 等程序包）等方面的功能更全面、更强大。更重要的是，经过不断地使用与进化，Python 自身也产生了不少专门用于机器学习的程序库，比如 NLTK（自然语言处理库）、Theano（深度学习框架）、TensorFlow（谷歌开发的机器学习框架）、Keras（更高层神经网络库）、PyTorch（深度学习架构）等，用于专门的机器学习框架运算或是更高级的算法框架，比如深度学习。读者在对 Python 机器学习有了初步的认识之后，可以进一步学习以上内容。

除此之外，Python 中的 Jupyter Notebook 模式也为学习者提供了算法编写、程序运行、数据处理以及可视化等的交互式方式，大大方便了初学者的学习。总而言之，使用 Python 来进行机器学习的实现，是一个优中选优的选择。

2.2　Python 机器学习的一些常用库

本节首先介绍在 Python 机器学习操作中需要经常用到的一些程序库，包括科学计算包（Numpy）、数据分析工具（Pandas）、数值计算包（Scipy）、绘图工具库（Matplotlib）、机器学习包（Scikit-learn），涵盖了在机器学中数据导入、整理、数据处理、可视化、数值计算以及算法运行等方面。接着，还介绍了 Python 的一个集成管理工具或系统 Anaconda，它把 Python 做相关数据计算与分析所需要的包都集成在了一起。最后介绍一个 Python 的 Jupyter Notebook，可以实现 Python 编程、可视化的交互方式，更有利于读者实现每一步编程。

2.2.1 科学计算包（Numpy）简介及应用

Numpy 是 Python 科学计算的基础包，它专为进行严格的数字处理而产生，尤其是在向量和矩阵运算中使用。由于 Python 没有提供数组的数据结构形式，虽然列表（List）可以完成数组，但不是真正的数据，当数据量增大时，它的速度很慢且容易出错。因此，Numpy 扩展包提供了数组支持，同时很多高级扩展包依赖它。例如，Scipy、Matplotlib、Pandas。

Numpy 的核心是数组（Arrays），具体来说是多维数组（Ndarrays），在讲 Numpy 之前先来简单说说数组。何谓数组？数组即一组数据，它把一系列具有相同类型的数据组织在一起，成为一个可操作的整体。例如 $[1,2,3,4]$ 就是一个数组，一个小组学生的名称 name = ["张三","李四","王五","刘六","我"]，这也是一个数组，不同的是两个数组内部的数据类型是不同的。

另外还有多维数组，比如 $[[1,2,3,4],[4,5,6,7],[7,8,9,10]]$，这是一个二维数组，实际上就是一个 3×4 维的矩阵，如下：

$$[[1 \quad 2 \quad 3 \quad 4]$$
$$[4 \quad 5 \quad 6 \quad 7]$$
$$[7 \quad 8 \quad 9 \quad 10]]$$

Numpy 就是对这些数组进行创建、删除、运算等操作的一个程序包。在讲 Numpy 如何实现数组操作之前，先讲一下 Numpy 的安装。一般情况下，在已经安装了 Python 软件的条件下，在 Windows 系统下打开命令提示符窗口，直接输入如下命令就可以直接安装 Numpy：

```
01  pip install numpy
```

安装完成之后，在 Python 操作平台中查看 Numpy 是否安装成功：

```
01  import numpy
```

有时候这种方法不一定安装成功，就需要采用对应版本 Numpy 的 . whl 文件进行安装。首先要进入 Python 扩展包资源下载网站：https://www.lfd.uci.edu/~gohlke/pythonlibs/，在里边找到 Numpy 的 . whl 文件，根据自己计算机的系统版本进行选择下载，下载界面如图 2.1 所示。

```
numpy-1.14.3+mkl-cp27-cp27m-win32.whl
numpy-1.14.3+mkl-cp27-cp27m-win_amd64.whl
numpy-1.14.3+mkl-cp34-cp34m-win32.whl
numpy-1.14.3+mkl-cp34-cp34m-win_amd64.whl
numpy-1.14.3+mkl-cp35-cp35m-win32.whl
numpy-1.14.3+mkl-cp35-cp35m-win_amd64.whl
numpy-1.14.3+mkl-cp36-cp36m-win32.whl
numpy-1.14.3+mkl-cp36-cp36m-win_amd64.whl
numpy-1.14.3+mkl-cp37-cp37m-win32.whl
numpy-1.14.3+mkl-cp37-cp37m-win_amd64.whl
numpy-1.14.3-pp260-pypy_41-win32.whl
numpy-1.14.3-pp360-pp360-win32.whl
```

图 2.1　Numpy 的 . whl 文件列表

图 2.1 中 numpy-1. 14. 3 表示 Numpy 的版本，cp27-cp27m 是 Python 2. 7 版本下的 . whl 文件，win32、win_adm64 则表示计算机的 Windows 系统是 32 位的还是 64 位的。

下载完成之后，找到下载的安装包所在目录下，采用 Shift + 单击鼠标右键的形式打开命令提示符窗口，然后输入以下命令：

```
01  pip install "numpy-1.14.3 +mkl-cp27-cp27m-win-amd64.whl"
```

后边的 . whl 文件名要根据下载的文件来输入（可以采用复制、粘贴的方式快速输入），这样就安装好了 Numpy。此外，如果我们把 Python 的集成工具 Anaconda 安装完成之后，就可以直接使用，不必再重新安装 Numpy，这部分内容将在 2. 3 节重点讲解。其他 Python 程序包，如 Pandas、Scipy、Matplotlib、Scikit-learn 等均可采用类似的方法（除了 Scipy 可能特殊一些）进行安装，就不在此赘述。

接下来就讲一讲 Numpy 的一些基本操作（以 Python 2. x 版本为例）。

❑　np. array：创建数组

```
01  import numpy as np            #导入 NumPy 库
02  array = np.array([1,2,3,4])   #创建一维数组
03  print(array)                  #打印数组
```

上述命令中，第 1 行是导入 Numpy 程序库且为了方便将其简化为 np，第 2 行使用 np. array 来创建一个数组。输出结果为：

```
[1 2 3 4]
```

创建多维数组也使用该命令。

```
04   array2 = np.array([[1,2,3,4],[4,5,6,7],[7,8,9,10]])
                                             #创建二维数组
05   print(array2)                           #打印数组
```

输出结果为:

```
[[1  2  3  4]
 [4  5  6  7]
 [7  8  9  10]]
```

这是一个 3×4 的二维矩阵。

❑ shape、dtype、size：查看 array 数组的属性

```
06   print'数组维度为:',array2.shape        #查看数组结构
07   print'数组的数据类型为:',array2.dtype   #查看数组类型
08   prin'数组元素个数为:',array2.size       #查看数组元素个数
```

输出结果为:

```
数组维度为： (3,4)
数组类型为： int32
数组元素个数： 12
```

从以上输出结果可以看出 array2 是二维数组，数组类型为 32 位整数类型，数组元素为 12 个。在这里查看数组的数据类型使用 dtype，而不能用 type。Numpy 中数组的主要数据类型如表 2.2 所示。

表 2.2 Numpy 中数组的基本数据类型

名　　称	描　　述
bool	用一个字节存储的布尔类型（True 或 False）
inti	由所在平台决定其大小的整数（一般为 int32 或 int64）
int8	一个字节大小，范围为 −128 ~ 127
int16	整数，范围为 −32768 ~ 32767
int32	整数，范围为 $−2^{31} ~ 2^{31} − 1$
int64	整数，范围为 $−2^{63} ~ 2^{63} − 1$
uint8	无符号整数，范围为 0 ~ 255
uint16	无符号整数，范围为 0 ~ 65535
float16	半精度浮点数：16 位，正负号 1 位，指数 5 位，精度 10 位
float32	单精度浮点数：32 位，正负号 1 位，指数 8 位，精度 23 位
float64 或 float	双精度浮点数：64 位，正负号 1 位，指数 11 位，精度 52 位
complex64	复数，分别用两个 32 位浮点数表示实部和虚部

在上述类型中最常用的数据类型就是 bool、int32、int64、float16、float32 等。

❏　创建数组的特定方式

除了使用 np.array( )手动创建数组外，还可以采用 np.arange( )、np.linspace ( )、np.zeros( )、np.eye( )等一些特定函数创建规则形数组。

```
01  print'使用 arange 函数创建的数组为:',np.arange(10)
02  print'使用 linspace 函数创建的数组为:',np.linspace(0,1,5)
03  print'使用 zeros 函数创建的数组为:',np.zeros((2,3))
04  print'使用 eye 函数创建的数组为:',np.eye(3)
05  print'生成随机数组为:',np.random.random(10)
```

输出结果为:

```
使用 arange 函数创建的数组为:[0 1 2 3 4 5 6 7 8 9]
使用 linspace 函数创建的数组为:[0.  0.25 0.5  0.75 1.  ]
使用 zeros 函数创建的数组为:[[0.0.0.]
[0.0.0.]]
使用 eye 函数创建的数组为:[[1.0.0.]
[0.1.0.]
[0.0.1.]]
生成随机数组为:[0.03312145 0.2432123  0.60871783 0.85686455 0.10172972
0.08345071  0.29311035 0.5730662  0.55359957 0.07298198]
```

可以看出，np.arange( )用于创建等差数组，默认步长为 1；np.linspace( ) 用于创建指定范围内均匀分布的数组，其中 0、1 是数据范围，5 则是分割的步长；np.zeros( )创建元素都是 0 的数组；np.eye( )创建元素都是 0 的数组。代码第 5 行 np.random.random 生成的随机数组，每次的结果都不一样，有时候需要用 seed( )种子来对本次生成的随机数组进行保存。

❏　基础的数组运算

数组也可以进行加、减、乘、除运算。

```
01  arr = np.array(np.arange(10))        #创建 0 ~ 9 之间的等差数组
02  arr1 = np.array(np.arange(1,11))     #创建 1 ~ 10 之间的等差数组

03  print(arr * 2)                       #数组乘法
04  print(arr + arr1)                    #数组加法
```

输出结果为:

```
[0  2  4  6  8 10 12 14 16 18]
[1  3  5  7  9 11 13 15 17 19]
```

其中，arr * 2 为数组乘以 2，arr + arr1 为两数组相加。

❑ 数组索引

索引是用于对数组某个元素或某些元素加以标注，以便更好地查找或进一步操作。

```
01  arr = np.arange(10)                      #创建 0 ~ 9 之间的等差数组
02  print'索引结果为:',arr[5]                #用整数作为下标可以获取数组中的某
                                             个元素
03  print'索引结果为:',arr[3:5]              #用范围作为下标获取数组的一个切片
04  arr[2:4] = 100,101                       #改变第 3、4 个元素的值
05  print'索引结果为:',arr                   #下标还可以用来修改元素的值
06  arr1 = np.array([[1,2,3,4,5],[4,5,6,7,8],[7,8,9,10,11]])
                                             #创建多维数组
07  print'创建的二维数组为:',arr1
08  print'索引结果为:',arr1[0,3:5]           #索引第 0 行中第 3 和 4 列的元素
```

输出结果为：

```
5
[3 4]
索引结果为:[0  1  100  101  4  5  6  7  8  9]
创建的二维数组为: [[ 1  2  3  4  5]
 [ 4  5  6  7  8]
 [ 7  8  9 10 11]]
索引结果为: [4 5]
```

其中，代码第 2 行切片操作，arr[3：5] 不包括 5 通过索引可以对其中的元素直接进行修改。代码 6 ~ 8 行是对多维数组的索引操作。

❑ 数组的统计分析

用 sort( ) 函数对数组进行排序。

```
01  arr = np.array([1,3,6,4,2])
02  print(arr)                               #打印数组
03  print'对 arr 数组进行排序:',np.sort(arr)
```

输出结果为：

```
[1 3 6 4 2]
对 arr 数组进行排序:[1 2 3 4 6]
```

用 sum( )、mean( )、std( ) 等函数求数组总和、均值、标准差等。

```
04  print(np.sum(arr))                       #求 arr 的总和
05  print(np.mean(arr))                      #求 arr 的均值
06  print(np.std(arr))                       #求 arr 的标准差
```

输出结果为：

```
16
3.2
1.7204650534085253
```

❑　数组的矩阵操作

用 mat( )、dot( ) 函数对矩阵进行操作。

```
01  arr = np.arange(3)                    #创建 0 ~2 之间的等差数组
02  matr1 = np.mat("1 2 3;4 5 6;7 8 9")    #使用 mat 函数创建矩阵
03  print (arr)
04  print (matr1)
05  print(np.dot(arr,matr1))              #使用 dot 进行矩阵相乘操作
```

输出结果为：

```
[0 1 2]
[[1 2 3]
 [4 5 6]
 [7 8 9]]
[[18 21 24]]
```

其中，第 5 行是将两矩阵相乘，得到结果为：[[18 21 24]]。在 Numpy 中 np. mat( )创建的矩阵 Matrix 必须是二维的，但是 numpy arrays 可以是多维的。Matrix 是 Array 的一个小的分支，包含于 Array。所以 mat( )拥有 array( )的所有特性。如果一个程序里面既有 Matrix 又有 Array，会比较混乱。但是如果只用 Array，不仅可以实现 Matrix 所有的功能，还减少了编程和阅读的麻烦。

2.2.2　数据分析工具（Pandas）简介及应用

Pandas 是以 Numpy 为基础构建的、用以分析结构化数据的程序包，其功能强大且提供了高级数据结构和数据操作工具。Pandas 包含了数据读取、清洗、分析、矩阵运算以及数据挖掘等，最初用于金融数据分析，因其强大的功能而应用日益广泛，成为许多数据分析的基础工具。

Numpy 的一个特点就是把数据转换成数组（向量或矩阵）形式处理或运算，但是在机器学习中我们常常面对着大量的多维度数据，比如像经典的数据集——鸢尾花（Iris）数据集，该数据集中包含 150 行，有花萼长度、花萼宽度、花瓣长度、花瓣宽度、种类 5 列数据，分别有山鸢尾花（Iris Setosa）、变色鸢尾花（Iris Versicolor）和维吉尼亚鸢尾花（Iris Virginica）

各 50 个。如果用 Numpy 处理只能变成 150×5 维矩阵，在这个过程中每行、每列数据的属性或标签将消除，只剩下纯粹的数组，在进行各种数据处理后，我们可能就很难记住新数据代表的含义了。

在 Pandas 中有两类非常重要的数据结构，即序列 Series 和数据框 DataFrame。这两个数据结构在实际操作中对数据的每一行都会赋予索引，每一列都会赋予标签，这就相当于数据在一个 Excel 里操作。在此基础上对数据进行的操作，如索引、排序、切片、合并、统计分析以及可视化等，都能明确地知道是对哪部分数据、哪些属性进行的操作，一目了然。因此，Pandas 适用于对大型数据的操作，通常情况下 Numpy 则从其中选取一小部分数据进行数学上的运算。

在 Pandas 中有两类重要数据结构——序列（Series）和数据框（DataFrame）。Series 类似于 Numpy 中的一维数组，可以使用 Numpy 一维数组可用的函数或方法，还可以通过索引标签的方式获取数据，而且具有索引的自动对齐功能；DataFrame 类似于 Numpy 中的二维数组，同样可以使用 Numpy 数组的函数和方法。除此之外，还有数据排序、转置、缺失值处理等更灵活的操作应用，下面会详细介绍。

❑　创建 Series

�　通过一维数组的方式来创建序列。

```
01   import numpy as np          #导入 Numpy 库
02   import pandas as pd         #导入 Pandas 库
03   s = pd.Series(np.arange(10))   #以 0～9 的数组生成 Series
04   s
```

输出结果为：

```
0    0
1    1
2    2
3    3
4    4
5    5
6    6
7    7
8    8
9    9
dtype: int32
```

可以看到 Series 中的每个元素都加了索引（0，1，2…），由于没有给生

成的 Series 赋予标签，因而在表头没有该 Series 的标签。dtype：int32 表明它
的数据类型。

  ↘ 通过字典的方式创建序列。

```
01   dic1 = {'a':10,'b':20,'c':30,'d':40,'e':50}   #创建字典
02   s2 = pd.Series(dic1)                           #以字典方式生成 Series
03   s2
```

输出结果为：

```
a    10
b    20
c    30
d    40
e    50
dtype: int64
```

可以看到 s2 中的每个元素的索引是以 a、b、c、d、e 命名的，它来自
于字典 dic1 的设置。

  ❑ 创建 DataFrame

DataFrame 一般是由读写其他的文件和数据库而创建的，当然也可以通
过直接输入数据进行创建。

```
04   df = pd.DataFrame({'A':[1,2,3,4],'B':[5,6,7,8]})
                                             #创建 DataFrame
05   df
```

输出结果为：

```
   A  B
0  1  5
1  2  6
2  3  7
3  4  8
```

可以看到这里采用字典的方式创建 DataFrame，并对每一列数据加了标
签，在输出结果中显示的是有标签、有索引的 DataFrame。

  ❑ 查看数据

在机器学习中，很多时候需要训练的数据有成千上万个样本，不可能
把所有数据全部展示出来，在这里可采用 DataFrame 的 head( )、tail( )函数
来查看部分数据。

```
01  df1 = pd.read_csv('D:/2_apple.csv') #读取 csv 数据
02  df1.head()                          #查看前 5 行数据
```

第 1 行采用读取计算机中文档的方式导入数据。值得注意的是，这里的数据集 2_apple. csv 默认在 D 盘，本书后边所有案例中读取的文档均默认在 D 盘，在实际运行中，读者可根据自己文档的位置，设定不同的读取路径来导入数据。最终输出结果为：

```
   year   apple   price   income
0  1990   12.8    50.1    1606
1  1991   12.3    71.3    1513
2  1992   13.1    81.0    1567
3  1993   12.9    76.2    1547
4  1994   13.8    80.3    1646
```

在这里采用 pd. read_csv( )读取本地数据来创建 DataFrame，该数据集为 1990—2014 年度某地区苹果的消费量、价格指数与当地居民收入，数据共有 25 行、4 列。采用 df. head( )只对前 5 行进行查看，也可以对括号里的数值进行手动输入，设定自己想看的行数。比如通过 tail( )函数查看底部最后 3 行的数据。

```
03  df1.tail(3)                         #查看后 3 行数据
```

输出结果为：

```
    year   apple   price    income
22  2012   14.0    102.3    2486
23  2013   14.2    111.4    2534
24  2014   14.8    117.6    2610
```

显示该数据集的索引、列。

```
04  df1.index                           #显示索引
```

输出结果为：

```
RangeIndex(start = 0,stop = 25,step = 1)
```

表示索引是从 1 ~ 25 的数值，步长为 1。

```
05  df1.columns                         #显示列
```

输出结果为：

```
Index([u'year',u'apple',u'price',u'income'],dtype = 'object')
```

对该数据进行基础的描述性统计分析。

```
06  df1.describe()                          #显示基础的统计分析
```

输出结果如表2.3所示。

表 2.3　2_apple 数据集各变量的描述性统计分析结果

	year	apple	price	income
count	25. 000000	25. 000000	25. 000000	25. 000000
mean	2002. 000000	13. 448000	87. 712000	1934. 120000
std	7. 359801	0. 533948	13. 509574	327. 831425
min	1990. 000000	12. 300000	50. 100000	1513. 000000
25%	1996. 000000	13. 100000	81. 000000	1678. 000000
50%	2002. 000000	13. 500000	88. 300000	1844. 000000
75%	2008. 000000	13. 700000	92. 200000	2126. 000000
max	2014. 000000	14. 800000	117. 600000	2610. 000000

❑ 数据的排序与转置

对 2_apple. csv 按某一列的值进行排序。

```
01  df1=df1.sort_values(by ='apple')        #按照 apple 的值进行升序排列
02  df1.head()                              #显示前 5 行
```

输出结果为：

```
    year  apple  price  income
1   1991  12.3   71.3   1513
0   1990  12.8   50.1   1606
11  2001  12.8   82.8   1844
3   1993  12.9   76.2   1547
10  2000  12.9   74.5   1839
```

对 df1 进行转置，这里的 df1 为排序后的 DataFrame。

```
03  df1=df1.T                               #按照 df1 转置
04  df1.head()                              #显示前 5 行
```

输出结果如图 2.2 所示。

	1	0	11	3	10	9	2	14	5	12	...	21
year	1991.0	1990.0	2001.0	1993.0	2000.0	1999.0	1992.0	2004.0	1995.0	2002.0	...	2011.0
apple	12.3	12.8	12.8	12.9	12.9	12.9	13.1	13.2	13.2	13.3	...	13.6
price	71.3	50.1	82.8	76.2	74.5	77.1	81.0	87.2	91.0	92.2	...	100.0
income	1513.0	1606.0	1844.0	1547.0	1839.0	1795.0	1567.0	1883.0	1657.0	1831.0	...	2403.0

4 rows × 25 columns

图 2.2　2_apple 数据集的转置结果

❑　选择数据

由于 df1 数据已经被打乱，在这里重新生成数据，进行选择操作。

```
01  df=pd.DataFrame({'A':[1,2,3,4],'B':[5,6,7,8]})
02  df ['A']                          #选择 A 列
```

输出结果为：

```
0    1
1    2
2    3
3    4
Name: A,dtype: int64
```

切片选择。

```
03  df[0:3]                           #选择第 1~3 行
```

输出结果为：

```
   A  B
0  1  5
1  2  6
2  3  7
```

根据序列 iloc – 行号进行数据选择。

```
04  df.iloc[1:3,0:2]                  #选择第 2、3 行,第 1、2 列数据
```

输出结果为：

```
   A  B
1  2  6
2  3  7
```

❑　处理缺失值

首先增加一列 C，则 C 列数据有缺失值。

```
01  df['C']=pd.Series([1,2])                    #增加一列
02  df
```

输出结果为：

```
   A  B  C
0  1  5  1.0
1  2  6  2.0
2  3  7  NaN
3  4  8  NaN
```

可以看到增加的 C 列中包含有缺失值。

使用 dropna( ) 函数去掉其值为 NaN 的行或列。

```
03  df.dropna(how='any')                    # any：只要存在 NaN 即可去掉
```

输出结果为：

```
   A  B  C
0  1  5  1.0
1  2  6  2.0
```

除此之外，Pandas 还有很多对于序列 Series 和数据框 DataFrame 的操作，例如合并数据表、分组、连接数据库、数据透视表等，具体内容读者可以在相关书籍或官方 Pandas 文档中查阅。

2.2.3　数值计算包（Scipy）简介及应用

Scipy 是一个高级的科学计算库，它和 Numpy 联系很密切，Scipy 的使用都是在 Numpy 数组基础之上的进一步数值计算，它包含致力于科学计算中常见问题的各个工具箱。它的不同子模块对应于不同的应用，例如插值、积分、优化、图像处理、统计、特殊函数等。其具体的子模块及其功能如表 2.4 所示。

表 2.4　Scipy 的子模块及其功能

模　块　名	功　　能
scipy. cluster	向量量化
scipy. constants	数学常量

（续）

模 块 名	功 能
scipy. fftpack	快速傅里叶变换
scipy. integrate	积分
scipy. interpolate	插值
scipy. io	数据输入输出
scipy. linalg	线性代数
scipy. ndimage	N 维图像
scipy. odr	正交距离回归
scipy. optimize	优化算法
scipy. signal	信号处理
scipy. sparse	稀疏矩阵
scipy. spatial	空间数据结构和算法
scipy. special	特殊数学函数
scipy. stats	统计函数

可以看到，Scipy 是在 Numpy 的基础上做更复杂的数值运算，例如积分、插值、优化算法、稀疏矩阵等。对于初学者来说，如果直接调用 Python 机器学习的相关算法包对一些数据进行模拟与预测，那么就不需要用到 Scipy 程序包。只有根据算法具体编程时，才可能会用到相关 Scipy 模块。

因此，在这里简单介绍 Scipy 的一些基础应用。

❑ 统计假设与检验

↳ 产生一些具有特定分布的随机数。

```
01  import scipy.stats as stats   #导入 Scipy 的统计库
02  x = stats.uniform.rvs(size =20)
                            #产生 20 个在[0,1]均匀分布的随机数
03  print(x)
```

输出结果为：

```
[0.56552488 0.0422744  0.07901648 0.99910559 0.39105277 0.31018023
 0.95814791 0.01383546 0.20854351 0.75034919 0.35765998 0.46585307
 0.63064414 0.49639011 0.19636508 0.86039722 0.68278826 0.74700188
 0.06363629 0.65573564]
```

➥　创建正态分布与泊松分布的数组。

```
04   y = stats.norm.rvs(size = 20,loc = 0,scale = 1)
                           #产生了 20 个服从[0,1]正态分布的随机数
05   z = stats.poisson.rvs(0.6,loc = 0,size = 20)
                           #产生 poisson 分布
06   print(y)
07   print(z)
```

输出结果为：

```
[ -0.92329109  0.88999392  0.75974422 -1.15355458 -0.61175366 -0.61834803
  0.28891624  0.21930715 -0.13601291  0.3871089  -0.48235261  0.51546927
  1.47888555 -1.11802644  0.94114265  0.20832319  0.1710414  0.84972812
  0.56501021 -1.47669086]
[0 2 0 0 2 1 0 0 1 0 0 0 1 0 0 0 0 1 0 2]
```

📢注意：

由于是随机数，x、y、z 的数值每次生成结果并不一样，本书结果与读者自己运行结果不同的概率也很大。

➥　T 检验。例如，有两个样本集，假设它们由高斯过程生成。可以使用 T 检验来决定这两个样本值是否显著不同。

```
01   a = np.random.normal(0,1,size = 100)
                           #生成均值为 0,标准差为 1 的 100 个正态分布随机数
02   b = np.random.normal(1,1,size = 10)
                           #生成均值为 1,标准差为 1 的 10 个正态分布随机数
03   stats.ttest_ind(a,b)#T 检验
```

输出结果为：

```
Ttest _ indResult ( statistic = - 1.8536459614475056, pvalue =
0.0665189989908727)
```

输出结果由两部分组成：T 统计量和 p 值，根据这两个数值就可以判断两样本值是否显著不同。

❑　线性代数操作

scipy. linalg 模块提供标准线性代数运算，scipy. linalg. det( )函数计算方阵的行列式。

```
01   from scipy import linalg              #导入 scipy.linalg 模块
02   arr1 = np.array([[1,2], [3,4]])       #创建数组
03   arr2 = np.array([[3,2], [6,4]])       #创建数组
04   linalg.det(arr1)                      #计算 arr1 的行列式
05   linalg.det(arr2)                      #计算 arr1 的行列式
```

输出结果为：

```
-2.0
0.0
```

计算方阵的逆。

```
06  iarr = linalg.inv(arr1)              #计算方阵的逆
07  iarr
```

输出结果为：

```
array([[ -2.,1.],
       [ 1.5,-0.5]])
```

❑ 优化算法

优化是找到最小值或等式的数值解的问题。scipy. optimization 子模块提供了函数最小值（标量或多维）、曲线拟合和寻找等式的根的有用算法。

```
01  from scipy import optimize         #导入 scipy.optimization 模块
02  def f(x):
03   return x * *2 +10 * np.sin(x)      #定义函数 f(x)
04  x = np.arange( -5,5,0.2)            #创建均匀分布数组
05  from matplotlib import pyplot as plt  #导入 matplotlib 绘图库
06  plt.plot(x,f(x)                      #绘制 x 与 f(x)的图形
07  plt.show()
```

对函数 $f(x) = x^2 + 10\sin x$ 求最小值的解。在这里用了 Python 的绘图工具 Matplotlib 绘制 x 与 $f(x)$ 的图形，便于对优化求解有一个初步印象。得到图形如图 2.3 所示。

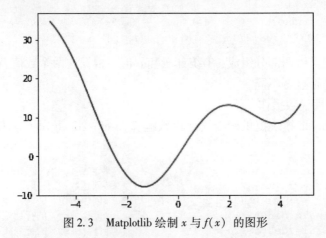

图 2.3　Matplotlib 绘制 x 与 $f(x)$ 的图形

若我们要找出这个函数的最小值，也就是曲线的最低点，可以用到 scipy. optimize 的函数 fmin( )去求解。

```
08   from scipy.optimize import fmin    #导入求极值的函数 fmin
09   print (fmin(f,0))                   #用 fmin 求极值
```

输出结果为：

```
Optimization terminated successfully.
       Current function value: -7.945823
       Iterations: 26
       Function evaluations: 52
[-1.3064375]
```

得到结果表明当 $x = -1.3064375$ 时，函数 $f(x) = x^2 + 10\sin x$ 有最小值，为 -7.945823，该优化过程迭代了 52 次。

以上就是 Scipy 的一些基本应用，除此之外，Scipy 还可以用于求积分、快速傅里叶变换、插值、信号处理等，有兴趣的读者可以尝试去做进一步研究。

2.2.4　绘图工具库（Matplotlib）简介及应用

Matplotlib 是 Python 中最常用的一种可视化程序包，可以非常方便地创建海量类型的 2D 图表和一些基本的 3D 图表。它充分利用了 Python 科学计算软件包 Numpy 等的快速精确的矩阵运算能力，设计了大量类似 Matlab 中的绘图函数，并充分利用了 Python 语言的简洁优美和面向对象的特点，使用起来非常方便。借助 Python 语言的强大功能，它不仅具有不亚于 Matlab 的作图能力，又具有胜于 Matlab 的编程能力。

下面结合一些具体例子来讲一讲 Matplotlib 的具体用法。

❑　绘制一个简单的正弦曲线图

在绘制正弦曲线前，需要先用 Numpy 创建相关数组，然后根据该数组绘制相关图形。

```
01   import matplotlib.pyplot as plt    #导入 matplotlib 库
02   import numpy as np                 #导入 numpy 库
03
04   x=np.arange(-np.pi,np.pi,0.1)      #创建数组
05   y=np.sin(x)                        #基于 x 创建正弦变化的 y 数组
06   plt.plot(x,y)                      #绘制图形
07   plt.show()                         #显示图形
```

代码第 4 行生成的 x 为在 $(-\pi,\pi)$ 之间，间隔为 0.1 的数组；第 6 行 plt. plot(x,y)，若只输入变量而无其他设置，如线条形状、颜色等，则默认为蓝色的折线图；第 7 行 plt. show ( ) 用于显示图像。最终得到图形如图 2.4 所示。

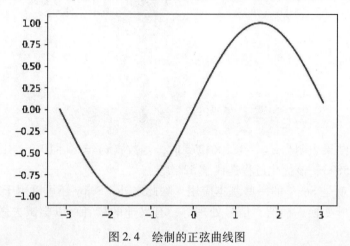

图 2.4　绘制的正弦曲线图

在图 2.4 的基础上，对绘制的图形做进一步处理，例如更改曲线的颜色、线条宽度、线条样式等。

```
08  plt.plot(x,y,color ='green',linewidth =2.0,linestyle ='-.')
                #设置绿色、线条宽度、线条样式
09  plt.show()  #显示图形
```

第 8 行 plt. plot ( ) 中的 color 代表线条颜色，linewidth 代表线条宽度，linestyle 表示线条样式，最终得到图形如图 2.5 所示。

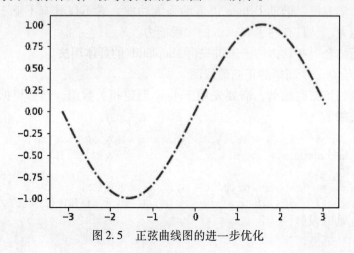

图 2.5　正弦曲线图的进一步优化

在 Matplotlib 中可以设定不同的 color 值来获得相应的颜色，基本的颜色设置如表 2.5 所示。

表 2.5　**Matplotlib 中 color 设置**

缩　　写	颜　　色	对应颜色
'b'	blue	蓝色
'g'	green	绿色
'r'	red	红色
'c'	cyan	青色
'm'	magenta	紫红色
'y'	yellow	黄色
'k'	black	黑色
'w'	white	白色

另外，在 Matplotlib 中用 linestyle 来控制线条类型，其值主要有："－"表示实线，"－－"表示虚线，"－·"表示短点相间线，":"表示虚点线等几种，读者可以通过对 linestyle 不同的设置来感受一下。

❑　设置图形网格线、坐标轴、图例等

除了对线条本身进行设置之外，还可以对整个图形的网格线、坐标轴、图例等进行设置，以进一步完善图形。

```
10  sin,cos = np.sin(x),np.cos(x)
11  plt.plot(x,sin,label ='sin')          #绘制图形
12  plt.plot(x,cos,color ='red',linewidth =2.0,linestyle =':',
    label ='cos')                         #绘制 cosx 图形
13  plt.grid(True)                        #设置网格线
14  plt.legend()                          #设置图例
15  plt.show()
```

代码第 11、12 行均在 plt.plot( ) 中加入了 label，使得每条线都带有标签；在第 14 行加入图例；第 13 行 plt.grid(True) 的参数设置为 True 就会有网格线，为 False 则不出现网格线。得到图形如图 2.6 所示。

还可以采用其他函数对图 2.6 做进一步处理，例如更改曲线的颜色、线条宽度、线条样式等。在此不一一赘述。

坐标轴的设置使用 plt.xlim( ) 和 plt.ylim( ) 函数。其中 xlim( ) 设定横轴坐标，ylim( ) 设置纵轴坐标。

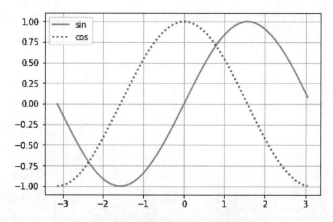

图 2.6　绘制的带有网格线、图例的图形

```
16  plt.xlim(-4,4)          #设定横坐标范围
17  plt.ylim(-1.5,1.5)      #设定纵坐标范围
18  plt.xlabel("x")         #横轴标识
19  plt.ylabel("y")         #纵轴标识
20  plt.title("sinx plot")  #设定图形的标题
21  plt.plot(x,y)           #绘制图形
22  plt.show()
```

代码第 16 行 plt. xlim(-4,4)的作用是设置横坐标范围为(-4,4)，第 17 行 plt. ylim(-1.5,1.5)设置纵坐标范围为(-1.5,1.5)，第 18、19 行 plt. xlabel("x")和 plt. ylabel("y")的作用分别是设置横坐标轴和纵坐标轴标识，第 20 行 plt. title("sinx plot")设定图形的标题，得到图形如图 2.7 所示。

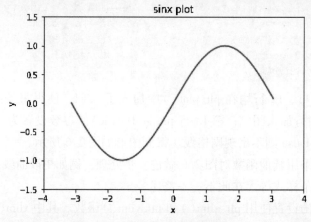

图 2.7　对坐标轴、标题进行设置

在此基础上，对绘制的图形做进一步处理，比如更改曲线的颜色、线条宽度、线条样式等。

❑　饼图

饼图可以比较清晰、直观地反映出部分与部分、部分与整体之间的数量关系，从而显示每组数据相对于总数的大小。在 Matplotlib 中采用 pie( ) 函数绘制饼图。

```
01  data = np.random.randint(1,11,5)  #创建随机序列
02  labels = ['one','two','three','four']  #定义饼状图的标签,标签是列表
03  plt.pie(data,labels = labels)  #绘制饼图
04  plt.axis('equal')      #设置 x、y 轴刻度一致,这样饼图才能是圆的
05  plt.legend()                #设置图例
06  plt.show()
```

得到图形如图 2.8 所示。

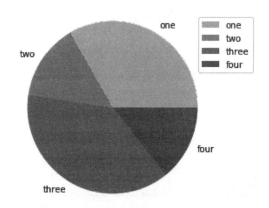

图 2.8　绘制的饼图

在此基础上，可以对绘制的图形做进一步处理，例如饼图的半径、数据、颜色、每块饼离中心点距离等，在此不一一赘述。

❑　散点图

散点图主要用两组数据构成多个坐标点，考察坐标点的分布，判断两变量之间是否存在某种关联或总结坐标点的分布模式。在 Matplotlib 中采用 scatter( ) 绘制散点图。

```
01  plt.scatter(x,y,color = 'r',marker = 'o')   #绘制散点图
02  plt.show()
```

第 1 行的 plt.scatter( ) 用 color 设置点的颜色，这点用法和 plt.plot 相同，

marker 主要用来设置不同的点的标记形状，除此之外还可以用其他不同方式设置点的标记。得到图形如图 2.9 所示。

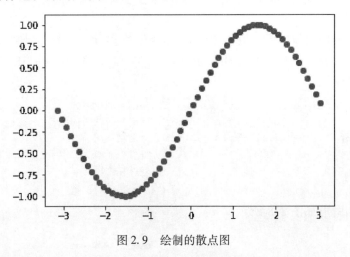

图 2.9　绘制的散点图

❏　柱状图

柱状图是用竖直的柱子来展现数据，一般用于展现横向的数据变化及对比。在 Matplotlib 中采用 bar( ) 绘制柱状图。

```
01  bar1 =[1,2,3,4]          #创建数据
02  plt.bar(range(4),bar1)   #绘制柱状图
03  plt.show()
```

得到图形如图 2.10 所示。

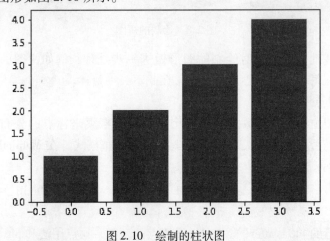

图 2.10　绘制的柱状图

在此基础上，对绘制的图形做进一步处理，例如柱形的大小、间隔、颜色，以及图例、坐标轴、标题等，在此不一一赘述。

以上是对 Matplotlib 中基本的图形，如折线图、饼图、散点图、柱状图等用法的一些基本介绍，并且介绍了基于图形的曲线、点、坐标轴、图例、标题等的设置。实际上，Matplotlib 非常强大，应用的功能不限于此，包括一些子图绘制、三维、复合图形等，以及在图形上加文字、公式等，甚至是动态图形的绘制。读者可以根据自身需要去做深入研究。

2.2.5　机器学习包（Scikit-learn）简介及应用

Scikit-learn 是传统的开源 Python 算法框架，始于 2007 年的 Google Summer of Code 项目，最初由 David Cournapeau 开发。它是一个简洁、高效的算法库，提供一系列的监督学习和无监督学习的算法，以用于数据挖掘和数据分析。Scikit-learn 提供了几乎所有机器学习算法的开源程序包，提高了开发者在机器学习中的计算效率，由此提升了 Python 编程语言的主流地位，且在今天也在被广泛使用。

Scikit-learn 的算法库建立在 Scipy（Scientific Python）之上，即必须先安装 Scipy 才能使用 Scikit-learn，它的框架包括：
- ❑　Numpy：基础的多维数组包
- ❑　Scipy：科学计算的基础库
- ❑　Matplotlib：全面的 2D/3D 测绘
- ❑　IPython：改进的交互控制器
- ❑　Sympy：符号数学
- ❑　Pandas：数据结构和分析

也就是说，Scikit-learn 本身不是独立的程序库，而是需要在这些程序库基础上构建起来，这其中以 Scipy 为基础的扩展和模块是重要组成部分，并被命名为 Scikits，而提供学习算法的模组就被命名为 Scikit-learn，这是 Scikit-learn 名称的由来。在安装 Scikit-learn 之前也需要提前安装一些程序支持包。

Scikit-learn 包含了大量的机器学习算法模块或函数，在对数据进行训练时大多数算法或函数都可以直接调用，实现对机器学习算法的应用，使用者在此基础上对函数内的相关参数进行调整，来实现对算法的优化。这一过程大大简化了使用者的工作。在实际应用中，大多数使用者都是在基础算法的条件上，通过调整参数来优化算法。因此，学会了 Scikit-learn 算法库中的基本内容，也就掌握了机器学习的一些基础算法的应用。

Scikit-learn 包含的算法有用于分类（Classification）的逻辑回归（Logistic Regression）、支持向量机分类（SVC）、最近邻法（Nearest Neighbors）、决策树（Decision Tree）、随机森林（Random Forest）等；有用于回归（Regression）的线性回归、多项式回归（Polynomial Regression）、支持向量回归（SVR）、岭回归（Ridge Regression）、Lasso 回归等。

同时还有无监督学习的聚类算法（Clustering），包括 K 均值（K-means）、谱聚类（Spectral Clustering）、Mean-Shift 等方法，以及数据降维技术（Dimensionality reduction）中的主成分分析（PCA）、独立成分分析（ICA）等方法。除此之外，还用于在机器学习中的内置数据加载、数据预处理，包括数据的归一化（Normalization）、数据的标准化（Standardization）、去均值化（Mean Removal）、白化（Whitening）、二值化（Binarization）等。模型选择（Model Selection）中的评估模型、交叉验证、调参以及网格搜索（Grid Search）等。

下面结合一些具体示例来简单介绍 Scikit-learn 的一些基础应用，由于涉及机器学习的相关数据处理、算法以及预测等操作，初学者可能会不明白部分内容，但是没关系，大家先了解一些应用功能，对其中的原理可以先不需要深入了解，等看完本书之后，再来阅读本节，可能会有更多收获。

❑ 加载自带数据库

Scikit-learn 内置了一些常用的标准数据集，如用于分类的 iris 与 digits 数据集以及用于回归的波士顿房价数据集。在这里以鸢尾花数据集（iris）为例，演示如何加载自带数据库。

```
01   from sklearn import datasets          #导入数据集包
02   iris = datasets.load_iris()           #加载鸢尾花数据集
03   print 'iris.data:',iris.data          #打印分类样本的特征
04   print 'iris.target:',iris.target      #打印数据集的目标值
```

代码中第 2 行采用了 datasets. load 来加载数据集，第 3 行、第 4 行分别用 iris. data、iris. target 来打印鸢尾花数据集的样本特征值与目标值。在 1、2 节我们讲过鸢尾花的数据集包含 5 个变量，分别是花萼长度（Sepal Length）、花萼宽度（Sepal Width）、花瓣长度（Petal Length）、花瓣宽度（Petal Width）、种类（Class）等，其中前 4 列变量为鸢尾花数据集的样本特征值，最后一个种类（Class）为 iris 的目标值（Target）。在实际处理中，

需要根据前 4 列变量的特征值去预测最后一列的目标值，即鸢尾花的种类。

因此，样本特征值的输出结果为：

```
iris.data: [[5.1 3.5 1.4 0.2]
 [4.9 3.  1.4 0.2]
 [4.7 3.2 1.3 0.2]
 [4.6 3.1 1.5 0.2]
 [5.  3.6 1.4 0.2]
 [5.4 3.9 1.7 0.4]
 [4.6 3.4 1.4 0.3]
 [5.  3.4 1.5 0.2]
 [4.4 2.9 1.4 0.2]
 [4.9 3.1 1.5 0.1]
 [5.4 3.7 1.5 0.2]
 [4.8 3.4 1.6 0.2]
 [4.8 3.  1.4 0.1]
 [4.3 3.  1.1 0.1]
 [5.8 4.  1.2 0.2]
 :
```

样本目标值的输出结果为：

```
iris.target: [0 0 0 0 0 0 0 0 0 0 0 0 0 0 0 0 0 0 0 0 0 0 0 0 0 0 0 0 0 0
 0 0 0 0 0
 0 0 0 0 0 0 0 0 0 0 0 1 1 1 1 1 1 1 1 1 1 1 1 1 1 1 1 1 1 1 1 1 1 1
 1 1 1 1 1 1 1 1 1 1 1 1 1 1 1 1 1 1 1 1 2 2 2 2 2 2 2 2 2 2
 2 2 2 2 2 2 2 2 2 2 2 2 2 2 2 2 2 2 2 2 2 2 2 2 2 2 2 2 2 2
 2 2]
```

输出结果中，0、1、2 分别代表不同的鸢尾花种类。在这里还需要进一步说明的是，Scikit-learn 自带的数据集比较规则，比如自带的分类数据集 iris 与 digits，它都设置好了该数据集的特征变量、目标变量，这些数据集是一个类似字典的对象，数据存储在 .data 中，这是一个（n_sample, n_features）数组。在展示的时候是以数组的形式出现，如以上输出结果所示，若要更好地进行处理，可以采用 Pandas 转换成 DataFrame 的数据结构进行操作。

❑　数据预处理

在运用机器学习算法模拟和预测之前，需要对数据进行一些初步处理或者可视化分析，以便更好地理解数据的形式、变量关系等。在这方面，除了应用 Scikit-learn 去实现部分操作外，有时候还需要借助 Numpy、Pandas、Matplotlib 等程序库去分析。

```
05   iris_X = iris.data           #将样本特征值设置为 X
06   iris_y = iris.target         # 将目标值设置为 y
07   from sklearn.model_selection import train_test_split
                                  #导入数据集分离模块
08   X_train,X_test,y_train,y_test = train_test_split(iris_X,i-
     ris_y,test_size = 0.3)
09   #划分为训练集和测试集数据
10   print(y_test)
11   print X_train.shape         #打印 X_train 数组形状
12   print y_train.shape         #打印 y_train 数组形状
13   print X_test.shape          #打印 X_test 数组形状
14   print y_test.shape          #打印 y_test 数组形状
```

代码中第 7 行导入了数据集分离模块 train_test_split。第 8 行采用 train_test_split 把 iris_X，iris_y 分别划分为 X_train，X_test，y_train，y_test，即 X、y 的训练集、测试集。test_size = 0.3 表示了测试集的比重为 30%，也就是说总样本数量为 150 个的情况下，训练集有 105 个，测试集有 45 个。通过 print(y_test)等结果可以看到：

```
[2 2 1 0 0 1 1 0 0 0 1 0 0 1 2 2 2 1 2 2 2 1 0 1 0 2 1 1 2 1 1 0 2 1 0 1 1 2
 1 0 0 0 0 0 2]
(105L,4L)
(105L,)
(45L,4L)
(45L,)
```

输出结果可以看到 X_train，X_test 数组的维度均为 105 行 4 列，y_train，y_test 均为 45 行 4 列。以上采用了 train_test_split 对数据集进行了分离操作处理，除此之外，采用 Scikit-learn 还可以实现数据的归一化、标准化、正则化等功能，具体内容大家可以查阅相关资料去学习。

❑ 逻辑回归分析

对鸢尾花的分类数据可以采用逻辑回归算法去预测和模拟，采用 Scikit-learn 模块可以直接调用逻辑回归算法实现，而不用进行复杂的编程。

```
15   from sklearn.linear_model import LogisticRegression
                                  #线性模型中的逻辑回归
16   lr = LogisticRegression()   #引入逻辑回归算法
17   lr.fit(X_train,y_train)     #用逻辑回归算法拟合
18   print (lr.coef_)           #打印逻辑回归求解参数
```

输出结果为：

```
[[ 0.40071709  1.30869148 -2.08884003 -0.90992701]
 [ 0.1816206  -1.12005735  0.65981272 -1.37145257]
 [ -1.38479191 -1.56381736  2.08647159  2.3382551 ]]
```

输出结果可以看到 X_train，y_train 的逻辑回归求解参数结果。根据该结果，我们基于测试集来对模拟结果进行评价。

通过模型评价用以评估我们的模型的好坏程度，在这里可以采用均方差（Mean Squared Error，MSE）或者均方根差（Root Mean Squared Error，RMSE）在测试集上的表现来评价模型的优劣。

```
19  y_pred = lr.predict(X_test)   #对测试集的数据进行预测
20  from sklearn import metrics   #导入性能指标库
21  # 用 Scikit-learn 计算 MSE
22  print "MSE:",metrics.mean_squared_error(y_test,y_pred)
23  # 用 Scikit-learn 计算 RMSE
24  print "RMSE:",np.sqrt(metrics.mean_squared_error(y_test,y_
    pred))
```

输出结果为：

```
MSE: 0.06666666666666667
RMSE: 0.2581988897471611
```

根据得到的 MSE 或 RMSE，一方面我们可以对逻辑回归算法不断调节参数，进行优化，通过模型评价结果 MSE 或者 RMSE 来评判我们对算法的调整结果；另一方面，当我们采用其他算法时，比如 KNN、决策树之类，也可以比较不同算法的 MSE 或者 RMSE 结果，以评判哪个模型最优。除此之外，对于分类数据，在 Scikit-learn 模块还有精确率、召回率、ROC 曲线等评估方法。

❑　决策树算法

可以采用 Scikit-learn 模块可以直接调用 DecisionTreeClassifier 去实现。

```
25  from sklearn.tree import DecisionTreeClassifier
                                          #导入决策树模块
26  tree_clf = DecisionTreeClassifier( max_depth = 2 )
                                          #设定决策树算法
27  tree_clf.fit(X_train,y_train)         #拟合
28  y_pred_tree = tree_clf.predict(X_test)  #预测
29  # 用 Scikit-learn 计算 MSE
30  print "MSE:",metrics.mean_squared_error(y_test,y_pred_
    tree)
```

```
31  #用 Scikit-learn 计算 RMSE
32  print "RMSE:",np.sqrt(metrics.mean_squared_error(y_test,y_
    pred_tree))
```

输出结果为：

```
MSE: 0.04444444444444446
RMSE: 0.21081851067789195
```

可以看到决策树算法的输出结果 MSE 或者 RMSE 的值都比逻辑回归算法的小，说明用决策树算法得到的预测偏误程度比逻辑回归算法的小，该算法优于逻辑回归算法。

   ❑ K 近邻算法

可以用 Scikit-learn 模块可以直接调用 KNeighborsClassifier 去实现。

```
33  from sklearn.neighbors import KNeighborsClassifier
                                        #导入 KNN 最近邻分类包
34  knn = KNeighborsClassifier()        #设定 K 近邻算法
35  knn.fit(X_train,y_train)            #拟合
36  y_pred_knn = tree_clf.predict(X_test)   #预测
37  #用 Scikit-learn 计算 MSE
38  print "MSE:",metrics.mean_squared_error(y_test,y_pred_knn)
39  #用 Scikit-learn 计算 RMSE
40  print "RMSE:",np.sqrt(metrics.mean_squared_error(y_test,y_
    pred_knn))
```

输出结果为：

```
MSE: 0.04444444444444446
RMSE: 0.21081851067789195
```

可以看到 K 近邻算法的输出结果 MSE 或 RMSE 的值都比逻辑回归算法的小，但是和决策树的输出结果一样，可以看出 K 近邻算法优于逻辑回归算法，和决策树算法不相上下。

   ❑ 支持向量机算法

支持向量机算法，也可以采用 Scikit-learn 模块可以直接调用 svm 来实现。

```
37  from sklearn import svm    #导入支持向量机 svm 包
38  svm = svm.SVC()           #设定 svm 算法
39  svm.fit(X_train,y_train)  #拟合
40  y_pred_svm = tree_clf.predict(X_test)
41  #用 Scikit-learn 计算 MSE
```

```
42  print "MSE:",metrics.mean_squared_error(y_test,y_pred_svm)
43  #用 Scikit-learn 计算 RMSE
44  print "RMSE:",np.sqrt(metrics.mean_squared_error(y_test,y_
    pred_svm))
```

输出结果为：

```
MSE: 0.04444444444444446
RMSE: 0.210818510677789195
```

可以看到，支持向量机算法的输出结果 MSE 或 RMSE 的值都比逻辑回归算法的小，但是和决策树、K 近邻算法的输出结果一样。因此，SVM 算法优于逻辑回归算法，和决策树、K 近邻算法不相上下。

综合以上 Scikit-learn 中机器学习相关模块的简单应用，可以看到，使用 Scikit-learn 对数据进行算法的运行与预测，非常简单快捷，从调用相关库到引入相关算法、拟合与预测、模型评价等，基本上代码不超过 10 行，甚至不需要了解每个算法背后的原理。但是，在本节的目的只是以一些具体例子初步介绍一下 Scikit-learn 的简单利用，对 Scikit-learn 有一个初始印象，最终还需大家认真研读本书关于机器学习算法介绍的部分，这样才能更好地去理解 Scikit-learn 库的应用。

2.3　Anaconda 的安装与使用

2.2 节介绍了 Python 机器学习的一些常用库，比如 Numpy、Pandas、Scipy、Matplotlib、Scikit-learn 等，在实际操作过程中，每个库一个一个地安装可能比较麻烦、琐碎，而 Anaconda 的出现，实现了相关数据包的集成与管理，免去了大量安装各种数据运算、算法包等的麻烦，实现一键式使用。

Anaconda 不是语言，它只是 Python 的一个集成管理工具或系统，它把 Python 中有关数据计算与分析所需要的包都集成在了一起，我们只需要安装 Anaconda 软件就行了，其他什么都不用装，包括 Python 软件。Anaconda 是一个打包的集合，里面包含了 720 多个数据科学相关的开源包，在数据可视化、机器学习、深度学习等多方面都有涉及。不仅可以进行数据分析，甚至可以用在大数据和人工智能领域。

Anaconda 附带了一大批常用数据科学包，包括 Conda、Python 和 150 多个科学包及其依赖项。因此用 Anaconda 可以立即处理数据。Anaconda 同时也是个环境管理器，解决了多版本 Python 并存、切换的问题。安装Anaconda让我们省去了大量下载模块包的时间，更加方便。

2.3.1　Anaconda 的安装

可以直接在官网下载 Anaconda，其网址为：https：//www. anaconda. com/download/，网站上提供了适应不同操作系统、不同 Python 版本下的软件下载，如图 2.11 所示。

图 2.11　Anaconda 下载网页

在图 2.11 中，最上方的 Windows、macOS、Linux 表示不同操作系统下的下载网页，中间 Python 3.6、Python 2.7 表示不同版本，下面的 32-Bit、64-Bit 表示 32 位或 64 位的 Windows 系统选择，根据个人情况单击相应页面去下载。安装之后，在 Windows 系统下打开"开始"菜单，如图 2.12 所示。

可以看到，安装完 Anaconda，就相当于安装了 Python、IPython、Jupyter Notebook、集成开发环境 Spyder、相关科学数据包等。

图 2.12　"开始"菜单显示内容

2.3.2　Anaconda 中集成工具的使用

安装 Anaconda 之后，可以直接在命令提示符窗口直接调用 Python、IPython、Jupyter Notebook、集成开发环境 Spyder 等软件，而不用等每个软件都安装好了之后再调用。

例如 python(shell)的使用，直接在命令提示符窗口输入 python，即会显示你使用的 Python 版本等信息，输入 Python 程序，如 print " hello world "，会直接输出结果。其过程如图 2.13 所示。

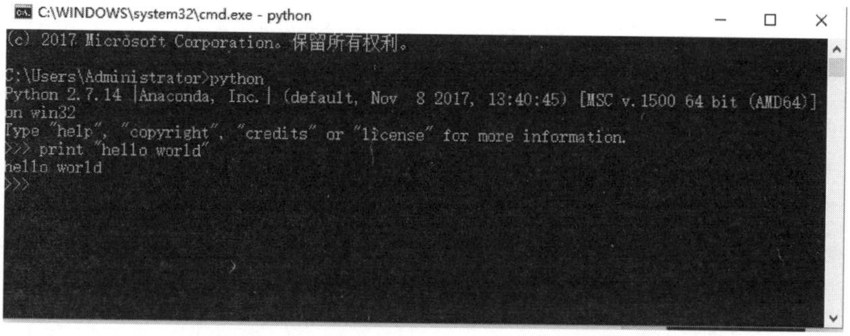

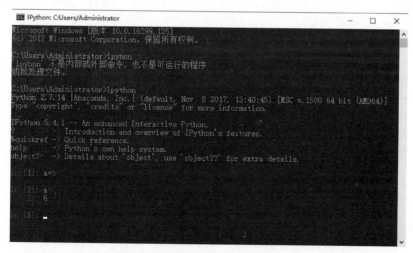

图 2.13　调用 Python 平台并写代码

ipython(shell)的使用，也是直接在命令提示符窗口输入 ipython，即会显示你使用的 IPython 版本等信息，可以直接在上面输入代码，如图 2.14 所示。

图 2.14　调用 IPython 平台并写代码

可以看到，ipython(shell)平台与 python(shell)的不同之处在于代码输入输出的形式不同。

在命令提示符窗口输入 jupyter notebook，就会打开 Jupyter Notebook 模式，这是 Python 的一个交互式、网页式编程平台，将在 2.4 节讲述。界面如图 2.15 所示。

图 2.15　调用 Jupyter Notebook 模式

在图 2.11 中的"开始"菜单中，直接打开 Spyder(IDE)。Spyder 是一个使用 Python 语言的开放源代码跨平台科学运算 IDE。Spyde 集成了 Numpy、Scipy、Matplotlib、Ipython 以及其他开源软件。

如图 2.16 所示，Spyder(IDE)包含编辑器、控制台（Console）、变量浏览器（Variable Explorer）、对象查看器（Object Inspector）等界面，是使用 Python 编程语言的集成开发环境，功能更为全面。

2.3.3　Conda 的环境管理

由于 Python 有两个版本，因此 Anaconda 也在 Python 2.0 和 Python 3.0 的基础上推出了两个发行版，即 Anaconda 2.0 和 Anaconda 3.0。Python 3.0 正在被越来越多的开发者所接受，同时让人尴尬的是很多老系统依旧运行在 Python 2.0 的环境中，因此有时使用者不得不同时在两个版本中进行开发、调试。

Conda 的环境管理功能允许我们同时安装若干不同版本的 Python，并能

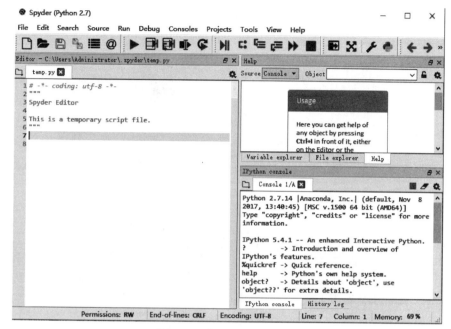

图 2.16　打开 Spyder(IDE)

自由切换。Conda 是 Anaconda 下用于包管理和环境管理的命令行工具，是 Pip 和 Vitualenv 的组合。安装成功后 Conda 会默认加入到环境变量中，因此可直接在命令提示符窗口运行 Conda 命令。

```
01   # 基于 Python 3.6 创建一个名为 test_py3 的环境
02   conda create -- name test_py3 python = 3.6
03   # 基于 Python 2.7 创建一个名为 test_py2 的环境
04   conda create -- name test_py2 python = 2.7
05   # 激活 test 环境
06   activate test_py2   # windows
07   source activate test_py2 # linux/mac
08   # 切换到 Python 3
09   activate test_py3
```

通过上述设置，可以自由切换不同版本的 Python。

❑　Conda 的包管理

Conda 的包管理就比较好理解了，这部分功能与 Pip 类似。例如，如果需要安装 Scipy 程序包，直接在命令提示符窗口运行 conda 命令。

```
01   conda install scipy   # 安装 scipy
02   conda list            # 查看已经安装的 packages
```

输入命令 conda list 可以看到 Anaconda 安装的程序包有上百个，我们可以直接使用，省去了大量安装程序包的麻烦，如图 2.17 所示。

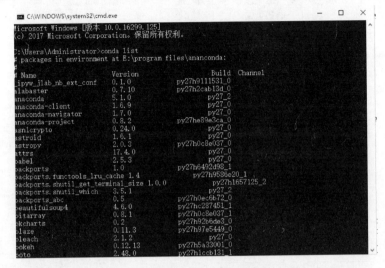

图 2.17　Anaconda 已安装的程序包

一些其他操作。

```
01   conda list -n python34    #查看某个指定环境的已安装包
02   conda search numpy        #查找 package 信息
03   conda update conda        #更新 conda
04   conda update python       #更新 python
```

总之，Anaconda 具有跨平台、包管理、环境管理的特点，因此很适合在新的机器上快速部署 Python 环境。

2.4　Jupyter Notebook 模式

2.3 节在介绍 Anaconda 的使用中涉及了 Jupyter Notebook 模式，本节具体介绍如何使用 Jupyter Notebook 模式进行 Python 编程。

2.4.1　Jupyter Notebook 模式的特点

Jupyter Notebook 是一个交互式的笔记本，支持 40 余种编程语言。根据

Jupyter Notebook 官方介绍，它是基于网页的用于交互计算的应用程序，可被应用于全过程计算：开发、文档编写、运行代码和展示结果。Jupyter Notebook 是以网页的形式打开，可以在网页页面中直接编写代码和运行代码，代码的运行结果也会直接在代码块下显示出来。基于这些特点，它是目前 Python 编程最好的使用平台之一。

其主要特点有：

❑ 支撑 40 余种语言，包括一些数据科学领域很流行的语言，如Python、R、Scala、Julia 等。

❑ 允许用户创建和共享文件，文件中可以包括公式、图像以及重要的代码。

❑ 拥有交互式组件，可以编程输出视频、图像、LaTaX。不仅如此，交互式组件能够用来实时可视化和操作数据。

❑ 它也可以利用 Scala、Python、R 整合大数据工具，如 Apache 的 Spark。用户能够拿到和 Pandas、Scikit-learn、Ggplot2、Dplyr 等库内部相同的数据。

❑ Jupyter Notebook 一个最重要的特性就是它能够用图显示单元代码的输出。

Jupyter Notebook 的最后一个特性：能够用图显示单元代码的输出，这是 Jupyter Notebook 最好用也是区别于 Python shell 的功能，具体如图 2.18 所示。

```
In [35]: from sklearn.linear_model import LogisticRegression #线性模型中的逻辑回归
         lr = LogisticRegression()      #引入逻辑回归算法
         lr.fit(X_train, y_train)    #用逻辑回归算法拟合
         print (lr.coef_)  #打印逻辑回归预测参数

         [[ 0.40071709  1.30869148 -2.08884003 -0.90992701]
          [ 0.1816206  -1.12005735  0.65981272 -1.37145257]
          [-1.38479191 -1.56381736  2.08647159  2.3382551 ]]
```

```
In [36]: y_pred = lr.predict(X_test)    #对测试集的数据进行预测
         from sklearn import metrics   #导入性能指标库
         # 用scikit-learn计算MSE
         print "MSE:",metrics.mean_squared_error(y_test, y_pred)
         # 用scikit-learn计算RMSE
         print "RMSE:",np.sqrt(metrics.mean_squared_error(y_test, y_pred))

         MSE: 0.06666666666666667
         RMSE: 0.2581988897471611
```

图 2.18　Jupyter Notebook 显示单元代码的输出

这是 Scikit-learn 中应用逻辑回归所采用的代码，在 Jupyter Notebook 中

可以分别运行代码，在每个单元格写完相应代码就可以按 Ctrl + Enter 键实时运行出来，而不用像 Python shell 那样必须写完全部代码才能运行。这样我们就可以边写代码边思考，运行出错还可以及时调试，这就是 Jupyter Notebook 模式最大的好处。

2.4.2 Jupyter Notebook 模式的图形界面

Jupyter Notebook 模式的图形界面前边章节已有所涉及，它就像一个浏览器一样，这里详细介绍其界面的一些功能。

打开主界面，如图 2.19 所示。

图 2.19　Jupyter Notebook 的主界面

Jupyter Notebook 采用浏览器作为界面，首页显示当前路径下的所有 Notebook 文档和文件夹。单击 New Notebook 按钮或文档名将打开一个新的页面，创建新的 Python、Text 文档以及 Folder 等文件夹。

打开操作界面，如图 2.20 所示。

可以看到，在操作界面有 File、Edit、View、Insert 等菜单栏，还有各种快捷键。中间的下拉框有 Code、Markdown 等选项，代表了不同文本的显示方式。在 File 下拉菜单中可以创建、打开、保存、重命名该文档等操作。整个 Jupyter Notebook 的操作与浏览器类似，具体可以在使用的时候进一步熟悉。

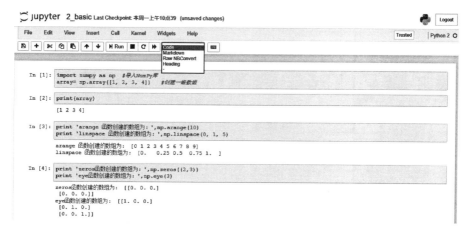

图 2.20　Jupyter Notebook 的操作界面

2.5　小结

本章主要介绍了应用 Python 实现机器学习前的准备，包括使用 Python 的优点、Python 机器学习的一些常用库的介绍、Anaconda 的安装与使用、Jupyter Notebook 模式等。对于初学者来说，这一章也是必需的，一方面我们能够对当前机器学习操作的一些主流工具、程序包有所了解；另一方面通过这些了解也进一步加深了对机器学习的印象，后续章节就开始具体讲解一些机器学习的算法。

在本章中，我们介绍了 Python 机器学习的一些常用库，如科学计算包（Numpy）、数据分析工具（Pandas）、数值计算包（Scipy）、绘图工具库（Matplotlib）、机器学习包（Scikit-learn），涵盖了机器学习中的数据导入、整理、数据处理、可视化、数值计算以及算法运行等方面。每个程序库的介绍都结合了一些具体案例和实际使用指南，有助于大家更好地理解。最后介绍了目前 Python 机器学习中使用的一些流行工具，如 Anaconda、Jupyter Notebook 等，前者可以将很多程序包、操作平台集成起来，避免挨个安装的麻烦，后者则是交互式、网页式的一个 Python 编程环境，功能强大，应用方便。

第3章 从简单案例入手：单变量线性回归

本章开始进入机器学习算法的学习，先从最基本的算法——线性回归入手。之所以从线性回归入手，特别是从单变量线性回归开始，而不像一般的介绍从分类问题讲起，是因为线性回归应用广泛、原理相对简单，在很多学科中线性回归都有广泛的应用，线性回归几乎是所有数据科学家的入门必修课。但是在机器学习中，从算法的角度来说，线性回归又有不同的应用方式、操作步骤。从简单案例入手，通过学习线性回归算法，可以初步了解机器学习的思维方式、操作原理等，建立对机器学习的初步印象。

单变量线性回归是在两个变量之间建立类似线性方程的拟合模型，以一个变量去预测另一个变量。它之所以较为简单，一方面是因为涉及的变量少，仅仅是两变量之间关系的拟合与预测，而不像决策树、K近邻等算法通常要考虑多维变量间的关系；另一方面是因为其原理较为简单，它是从线性回归方程的视角来拟合两变量的关系，从而去预测。方法简单的同时可能导致预测准确率下降，但是可以有助于我们更好地理解机器学习的思维。

3.1 回归的本质

"回归（Regression）"一词来源于统计学，更确切地说是生物统计学。决策树、支持向量机、K近邻、人工神经网络等算法，可以从它们的名字就能直观地了解算法的基本含义，而"回归"这个词，是从 Regression 直译过来的，很难直观反映该方法或算法的操作思路，也引起了一些人的诟病，认为不能直接翻译过来作为名称使用。但是回归本身又具有一定的含义，只有了解了回归的溯源、内在含义，才能更好地理解回归方法或算法。

3.1.1　拟合的概念

在人类认知世界的过程中，客观地认识以及能够科学地表述社会运行规律从来都是研究者们的最高使命。然而由于社会活动存在的随机波动性、多因素性以及事件的发生具有不可逆的特性等因素的影响，其规律的科学化进程发展缓慢。对于社会科学来说，不能像自然科学那样，通过建立实验室来考察，也不能创造出其他因素相对不变的理想状态。

对于自然科学来说，某些时候，其影响变量常常是遵循某一特定函数关系的，比如物理学中的路程与速度的关系——$s = vt$，或者物体质量与密度、体积的关系——$m = \rho v$ 等。但对于社会科学来说，很多变量间不存在函数的关系，人们只能建立统计模型，回归就是在这种背景下诞生的。

在回归之前，拟合（Fitting）的概念与思路最先被人们发掘出，它是借鉴了自然科学中的类似方法，通过数据之间的关联建立一种近似的函数关系，来对这些组变量的联系进行某种描述，进而获得某种解释。拟合最初是由勒让德（Legendre）和高斯（Gauss）两位数学家分别在 1804 年和 1809 年提出的，他们提出，对于一些具有关联关系的数据，可以寻找一条不必经过任何点，却能描述这些数据的基本规律的曲线，而后扩展到了不同的曲线，比如高斯拟合中的高斯函数等。

如何根据已知数据去拟合出数据关系的最佳曲线？此时数学家们的最初想法就是：拟合出来的这条曲线和那些点的距离"越近越好"，于是，就有了"偏差的绝对值和最小"和"偏差的平方和最小"两种优化方法。后来，由于"偏差的绝对值和最小"不好计算，加之"偏差的平方和最小"可以在向量的内积空间中得到一种非常漂亮的几何解释，即正交投影。综合技术上和数学上的原因，基于"偏差的平方和最小"的优化方法去拟合一组数据的曲线关系最终形成，这也就是我们常说的"最小二乘思想"。

3.1.2　拟合与回归的区别

这时候的拟合和现在我们用的回归很相似，并且最小二乘优化方法至今也在使用，但是此时一个大的背景就是概率论和统计学还没有完全发展起来，虽然这时候的拟合思想也是后来回归的思想，但是此时的拟合还不能称之为回归。这是为什么呢？

首先，对于已知数据，通过拟合方法可能找到其关系曲线，但是我们并不知道它对未知数据的拟合是否也很好，起初科学技术不是很发达，人们可能还观察不到自然界那些非常复杂的数据，采集到的数据的量也非常有限，于是对这些点的拟合看上去还没什么麻烦和问题。但是后来随着数据量的增大，人们逐渐发现，之前用拟合得到的结果变得"不靠谱"了。

其次，人们容易想到的回归曲线的形式，无非就是直线，或者更复杂点儿的初等函数，这些都是带参数的曲线，在形态上就不那么灵活。但是，随着人们逐渐观察到更多形态复杂的数据的形式，寻找合适的参数曲线变成了一件非常头痛的事情，于是，拟合的实际操作，也越来越难了。比如在高斯拟合中的高斯函数，其表达形式为：

$$y = ae^{-\frac{(x-b)^2}{2c^2}} \tag{3.1}$$

其中 a、b、c 为待定参数，它实际就是一个高斯分布（Gaussian Distribution）过程，在拟合过程中，首先通过先验知识确定了 (x_1, y_1)，(x_2, y_2)，…，(x_n, y_n) 服从高斯分布，然后将式（3.1）转化为线性形式：$Y = Ax^2 + Bx + C$，基于最小二乘法去拟合。在实际中很多事物并不完全呈现高斯分布，而数学家们又倾向于从数学的角度构建各种曲线，完美呈现各种事物的变化规律（此时概率理论尚不成熟，因此不确定性的概念还不那么深入人心），这就产生了操作难度的问题。

最后，拟合概念本身没有什么数学依据，而是来自于人们的主观感知，所以综合上述情况，拟合这一思想、方法虽然是后来回归方法的基础，但从数学家、科学家的角度来看，仍有许多难以解释的问题困扰着他们。

3.1.3　回归的诞生

转折来自于英国著名生物学家兼统计学家弗朗西斯·高尔顿（Francis Galton），此时古典概率理论已经比较成熟，为统计学产生奠定了基础。19 世纪末，高尔顿搜集了 1078 对父亲及其儿子的身高数据，来研究父代与子代身高的关系。他发现这些数据的散点图大致呈直线状态，也就是说，总的趋势是父亲的身高增加时，儿子的身高也倾向于增加。这一规律后来在高尔顿发表的《遗传的身高向平均数方向的回归》一文中，建立了形如 $y = 33.73 + 0.516x$（单位为英寸）的拟合曲线。

但是，高尔顿对试验数据进行深入分析后，发现了一个很有趣的现象：矮个父母所生的儿子比其父要高，身材较高的父母所生子女的身高却会降到多数人的平均身高。换句话说，当父母身高走向极端，子女的身高不会象父母身高那样极端化，其身高要比父母们的身高更接近平均身高，即有"回归"到平均数去的趋势，这就是统计学上最初出现"回归"时的含义，高尔顿把这一现象叫做"向平均数方向的回归"（Regression toward Mediocrity），即回归（Regression）效应。

随着统计学的出现，特别是高尔顿的学生卡尔·皮尔逊（Karl. Pearson）对统计学的影响，人们已经开始学会使用随机变量、概率模型来描述数据背后的那些不确定现象了。这一观念上的进步，使得回归问题有了新的眉目。

之前拟合概念的一大问题就是难以衡量对未知数据拟合偏差的不确定性，但是概率理论的发展，使得拟合之后，实际数据变化曲线与拟合曲线之间的偏差问题有了数学上的解释，这时候产生了随机误差的概念。人们开始对回归问题进行新的解释，开始假设那些随机误差的分布规律，人们理所应当地选择了性质最好的那个分布函数：正态分布。如果假定这些误差都是期望为 0、方差一定、彼此独立的，那么得到的拟合曲线就是可控的，与实际的预测偏差有其自身的变化趋势，这样之前拟合方法才能有了完美的一个解决闭环，而这一整套方法就是回归。

3.1.4　回归的本质含义

以上讲述了回归的历史沿革，特别是从拟合与回归的比较讲起，最终所阐述的回归的本质含义就是：它不仅是一种数据拟合手段，更是一种预测理念，这种理念就是任何可以测量的现象（身高、体重、智商、财富、天赋）都有一个平均值，所谓回归就是不断向平均值回归。举个例子，当用拟合当地房价与当地居民收入的关联时，所得到的拟合曲线是二者关联的平均变化趋势曲线，也就是所得到的回归曲线是将各种房价实际值拉回到平均值下的权衡结果，如图 3.1 所示。

从数学的角度来看，假设回归模型为 $y = a + bx + \varepsilon$，其中预测偏误 ε 是

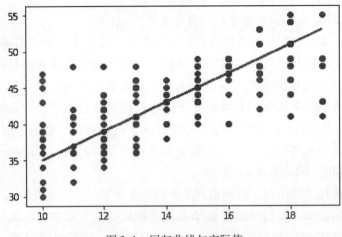

图 3.1　回归曲线与实际值

随机的，服从均值为 0 的正态分布（高斯分布），也就是拟合的偏差是可控的，总的均值是 0。基于这个假设，在统计学中才会有对回归模型的检验，包括估计系数的 t 检验、显著性的 F 检验以及区间预测等，这些都是建立在拟合偏差服从正态分布的基础上。在机器学习中，由于回归分析更多的是用以预测，侧重预测的效果，可能对偏误的分布假设要求不那么高。但是，作为来自于统计学中的回归算法，归根到底摆脱不了其本质含义。因此，在机器学习中，回归算法的本质也是向平均值回归的预测理念，包括在机器学习中也会用到最小二乘法去求解参数。

3.2　单变量线性回归算法

单变量线性回归算法就是基于两个变量建立线性回归方程，去拟合与预测两变量关系的一种算法，单变量线性回归的常规求解是最小二乘法，它是基于实际值与预测值之间偏差的平方和最小来拟合曲线。单变量线性回归的评价方法，比如 R 方，还有均方误差（Mean Squared Error，MSE）或者均方根误差（Root Mean Squared Error，RMSE）等，本节将对这些内容进行详细介绍。

3.2.1　单变量线性回归的基本设定

所谓线性回归是指因变量（y）与自变量（x）之间的关系是直线型的。假设因变量与自变量之间存在某种线性关系，我们可以用某一线性回归模型来拟合因变量与自变量的数值，并采用某种估计方法来确定模型的有关参数来得到具体回归方程。线性回归根据自变量的多少，有不同的划分方法。如果在回归分析中，只包含一个自变量与一个因变量，并且两者的关系可用一条直线来近似表示，那么这种回归分析称为单变量线性回归分析。如果回归分析中包含两个或两个以上的自变量，并且因变量和自变量之间关系为线性关系，则称该回归分析为多变量线性回归分析。

在统计学中也把单变量线性回归、多变量线性回归分别称为一元线性回归、多元线性回归。其基本模型设定为：

$$y = h_\theta(x) = \theta_0 + \theta_1 x \tag{3.2}$$

其中，$h_\theta(x)$ 表示以 θ 为参数的学习算法解决方案或函数，是一个从 x 到 y 的函数映射，θ_0、θ_1 是回归参数（未知），x 为自变量，在机器学习中也称为特征/输入变量，y 为因变量，在机器学习中也称为目标/输出变量。在这里我们可以看到单变量线性回归算法在统计学与机器学习中的区别，前者着重于研究 x 与 y 的关联关系，因此分别称为自变量、因变量，后者注重于基于 x 对 y 的预测，因此分别称为特征变量、目标变量。

除此之外，根据以上描述，使用单变量线性回归算法有一个前提设定，就是 x 与 y 最好有线性关系，可用一条直线来近似表示，这样才能做出比较好的预测。因此，在使用单变量线性回归算法之前，最好采用数据可视化方法观察 x 与 y 的变化关系。例如，对于随机产生的两个变量：

```
01  import matplotlib.pyplot as plt        #导入 Matplotlib 库
02  import numpy as np                      #导入 Numpy 库
03  x1=np.random.randint(-10,10,100)        #生成 -10~10 之间的
                                             100 个数据
04  y1=x1**2-x1+np.random.randint(1,100,100)  #生成 y1
05  plt.scatter(x1,y1,c='b')                #绘制散点图
06  plt.show()
```

得到图形如图 3.2 所示。

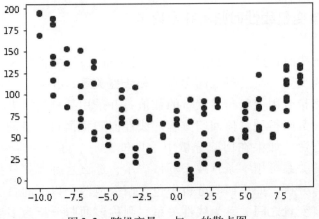

图 3.2　随机变量 x_1 与 y_1 的散点图

对于这样的数据，如果 x_1 与 y_1 的变化呈现 U 型趋势，就不能用线性回归算法，而需要考虑非线性回归算法。

只有呈现线性趋势的数据，用线性回归算法才有效。

❑　影厅观影人数与影厅面积的关系

在这里我们想研究影厅观影人数与影院面积的关系，搜集了不同影院的某一影厅在某个电影场次的观影人数（y，单位：人）与该影厅的面积（x，单位：平方米）。

```
01   import pandas as pd
02   df = pd.read_csv('D:/3_film.csv')    #读取 csv 数据：
03   x = df['filmsize']                   #取 df 的后 3 列为 x 变量
04   y = df['filmnum']                    #设置 y 变量
05   plt.scatter(x,y,c ='b')              #绘制散点图
06   plt.xlabel("x")                      #横轴标识
07   plt.ylabel("y")                      #纵轴标识
08   plt.show()
```

第 2 行采用 pd. read_csv 读取 D 盘中（本书默认路径）的数据文件，并分别设定特征变量 x 与目标变量 y，第 5 ~ 8 行对 x、y 变量的值进行散点图展示，输入结果如图 3.3 所示。

通过散点图可以看到，影厅观影人数与影院面积的关系近似一条曲线，因而可用单变量线性回归算法来拟合。先假设 x 与 y 关系满足模型：$h_\theta(x) = \theta_0 + \theta_1 x$，接下来就是用一些最优求解方法，得到参数 θ_0、θ_1，最后根据参数求解来对 y 进行拟合与预测。

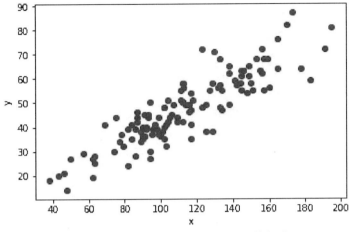

图 3.3 影厅观影人数与影厅面积的散点图

3.2.2 单变量线性回归的常规求解

对于形如：$h_\theta(x) = \theta_0 + \theta_1 x$ 的单变量线性回归算法，求解参数 θ_0、θ_1 的常规方法就是最小二乘法。从拟合的角度看，一个好的估计要求其估计结果与初始值偏差较小，也就是估计误差较小，那么我们就引入普通最小二乘估计（Ordinary Least Square Estimation，OLS）对线性回归模型进行估计。最小二乘法的基本思想是拟合线性回归直线与所有样本数据点都比较靠近，即要目标值 y_i 与其预测值的差 $y_i - h_\theta(x) = y_i - (\hat{\theta}_0 + \hat{\theta}_1 x)$ 越小越好，不同参数 θ_0、θ_1 的取值不同，目标值 y_i 与其预测值的差值是不同的，差值最小的那条线段也就是最小二乘法得到的拟合曲线，如图 3.4 所示。

因此，求解参数 θ_0，θ_1 取值的问题转化成了一个 $\mathrm{mininize}(h_\theta(x) - y)$ 的问题，这就是最小二乘法的基本原理。在介绍最小二乘法的求解思路之前，先引入机器学习中一个常用的概念或函数，即成本函数（Cost Function，也被称为代价或损失函数），其表达式为：

$$J(\theta) = \frac{1}{2m} \sum_{i=1}^{m} (h_\theta(x^{(i)}) - y^{(i)})^2 \tag{3.3}$$

其中，m 表示训练集中实例的数量（训练集中的训练样本个数）；$(x^{(i)}, y^{(i)})$ 表示第 i 个观察实例（第 i 个训练样本，上标 i 只是一个索引，表示第 i 个训练样本，即表中的第 i 行）。例如，在影厅观影人数与影院面积的关系

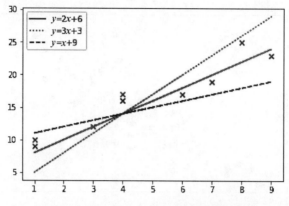

图 3.4　不同参数取值得到的拟合曲线情况

例子中，第一个训练样本的 x 值为 45、y 值为 106，第二个训练样本的 x 值为 44、y 值为 99。

成本函数（式 3.3）也被称作平方误差函数（Squared Error Function），对于回归问题来说，误差平方和函数是一个比较合适、常用的选择，当然，也可以选择一些其他形式的成本函数。最小二乘法中 $\mathrm{mininize}(h_\theta(x) - y)$ 的问题，就可以转化为求解成本函数最小的问题。

成本函数最小问题的常规解法就是，对成本函数 $J(\theta)$ 求偏导后并令其等于零，所得到的 θ 即为模型参数的值。即：

$$\frac{\partial}{\partial \theta_k} J(\theta) = \frac{1}{m} \sum_{i=1}^{m} (h_\theta(x^{(i)}) - y^{(i)}) x_k^{(i)} = 0, \quad k = 0,1,2,\cdots,n \quad (3.4)$$

由于这里为单变量线性回归算法，因此 $k = 0$，1，结合式（3.2）和式（3.4）可以转变成为一个方程组：

$$\left. \begin{aligned} \frac{\partial J(\theta)}{\partial \theta_0} &= \frac{1}{m} \sum_{i=1}^{m} (\theta_0 + \theta_1 x^{(i)} - y^{(i)}) \times 1 = 0 \\ \frac{\partial J(\theta)}{\partial \theta_0} &= \frac{1}{m} \sum_{i=1}^{m} (\theta_0 + \theta_1 x^{(i)} - y^{(i)}) x^{(i)} = 0 \end{aligned} \right\} \quad (3.5)$$

对方程组求解，可以得到：

$$\left. \begin{aligned} \theta_1 &= \frac{m \sum x^{(i)} y^{(i)} - \sum x^{(i)} \sum y^{(i)}}{m \sum x^{(i)2} - \left(\sum x^{(i)} \right)^2} \\ \theta_0 &= \frac{\sum y^{(i)}}{m} - \theta_1 \frac{\sum x^{(i)}}{m} \end{aligned} \right\} \quad (3.6)$$

这就是单变量线性回归算法下最小二乘法的解法，就是求得平方损失函数的极值点，可以看到，公式中 $(x^{(i)}, y^{(i)})$ 和 m 都是已知的，因此可以直接代入求解。

对于单变量线性回归算法来说，一方面虽然其模型简单，仅仅包含两个变量，但是在实际中并不可能只用一个特征变量去预测目标变量，大数据时代常常要找很多特征变量来预测目标变量，即后边章节要讲的多变量线性回归；另一方面，最小二乘法是最基础的算法，很多时候要用梯度下降法等去优化，得到更优的解。因此，在这里式（3.6）的结果更多的作用是让我们理解最小二乘法的求解过程。

3.2.3　单变量线性回归的评价与预测

求解参数 θ_0、θ_1 取值之后，基于已知的特征变量 x，根据 $y = h_\theta(x) = \theta_0 + \theta_1 x$ 就可以求出目标变量 y 的预测值。利用预测值与实际值的比较，我们就可以对所使用的算法进行评价。在回归算法中，主要的评价方法有以下几种：

❑　平均绝对差值（MAE）

平均绝对差值（Mean Absolute Error，MAE）是目标变量每个样本 i 的预测值与实际值差的绝对值，加总之后求平均，其公式为：

$$MAE = \frac{1}{m} \sum_{i=1}^{m} \left| yf^{(i)} - y^{(i)} \right| \tag{3.7}$$

其中，$yf^{(i)}$ 为预测值。

❑　均方误差（MSE）

均方误差（Mean Square Error，MSE）是目标变量每个样本 i 的预测值与实际值差的平方，加总之后求平均，其公式为：

$$MSE = \frac{1}{m} \sum_{i=1}^{m} \left(yf^{(i)} - y^{(i)} \right)^2 \tag{3.8}$$

❑　均方根误差（RMSE）

均方根误差（Root Mean Square Error，RMSE）就是在均方误差 MSE 开根号，其公式为：

$$RMSE = \sqrt{\frac{1}{m} \sum_{i=1}^{m} \left(yf^{(i)} - y^{(i)} \right)^2} \tag{3.9}$$

不同于均方误差 MSE 的是，均方根误差的单位与所用数据的单位是相同的。另外，可以看到均方误差 MSE 与成本函数比较相似，这也是使用均方误差 MSE 作为评价指标的缘由。

❑　拟合优度（R^2）

拟合优度（R^2）是判断回归模型拟合程度好坏的最常用的指标，来自于统计学中的回归评价指标。

$$R^2 = \frac{SSR}{SST} = \frac{\sum (yf^{(i)} - \overline{y^{(i)}})^2}{\sum (y^{(i)} - \overline{y^{(i)}})^2} \tag{3.10}$$

拟合优度是对回归模型拟合程度的综合度量，拟合优度越大，回归模型拟合程度越高。R^2 表示因变量 y 的总变差中可以由回归方程解释的比例。可决系数 R^2 具有非负性，取值范围为 0 到 1，它是样本的函数，是一个统计量。其取值越接近于 1，说明拟合效果越好。

除了对自身数据进行拟合与评价外，当模型训练完毕后，我们需要使用一个与训练数据集独立的新的数据集去对模型进行验证。因为模型本身就是使用训练数据集训练出来的，因此它已经对训练集进行了很好的拟合，但是它在新的数据集上的效果有待验证，因此需要使用新的与训练集独立的数据集对模型进行训练，确保该模型在新的数据集上也能够满足要求。模型对新的数据也有很好的预测的能力则被称为模型的泛化能力。

那么新的数据集如何得来呢？一般是将已有的数据集随机划分成两个部分，一部分用来训练模型，另一部分用来验证与评估模型。另一种方法是重采样，即对已有的数据集进行有放回地采样，然后将数据集随机划分成两个部分，一部分用来训练，另一部分用来验证，即训练集与测试集。关于两个数据集合如何划分的问题，在机器学习中也有很多方法，这在后边将会有所涉及。只有通过这种已有数据集的反复验证，才能确保我们的模型泛化能力较好，从而更好地用在未知目标变量数据集的预测上。

3.3　用机器学习思维构建单变量线性回归模型

本节基于上述对单变量线性回归算法原理、求解、评价等内容的介绍，从机器学习思维的角度，通过一个简单案例来构建单变量线性回归模型，并进行预测。在这里，将从机器学习的视角展示一个机器学习算法实现的基本过程，有别于传统的统计学、经济学中对回归方法的使用。

3.3.1　一个简单案例：波士顿房屋价格的拟合与预测

这里以 Scikit-learn 的内置数据集波士顿（Boston）房屋价格为案例，采用单变量线性回归算法对数据进行拟合与预测。波士顿房屋的数据于 1978 年开始统计，共 506 个数据点，涵盖了波士顿不同郊区房屋的 14 种特征信息，在这里选取房屋价格（MEDV）、每个房屋的房间数量（RM）两个变量进行回归，其中房屋价格为目标变量，每个房屋的房间数量为特征变量。将数据导入进来，并进行初步的分析。

❑　导入数据并做相关转换

```
01    import matplotlib.pyplot as plt   #导入 matplotlib 库
02    import numpy as np                 #导入 numpy 库
03    import pandas as pd                 #导入 pandas 库
04    from sklearn.datasets import load_boston
                                          #从 sklearn 数据集库导入 boston 数据
05    boston = load_boston()            #从读取的房价数据存储在 boston 变量中
06    print(boston.keys())             #打印 boston 包含内容
07    print(boston.feature_names)      #打印 data 的变量名
```

第 4 行 sklearn 中内置数据库模块，第 5 行将读取的房价数据存储在一个变量中，导入输出结果为：

```
['data','feature_names','DESCR','target']
['CRIM' 'ZN' 'INDUS' 'CHAS' 'NOX' 'RM' 'AGE' 'DIS' 'RAD' 'TAX' 'PTRATIO' 'B' 'LSTAT']
```

在波士顿（Boston）房屋价格数据集中 data 即为特征变量，target 为目标变量，选取 data 中的 RM，target 的 MEDV 变量进行单变量线性回归。其数据如下：

```
08  bos = pd.DataFrame(boston.data)
                            #将 data 转换为 DataFrame 格式以方便展示
09  print (bos[5].head())   #data 的第 6 列数据为 RM
```

在这里第 8 行将 data 转换为 DataFrame 格式，为了方便起见，第 9 行仅展示前 5 行数据，其输出结果为：

```
0    6.575
1    6.421
2    7.185
```

```
3    6.998
4    7.147
Name:5,dtype:float64'
```

将 target 打印出来。

```
10   bos_target = pd.DataFrame(boston.target)
                          #将 target 转换为 DataFrame 格式以方便展示
11   print(bos_target.head())
```

变量 MEDV 前 5 行的输出结果为：

```
     0
0  24.0
1  21.6
2  34.7
3  33.4
4  36.2
```

接下来绘制房屋价格（MEDV）、每个房屋的房间数量（RM）的散点图。

```
12   import matplotlib.font_manager as fm
                                   #导入 matplotlib 中的文字管理库
13   X = bos.iloc[:,5:6]           #选取 data 中的 RM 变量
14   y = bos_target               #设定 target 为 y
15   #定义自定义字体,文件名是系统中文字体
16   myfont = fm.FontProperties(fname ='C:/Windows/Fonts/msyh.ttc')
17   plt.scatter(x,y)
18   plt.xlabel(u'住宅平均房间数',fontproperties = myfont)
                                   #x 轴标签设定文字为中文 msyh 格式
19   plt.ylabel(u'房屋价格',fontproperties = myfont)
                                   #y 轴标签设定文字为中文 msyh 格式
20   plt.title(u'RM 与 MEDV 的关系',fontproperties = myfont)
                                   #标题
21   plt.show()
```

📢 注意:

> 在这里是将散点图中的 x 坐标轴、y 坐标轴、标题均用中文展示出来，需要调用
> matplotlib 里面的 font_manager 工具，在显示中文的时候将字体设置为中文格式，
> 否则将会出现乱码。另外，Python 内部使用的是 Unicode 编码，有时候还需在中
> 文字符前加 u，就是告诉 Python 后面的是个 Unicode 编码，存储时按 Unicode 格式
> 存储。只有作了如上设置，才能展示出带有中文字符的图形。

第 13、14 行分别选取 data 中的变量为 X、y 变量，第 17 ~ 21 行进行可
视化展示，输出结果如图 3.5 所示。

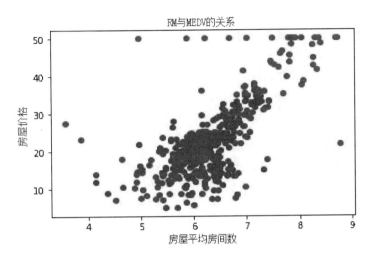

图 3.5　房屋价格 MEDV 与房间数量 RM 的散点图

通过散点图可以看出房屋价格（MEDV）、每个房屋的房间数量（RM）存在着一定的线性变化趋势，即每个房屋的房间数量越多，房屋价格越高。下面就可以用单变量线性回归算法进一步进行拟合与预测。

3.3.2　数据集划分

由于机器学习更注重算法的预测效果，所以在实际机器学习操作过程中，常常在使用算法之前将数据集进行划分，对于在有监督（Supervise）的机器学习中，数据集常被分成 2、3 个，即训练集（Train Set）、验证集（Validation Set）、测试集（Test Set），这也是机器学习不同于统计学或其他学科的模型使用方法。三个集合的划分原则与作用分别为：

（1）训练集用于训练模型的子集，得到模型的未知参数。

（2）验证集用于评估训练集的效果，用于在训练过程中检验模型的状态，收敛情况。验证集通常用于调整超参数，根据几组模型验证集上的表现决定哪组超参数拥有最好的性能。

（3）测试集用于测试训练后模型的子集，测试集用来评价模型泛化能力，即之前模型使用验证集确定了超参数，使用训练集调整了参数，最后使用一个从没有见过的数据集来判断这个模型的性能。

训练集、验证集、测试集就像学生的课本、作业、考试，学生根据课本的内容掌握相应的知识点，作业则是对学生掌握知识点情况的考察，根据学生作业完成的情况，可知道哪些知识点掌握得不好，然后从课本里进行反复学习，最后的考试就是终极的测试，考的题大多数都是作业没见过的，考察学生举一反三的能力。若学生知识点掌握很好，那么考试得出的成绩应该也不错。

如何划分数据集呢？当数据量较大时，可直接划分为 Train Data、Valid Data、Test Data。其中，Train Data 用于训练模型，Valid Data 用于从训练得到的多个模型中选择一个最合适的模型，Test Data 用于确定模型的最终效果。一般划分比例为训练集占总样本的 50%，验证集和测试集各占 25%，三部分都是从样本中随机抽取。

当数据量较小时，可采用交叉验证，指的是把初始的数据集进行分组，一部分作为训练集来训练模型，另一部分作为验证集来评价模型。对于 k 折交叉验证的话，先将数据集 D 随机划分成 k 个大小相同的互斥子集，对于每个子集，尽可能保持数据分布的一致性（正负比例在训练集和验证集中相同）；然后，每次用 $k-1$ 个子集的并集作为训练集，剩下的那个子集作为验证集，这样就获得了 k 组训练/验证集，从而可以进行 k 次训练和验证，此时给你一些模型性能的指标（如准确率），最终的返回的是 k 个测试结果的均值，即整体的性能度量，即对于一组模型参数，它对应 k 组数据有 k 个结果，取 k 组结果的平均值作为这组参数的结果，以此来选出最优参数。

交叉验证的方法有很多，主要用的有 5 折交叉验证、10 折交叉验证和留一法。需要注意的是，交叉验证的方法将数据划分为 Train Data 和 Test Data，没有 Valid Data。那么如何选择最合适的模型呢？交叉验证法是将 n 次交叉验证的平均结果作为选择最合适的模型的依据。

数据集的划分可以采用 Scikit-learn 库中的 cross_validation 程序包来实现。这里对 Boston 房屋价格案例中的房屋价格（MEDV）、每个房屋的房间数量（RM）两变量进行数据划分，具体代码如下：

```
22  from sklearn.cross_validation import train_test_split
                                         #导入数据划分包
23  #把 X、y 转化为数组形式,以便于计算
24  X = np.array(X.values)
25  y = np.array(y.values)
26  #以 25% 的数据构建测试样本,剩余作为训练样本
27  X_train,X_test,y_train,y_test = train_test_split(X,y,test_
    size = 0.25)
28  X_train.shape,X_test.shape,y_train.shape,y_test.shape
```

第 27 行采用 train_test_split 对 X、y 进行了划分，test_size = 0.25 通过划

分比例为训练集占 75%，测试集占 25%，并命名 X_train，X_test，y_train，y_test（由于这里的 X_test，y_test 主要用于评价模型泛化能力，而不用于调整超参数，故称为测试集），4 个数据集的维度分别为：

```
((379L,),(127L,),(379,1),(127,1))
```

📢**注意：**

> 由于该模型比较简单，数据量也不算太大，故仅使用了直接设定的方式对整个数据进行划分，划分过程中直接设定了划分比例。若是随机选取样本则需要设置参数 random_state，而若要使用交叉验证的方法，则需要采用 cross_validation 中的相关函数，在这里为简单展示算法训练、拟合过程，不作深入展开。同时，由于这里的 train_test_split()是随机划分数据集的，所以每一次运行得到的训练集与测试集的数据并不相同，这会导致后边的拟合、预测结果与本书的不同，在这里读者要注意一下，后边的章节出现 train_test_split()划分数据集的操作，也是如此。

将数据集划分之后，接下来就对数据进行求解、预测与评价等。

3.3.3 模型求解与预测的 Python 实现

在 Python 有很多程序包或函数可以实现对线性回归算法的求解，例如 numpy. polyfit()函数，它是一个最基本的最小二乘多项式拟合函数（Least Squares Polynomial Fit Function），接受数据集和任何维度的多项式函数（由用户指定），并返回一组使平方误差最小的系数。例如 Stats.linregress()函数，它是简单线性回归中最快速的方法之一，可以在 SciPy 的统计模块中找到。除了拟合的系数和截距项之外，它还返回基本统计量，如 R^2 系数和标准差。除此之外，还可以根据线性回归的求解公式，比如最小二乘法的求解公式，构造函数来手动求解。

不过，在 Python 中线性回归最常用的包还是 Scikit-learn 库中的 linear_model()函数，它是最小二乘法求解线性回归的程序包，并提供了一站式解决线性回归拟合问题的程序框架，并可以通过调整参数来实现不同的优化方法，因而在这里采用 Scikit-learn 库中的 LinearRegression()来实现对线性回归的求解与预测。

结合 Boston 房价案例，代码实现过程如下：

```
29   from sklearn.linear_model import LinearRegression
                                        #使用 LinearRegression 库

30   lr = LinearRegression()            #设定回归算法
31   lr.fit(X_train,y_train)            #使用训练数据进行参数求解
```

第 30 行设定回归算法为 lr, 第 31 行采用 lr. fit( ) 的方式进行训练求解, 其输出结果为:

```
LinearRegression(copy_X = True, fit_intercept = True, n_jobs = 1,
normalize = False)
```

输出的是 LinearRegression( ) 中的相关参数的设置。其中, fit_intercept 表明是否对训练数据进行中心化, 如果该变量的值为 False, 则表明输入的数据已经进行了中心化, 在下面的过程里不需要再进行中心化处理; 否则, 需要对输入的训练数据进行中心化处理。因此, 这里的 linear_model( ) 函数不仅仅包含最小二乘求解方法, 还包括对数据的中心化处理等。

normalize 默认为 False, 表明是否对数据进行标准化处理。copy_X 默认为 True, 表明是否对 X 复制, 如果选择 False, 则直接对原数据进行覆盖, 即经过中心化、标准化后, 是否把新数据覆盖到原数据上。n_jobs 默认为 1, 表明计算时设置的任务个数 (number of jobs)。如果选择 -1 则代表使用所有的 CPU。

对其中参数的求解结果, 代码为:

```
32   print '求解系数为:', lr.intercept_
33   print '求解系数为:', lr.coef_
```

输出结果为:

```
求解截距项为: [ -32.7442677]
求解系数为: [[8.81537879]]
```

基于求解参数, 对测试集进行预测, 其代码为:

```
34   y_hat = lr.predict(X_test)        #对测试集的预测
35   y_hat[0:9]                        #打印前 10 个预测值
```

输出结果为:

```
array([[25.86918587],
       [18.68465216],
       [20.13037428],
       [14.98219306],
       [11.43841079],
       [22.55460344],
       [26.45100087],
       [20.75626617],
       [20.02458973],
       [34.34076489]])
```

以上就是我们通过代码实现将原始数据分为训练集和测试集的情况下，得到的拟合与预测结果。接下来就是对于拟合与预测结果的效果评价，以判断我们的求解结果是否良好。

3.3.4 模型评价

在求得测试集 y 的预测值 y_hat 基础上，我们就可以对模型进行评价。首先将得到的测试集中 y_test 与其对应的 y_hat 采用图形进行展示，初步观察预测的效果。

```
36  # y_test 与 y_hat 的可视化
37  plt.figure(figsize = (10,6))        #设置图片尺寸
38  t = np.arange(len(X_test))          #创建 t 变量
39  #绘制 y_test 曲线
40  plt.plot(t,y_test,'r',linewidth = 2,label = 'y_test')
41  #绘制 y_hat 曲线
42  plt.plot(t,y_hat,'g',linewidth = 2,label = 'y_train')
43  plt.legend()                        #设置图例
44  plt.show()
```

输出结果如图 3.6 所示。

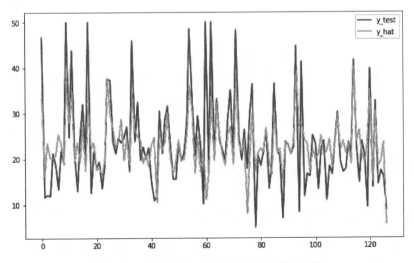

图 3.6　对测试集中 y 预测值与真实值的比较

图形显示，测试集中房屋价格（MEDV）的预测值基本较好地拟合了真实值 y_test 的变化趋势。

接下来，采用评估指标拟合优度 R^2、MAE、MSE、RMSE 对预测效果进行评价。

```
45  from sklearn import metrics              #导入 metrics 评价模块
46  from sklearn.metrics import r2_score #导入计算 r2_score 的模块
47  #拟合优度 R2 的输出方法一
48  print "r2:",lr.score(X_test,y_test)
49  #拟合优度 R2 的输出方法二
50  print "r2_score:",r2_score(y_test,y_hat)
51  #用 Scikit-learn 计算 MAE
52  print "MAE:",metrics.mean_absolute_error(y_test,y_hat)
53  #用 Scikit-learn 计算 MSE
54  print "MSE:",metrics.mean_squared_error(y_test,y_hat)
55  #用 Scikit-learn 计算 RMSE
56  print "RMSE:",np.sqrt(metrics.mean_squared_error(y_test,
    y_hat))
```

上述代码中，拟合优度 R^2 的输出有两种方式，第一种就是基于 Linear-Regression() 的回归算法得分函数，来对预测集的拟合优度进行评价，即 lr. score(X_test, y_test)；第二种就是使用 metrics 的 r2_score 来求得，即 r2_score(y_test, y_hat)。两种方式输入参数不同，但输出结果相同，都是对测试集线性估计的拟合程度进行评估。MAE、MSE、RMSE 均使用 Scikit-learn 库中的相关函数得出。输出结果为：

```
r2: 0.49370443771547956
r2_score: 0.49370443771547956
MAE: 4.70736826119576
MSE: 49.52530579977489
RMSE: 7.037421814825007
```

可以看到，两种拟合优度 R^2 的输出结果是相同的，对于 MAE、MSE、RMSE 评估结果需要进行比较才有意义，比如，我们采用最小二乘法来求解该案例，得到最终评价指标，看看其评价效果如何。

3.3.5 与最小二乘法预测效果的比较

❑ 采用最小二乘法求解

```
01  import math                              #导入数学计算库
02  #构建最小二乘回归函数
03  def linefit( x,y):
```

```
04      N = len(x)                              #计算样本值 N
05      sx,sy,sxx,syy,sxy = 0,0,0,0,0           #设置初始值
06      for i in range(0,N):
07          sx + = x[i]                         #计算 xi 的总和
08          sy + = y[i]                         #计算 yi 的总和
09          sxx + = x[i] * x[i]                 #计算 xi 平方的总和
10          syy + = y[i] * y[i]                 #计算 yi 平方的总和
11          sxy + = x[i] * y[i]                 #计算 xi * yi 的总和
12      a = (sy * sx∕N - sxy)∕(sx * sx∕N - sxx)  #求解系数 a
13      b = (sy - a * sx)∕N                     #求解系数 b
14      return a,b
15  a,b = linefit(X_train,y_train)              #求解参数 a、b
16  y_hat1 = a * X_test + b                     #对测试集的 y 值进行预测
17  #用 Scikit-learn 计算 MAE
18  print "MAE:",metrics.mean_absolute_error(y_test,y_hat1)
19  #用 Scikit-learn 计算 MSE
20  print "MSE:",metrics.mean_squared_error(y_test,y_hat1)
21  #用 Scikit-learn 计算 RMSE
22  print "RMSE:",np.sqrt(metrics.mean_squared_error(y_test,
    y_hat1))
```

上述代码中，第 3 ~ 14 行构造的最小二乘求解函数 linefit(x,y)，根据式 (3.6) 的两个公式来构造函数，采用 for 循环来实现变量的加总。得到的评价结果为：

```
MAE: 4.707368261195731
MSE: 49.52530579977501
RMSE: 7.037421814825016
```

可以看到，与 LinearRegression( ) 求解单变量线性回归的评估指标比较，构造的最小二乘求解函数 linefit(x,y) 解法的 MAE、MSE、RMSE 相差并不大，仅仅在小数点后十几位有差别，说明两种方法还需进一步改进，以获取更好的预测效果。

3.4 机器学习的初步印象总结

通过以上采用比较简单的模型——单变量线性回归算法，对 Boston 的房屋价格数据集中的房屋价格与房屋平均房间数两个变量进行机器学习操

作，可以看到不同于传统统计学等模型应用，机器学习的整个流程大概分为：

- ❑ 数据准备与需求分析，包括所搜集的数据包含多少变量与样本，每个变量代表的含义，其中的特征变量与目标变量分别是哪些等。
- ❑ 数据预处理，包括导入数据，对数据的整体展示，数据转换以及可视化等，必要时还需进行数据清理、缺失值处理、数据归一化、标准化等处理。
- ❑ 数据集划分，划分成训练集（Train Set）、验证集（Validation Set）、测试集（Test Set）等方式，这其中要包括划分成哪些集合，划分比例与划分方式有哪些，另外，验证集并不是必需的。
- ❑ 算法的训练，就是对模型的求解，需要考虑用什么方法，参数值如何设置或调整，不同的方法对应不同的程序。
- ❑ 算法的测试，就是基于求解得到的参数值，应用于测试集的预测中，在测试集目标变量 y 未知的情况下，这部分主要用来对未知数据的预测。
- ❑ 算法的评估，在有监督机器学习算法下，若预测数据的真实值已知，可以与预测值进行比较，得到模型评价指标，评价指标主要有拟合优度 R^2、MAE、MSE、RMSE 等。必要时还需根据评价效果来调整参数优化算法，或者换另外一种算法，机器学习就是不断尝试得到最优的一个过程。

以上便是通过一个简单案例，对机器学习基本流程与操作步骤的总结，可以看到由于机器学习注重对数据的预测，所以数据集划分、算法的测试与评估是其最为独特的部分，建立模型的效果主要体现在预测能力上，这是机器学习不同于统计学的最重要特点。

在统计学中除了应用模型对数据进行估计外，还需要对建立的模型进行检验，观察其模型设定的假定是否成立，比如同方差、不相关性等。这是因为统计学是通过模型找到两数据的关联，需要模型设定的科学合理，能更好地反映数据特征。机器学习则注重预测能力，一旦该方法预测能力不行，那就采用别的方法或算法，直到算法的预测能力达到最好。

因此，机器学习操作流程的整个设计也是以预测为基准的，比如，数据集划分、算法的测试与评估，这是机器学习的核心环节。除此之外，对于比较复杂的数据集案例，如变量、样本值数量都很大的时候，可能采用一些特征工程、数据降维技术来简化数据或者寻找相关性最好的变量等，这些内容是比较高级的机器学习应用，需要更深入地学习与积累。

3.5　小结

本章主要介绍了机器学习一个比较简单的算法——单变量线性回归。线性回归应用广泛，原理相对简单，几乎是所有数据科学家的入门必修课。线性回归中的回归思想来自于对数据预测趋势的内在反映，那就是向平均值回归的预测理念，来自于对预测结果误差可控性的一个概率解释，这是回归方法不同于单纯拟合概念的区别。

单变量线性回归算法，就是基于两个变量建立线性回归方程去拟合与预测两变量关系的一种算法。单变量线性回归的常规求解是最小二乘法，它是基于实际值与预测值之间偏差的平方和最小来拟合曲线。单变量线性回归的评价方法，比如 R 方，还有均方误差（Mean Squared Error，MSE）或者均方根误差（Root Mean Squared Error，RMSE）等。通过简单的单变量线性回归案例的机器学习解决方案整体介绍，可以总结出机器学习的基本操作流程包括：数据准备与需求分析、数据预处理、数据集划分、算法的训练、算法的测试、算法的评估等，其中最核心的环节就是数据集划分、算法的测试与评估。机器学习就是不断尝试各种算法，从而找到最优算法、预测能力最强算法的一个过程。

第 4 章　线性回归算法进阶

多变量线性回归算法是在单变量线性回归的基础上，引入了更多的特征变量，来对目标变量或响应变量进行拟合与预测。例如第 3 章单变量线性回归的例子——影厅观影人数与影厅面积的关系，我们还可以考虑其他特征变量：电影的排片比重、电影的观众评分等，从实际来看，这些变量也会影响影厅的观影人数。

多变量线性回归算法的原理、基本求解方法与单变量线性回归算法并无差异，但是由于单变量线性回归算法只有一个特征变量，所以在实际应用中有很大局限性，而多变量线性回归算法的求解原理取自于单变量线性回归算法，又克服了其局限性，因而应用非常广泛。在很多机器学习项目中，多变量线性回归算法都是基础算法之一，且有可能其预测偏误并不比其他算法差。多变量线性回归常规解法中对变量有特定要求，而实际应用中可能并不满足这个要求，同时存在过拟合等问题，因而在基础求解上，我们引入正则化、岭回归与 Lasso 回归等，进一步优化与扩展多变量线性回归算法的求解。

4.1　多变量线性回归算法

4.1.1　多变量线性回归算法的最小二乘求解

多变量线性回归算法的基本模型设定为：

$$h_\theta(x) = \theta_0 + \theta_1 x_1 + \theta_2 x_2 + \cdots + \theta_n x_n \tag{4.1}$$

其中：$h_\theta(x)$ 表示以 θ 为参数，θ_0，θ_1，θ_2，$\cdots$，θ_n 是待求解的回归参数。相比于单变量线性回归算法，这里的特征变量 x 有 n 个，因此，x 可以表示成矩阵形式，那么式4.1可以表示为：

$$h_\theta(x) = \sum_{j=0}^{n} \theta_j x_j = \theta^T x \qquad (4.2)$$

其中：

$$x = \begin{pmatrix} 1 \\ x_1 \\ x_2 \\ \vdots \\ x_n \end{pmatrix}, \quad \theta = \begin{pmatrix} \theta_0 \\ \theta_1 \\ \vdots \\ \theta_n \end{pmatrix}$$

那么其成本函数（Cost Function）可以表示为：

$$J(\theta) = \frac{1}{2m} \sum_{i=1}^{m} (h_\theta(x^{(i)}) - y^{(i)})^2 \qquad (4.3)$$

其中：m 表示训练集中实例的数量（训练集中的训练样本个数）；$(x^{(i)}, y^{(i)})$ 表示第 i 个观察实例（即第 i 个训练样本，上标 i 只是一个索引，表示第几个训练样本，即第 i 行）。

可以看出，多变量线性回归算法的成本函数与单变量线性回归算法一致，不同的是 $h_\theta(x^{(i)})$ 的表达形式。那么，其最小二乘求解原理与单变量线性回归算法也是相同，即成本函数 $J(\theta)$ 的值最小，对成本函数 $J(\theta)$ 求偏导并令其等于零，所得到 θ 就是模型参数的值。即：

$$\frac{\partial}{\partial \theta_k} J(\theta) = \frac{1}{m} \sum_{i=1}^{m} (h_\theta(x^{(i)}) - y^{(i)}) x_k^{(i)} = 0, k = 0, 1, 2, \cdots, n \qquad (4.4)$$

结合式（4.2）得出：

$$\frac{\partial}{\partial \theta_k} J(\theta) = \frac{1}{m} \sum_{i=1}^{m} \left(\left(\sum_{j=0}^{n} \theta_j x_j^{(i)} \right) - y^{(i)} \right) x_k^{(i)} = 0$$

从而得到：

$$\sum_{i=1}^{m} y^{(i)} x_k^{(i)} = \sum_{i=1}^{m} \sum_{j=0}^{n} x_j^{(i)} x_k^{(i)} \theta_j = \sum_{j=0}^{n} \left(\sum_{i=1}^{m} x_j^{(i)} x_k^{(i)} \right) \theta_j \qquad (4.5)$$

写为矩阵形式：

$$X^T X \theta = X^T Y \qquad (4.6)$$

其中：

$$Y = \begin{pmatrix} y^{(1)} \\ y^{(2)} \\ \vdots \\ y^{(m)} \end{pmatrix}, \quad X = \begin{pmatrix} x^{(1)T} \\ x^{(2)T} \\ x^{(3)T} \\ \vdots \\ x^{(m)T} \end{pmatrix} = \begin{pmatrix} 1 & x_1^{(1)} & x_2^{(1)} & x_3^{(1)} & \cdots & x_n^{(1)} \\ 1 & x_1^{(2)} & x_2^{(2)} & x_3^{(2)} & \cdots & x_n^{(2)} \\ 1 & x_1^{(3)} & x_2^{(3)} & x_3^{(3)} & \cdots & x_n^{(3)} \\ \vdots & \vdots & \vdots & \vdots & & \vdots \\ 1 & x_1^{(m)} & x_2^{(m)} & x_3^{(m)} & \cdots & x_n^{(m)} \end{pmatrix}, \quad \theta = \begin{pmatrix} \theta_0 \\ \theta_1 \\ \vdots \\ \theta_n \end{pmatrix}$$

得到

$$\theta = (X^T X)^{-1} X^T Y \tag{4.7}$$

这便是由最小二乘法所求得的模型参数 θ 的值。这里假设矩阵 X 的秩一般为 $n+1$，即 $(X^T X)^{-1}$ 存在的情况。在机器学习中，$(X^T X)^{-1}$ 不可逆的原因通常有两种，一种是自变量间存在高度多重共线性，例如两个变量 x_1 与 x_2 之间成正比 $x_2 = 2x_1$，那么在计算 $(X^T X)^{-1}$ 时，可能得不到结果或者结果无效；另一种则是当特征变量过多，即复杂度过高而训练数据相对较少（$m \leq n$）的时候也会导致 $(X^T X)^{-1}$ 不可逆。$(X^T X)^{-1}$ 不可逆的情况很少发生，如果有这种情况，其解决问题的方法之一便是使用正则化以及岭回归等来求最小二乘法。

4.1.2 多变量线性回归的 Python 实现：影厅观影人数的拟合（一）

在这里仍然采用 Scikit-learn 库中的 linear_model( ) 函数来实现多变量线性回归算法，不同于单变量线性回归算法的 Python 实现，由于这里的特征变量 x 较多，所以在这里的数据预分析中可以采用直方图、箱线图、相关系数热力图与散点图矩阵等图形，来处理变量较多情况下的可视化分析。

我们采用影厅观影人数的例子，一般说来，影厅的面积越大，影厅所容纳的观影人数就会越多，因而该影厅的观影人数一般也会比较多，二者呈现正相关关系。但是在实际中，影厅的观影人数还会与影片的排片比重有关，因为对于电影院经营方来说，票房好的电影（但不一定口碑好）自然一天的影片放映次数就多，那么影厅播放的电影是排片比例比较高的电影，自然观影人数也会多。

另外，影厅的观影人数还与影片的质量有关。一般情况下，影片的观众评分越高，口碑越好就会吸引越多的人观看，因而观影人数也比较多。本节采用多变量线性回归算法来研究影厅观影人数与影厅面积、电影的排片比重、电影的观众评分等特征变量的关系。

❑　导入数据

```
01  import matplotlib.pyplot as plt    #导入 matplotlib 库
02  import numpy as np                 #导入 numpy 库
03  import pandas as pd                #导入 pandas 库
04
05  df = pd.read_csv('D:/3_film.csv')  #读取 csv 数据
06  df.head()                          #展示前 5 行数据
```

前 5 行的数据展示结果如图 4.1 所示。

	filmnum	filmsize	ratio	quality
0	45	106	17	6
1	44	99	15	18
2	61	149	27	10
3	41	97	27	16
4	54	148	30	8

图 4.1　影厅观影人数数据集的前 5 行数据

图 4.1 中第一列 filmnum 表示影厅观影人数，即目标变量；filmsize、ratio、quality 分别表示影厅面积、电影的排片比重、电影的观众评分等，为特征变量，这里的特征变量有 3 个。

❑　多变量的数据可视化之直方图

```
07  df.hist(xlabelsize =12,ylabelsize =12,figsize =(12,7))
                                       #调整直方图尺寸
08  plt.show()
```

第 7 行代码即调用绘制直方图的函数 hist( )，函数中 xlabelsize = 12，ylabelsize = 12 分别代表直方图整体 x、y 坐标轴的尺寸，figsize = （12,7） 表示整个图形的尺寸，由于变量共有 4 个，所以要设置一定的尺寸，从而将每个变量的直方图都能较好地展示出来。结果如图 4.2 所示。

图 4.2 中输出的就是各个变量的直方图，其中每个直方图的 x 坐标轴是该变量取值范围，在取值范围内进行等距分割就得到直方图中每个柱子的宽度，y 轴就表示每个柱子间距下该变量的出现频次，通过直方图可以初步分析各个变量的分布情况。在图 4.2 中我们可以看出，变量 filmnum、filmsize、ratio 呈现一定的高斯分布，而 quality 呈现一定的左偏分布，即主要的数据集中在 x 轴的左侧。

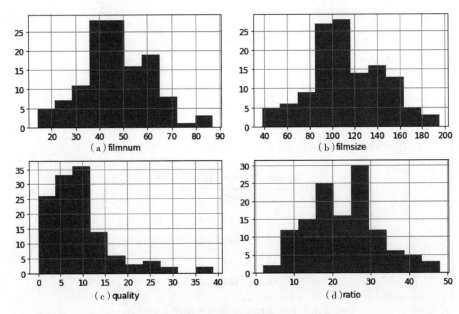

图 4.2 影厅观影人数数据集的直方图

❑ 多变量的数据可视化之密度图

```
09   #绘制密度图
10   df.plot(kind ='density',subplots = True,layout =(2,2),sharex
     =False,fontsize =8,figsize =(12,7))
11   plt.show()
```

第 10 行代码即调用了绘制密度图的函数,与直方图函数 dist( )不同的是,它是在 Python 中的作图程序包 plot 中设置图形参数来得到的。其中,plot( )中 kind ='density'表示绘制的图形为密度图,subplots = True 表示需绘制多个子图,而 layout =(2,2)则表示绘制子图的数量 2 × 2,sharex = False 表示这些子图不共享 x 坐标轴,fontsize = 8 代表图形字体大小,figsize =(12,7) 表示整个图形的尺寸。结果如图 4.3 所示。

图 4.3 中输出的就是各个变量的密度图,密度图也是为了得到分布情况。它就像把直方图做成了平滑的曲线,其结果表示的含义与直方图类似。因此,从图 4.3 中我们也可以看出,变量 filmnum、filmsize、ratio 呈现一定的高斯分布,而 quality 呈现一定的左偏分布,即主要的数据集中在 x 轴的左侧。

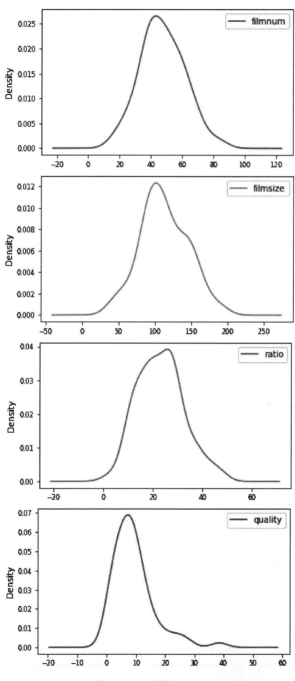

图 4.3   影厅观影人数数据集的密度图

❑ 多变量的数据可视化之箱线图

```
12  #绘制箱线图
13  df.plot(kind='box',subplots=True,layout=(2,2),sharex=
    False,sharey=False,fontsize=8,figsize=(12,7))
14  plt.show()
```

第 13 行代码即调用绘制箱线图的函数，它也是在 Python 中的作图程序包 plot 中设置图形参数来得到的。其中，plot( )中 kind = 'box'表示绘制的图形为箱线图，subplots = True、layout = (2,2)表示需要绘制 2 × 2 的子图，sharex = False、sharey = False 表示这些子图不共享 x、y 坐标轴，加入 sharey = False 可以看到与图 4.3 相比，y 轴的标签没有共享（见图 4.4）。fontsize = 8 代表图形字体大小，figsize = (12,7) 表示整个图形的尺寸。结果如图 4.4 所示。

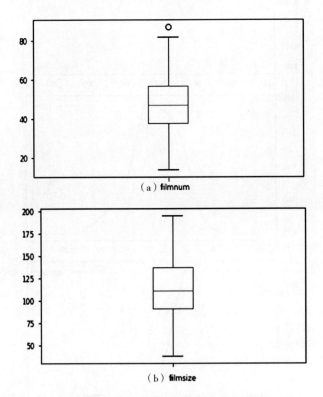

图 4.4　影厅观影人数数据集的箱线图

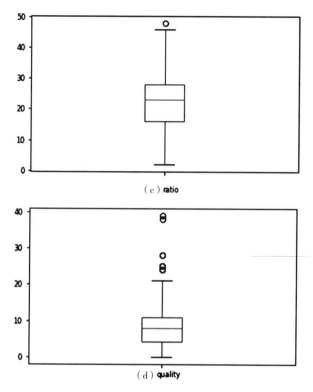

图 4.4　影厅观影人数数据集的箱线图（续）

图 4.4 中输出的就是各个变量的箱线图，不同于一般的折线图、柱状图或饼图等传统图表，其包含一些统计学的均值、分位数、极值等统计量，因此，该图信息量较大，可以揭示数据间离散程度、异常值、分布差异等。因此，从图 4.4 中我们也可以看出，变量 filmnum、filmsize、ratio 数据离散程度较小，而 quality 呈现数据离散程度较大，且存在较多异常值。

❑　多变量的数据可视化之相关系数热力图

```
15  names = ['filmnum','filmsize','ratio','quality'] #设置变量名
16  correlations = df.corr()        #计算变量之间的相关系数矩阵
17  #绘制相关系数热力图
18  fig = plt.figure()              #调用 figure 创建一个绘图对象
19  ax = fig.add_subplot(111))      #调用画板绘制第一个子图
20  cax = ax.matshow(correlations,vmin = 0.3,vmax =1)
                                    #绘制热力图,从 0.3 到 1
21  fig.colorbar(cax)   #将 matshow 生成热力图设置为颜色渐变条
```

```
22  ticks = numpy.arange(0,4,1)      #生成 0 ~ 4,步长为 1
23  ax.set_xticks(ticks)             #生成刻度
24  ax.set_yticks(ticks)             #生成刻度
25  ax.set_xticklabels(names)        #生成 x 轴标签
26  ax.set_yticklabels(names)        #生成 y 轴标签
27  plt.show()
```

第 16 行是计算变量之间相关系数矩阵的命令，第 20 行是绘制热力图的命令，在其中的参数中设置 correlations 矩阵为展示数据，由于这里变量之间的相关系数均在 0.3 以上，所以设置数据范围最小为 0.3，最大为 1，即 vmin = 0.3，vmax = 1。第 21 行是生成热力图的颜色渐变条。第 22 行设置刻度，由于这里是 4 个变量，故设置成 0 ~ 4 之间步长为 1 的序列，然后分别生成 x、y 轴的刻度与标签。结果如图 4.5 所示。

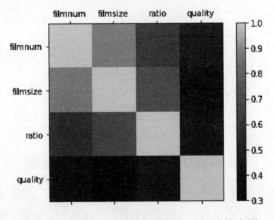

图 4.5　影厅观影人数数据集的相关矩阵热力图

图 4.5 中输出的就是影厅观影人数数据集的相关矩阵热力图，由热力图的颜色渐变条可以看出变量之间的相关系数越大，其颜色越浅，反之越深。因此，从图 4.5 中我们也可以看出，除了变量 filmnum 本身的相关系数（等于 1）外，filmnum 与 filmsize、ratio 的相关系数也比较大。

❑　多变量的数据可视化之散点图矩阵

```
28  from pandas.plotting import scatter_matrix    #导入散点图矩阵
29  scatter_matrix(df,figsize = (8,8),c = 'b')    #绘制散点图矩阵
30  plt.show()
```

第 29 行是绘制散点图矩阵的函数 scatter_matrix(df,figsize = (8,8),c = 'b'),在其中的参数中 df 为绘制散点图的数据来源，figsize = (8,8)为图形尺

寸，c = 'b'代表散点图点的颜色。结果如图 4.6 所示。

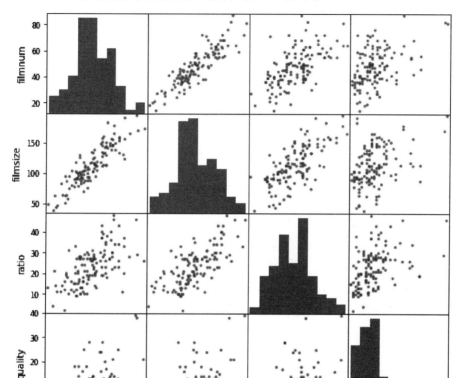

图 4.6　影厅观影人数数据集的散点图矩阵

图 4.6 中输出的散点图矩阵，可以直接给出所有变量之间的散点对应关系，而不用一个一个输入代码绘制，这也是散点图矩阵的特点。通过散点图可以看出哪两个变量之间的变化呈现较大的线性相关，比如在图 4.6 中就可以看到 filmnum 与 filmsize 有非常明显的线性变化关系，即 filmsize 越大，filmnum 也就越大。filmnum 与 ratio、ratio 与 quality 之间也有一定的线性变化关系。

通过上述多变量的数据可视化展示，可以对整个数据集中每个变量的数据及其之间的关系有初步印象与预分析，这一点在所获得数据集变量非常多，甚至在几十个的时候是非常有用的，对于数据的异常情况、变量之间的关系判断有非常直观便捷的初步印象。接下来就是进入多变量线性回归算法的数据拟合与预测了。

❑ 选取特征变量与响应变量，并进行数据划分

```
31  X = df.iloc[:,1:4]                              #选取 data 中的 X 变量
32  y = df.filmnum                                   #设定 target 为 y
33  from sklearn.cross_validation import train_test_split
                                                     #导入数据划分包
34  #把 X、y 转化为数组形式，以便于计算
35  X = np.array(X.values)
36  y = np.array(y.values)
37  #以 25% 的数据构建测试样本,剩余作为训练样本
38  X_train,X_test,y_train,y_test = train_test_split(X,y,test_
    size = 0.25,random_state = 1)
39  X_train.shape,X_test.shape,y_train.shape,y_test.shape
```

第 31 行采用了 pandas 中的 iloc 命令来进行列变量的数据选取，df. iloc[:,1:4]代表所有行全取，1:4 则代表选取 DataFrame 数据集中第 2 ~ 4 列。第 35、36 行将 X、y 转换成数组形式，以便于矩阵计算，不然结果会出错。第 38 行则是采用 train_test_split 命令对数据划分，test_size = 0.25 表示测试集的比例为 25%，random_state = 1 表示固定随机种子，虽然在这里是随机划分数据集，但是只要在后面的例子加入 random_state = 1，得到的训练集与测试集的比例是相同的。第 39 行则是对训练集与测试集的 X、y 矩阵形状进行展示，避免由于矩阵形状不一致，对矩阵运算的影响。输出结果为：

```
((94L,3L),(32L,3L),(94L,),(32L,))
```

可以看到 X_train 为 94 行 3 列的数据矩阵，X_test 则为 32 行 3 列的数据矩阵，以此类推。

❑ 进行线性回归操作，并输出结果

```
40  from sklearn.linear_model import LinearRegression
                                                     #使用 LinearRegression 库
41  lr = LinearRegression()                          #设定回归算法
42  lr.fit(X_train,y_train)                          #使用训练数据进行参数求解
43  print '求解截距项为:',lr.intercept_
44  print '求解系数为:',lr.coef_
```

以上命令与第 3 章单变量线性回归算法求解的命令相同，不同的是这里的 X_train 是 3 个特征变量。输出结果为：

```
LinearRegression(copy_X = True,fit_intercept = True,n_jobs = 1,
normalize = False)
求解截距项为: 4.353106493779016
求解系数为: [ 0.37048549  -0.03831678  0.23046921]
```

输出结果中, LinearRegression(copy_X = True,fit_intercept = True,n_jobs = 1, normalize = False)代表了对 LinearRegression( ) 的默认参数设置情况, 这里的设置基本与单变量线性回归算法相同, 具体含义大家可以参考第 3 章的说明。根据结果可以看出, 对该数据集的线性回归求解得到的截距项为 4.3531, 变量估计系数为 [0.37048549 -0.03831678 0.23046921]。

❑　根据求出的参数对测试集进行预测

```
45  y_hat = lr.predict(X_test)        #对测试集的预测
46  y_hat[0:9]                        #打印前 10 个预测值
```

输出结果为:

```
array([20.20848598,74.31231952,66.97828797,50.61650336,50.53930128,
       44.72762082,57.00320531,35.55222669,58.49953514])
```

输出结果中, y_hat 就是对测试集 y_test 的预测值, 接下来就对测试集预测结果进行评价。

❑　对测试集相应变量实际值与预测及的比较

```
47  plt.figure(figsize = (10,6))   #设置图片尺寸
48  t = np.arange(len(X_test))     #创建 t 变量
49  #绘制 y_test 曲线
50  plt.plot(t,y_test,'r',linewidth = 2,label = 'y_test')
51  #绘制 y_test 曲线
52  plt.plot(t,y_hat,'g',linewidth = 2,label = 'y_train')
53  plt.legend( )                  #设置图例
54  plt.show( )
```

这里的命令也是与第 3 章单变量线性回归算法求解的命令相同, 结果如图 4.7 所示。

图 4.7 显示, 测试集中影厅观影人数的预测值基本较好地拟合了真实值 y_test 的变化趋势。

❑　对预测结果进行评价

接下来, 采用评估指标拟合优度 R^2、MAE、MSE、RMSE 对预测效果进行评价。

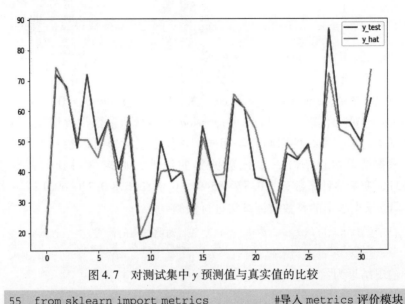

图 4.7 对测试集中 y 预测值与真实值的比较

```
55  from sklearn import metrics              #导入 metrics 评价模块
56  from sklearn.metrics import r2_score #导入计算 r2_score 的模块
57  #拟合优度 R2 的输出方法一
58  print "r2:",lr.score(X_test,y_test)
59  #拟合优度 R2 的输出方法二
60  print "r2_score:",r2_score(y_test,y_hat)
61  #用 Scikit-learn 计算 MAE
62  print "MAE:",metrics.mean_absolute_error(y_test,y_hat)
63  #用 Scikit-learn 计算 MSE
64  print "MSE:",metrics.mean_squared_error(y_test,y_hat)
65  #用 Scikit-learn 计算 RMSE
66  print "RMSE:",np.sqrt(metrics.mean_squared_error(y_test,y_hat))
```

上述代码中，拟合优度 R^2 的输出有两种方式，第一种就是基于 Linear-Regression( ) 的回归算法得分函数，来对预测集的拟合优度进行评价，即 lr. score(X_test,y_test)；第二种就是使用 metrics 的 r2_score 来求得，即 r2_score(y_test,y_hat)。两种方式输入参数不同，但输出结果相同，都是对测试集线性估计的拟合程度进行评估。MAE、MSE、RMSE 均使用 Scikit-learn 库中的相关函数得出。输出结果为：

```
r2: 0.8279404383777595
r2_score: 0.8279404383777595
MAE: 4.63125112009528
MSE: 46.63822281456598
RMSE: 6.8292183165107545
```

可以看到，两种拟合优度 R^2 的输出结果相同，对于 MAE、MSE、RMSE 评估结果需要进行比较才有意义，4.2.4 节还有用优化的线性回归方法对影厅观影人数数据集进行预测，所以这部分输出结果可以与 4.2.4 节进行比较。

4.2　梯度下降法求解多变量线性回归

梯度下降法是对最小二乘法进行优化求解回归的一种算法，它采用了迭代的形式来寻找成本函数 $J(\theta) = \dfrac{1}{2m}\sum_{i=1}^{m}(h_\theta(x^{(i)}) - y^{(i)})^2$ 的最小值。梯度下降法在机器学习中是应用最为广泛的一种算法，特别是在深度学习中。在介绍梯度下降法对回归的求解之前，首先介绍一下梯度下降法的原理。

4.2.1　梯度下降的含义

梯度的定义来自于数学中的微积分，通过对多元函数参数求偏导数，把求得的各参数的偏导数以向量的形式写出来就是梯度。梯度向量的几何意义是函数变化增加最快的地方，沿着梯度向量的方向更容易找到函数的最大值，这就是梯度上升；而沿着向量相反的方向，梯度减小最快，更容易找到函数最小值，这就是梯度下降。

我们通过一个简单的一维函数来理解一下梯度与梯度下降。假设存在这样一个函数 $f(x) = x^2 - 2x + 2$，其函数图像如图 4.8 所示。

图 4.8 中给出了函数 $f(x) = x^2 - 2x + 2$ 的图像，此时采用梯度下降法来求解该函数的最小值，假设我们的初始值 x_0 如图所示，当我们沿着负梯度方向（这里梯度为正的，所以要向负梯度方向移动）移动一小步之后，$f(x)$ 的值会降低，那么我们就可以从点 $(x_0, f(x_0))$ 开始一步一步往下走，逐渐寻找 $f(x)$ 的最小值。

在实际运算中可以这样去计算：由于 x_0 大于 0，$f(x)$ 在点 x_0 的导数大于 0，从而 $f(x)$ 在点 x_0 的梯度方向为正，即梯度方向为 $f'(x_0)$。根据梯度下降法，下一个迭代值为 $x_1 = x_0 + \alpha_0 \cdot (-f'(x_0))$，其中 α_0 为学习率，代表了逼近最低点的速率。在这个案例中我们可以看到 $f'(x_0) > 0$，$\alpha_0 > 0$，那么

$x_1 < x_0$，也就是说 x_0 向左移动一小步到达 x_1，此时 $f(x_1) < f(x_0)$。同理在 x_1 点的导数同样大于零，根据梯度下降法，可以得到下一个迭代值 x_2，也就是 x_1 向左移动一小步到达 x_2，以此类推，不断进行下去，最终我们得到一个收敛的迭代值 x_k，此时 $f'(x_k) = 0$，那么 $x_{k+1} = x_k + \alpha_0 \cdot (-f'(x_k)) = x_k$，即点 x_k 无法再迭代下去，而 $f(x_k)$ 比前边的值都小，那么 x_k 就是 $f(x)$ 取最小值的解。

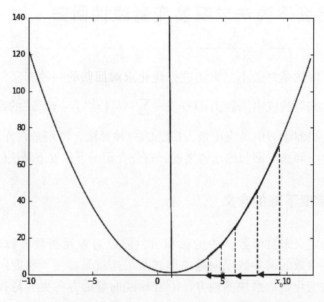

图 4.8　函数 $f(x) = x^2 - 2x + 2$ 的图像

从上述例子可以看出，通过梯度下降法求出的解也就是 $f'(x) = 0$ 所得到的解，在该例中我们从 $f(x)$ 最小值的左边开始，通过梯度下降法也能求得最小值的解，由于这里梯度方向 $f'(x_0)$ 为负，$x_1 = x_0 + \alpha_0(-f'(x_0))$ 向右移动，每移动一次 $f(x)$ 就会变小，最终收敛到最小值。

对于二元函数 $y = f(x_1, x_2)$，也可以用梯度下降法一步一步求得最小值的解，只不过这里要求 y 与 x_1、x_2 的偏导数作为梯度下降方向以及每次下降的步长，如图 4.9 所示。

上述示例及其图形就是梯度下降的基本含义，总结起来就是：它是一种最优化算法，通过采用迭代的方法求解目标函数得到最优解，是在成本函数（Cost Function）的基础上，利用梯度迭代求出局部最优解。

为方便理解，这里我们假设图 4.9 代表了一座山谷（或洼地）的等高线地形图，其中最外边的圆则代表了山谷的最高点，依次往里，每一个圆都代表了地势逐渐变低，直到最小的一个圆代表了山谷的最低点。现在我们在 x_0 位置，准备下山，但是由于地形复杂，我们不知道怎么才能走到山谷的最低点。于是我们采用梯度下降的方法来往下走，首先在 x_0 位置求出其梯度，然后往负方向，也就是当前最陡峭的位置向下走一步，到达 x_1 位置。然后，求出 x_1 位置的梯度再往负方向走，到达 x_2，这样一步步往下走，逐步接近山谷的最低点，直到梯度为 0，再无下降的可能。此时，虽然我们有可能没有走到山谷的最低点，但是我们也到达了某一个局部的山谷低处。

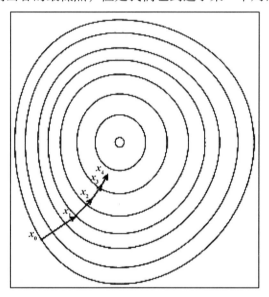

图 4.9　梯度下降法求解二元函数的过程图

4.2.2　梯度下降的相关概念

在详细了解梯度下降的算法之前，我们先看看梯度下降相关的一些概念。

❏ 学习率（Learning Rate）：也叫步长，它决定了在梯度下降迭代的过程中，每一步沿梯度负方向前进的长度。用 4.2.1 节下山的例子，步长就是在当前这一步所在位置沿着最陡峭最易下山的位置走的那一步的长度。

❏ 特征（Feature）：指的是样本中输入部分，比如样本 (x_0, y_0)，(x_1, y_1)，则样本特征为 x，样本输出为 y。

❑ 假设函数（Hypothesis Function）：在监督学习中，为了拟合输入样本而使用的假设函数，记为 $h_\theta(x)$。例如对于样本 $(x_i, y_i)(i = 1, 2, \cdots, n)$，可以采用拟合函数如下：$h_\theta(x) = \theta_0 + \theta_1 x_1$。

❑ 损失函数（Loss Function，等价于成本函数）：为了评估模型拟合的好坏，通常用损失函数来度量拟合的程度。损失函数极小化，意味着拟合程度最好，对应的模型参数即为最优参数。在线性回归中，损失函数通常为样本输出和假设函数的差取平方。例如对于样本 $(x_i, y_i)(i = 1, 2, \cdots, n)$，采用线性回归，损失函数为：

$$J(\theta) = \frac{\alpha}{2m} \sum_{i=1}^{m} (h_\theta(x^{(i)}) - y^{(i)})^2 \tag{4.8}$$

需要注意的是，α 决定了逼近最低点的速率，若 α 过大，可能会出现在最低点附近反复震荡的情况，无法收敛；而 α 过小，则导致逼近的速率太慢，即需要迭代更多次才能逼近最低点。学习率过小和过大时的梯度下降过程分别如图 4.10 和图 4.11 所示。

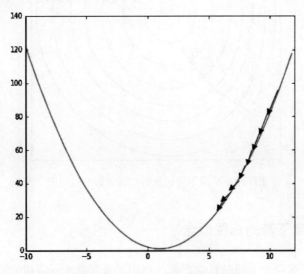

图 4.10　学习率过小时的梯度下降过程

因此，在实际求解过程中可以用一些数值试验学习率（α），比如 0.001，0.003，0.01，0.03，0.1，0.3，1，3 等，接着针对不同的 α，绘制出 $J(\theta)$ 随着迭代步数而变化的曲线，筛选出使 $J(\theta)$ 快速下降收敛的 α。由此可知，当梯度下降法选择 α 时，可以大致以 3 的倍数再以 10 的倍数的规律来选出一组 α，找到使得 $J(\theta)$ 快速下降收敛的 α。

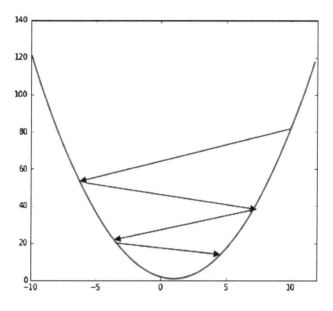

图 4.11 学习率过大时的梯度下降过程

4.2.3 梯度下降法求解线性回归算法

梯度下降法一般的求解思路是对 θ 取一随机初始值，可以是全零的向量，然后不断迭代改变 θ 的值使其成本函数或者损失函数 $J(\theta)$ 根据梯度下降的方向减小，直到收敛求出某 θ 值使得 $J(\theta)$ 最小或者局部最小。其更新规则如下：

$$\theta_j := \theta_j - \alpha \frac{\partial}{\partial \theta_j} J(\theta) \qquad (4.9)$$

其中，: = 所表达的含义为赋值，即把: = 右边的值赋予: = 左边的变量；α 为学习率，$j = 0,1,2,\cdots,n$。而 $J(\theta)$ 对 θ 的偏导决定了梯度下降的方向，将 $J(\theta)$ 代入更新规则中得到：

$$\theta_j := \theta_j - \alpha \frac{1}{m} \sum_{i=1}^{m} (h_\theta(x^{(i)}) - y^{(i)}) x_j^{(i)} \qquad (4.10)$$

根据多变量线性回归的表达形式 $h_\theta(x) = \theta_0 + \theta_1 x_1 + \theta_2 x_2 + \cdots + \theta_n x_n$，在对 $\theta_0, \theta_1, \theta_2, \cdots, \theta_n$ 取一随机初始值的基础上，得到初始预测值 $h_\theta(x)$，然后计算更新规则式（4.10），得到新的 θ_j，在此基础上计算成本函数或者损失

函数 $J(\theta)$ 的值。接下来再根据更新规则得到新的 θ_j，如此循环，最终得到成本函数或者损失函数 $J(\theta)$ 的值达到最小，且处于收敛状态时，即为梯度下降法求解线性回归算法得到的最优解。

对于式（4.10），由于每一次迭代都需要遍历所有训练数据，如果训练数据庞大，比如 i 很多，那么每次迭代运算的复杂度比较高，便使得收敛速度变得很慢，这种方法也被称作批量梯度下降法（Batch Gradient Descent）。为了解决批量梯度下降法的缺点，随机梯度下降法（Stochastic Gradient Descent）被引入进来，当更新参数的时候，不必遍历全部训练数据，只要随机选取其中一个训练数据进行参数更新，这种方法收敛较快，减少计算过程的复杂度。但是对于随机梯度下降法来说，由于迭代所使用的训练数据不是全部数据，而是部分数据，因此其每一步下降的过程中，成本函数或者损失函数 $J(\theta)$ 值的优化并不是按规律逐步减少的，反而会有波动以及大幅跳跃现象，如图 4.12 所示。

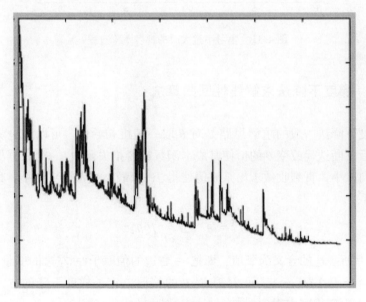

图 4.12　随机梯度下降法的优化扰动情况

从图 4.12 可以看出，随机梯度下降法每一次更新规则之后，$J(\theta)$ 值的下降是极其不规则，且有向上的波动。这种波动有个好处就是，对于类似盆地区域（即很多局部极小值点）那么这个波动的特点可能会使得优化的方向从当前的局部极小值点跳到另一个更好的局部极小值点，这样便可能使非凸函数最终收敛于一个较好的局部极值点，甚至全局极值点。而在批量梯度下降法中，若存在多个局部最优解的情况下，有时候得到的最优解不一定是全局最优解，而是局部最优解。对于这种情况，可能需要随机初始化 θ，得出多个最优值，再从中筛选出最终结果，以此来解决问题。

4.2.4　梯度下降法的 Python 实现：影厅观影人数的拟合（二）

用 Python 实现梯度下降法求解的线性回归，其核心在于对式（4.10）实现获取参数值 θ_j 的迭代过程，其中 $h_\theta(x) = \sum_{j=0}^{n} \theta_j x_j = \theta^T x$，结合这两个公式构建梯度下降法函数，剩下的就是输入初始值的问题。

在这里仍然以 4.1.2 节中的影厅观影人数例子作为数据集，首先是导入数据。

❑　导入数据

```
01    import matplotlib.pyplot as plt      #导入 matplotlib 库
02    import numpy as np                    #导入 numpy 库
03    import pandas as pd                    #导入 pandas 库
04
05    df = pd.read_csv('D:/3_film.csv')     #读取 csv 数据
06    df.head()                             #展示前 5 行数据
```

前 5 行的数据展示结果如图 4.13 所示。

	filmnum	filmsize	ratio	quality
0	45	106	17	6
1	44	99	15	18
2	61	149	27	10
3	41	97	27	16
4	54	148	30	8

图 4.13　影厅观影人数数据集的前 5 行数据

图 4.13 中第一列 filmnum 表示影厅观影人数，即目标变量；filmsize、ratio、quality 分别表示影厅面积、电影的排片比重、电影的观众评分等，为特征变量，这里的特征变量有 3 个。

❑ 插入一列全为 1 的数组

```
07  df.insert(1,'Ones',1)
                        #在 df 第 1 列和第 2 列之间插入一列全是 1 的数组
08  df.head()           #展示前 5 行数据
```

前 5 行的数据展示结果如图 4.14 所示。

	filmnum	Ones	filmsize	ratio	quality
0	45	1	106	17	6
1	44	1	99	15	18
2	61	1	149	27	10
3	41	1	97	27	16
4	54	1	148	30	8

图 4.14　插入 1 列全为 1 的数组后的前 5 行数据

可以看到在 filmnum 与 filmsize 之间插入了一列名为 Ones 的一行数。这一步骤与前文 4.1.2 节中用 Python 中的 LinearRegression( ) 求解多变量线性回归算法处理有所不同，4.1.2 节的实现过程中没有这一步，这里却出现了这一步，为什么？这里需要着重讲一下。

回到我们的多变量线性回归方程：$h_\theta(x) = \sum_{j=0}^{n} \theta_j x_j = \theta^T x$，这里设置了一个截距项，也就是 $h_\theta(x) = \theta_0 + \theta_1 x_1 + \theta_2 x_2 + \cdots + \theta_n x_n$，其中 θ_0 也是求解参数之一。因此，当我们对 $J(\theta)$ 求偏导得到的公式为：$\dfrac{1}{m} \sum_{i=1}^{m} \left(h_\theta(x^{(i)}) - y^{(i)} \right) x_j^{(i)}$，

这里的 $h_\theta(x^{(i)})$ 就等于 $\left(\sum_{j=0}^{n} \theta_j x_j^{(i)} \right)$，其中的 $x_j^{(i)}$、θ_j 分别为：

$$
\begin{pmatrix} x^{(1)T} \\ x^{(2)T} \\ x^{(3)T} \\ \vdots \\ x^{(m)T} \end{pmatrix} = \begin{pmatrix} 1 & x_1^{(1)} & x_2^{(1)} & x_3^{(1)} & \cdots & x_n^{(1)} \\ 1 & x_1^{(2)} & x_2^{(2)} & x_3^{(2)} & \cdots & x_n^{(2)} \\ 1 & x_1^{(3)} & x_2^{(3)} & x_3^{(3)} & \cdots & x_n^{(3)} \\ \vdots & \vdots & \vdots & \vdots & & \vdots \\ 1 & x_1^{(m)} & x_2^{(m)} & x_3^{(m)} & \cdots & x_n^{(m)} \end{pmatrix}, \quad \theta = \begin{pmatrix} \theta_0 \\ \theta_1 \\ \vdots \\ \theta_n \end{pmatrix}
$$

这里可以看到，由于加入了截距项 θ_0，因此需要在原有的数据集 x 上引入一列全为 1 的向量，这样才能与 θ 相乘，计算 $h_\theta(x)$。在 4.1.2 节直接采

用 LinearRegression()来求解多变量线性回归，相关参数均已设置好，而在这里需要自己构建函数，根据梯度下降法与多变量线性回归算法的相关公式来求解，所以这里必须作一些相关设定。

❑　选取特征变量与响应变量，并划分数据

```
09    cols = df.shape[1]     #计算 df 的列数
10    X = df.iloc[:,1:cols]   #取数据 df 的第 2 列之后的数据作为 X 变量
11    from sklearn.cross_validation import train_test_split
                              #导入数据划分包
12    #把 X、y 转化为数组形式,以便于计算
13    X = np.array(X.values)
14    y = np.array(y.values)
15    #以 25% 的数据构建测试样本,剩余作为训练样本
16    X_train,X_test,y_train,y_test = train_test_split(X,y,test_
      size = 0.25,random_state = 1)
17    X_train.shape,X_test.shape,y_train.shape,y_test.shape
```

第 10 行是采用了 pandas 中的 iloc 命令来进行列变量的数据选取。第 13、14 行将 X、y 分别转换成数组形式，以便于矩阵计算，不然结果会出错。第 16 行则是采用 train_test_split 命令对数据划分，test_size = 0.25 表示测试集的比例为 25%，random_state = 1 用以固定随机种子，保证本次划分的数据集与 4.1.2 节的相同。第 17 行则是对训练集与测试集的 X、y 矩阵形状进行展示，避免由于矩阵形状不一致，对矩阵运算的影响。输出结果为：

```
((94L,4L),(32L,4L),(94L,1L),(32L,1L))
```

可以看到由于我们加入了一列全为 1 的数，因此 X_train 为 94 行 4 列的数据矩阵，X_test 则为 32 行 4 列的数据矩阵，以此类推。

❑　构建计算成本函数的函数

```
18    def computeCost(X,y,theta):
19        inner = np.power(((X * theta.T) - y),2)
20        return np.sum(inner) /(2 * len(X))
```

这里的 computeCost(X,y,theta) 就是 $J(\theta) = \dfrac{1}{2m} \sum\limits_{i=1}^{m} (h_\theta(x^{(i)}) - y^{(i)})^2$，它是通过第 19、20 两行代码分步骤编写出来的。

❑　构建梯度下降法求解函数

```
21    #梯度下降算法函数,X、y 是输入变量,theta 是参数, alpha 是学习率,
      iters 是梯度下降迭代次数
22    def gradientDescent(X,y,theta,alpha,iters):
```

```
23      temp = np.matrix(np.zeros(theta.shape))
                                    #构建零值矩阵
24      parameters = int(theta.ravel().shape[1])
                                    #计算需要求解的参数个数
25      cost = np.zeros(iters)        #构建 iters 个 0 的数组
26
27      for i in range(iters):
28          error = (X * theta.T) - y #计算 hθ(x) - y
29
30          for j in range(parameters):
                                        #对于 theta 中的每一个元素依次计算
31              term = np.multiply(error,X[:,j])
                                        #计算两矩阵相乘(hθ(x) - y)x
32              temp[0,j] = theta[0,j] - ((alpha / len(X)) * np.sum
                (term))              #更新法则
33
34          theta = temp
35          cost[i] = computeCost(X,y,theta)
                                        #基于求出来的 theta 求解成本函数
36
37      return theta,cost
```

这是本节中 Python 实现梯度下降法求解多变量线性回归算法的核心程序。其中第 21~24 行是梯度下降法求解的准备，即构建零值矩阵、数组以及计算需求解的参数个数并设定为 parameters。然后遍历所有迭代次数，在其中第 28 行是计算预测值与实际值的偏差，即 $(h_\theta(x^{(i)}) - y^{(i)})$；根据梯度下降更新法则公式：$\theta_j := \theta_j - \alpha \frac{1}{m} \sum_{i=1}^{m} (h_\theta(x^{(i)}) - y^{(i)})x_j^{(i)}$，这里边的 j 是挨个计算然后加总的，因此，第 30 行对所有 j 进行遍历，第 31、32 行则按照更新法则来构建相关程序。第 34、35 行则输出 theta 与 cost[i] 的结果，最后将最终迭代出来的 theta 与 cost 的结果输出。

❏ 设定相关参数的初始值，并代入 gradientDescent() 函数中求解

```
38  alpha = 0.000001                    #设定学习率
39  iters = 100                         #设定迭代次数
40  theta = np.matrix(np.array([0,0,0,0]))
41  #采用 gradientDescent() 函数来优化求解
42  g,cost = gradientDescent(X,y,theta,alpha,iters)
                                        #代入初始值并求解
43  g
```

第 38、39 行设置的是学习率 alpha 与迭代次数 iters 的初始值，该初始

值的设置属于人为设定，如何设定更优的学习率与迭代次数，还需在更高级的机器学习内容中学习到。第 40 行设定的 theta 是全为 0 的数组，第 42 行就是代入初始值并求解，最终输出结果为：

```
matrix([[0.00354631,0.40050803,0.08201549,0.0328456 ]])
```

输出结果中，矩阵的 4 个元素分别是 4 个 theta 的解。根据所得到的解，对预测集 X_test 进行预测，并对结果进行评价。

❑　对预测集 X_test 进行预测，并对结果进行评价

```
44   y_hat=X_test*g.T                        #求出预测集 y_test 的预测值
45   y_hat
46   plt.figure(figsize=(10,6))              #设置图片尺寸
47   t=np.arange(len(X_test))                 #创建 t 变量
48   #绘制 y_test 曲线
49   plt.plot(t,y_test,'r',linewidth=2,label='y_test')
50   #绘制 y_hat 曲线
51   plt.plot(t,y_hat,'g',linewidth=2,label='y_train')
52   plt.legend()                            #设置图例
53   plt.show()
```

与 4.1.2 节相同，梯度下降法也比较了测试集中 y 的预测值 y_hat 与 y_test可视化比较结果，如图 4.15 所示。

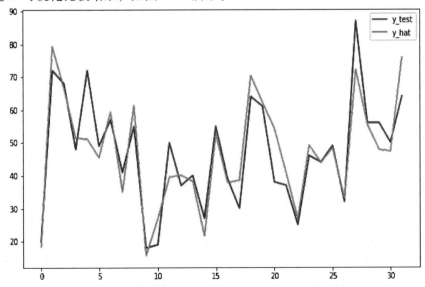

图 4.15　梯度下降法对测试集中 y 预测值与真实值的可视化比较

图形显示，测试集中影厅观影人数的预测值基本较好地拟合了真实值y_test的变化趋势。

❑ 对预测结果进行评价

接下来，采用评估指标拟合优度 R^2、MAE、MSE、RMSE 对预测效果进行评价。

```
54  from sklearn import metrics                #导入 metrics 评价模块
55  from sklearn.metrics import r2_score #导入计算 r2_score 的模块
56  #拟合优度 R2 的输出方法二
57  print "r2_score:",r2_score(y_test,y_hat)
58  #用 Scikit-learn 计算 MAE
59  print "MAE:",metrics.mean_absolute_error(y_test,y_hat)
60  #用 Scikit-learn 计算 MSE
61  print "MSE:",metrics.mean_squared_error(y_test,y_hat)
62  #用 Scikit-learn 计算 RMSE
63  print "RMSE:",np.sqrt(metrics.mean_squared_error(y_test,
    y_hat))
```

上述代码中，拟合优度 R^2、MAE、MSE、RMSE 的计算方式均与 4.1.2 节相同。输出结果为：

```
r2_score: 0.8072533281432706
MAE: 5.262018943705064
MSE: 52.2456418234778
RMSE: 7.22811467974034
```

而在 4.1.2 节中，采用 LinearRegression( ) 对影厅观影人数例子求解，得到拟合优度 R^2、MAE、MSE、RMSE 的结果为：

```
r2_score: 0.8279404383777595
MAE: 4.63125112009528
MSE: 46.63822281456598
RMSE: 6.8292183165107545
```

可以看到，在拟合优度 R^2 方面，用梯度下降法求解得到结果为 0.8073，小于 LinearRegression( ) 得到的结果为 0.8279。在 MAE、MSE、RMSE 上，梯度下降法得到的预测误差均大于的 LinearRegression( ) 得到的相应值。经过比较可以看出，由于没有对梯度下降法的参数设置进行深入优化，所以其预测误差高于 LinearRegression( ) 函数求解得到的结果。

4.3　线性回归的正则化

到目前为止，我们已经对线性回归算法作了比较详尽的介绍，包括单变量线性回归的原理、求解与 Python 实现等，以及多变量线性回归的原理、求解与 Python 实现等，并介绍了梯度下降法的求解原理与 Python 等。但是对于机器学习中的回归问题，我们还需要常常考虑算法的拟合效果，以及是否满足模型假定条件的问题等，在这里我们进一步引入正则化、岭回归与 Lasso 回归等，以探讨多变量线性回归算法的优化问题。

4.3.1　为什么要使用正则化

为什么要使用正则化？在探讨该问题之前，需要了解机器学习中的另外两个概念：欠拟合（Underfitting）与过拟合（Overfitting），这也是机器学习应用时经常会出现的两个问题。

所谓欠拟合，就是采用一定的算法去拟合时，如果没有考虑相当的信息量，即特征变量，使得对训练数据集的拟合算法无法精确，那么便会发生欠拟合（Underfitting）的现象，欠拟合也被称为高偏差（Bias），也就是我们建立的模型拟合与预测效果较差，如图 4.16 所示。

如果用此算法去拟合数据，会产生大的偏差或存在大的偏见，简单来说，就是训练误差过大。可以通过增加更多的特征变量，利用更高幂次的多项式当作假设函数，以该假设函数来拟合训练数据，从而通过这种方法来解决欠拟合问题。

所谓过拟合，就是采用一定的算法去拟合时，有时会有训练数据不够的情况发生，也就是训练数据无法约

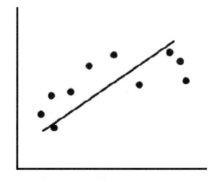

图 4.16　机器学习中的欠拟合现象

束更多的特征变量，或者当模型过度训练的情况发生，那么便会发生过拟

合（overfitting）的现象，过拟合也被称作高方差（variance），如图 4.17 所示。

过拟合一般发生在特征变量过多的情形下，此时所建立的模型拟合训练数据的效果总是非常好，也可以说成本函数 $J(\theta)$ 几乎逼近于零或为零，简单来说，就是训练误差几乎为零或为零。但是，训练误差很小并非最终目的，对于未知的数据样本，过拟合的模型不能泛化到未知样本中，也就不能实现预测的能力。这里"泛化"的含义是说，一个假设模型应用到新样本的能力。

因此，对于一个机器学习算法而言，既要避免欠拟合，又要避免过拟合，这两种情况最终都会导致面临未知情况或者新的数据集时候，算法的预测能力不足。只有恰当拟合才是一个机器学习算法追求的目标，而不仅仅以在当前数据集中训练误差非常小甚至几乎为零为目标。恰当拟合的情形如图 4.18 所示。

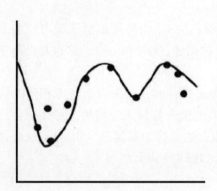 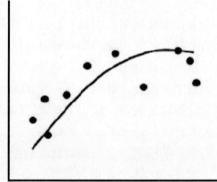

图 4.17　机器学习中的过拟合现象　　图 4.18　机器学习中的恰当拟合

图 4.16 的欠拟合只是把数据的线性趋势拟合出来，并没有把部分数据的非线性趋势拟合出来，恰当拟合（见图 4.18）解决了这部分问题，又避免了图 4.17 那样过度拟合，因此，恰当拟合是这些结果中的最优选择。

对于机器学习算法而言，欠拟合的问题需要我们不断尝试各种合适的算法，优化算法中的参数调整，以及通过数据预处理、数据可视化等特征工程，找到模型拟合效果最优化的结果。而当模型过拟合的情况发生时，可以通过尽可能减少特征变量数，这种做法的缺点在于舍弃某些变量的同时，也舍弃了其所携带的信息。而另一种方法——正则化，可以保留全部特征变量，且每一个特征变量或多或少都对模型预测有些许影响，所以正则化是处理过拟合的一种实用方法。

4.3.2 正则化的原理

如何使用正则化来解决过拟合问题，回到前边讲的回归的过拟合问题上。假设对图 4.17 拟合得到的模型为：$h_\theta(x) = \theta_0 + \theta_1 x_1 + \theta_2 x_2^2 + \theta_3 x_3^3 + \theta_4 x_4^4$，这是一个关于 x 的 4 次项函数，而对于图 4.18 中的恰当拟合，可能得到的拟合模型是 $h_\theta(x) = \theta_0 + \theta_1 x_1 + \theta_2 x_2^2$，二者相比较，可以发现就是因为这些高次项的存在改变了原有模型之间相互变化的关系，从而导致了过拟合的问题。因此，如果能让这些高次项的系数接近于 0 的话，那么就能很好地拟合了。所以我们要做的就是在一定程度上减小这些参数 θ 的值，这就是正则化的基本方法原理。

接下来，对于图 4.17 的过拟合情况，我们就可以通过减小 θ_3 和 θ_4（主要的办法就是修改成本函数）对 θ_3 和 θ_4 加入一些惩罚项，比如：

$$J(\theta) = \frac{1}{2m} \sum_{i=1}^{m} \left((h_\theta(x^{(i)}) - y^{(i)})^2 + 100\theta_3^2 + 1000\theta_4^2 \right) \qquad (4.11)$$

加入惩罚项后，可以看到如果尝试对成本函数最小化的时候，由于 $+100\theta_3^2 + 1000\theta_4^2$ 的存在，导致最终得到的模型中，θ_3 和 θ_4 的求解值会被惩罚项抵消，从而得到较小的 θ_3 和 θ_4 值。从图形的角度来看，原来 x_3^3、x_4^4 所导致的拟合曲线上下反复波动问题，会被较小的 θ_3 和 θ_4 抵消，从而拉回到 $h_\theta(x) = \theta_0 + \theta_1 x_1 + \theta_2 x_2^2$ 的拟合形态上，如图 4.19 所示。

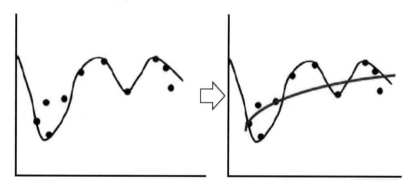

图 4.19 加入惩罚项之后解决过拟合问题

因此，正则化的含义是说，在对成本函数 $J(\theta)$ 进行优化的时候，在成

本函数 $J(\theta)$ 后插入一正则项，也被称作惩罚项，其成本函数 $J(\theta)$ 正则化后如下：

$$J(\theta) = \frac{1}{2m}\Big[\sum_{i=1}^{m}(h_\theta(x^{(i)}) - y^{(i)})^2 + \lambda\sum_{j=1}^{n}\theta_j^2\Big] \tag{4.12}$$

其中：λ 为正则化参数，其作用是控制拟合训练数据的目标和保持参数值较小的目标之间的平衡关系。一般地，正则项都是从 $j = 1$ 开始的，相当于 θ_0 没有惩罚，而实际上是否包括 θ_0 这项，对误差的影响非常小。

正则化线性回归的思路是，通过正则项收缩了参数 θ，参数更小也就表明模型的复杂度更低，不易出现过拟合的现象，所以限制参数 θ 很小，就是限制对应的特征变量的影响很小，相当于把参数 θ 的数量降低了，从而提高了模型的泛化能力。

4.3.3 基于最小二乘法的正则化

基于最小二乘法的正则化，便是对插入了正则项的成本函数 $J(\theta)$，即式（4.12）求偏导：

$$\frac{\partial}{\partial\theta}J(\theta) = \begin{cases} \dfrac{1}{m}\displaystyle\sum_{i=1}^{m}(h_\theta(x^{(i)}) - y^{(i)})x_0^{(i)} \\[2mm] \dfrac{1}{m}\Big[\displaystyle\sum_{i=1}^{m}(h_\theta(x^{(i)}) - y^{(i)})x_j^{(i)} + \lambda\theta_j\Big], j = 1,2,\cdots,n \end{cases} \tag{4.13}$$

对于 $j = 1,2,\cdots,n$，式（4.12）矢量化，并令式（4.13）为零，即

$\dfrac{\partial}{\partial\theta}J(\theta) = X^T(X\theta - Y) + \lambda\theta = 0$，得出：

$$X^TX\theta + \lambda\boldsymbol{\theta} = X^TY \tag{4.14}$$

其中：

$$Y = \begin{pmatrix} y^{(1)} \\ y^{(2)} \\ \vdots \\ y^{(m)} \end{pmatrix}, \quad X = \begin{pmatrix} x^{(1)T} \\ x^{(2)T} \\ x^{(3)T} \\ \vdots \\ x^{(m)T} \end{pmatrix} = \begin{pmatrix} 1 & x_1^{(1)} & x_2^{(1)} & x_3^{(1)} & \cdots & x_n^{(1)} \\ 1 & x_1^{(2)} & x_2^{(2)} & x_3^{(2)} & \cdots & x_n^{(2)} \\ 1 & x_1^{(3)} & x_2^{(3)} & x_3^{(3)} & \cdots & x_n^{(3)} \\ \vdots & \vdots & \vdots & \vdots & & \vdots \\ 1 & x_1^{(m)} & x_2^{(m)} & x_3^{(m)} & \cdots & x_n^{(m)} \end{pmatrix}, \quad \boldsymbol{\theta} = \begin{pmatrix} \theta_0 \\ \theta_1 \\ \vdots \\ \theta_n \end{pmatrix}$$

对式（4.14）进行变换，得出：

$$(X^TX + \lambda I_n)\boldsymbol{\theta} = X^TY \tag{4.15}$$

其中：I_n 为单位矩阵，从而得出 $\boldsymbol{\theta}$ 为：

$$\boldsymbol{\theta} = (X^T X + \lambda I_n)^{-1} X^T Y \tag{4.16}$$

将 $j = 0$ 加入式（4.16），则推出 $\boldsymbol{\theta}$ 为：

$$\boldsymbol{\theta} = \left(X^T X + \lambda \begin{bmatrix} 0 & 0 \\ 0 & I_n \end{bmatrix} \right)^{-1} X^T Y \tag{4.17}$$

由于多变量线性回归分析中，最小二乘法可能出现 $(X^T X)^{-1}$ 不可逆的情况，解决问题的方法之一便是使用正则化来处理 $(X^T X)^{-1}$，即 $\left(X^T X + \lambda \begin{bmatrix} 0 & 0 \\ 0 & I_n \end{bmatrix} \right)^{-1}$。当正则化参数 λ 严格大于零的时候，能够确定 $\left(X^T X + \lambda \begin{bmatrix} 0 & 0 \\ 0 & I_n \end{bmatrix} \right)^{-1}$ 为可逆的，即便是训练数据比特征变量的数量少，也是可逆的，这也是正则化主要解决的问题之一。

4.3.4　基于梯度下降法的正则化

基于梯度下降法的正则化，也是在其更新规则后加上正则项，也就是式（4.12），然后对其求偏导，则正则化后的梯度下降法的更新规则如下：

$$\begin{cases} \theta_0 := \theta_0 - \alpha \dfrac{1}{m} \sum_{i=1}^{m} (h_\theta(x^{(i)}) - y^{(i)}) x_0^{(i)} \\ \theta_j := \theta_j - \alpha \left[\dfrac{1}{m} \sum_{i=1}^{m} (h_\theta(x^{(i)}) - y^{(i)}) x_j^{(i)} - \dfrac{\lambda}{m} \theta_j \right], j = 1, 2, \cdots, n \end{cases} \tag{4.18}$$

对式 4.18 中的第二项式子进行变形，可以等价地写成：

$$\theta_j := \theta_j \left(1 - \alpha \dfrac{\lambda}{m} \right) - \alpha \dfrac{1}{m} \sum_{i=1}^{m} (h_\theta(x^{(i)}) - y^{(i)}) x_j^{(i)} \tag{4.19}$$

由于一般对 θ_0 没有惩罚，所以将 θ_0 单独列出来。将式（4.19）（正则化梯度下降法）与式（4.10）（即前文求出的梯度下降法）相比较，会发现多了 $\left(1 - \alpha \dfrac{\lambda}{m} \right)$。很明显，$\left(1 - \alpha \dfrac{\lambda}{m} \right)$ 是一个比 1 略小的值，其作用就是在更新前先缩小参数 θ_j 再进行更新迭代，从而使得模型复杂度相比更低。

另外，在正则化线性回归中，λ 越大，越说明正则项的重要性比训练误差大，相当于对模型拟合训练数据来说，更希望模型满足约束 $\dfrac{1}{2m} \sum_{j=1}^{n} \theta_j^2$ 的特性。当 λ 过大时，说明惩罚 $\theta_1, \theta_2, \cdots, \theta_n$ 的力度过大，使得这些参数接近于零，则模型相当于拟合出了一条近似的水平直线，就会发生欠拟合的现象。而如果 λ 过小，则成本函数 $J(\theta)$ 的最优化基本依赖的 $J(\theta)$ 首项，正则项的影响几乎没有，就可能发生过拟合的现象。

如何选择合适的 λ 呢？交叉验证（Cross Validation）便是其中一种较为常用的，可得到可靠稳定的参数 λ 的方法，其基本思路就是分割训练数据集，取其中一部分当作训练集，一部分当作测试集，接着选择不同的 λ 以该训练集拟合出 N 个模型，再让该测试集测试这 N 个模型，最后 N 个模型中测试误差最小的模型所对应的 λ 就是所需要的 λ。一般情况下，可以设置测试的 λ 值为 $0, 0.001, 0.003, 0.01, 0.03, 0.1, 0.3, 1, 3, 10$ 等。

选择合适的正则化参数 λ，才能让模型的拟合能力和泛化能力都相对地变强，也就是在模型"简单"的同时使训练误差最小，如此所求得的参数才具有良好的泛化能力。

4.4 岭回归

岭回归和 4.5 节要讲的 Lasso 回归都是线性回归算法正则化的两种常用方法，二者区别在于：引入正则化项的形式不同；除此之外，岭回归和 Lasso 回归既可以解决过拟合问题，也可以解决线性回归求解中多重共线性问题，即避免 $(X^T X)^{-1}$ 不可逆的情况，本节对岭回归进行详细讲解，并用 Python 里的岭回归程序库来实现。

4.4.1 岭回归的原理

岭回归（Ridge Regression）是统计学家 Hoerl 于 1962 年提出来的，1970 年，Hoerl 又与 Kennard 合作，进一步对岭回归法做了系统的发展。岭回归法是基于最小二乘估计法提出的一种有偏估计方法，是对最小二乘估计法的一种改良。为了获得既可靠又切合实际的回归系数，损失部分信息，并降低精度，放弃了最小二乘法的无偏性。

对于多变量线性回归算法的最小二乘求解（梯度下降法也是在最小二

乘法基础上的优化），我们在 4.1.1 节已经得到结果，即式（4.7）：$\theta = (X^T X)^{-1} X^T Y$，由于需要计算 $(X^T X)^{-1}$，这里就要考虑矩阵逆的求解问题。事实上，在线性代数中矩阵逆的一般求法是：

$$A^{-1} = \frac{1}{|A|} A^* \qquad (4.20)$$

其中：$|A|$ 为矩阵 A 的行列式，A^* 为矩阵 A 的伴随矩阵，它也是由行列式转换而来的，因此通常求解矩阵 A 的逆 A^{-1} 需要满足的一个条件就是 $|A| \neq 0$（非奇异矩阵）。但在多变量线性回归中，若特征变量矩阵 X 中的元素存在高度多重共线性，会导致 $|X^T X|$ 等于 0 或近似等于 0，那么 $(X^T X)^{-1}$ 就无法求解或者求解存在偏误，从而会导致线性回归模型的偏回归系数无解或解无意义。这是因为矩阵行列式近似为 0 时，其逆将偏于无穷大，导致回归系数也被放大。

岭回归就是在这个背景下提出来的，它的主要解决思路就是：在 $X^T X$ 的基础上加上一个较小的扰动项，使得行列式不再为 0，即参数的求解公式可变为：

$$\theta = (X^T X + \lambda I)^{-1} X^T Y \qquad (4.21)$$

其中：I 为单位矩阵，维度与 $X^T X$ 相等。可以看出，回归参数 θ 的值将随着 λ 的变化而变化，当 $\lambda = 0$ 时，其就退化为线性回归算法的参数值；当 $\lambda \neq 0$ 时，$|X^T X + \lambda I| \neq 0$，因此 $(X^T X + \lambda I)^{-1}$ 存在有效解。

实际上在本章前文中关于正则化的介绍中已有所涉及，岭回归就是在残差平方和的基础上增加参数平方和的正则项，如下所示：

$$J(\theta) = \sum_{i=1}^{m} \left(y_i - \sum_{j=0}^{p} \theta_j x_{ij} \right)^2 + \lambda \sum_{j=1}^{p} \theta_j^2 \qquad (4.22)$$

对 $J(\theta)$ 关于 θ_j 求偏导，并令其为零，然后转化为矩阵形式，其具体求解过程可参考 4.3.3 节，就可以得到式（4.21）的求解公式。

4.4.2　岭参数的取值方法

对于岭回归来说，由于引入了正则项系数 λ，除了常规的参数求解之外，还需考虑岭参数 λ 的数值选择问题，不同的数值会导致求解参数 θ_j 的不同，那么什么是最优的 λ 取值呢？有 3 种常用方法。

❏　岭迹图法

对于式（4.21）可以看作求解回归参数 θ 与 λ 的函数关系式，即 $\theta(\lambda) =$

$(X^TX + \lambda I)^{-1}X^TY$，表明 θ 的值随着 λ 的变化而变化，记 $\theta_i(\lambda)$ 为 $\theta(\lambda)$ 的第 i 个分量，它是 λ 的一元函数，当 λ 在 $[0, +\infty)$ 上变化时，$\theta(\lambda)$ 的图形就成为岭迹。在同一个同上画出 $\theta_1(\lambda), \theta_2(\lambda), \cdots, \theta_p(\lambda)$ 的岭迹，当其基本趋于一个稳定值时，就会得到合适 λ 的取值。一般的岭迹图如图 4.20 所示。

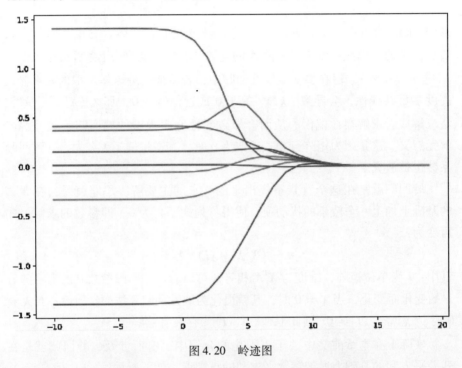

图 4.20 岭迹图

从图 4.20 可以看到，多个 $\theta_i(\lambda)$ 的取值会随着 λ 的变化而变化，最终趋于稳定，当其达到稳定值时 λ 的取值就是比较合适的正则项参数值。

❑ 控制残差平方和法

根据岭回归的性质，岭估计的均方误差虽然减小了，但是残差平方和增大了[1]。因此，我们尽可能使残差平方和增加的幅度控制在一定范围内，取一个大于 1 的 c 值，使得残差平方和趋于一定范围内，即 $SSE(\lambda) < c \times SSE$，SSE 为没有加入正则项时的回归估计残差平方和。

❑ 方差扩大因子法

计算 $\theta(\lambda)$ 的协方差阵，得到：

---

[1] 由于该性质的推导较为复杂，这里不做具体推导，详细过程可参考相关资料。

$$D(\theta(\lambda)) = \mathrm{cov}(\theta(\lambda), \theta(\lambda)) = \mathrm{cov}((X^TX + \lambda I)^{-1}X^TY, (X^TX + \lambda I)^{-1}X^TY)$$

$$= (X^TX + \lambda I)^{-1}X^T\mathrm{cov}(Y,Y)X(X^TX + \lambda I)^{-1}$$

$$= \sigma^2(X^TX + \lambda I)^{-1}X^TX(X^TX + \lambda I)^{-1}$$

令上式中 $(X^TX + \lambda I)^{-1}X^TX(X^TX + \lambda I)^{-1} = c(\lambda)$，其对角线元素 $c_{jj}(\lambda)$ 即为岭回归外生变量的方差扩大因子，显然，$c_{jj}(\lambda)$ 随着 λ 增大而减小。方差扩大因子可以衡量模型外生变量之间的线性关系，当模型的方差扩大因子变得异常大时，这往往是由于外生变量之间很强的线性关系所引起的。反之，当外生变量之间线性关系较弱时，模型外生变量的方差扩大因子就会在合理的范围内。方差扩大因子法的计算思想是选择合适的岭参数，使得所有模型外生变量的方差扩大因子都要控制在 10 以内，此时改进建立的岭回归模型的参数都相对稳定。

4.4.3　岭回归的 Python 实现：影厅观影人数的拟合（三）

在 Python 中 Scikit-learn 程序包中包含岭回归模块 linear_model.Ridge()，可以直接采用通用命令来实现岭回归。下面我们仍然以 4.1.2 节中的影厅观影人数例子作为数据集，使用 linear_model.Ridge()，对数据集岭回归估计与预测。前部分的操作与前文介绍的一样，包括导入数据、划分训练集与测试集等。

❑　导入数据与划分数据集

```
01  import matplotlib.pyplot as plt    #导入 matplotlib 库
02  import numpy as np                 #导入 numpy 库
03  import pandas as pd                 #导入 pandas 库
04
05  df=pd.read_csv('D:/3_film.csv')    #读取 csv 数据
06  df.head()                          #展示前 5 行数据
07  df=pd.read_csv('E:/Python for ml/3_film.csv')
                                       #读取 csv 数据
08  df.head()                          #展示前 5 行数据
09  X=df.iloc[:,1:4]                   #选取 data 中的 X 变量
10  y=df.filmnum                       #设定 target 为 y
11  from sklearn.cross_validation import train_test_split
                                       #导入数据划分包
12  #把 X、y 转化为数组形式,以便于计算
13  X=np.array(X.values)
14  y=np.array(y.values)
15  #以 25% 的数据构建测试样本,剩余作为训练样本
```

```
16  X_train,X_test,y_train,y_test = train_test_split(X,y,test_
    size = 0.25,random_state = 1)
17  X_train.shape,X_test.shape,y_train.shape,y_test.shape
```

以上步骤在前边章节中重复多次，在这里不再赘述。

❑　岭回归估计

```
18  from sklearn import linear_model          #导入 linear_model 库
19  ridge = linear_model.Ridge(alpha = 0.1)   #设置 lambda 值
20  ridge.fit(X_train,y_train)
                                              #使用训练数据进行参数求解
21  print '求解截距项为:',ridge.intercept_
22  print '求解系数为:',ridge.coef_
```

上述代码中，第 19 行即为 sklearn 中岭回归的函数，其中 alpha = 0.1 是将 λ 设置为 0.1。输出结果为：

```
Ridge(alpha = 0.1,copy_X = True,fit_intercept = True,max_iter =
None,
  normalize = False,random_state = None,solver = 'auto',tol =
  0.001)
求解截距项为: 4.35314337580391
求解系数为: [ 0.37048481  -0.03831273  0.23046337]
```

根据结果可以看出，对该数据集的线性回归求解得到的截距项为 4.3531，变量估计系数为 [0.37048481, -0.03831273, 0.23046337]。

❑　根据求出参数对测试集进行预测

```
23  y_hat = ridge.predict(X_test)             #对测试集的预测
24  y_hat[0:9]                                #打印前 10 个预测值
```

输出结果为：

```
array([20.20853893,74.31234956,66.97821059,50.6165136,
50.53930114,
    44.72765631,57.00323469,35.55225421,58.49957742])
```

输出结果中，y_hat 就是对测试集 y_test 的预测值，接下来就对测试集预测结果进行评价。

❑　对测试集相应变量实际值与预测集的比较

```
25  plt.figure(figsize = (10,6))              #设置图片尺寸
26  t = np.arange(len(X_test))                #创建 t 变量
27  #绘制 y_test 曲线
28  plt.plot(t,y_test,'r',linewidth = 2,label = 'y_test')
```

```
29  #绘制 y_hat 曲线
30  plt.plot(t,y_hat,'g',linewidth = 2,label = 'y_train')
31  plt.legend()                              #设置图例
32  plt.show()
```

结果如图 4.21 所示。

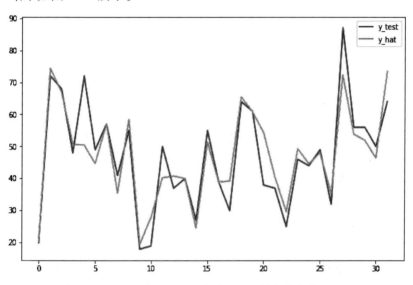

图 4.21　岭回归估计对测试集中 y 预测值与真实值的比较

图形显示，测试集中影厅观影人数的预测值基本较好地拟合了真实值 y_test的变化趋势。

❏　对预测结果进行评价

接下来，采用评估指标拟合优度 R^2、MAE、MSE、RMSE 对预测效果进行评价。

```
33  from sklearn import metrics              #导入 metrics 评价模块
34  from sklearn.metrics import r2_score  #导入计算 r2_score 的模块
35  #拟合优度 R2 的输出方法二
36  print "r2_score:",r2_score(y_test,y_hat)
37  #用 scikit-learn 计算 MAE
38  print "MAE:",metrics.mean_absolute_error(y_test,y_hat)
39  #用 scikit-learn 计算 MSE
40  print "MSE:",metrics.mean_squared_error(y_test,y_hat)
41  # #用 scikit-learn 计算 RMSE
42  print "RMSE:",np.sqrt(metrics.mean_squared_error(y_test,
    y_hat))
```

最终，拟合优度 R^2、MAE、MSE、RMSE 的输出结果为：

```
r2_score: 0.8279400477123059
MAE: 4.63126290238146
MSE: 46.63832870779446
RMSE: 6.829226069460174
```

在 4.1.2 节中，采用 LinearRegression（）对影厅观影人数例子求解，得到拟合优度 R^2、MAE、MSE、RMSE 的结果为：

```
r2_score: 0.8279404383777595
MAE: 4.63125112009528
MSE: 46.63822281456598
RMSE: 6.8292183165107545
```

可以看到，在拟合优度 R^2 方面，用岭回归求解得到结果为 0.8279400，比 4.2.4 节梯度下降法得到的结果 0.8073 预测精度更高了一些，但比 Linear Regression（）预测精度低一点点。在 MAE、MSE、RMSE 上岭回归估计均稍微高于 LinearRegression（）的预测效果，但优于梯度下降法得到的预测误差。

需要说明的是，在这里我们是直接设置了正则项系数 $\lambda = 0.1$ 所得到的岭回归估计与预测结果，当我们设置不同的 λ 会得到不同的结果，因此，在实际过程中还需要结合数据情况，采用岭迹图法、控制残差平方和法、方差扩大因子法等找到最佳参数值，然后进行岭回归的估计与预测。另外，从以上的分析来看，岭回归有一个特点就是，主观性太大，特别是选取 λ 值时有时候靠目测，且采用岭迹图法、控制残差平方和法、方差扩大因子法等各种方法得到的结果差异较大，这就引出了 Lasso 回归，它是对岭回归方法的一种改进。

4.5　Lasso 回归

Lasso 回归与岭回归非常相似，它们的差别在于使用了不同的正则化项，最终实现了约束参数解决多重共线性问题，并防止过拟合的效果。但恰恰是这种不同于岭回归的正则项引入方式，解决了岭回归的一些不足，更好地实现了回归估计方法。

4.5.1　Lasso 回归的原理

Lasso（The Least Absolute Shrinkage and Selectionator Operator）回归算法是 Tibshirani 于 1996 年提出的。Lasso 在英文中的意思就是套索，套索就是套马脖子的东西。有一首歌曲大家都不会陌生，那就是《套马杆》，套马杆前边会有一个绳索圈成的圆圈，用于套马的，不让它随便跑。而 Lasso 回归就是这个意思，就是让回归系数不要太大，以免造成过度拟合（overfitting）。

与岭回归不同的是，Lasso 是在成本函数 $J(\theta)$ 中增加参数绝对值和的正则项，如下所示：

$$J(\theta) = \sum_{i=1}^{m} \left(y_i - \sum_{j=0}^{p} \theta_j x_{ij} \right)^2 + \lambda \sum_{j=1}^{p} |\theta_j| \qquad (4.23)$$

假设回归方程为 $y_i = \beta_0 + \beta_1 x_{i1} + \beta_2 x_{i2} + \cdots + \beta_p x_{ip} = \sum_{j=0}^{p} \beta_j x_{ij}$，那么岭回归与 Lasso 回归相当于在普通线性回归估计的残差平方和中加入了对估计系数的约束，其中岭回归加入了参数平方和的约束惩罚项（也叫 L2 正则化），Lasso 回归则加入了参数绝对值和的约束惩罚项（也叫 L1 正则化），可以表示为：

$$\hat{\beta}^{ridge} = \underset{\beta}{\mathrm{argmin}} \left\{ \sum_{i=1}^{m} \left(y_i - \sum_{j=0}^{p} \beta_j x_{ij} \right)^2 \right\} \text{ subject to } \sum_{j=0}^{p} \beta_j^2 \leqslant t \qquad (4.24)$$

$$\hat{\beta}^{lasso} = \underset{\beta}{\mathrm{argmin}} \left\{ \sum_{i=1}^{m} \left(y_i - \sum_{j=0}^{p} \beta_j x_{ij} \right)^2 \right\} \text{ subject to } \sum_{j=0}^{p} |\beta_j| \leqslant t \qquad (4.25)$$

式（4.24）和式（4.25）中 t 和 λ 也是一一对应的，λ 增大的过程就是 t 减小的过程。这两个公式的几何意义如图 4.22 所示。

通过图 4.22 可以很明显地看出岭回归和 Lasso 回归之间的差异。图中是两个变量回归的情况，等高线图表示的是残差平方和的等高线。残差在最小二乘估计处最小。阴影部分分别是岭回归和 Lasso 回归的限制区域。显然圆形为岭回归的，方形为 Lasso 回归的。这两种带有惩罚项的方法都是要找到第一个落到限制区域上的等高线的那个位置的坐标（即岭估计和 Lasso 估计）。

可以看出，相比圆形，方形的顶点更容易与抛物面相交，顶点就意味着对应的很多系数为 0，而岭回归中的圆上的任意一点都很容易与抛物面相交，但很难得到正好等于 0 的系数。这也就意味着，Lasso 起到了很好的筛选变量的作用。

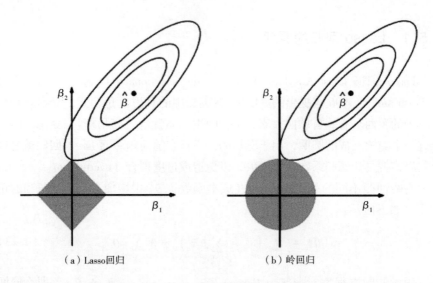

（a）Lasso回归　　　　　　　　　　　（b）岭回归

图 4.22　Lasso 回归与岭回归的几何意义

4.5.2　Lasso 回归的参数求解

对于 Lasso 回归来说，虽然惩罚项只是做了细微的变化，但是与岭回归可以直接通过矩阵运算得到回归系数相比，其计算相对复杂。由于惩罚项中含有绝对值，此函数的导数是连续不光滑的，所以无法进行求导并使用梯度下降优化。因此，Lasso 回归通常采用坐标下降法来求解参数估计值。坐标下降法是每次选择一个维度的参数进行一维优化，然后不断地迭代并对多个维度进行更新直到函数收敛。

对于 $J(\theta) = \sum_{i=1}^{m} \left(y_i - \sum_{j=0}^{p} \theta_j x_{ij} \right)^2 + \lambda \sum_{j=1}^{p} |\theta_j|$，首先是对第一部分残差平方和 RSS 求偏导，即：

$$\frac{\partial}{\partial \theta_k} RSS(\theta) = -2 \sum_{i=1}^{m} x_{ik} \left(y_i - \sum_{j=1}^{p} \theta_j x_{ij} \right) = -2 \sum_{i=1}^{m} \left(x_{ik} y_i - x_{ik} \sum_{j=1, j \neq k}^{p} \theta_j x_{ik} - \theta_k x_{ik}^2 \right)$$

$$= -2 \sum_{i=1}^{m} x_{ik} \left(y_i - \sum_{j=1, j \neq k}^{p} \theta_j x_{ik} \right) + 2 \theta_k \sum_{i=1}^{m} x_{ik}^2$$

令 $p_k = -2 \sum_{i=1}^{m} x_{ik} \left(y_i - \sum_{j=1, j \neq k}^{p} \theta_j x_{ik} \right)$，$z_k = \sum_{i=1}^{m} x_{ik}^2$，由此可以得到：

$$\frac{\partial}{\partial \theta_k} RSS(\theta) = -2p_k + 2\theta_k z_k \tag{4.26}$$

接下来对惩罚项求偏导，由于惩罚项为带有绝对值的函数，属于不可导的凸函数，这里使用次梯度方法（Subgradient Method）① 求偏导，可以得到：

$$\lambda \frac{\sum_{j=1}^{p} |\theta_j|}{\theta_k} = \begin{cases} -\lambda & \theta_k < 0 \\ [-\lambda, \lambda] & \theta_k = 0 \\ \lambda & \theta_k > 0 \end{cases} \tag{4.27}$$

由式（4.26）和式（4.27）可求得整偏导为：

$$\frac{\partial J(\theta)}{\partial \theta_k} = -2p_k + 2\theta_k z_k + \begin{cases} -\lambda & \theta_k < 0 \\ [-\lambda, \lambda] & \theta_k = 0 \\ \lambda & \theta_k > 0 \end{cases}$$

$$= \begin{cases} 2\theta_k z_k + 2p_k - \lambda & \theta_k < 0 \\ [-2p_k - \lambda, -2p_k + \lambda] & \theta_k = 0 \\ 2\theta_k z_k + 2p_k + \lambda & \theta_k > 0 \end{cases}$$

当 $\frac{\partial J(\theta)}{\partial \theta_k} = 0$ 时，可以得到：

$$\hat{\theta}_k = \begin{cases} (p_k + \lambda/2)/z_k & p_k < -\lambda/2 \\ 0 & -\lambda/2 \le p_k \le \lambda/2 \\ (p_k - \lambda/2)/z_k & p_k > \lambda/2 \end{cases} \tag{4.28}$$

通过上面的公式我们便可以每次选取一维进行优化并不断迭代得到最优回归系数。

4.5.3　Lasso 回归的 Python 实现：影厅观影人数的拟合（四）

在 Python 中 Scikit-learn 程序包中也包含 Lasso 回归模块 linear_model.Lasso()，可以直接采用通用命令来实现 Lasso 回归，除此之外，程序包中还有 Lasso CV 和 LassoLarsCV 的回归模块，其中 LassoCV 通过交叉验证来选择最优的 alpha，LassoLarsCV 则是 Lasso 回归参数求解的另外一种方法——最小角回归算法，并使用了交叉验证。

在这里我们仍然以 4.1.2 节中的影厅观影人数例子作为数据集，使用较

① 次梯度方法具体内容可以参阅相关资料。

为简单的 Lasso( )，对数据集 Lasso 回归估计与预测。我们在 4.4.3 节岭回归中对数据的导入、划分的基础上，进行 Lasso 回归。

❑ Lasso 回归估计

```
01  #导入 linear_model 库
02  from sklearn import linear_model
03  lasso = linear_model.Lasso(alpha = 0.1)    #设置 lambda 值
04  lasso.fit(X_train,y_train)                 #使用训练数据进行参数求解
05  print '求解截距项为:',ridge.intercept_
06  print '求解系数为:',ridge.coef_
```

上述代码中，第 3 行即为 sklearn 中 Lasso 回归的函数，其中 alpha = 0.1 是将 λ 设置为 0.1。输出结果为：

```
Lasso (alpha = 0.1,copy_X = True,fit_intercept = True,max_iter =
    1000,normalize = False,positive = False,precompute = False,
    random_state = None,selection = 'cyclic',tol = 0.0001,warm_
    start = False)
求解截距项为: 4.358584829813829
求解系数为: [ 0.36999035 -0.03494547  0.22750781]
```

根据结果可以看出，对该数据集的线性回归求解得到的截距项为 4.3586，变量估计系数为 [0.36999035 -0.03494547 0.22750781]。

❑ 根据求出参数对测试集进行预测

```
07  y_hat_lasso = lasso.predict (X_ test)      #对测试集的预测
08  y_ hat_ lasso [0:9]                        #打印前 10 个预测值
```

输出结果为：

```
array([20.233949,74.32855715,66.94661945,50.62126153,50.5335356,
    44.75419636,57.02133523,35.56117031,58.53426597])
```

接下来就对测试集预测结果进行评价。

❑ 对测试集相应变量实际值与预测集进行比较

```
09  plt.figure(figsize =(10,6))                #设置图片尺寸
10  t=np.arange(len(X_test))                   #创建 t 变量
11  #绘制 y_test 曲线
12  plt.plot(t,y_test,'r',linewidth =2,label ='y_test')
13  #绘制 y_hat 曲线
14  plt.plot(t,y_hat_lasso,'g',linewidth =2,label ='y_hat_lasso')
15  plt.legend()                               #设置图例
16  plt.show()
```

结果如图 4.23 所示。

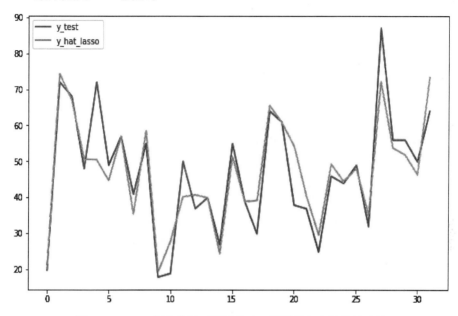

图 4.23　Lasso 回归估计对测试集中 y 预测值与实际值的比较

图 4.23 显示，测试集中影厅观影人数的预测值基本较好地拟合了实际值 y_test 的变化趋势。

❑　对预测结果进行评价

接下来，采用评估指标拟合优度 R^2、MAE、MSE、RMSE 对预测效果进行评价。

```
17  from sklearn import metrics              #导入 metrics 评价模块
18  from sklearn.metrics import r2_score
                                      #导入计算 r2_score 的模块
19  #拟合优度 R2 的输出方法二
20  print "r2_score:",r2_score(y_test,y_hat_lasso)
21  #用 scikit-learn 计算 MAE
22  print "MAE:",metrics.mean_absolute_error(y_test,y_hat_lasso)
23  #用 scikit-learn 计算 MSE
24  print "MSE:",metrics.mean_squared_error(y_test,y_hat_lasso)
25  # #用 scikit-learn 计算 RMSE
26  print "RMSE:",np.sqrt(metrics.mean_squared_error(y_test,
    y_hat_lasso))
```

最终，拟合优度 R^2、MAE、MSE、RMSE 的输出结果为：

```
r2_score: 0.8276541436150417
MAE: 4.638494755480021
MSE: 46.71582547034623
RMSE: 6.834897619595061
```

与第 4.1.2 节中用 LinearRegression( ) 得到拟合优度 R^2、MAE、MSE、RMSE 结果进行比较：

```
r2_score: 0.8279404383777595
MAE: 4.63125112009528
MSE: 46.63822281456598
RMSE: 6.8292183165107545
```

可以看到，在拟合优度 R^2 方面，用 Lasso 回归求解得到结果为 0.8277，低于 LinearRegression( ) 以及岭回归的预测精度。在 MAE、MSE、RMSE 上，Lasso 回归得到的预测误差均小于 LinearRegression( )、岭回归 linear_model.Ridge( ) 得到的相应值。

4.6　小结

本章是在第 3 章——单变量线性回归的基础上，全面而系统地介绍了线性回归的算法，包括多变量线性回归算法、梯度下降法求解方法、线性回归的正则化、岭回归与 Lasso 回归等，对目前基础的、主流的、常用的线性回归算法作了一个总结，以便读者对线性回归有一个初步的清晰了解。

多变量线性回归算法就是在单变量回归的基础上，加入了更多的特征变量，其原理、基本求解方法与单变量线性回归算法并无差异，但是由于引入更多的特征变量，所以在实际中应用非常广泛，是很多机器学习项目的基础算法。本章中除了介绍多变量线性回归算法的最小二乘求解，并在 Python 案例实现中加入了多特征变量下的数据预分析过程，特别是针对多变量的数据可视化过程，这在实际机器学习项目中是必要一环。接着就是梯度下降法求解多变量线性回归，它是最小二乘法的优化算法，以及线性回归的正则化，它是解决线性回归过拟合问题的一种思路，是通过在成本函数中加入惩罚项来实现的。

在正则化中，按照加入惩罚项的形式不同，可分为岭回归与 Lasso 回归，前者是在普通线性回归残差平方和的基础上加入参数平方和，后者则是加入绝对值和。除了解决过拟合问题，岭回归与 Lasso 回归还能解决多变量线性回归的多重共线性问题。

本章还采用同一个案例实现多变量线性回归算法的最小二乘求法、梯度下降求法、岭回归与 Lasso 回归，通过所得到的评价指标可以发现，最小二乘求法最好，其次是岭回归，Lasso 回归次之，梯度下降法预测效果最低。但是由于岭回归、Lasso 回归主要用于解决过拟合、多重共线性问题，因此预测效果低一些可能会有更好的泛化能力，且各个算法没有进一步的优化，所以在实际应用中大家还是结合具体案例具体分析，通过不断调参优化，才能得到最好的预测效果。

第5章　逻辑回归算法

逻辑回归（Logistic Regression）是机器学习分类算法的一种，它是在线性回归模型的基础上加入类别映射，从而实现分类问题。换句话说，逻辑回归算法是在线性回归的基础上，构建因变量 y 的转换函数，将 y 的数值划分到 $0-1$ 两类，或者多类，实现对事物的分类拟合与预测。

逻辑回归虽然属于分类算法，本质上却又是一个线性回归模型，其模型形式、参数求解及步骤等均与线性回归算法类似，这也是该算法加上"回归"二字的原因。从回归的角度来看，它可以算是非线性回归算法。逻辑回归算法原理简单、高效，在实际中应用较为广泛，例如判断用户的性别，预测某用户是否购买某商品，根据病人年龄、性别、血压等信息判断某病人是否患有某种疾病，等等。

5.1　从线性回归到分类问题

本书前边章节让我们对机器学习中的线性回归算法有了一定的了解，事实上机器学习的有监督学习问题中，回归、分类是两个主要的技术方向，前者包括之前讲过的简单线性回归、岭回归、Lasso 回归等，后者包括本书后边要讲的贝叶斯分类、决策树、K 近邻算法、支持向量机、人工神经网络等。但这种划分界限是模糊的，因为分类算法中的决策树、支持向量机、人工神经网络等也可用来实现回归预测问题。

实际上，回归与分类的本质区别不在于算法本身，而在于所要解决的问题上。回归方法是一种对连续型数值随机变量进行预测和建模的算法，例如预测房价、股票走势以及商品销售量等。而分类方法则是一种对离散型随机变量进行建模或预测的算法，例如过滤垃圾邮件，金融欺诈，预测评价是正面还是负面等。

回归任务的特点是标注的数据集为连续型数值变量，分类算法通常适用于预测一个离散型类别（或类别的概率）而非连续的数值。由于连续型变量与离散型变量之间可以转换，导致了回归与分类算法具有一定的重叠性。

举个例子，我们根据已收到邮件的标题、内容等需要将邮件划分为垃圾邮件和非垃圾邮件两大类别，分别用 0、1 两个离散数值来表示，通过构建分类算法模型得到相关特征值，再对新接收邮件进行预测，若为 0 则是垃圾邮件，1 就是非垃圾邮件。而事实上有些算法是根据概率值来得到 0 – 1 结果判断的。如果我们不是直接作出 0 – 1 判断，而是预测该邮件为垃圾邮件的概率值，那么这个问题就是回归问题了。

再例如，连续的 0 ~ 100 分的考试成绩，可以转换成 2 个量：第 0 类——0 ~ 59 分，为不通过；第 1 类——60 ~ 100 分，通过。这就实现了回归问题向分类问题的转换。

逻辑回归算法就是采用这种方式形成了从线性回归向分类问题的跨越。但是其类别边界（也叫阈值）的划分不像考试成绩那样简单粗暴，低于某个阈值就归为 0 类，高于某个阈值就归为 1 类。逻辑回归使用了逻辑函数与概率原则，逻辑函数通常采用 Sigmiod 函数，它可以将输出变量的值域压缩到 $(0,1)$ 区间内。

因为在线性回归模型中，输出结果一般是连续的，例如：$y = f(x) = ax + b$，对于每一个输入的 x，都有一个对应的 y 输出，模型的定义域和值域都可以是（$-\infty$，$+\infty$）。逻辑回归通过 Sigmiod 函数可以将 y 的输出值域（$-\infty$，$+\infty$）转换或者压缩到（0，1）区间内，这时候 y 的取值不再是一个特定的连续性数值，而是一个概率，代表了某件事情发生或不发生的可能性。

接下来我们可以选择一个阈值，通常是 0.5，当 $y > 0.5$ 时，就将这个 x 归入 1 这一类，如果 $y < 0.5$ 就将 x 归入 0 这一类。在这里要注意阈值是可以调整的，也可以设置成 0.6，甚至 0.9。如果阈值是 0.9，那就说明只有超过 90% 的把握，我们才相信 x 归到 1 这一类。由此，通过逻辑回归模型，我们把在整个实数范围上的 x 映射到了有限个点上，这样就实现了对 x 的分类。

这就是逻辑回归算法从线性回归到分类算法的内在机制，也是逻辑回归算法的基本原理。实际上在决策树、人工神经网络中，我们既可以分类也可以回归，也是基于这个原理，在支持向量机 SVM 中，则是基于样本到边界的距离来构建类概率映射，这又是另一种分类思想。

5.2　基于 Sigmoid 函数的分类

逻辑回归是基于 Sigmoid 函数进行分类的，其函数形式为：

$$g(z) = \frac{1}{1 + e^{-z}} \tag{5.1}$$

观察式 5.1 函数的形式，可以发现，由于 $e^{-z} > 0$，$g(z)$ 的取值范围 $[0,1]$，且当 $z \to +\infty$ 时，$g(z) \to 1$；当 $z \to -\infty$ 时，$g(z) \to 0$。其函数图像如图 5.1 所示。

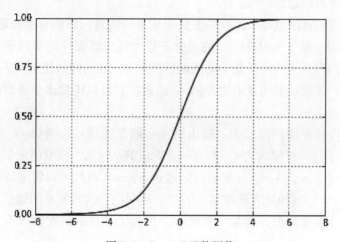

图 5.1　Sigmoid 函数图像

观察 Sigmoid 函数的图像还会发现其另外一个特点：在 [0，1] 范围内，函数是以一条平滑的曲线逐步逼近函数的上限 0 和下限 1，即 S 型曲线。这就克服了类似阶跃函数那种简单粗暴式的划分方法所导致的函数不连续问题，以致在对该函数进行求导时会出现问题。例如，前边提到的对考试成绩的划分，在 59~60 分之间会出现一个突然性的跳跃，导致 59~60

之间出现断点，而 Sigmoid 函数不会出现这种问题。

令 $z = f(x) = \theta^T X = \theta_0 + \theta_1 x_1 + \theta_2 x_2 + \cdots + \theta_n x_n$，就得到了逻辑回归模型的一般形式：

$$h_\theta(x) = g(\theta^T x) = \frac{1}{1 + e^{-\theta^T x}} \tag{5.2}$$

式 5.2 中 x 为样本输入，$h_\theta(x)$ 为模型输出，代表着某一分类的概率大小，θ 为模型的参数。在此基础上设置概率阈值，如 0.5，那么就建立 Sigmoid 函数和二元分类（0 – 1）的对应关系，即样本值大于 0.5，则归为 1 类，小于 0.5，则归为 0 类。而 $z = f(x) = \theta^T X$ 则是线性回归的一般形式，因此逻辑回归模型本质上是 Sigmoid 函数和线性回归的一种结合。

假设我们需要预测一些病人是否患有心脏病，已知这些病人的身高（x_1）、体重（x_2）、血压（x_3）、胆固醇水平（x_4）等信息，在已经求得各参数值 θ_1、θ_2、θ_3、θ_4 的情况下，通过计算线性回归方程 $z = \theta_0 + \theta_1 x_1 + \theta_2 x_2 + \theta_3 x_3 + \theta_4 x_4$ 得到 z 值，但是这里 z 值可能对我们的意义并不大，需要进一步通过 Sigmoid 函数得到病人患有心脏病的概率 $h_\theta(x)$ 才对我们具有分析意义，由此判断病人是否患有心脏病。在这里需要解决的一个问题就是各参数值 θ_0、θ_1、θ_2、θ_3、θ_4 等的求解，这也是逻辑回归算法的一个核心内容，通常是基于样本训练得到的，那么如何去训练呢？这就是接下来要讲的内容。

5.3　使用梯度下降法求最优解

同线性回归类似，逻辑回归的参数求解也是基于成本函数（Cost Function）的最优化（最小化）原则，但是由于逻辑回归输出值具有不连续的特点，在这里通常使用对数似然成本函数或者叫对数似然损失函数来建立对参数求解的方程。由于采用一般解法，如最大似然估计很难求出方程的解析解，这里就需要使用迭代的方法来求最优解，最经常使用的方法就是梯度下降法。

5.3.1　对数似然函数

似然（Likelihood）与概率都是指可能性，但是其用法和代表的意义又有所不同。概率是在特定环境下某件事情发生的可能性，描述了参数已知时随机变量的输出结果；似然则反其道而行，是在确定的结果下去推测产生这个结果的可能参数，用来描述已知随机变量输出结果时，未知参数的可能取值。

例如两个人下围棋，假如知道这两个人的实力相当，那么他们下 10 局围棋，两人输赢的概率都在 50%。但是若我们不知道这两个人的实力水平，他们下了 10 局围棋，若每个人都赢 5 局的话，那么我们可以判断这两人每次下棋输赢的概率都是 50%，即实力相当，而如果两个人下 10 局棋，一个人赢了 9 局，另一个人只赢 1 局，那我们就可以判断这两个人实力相差很大，这就是似然概念的含义。

概率函数通常用 $p(x|\theta)$ 表示（确切地说是条件概率），θ 代表事件发生对应的参数，x 表示发生结果，而似然可以表示为 $L(\theta|x)$，这就是关于 θ 的似然函数。以伯努利分布（又叫 0-1 分布）为例，概率分布公式为：

$$p(x|\theta) = \begin{cases} \theta & x = 1 \\ 1 - \theta & x = 0 \end{cases} \tag{5.3}$$

式（5.3）表示 $x = 1$ 时发生的概率为 θ，$x = 0$ 时发生的概率为 $1 - \theta$。从似然的角度出发，假设我们观测到的结果是 $x = 1$ 发生的概率为 50%，那么可以得到似然函数：

$$L(\theta|x = 1) = \theta^{0.5}(1 - \theta)^{0.5} \tag{5.4}$$

由于似然描述的是结果已知的情况下，该事件在不同条件下发生的可能性，似然函数的值越大说明该事件在对应的条件下发生的可能性越大，这个就是最大似然或者叫极大似然。在机器学习领域，之所以要关注极大似然，是因为需要根据已知事件（已有样本，或者是训练集）来找出产生这种结果最有可能的条件，从而能够根据这个条件去推测未知事件（预测样本，或者是预测集）的概率。

在实际分析过程中，为了便于估计，一般在前边加自然对数，那么式（5.4）就可以转换为：$\ln L(\theta|x = 1) = 0.5\ln\theta + 0.5\ln(1 - \theta)$，这就是对数似然函数，这样就变成连加的形式，在求导等过程中利于计算。

5.3.2 最大似然

实际问题往往非常复杂，也不会简单地像前边仅仅通过 10 局围棋的输赢来判断两个人的实力对比情况，概率分布也不完全是伯努利分布的形式。

例如，我们想调查某个学校中男生身高分布的情况，那么多男生不可能一个一个去问，所以需要抽样。假设随机抽到了 100 个男生，根据这 100 个男生身高情况得到了一个初步的统计结果。再进一步假设该学校男生的身高服从高斯分布（正态分布），但是我们并不知道分布的均值 μ 和方差 σ^2，这两个就是我们要估计的参数，记为 $\theta = [\mu, \sigma]^T$。

一般情况下，如果我们知道该学校男生身高高斯分布的参数 θ，那么我们抽到某男生 A 身高为 175cm 的概率就为 $p(x = 175 | \theta)$，抽到男生 B 身高为 180 的概率就为 $p(x = 180 | \theta)$，由于是随机抽取，那么每个样本都是独立的，因此，同时抽取到男生 A 和男生 B 的概率是 $p(x = 175 | \theta) \times p(x = 180 | \theta)$。同理，同时抽到这 100 个男生的概率就是他们各自概率的乘积了。

令这 100 个男生的样本集为 $X = \{x_1, x_2, \cdots, x_n\}$，在这里 $n = 100$，那么从分布是 $p(x | \theta)$ 的总体样本中抽取到这 100 个样本的概率，也就是样本集 X 中各个样本的联合概率，有：

$$L(\theta) = L(x_1, x_2, \cdots, x_n; \theta) = \prod_{i=1}^{n} p(x_i; \theta) \qquad (5.5)$$

式（5.5）中 $\prod_{i=1}^{n} p(x_i; \theta)$ 代表了 n 个 $p(x_i; \theta)$ 的连乘。注意，在这里用 $L(x_1, x_2, \cdots, x_n; \theta)$ 而不是前边的 $L(\theta | x)$，是因为 $L(\theta | x)$ 一般代表条件概率的形式，即 x 发生后 θ 发生的概率，为避免混淆，故采用式（5.5）中的形式。

$L(x_1, x_2, \cdots, x_n; \theta)$ 就是似然函数，它代表了在概率密度函数的参数是 θ 时，得到 X 这组样本的概率。由于 X 是抽样出来的身高数据集合，所以它是已知的，而 θ 是未知的。上述公式中由于 θ 是未知函数，所以它就是 θ 的函数。该函数的意义是在不同的参数 θ 取值下，取得当前这个样本集的可能性，因此称为参数 θ 相对于样本集 X 的似然函数（Likehood Function）。

剩下的问题就是如何求解这个参数 θ，这里就用到了最大似然的原理了，也就是在这个学校那么多男生中，既然能够抽到这 100 个男生，那么就代表在整个学校中，这 100 个人（的身高）出现的概率最大，那么就要寻求该结果出现可能性最大的条件。最大似然估计就是利用已知的样本结果，反推最有可能（最大概率）导致这样结果的参数值。

通俗来说就是：概率最大的事件，最可能发生。例如一家超市被盗，现场留下的证据表明，一个惯犯和一个好人都有嫌疑，那么谁最有可能是盗窃者? 一般人会猜测是惯犯而不是好人, 虽然好人也有可能, 但是惯犯偷盗的可能性更大。

在最大似然估计中, 我们看到 $L(\theta)$ 是连乘的, 为了便于估计, 一般采用对数似然函数:

$$H(\theta) = \ln L(\theta) = \ln \prod_{i=1}^{n} p(x_i; \theta) = \sum_{i=1}^{n} \ln p(x_i; \theta) \tag{5.6}$$

5.3.3 梯度下降法的参数求解

对于逻辑回归, 考虑到输出变量为二分类问题, 非 0 即 1, 那么对于式 (5.2), 若函数 $h_\theta(x)$ 表示结果取 1 的概率, 那么对于分类 1 和 0 的概率, 有:

$$p(y = 1 | x; \theta) = h_\theta(x) = \frac{1}{1 + e^{-f(x)}}$$
$$p(y = 1 | x; \theta) = 1 - h_\theta(x) = \frac{1}{1 + e^{f(x)}} \tag{5.7}$$

可以写成概率一般式, 即:

$$p(y | x; \theta) = (h_\theta(x))^y (1 - h_\theta(x))^{1-y} \tag{5.8}$$

由最大似然估计原理, 可以通过给定的 m 个训练样本值, 通过极大似然估计法来确定模型的参数 θ。首先, 其似然函数为 $L(\theta) = \prod_{i=1}^{n} [(h_\theta(x_i))^{y_i} (1 - h_\theta(x_i))^{1-y_i}]$, 在此基础上取对数得到对数似然函数如下:

$$\ln L(\theta) = \sum_{i=1}^{n} [y_i \ln h_\theta(x_i) + (1 - y_i) \ln(1 - h_\theta(x_i))] \tag{5.9}$$

采用最大似然估计的方法, 对对数似然函数求导, 但是当我们令对数似然函数导数为 $0 \left(\frac{\partial \ln L(\theta)}{\partial \theta} = 0 \right)$ 时, 无法求得解析解, 所以需要借助迭代的方法去寻找最优解。这里最常用的迭代方法就是梯度下降法。

在梯度下降法中, 我们定义了逻辑回归的成本函数:

$$J(\theta) = -\frac{1}{m} \ln L(\theta) = -\frac{1}{m} \sum_{i=1}^{n} [y_i \ln h_\theta(x_i) + (1 - y_i) \ln(1 - h_\theta(x_i))] \tag{5.10}$$

之所以在式 (5.10) 中加负号, 是因为最大似然估计求 $\ln L(\theta)$ 的最大解, 而梯度下降法一般用来求最小值, 所以加负号变成 $J(\theta)$, 才能应用梯度下降法找到一个最小的参数值 θ。

在开始梯度下降之前，还要说明一下，式（5.1）的 Sigmoid 函数还有一个性质，即对 $g(z)$ 求导可以得到 $g'(z) = g(z)(1 - g(z))$，这个性质在梯度下降法求解过程中会用到。对 $J(\theta)$ 求导，其计算过程如下：

$$\frac{\partial J(\theta)}{\partial \theta_j} = -\frac{1}{m}\sum_{i=1}^{m}\Big[y_i \cdot \frac{1}{g(\theta^T x_i)} - (1 - y_i) \cdot \frac{1}{1 - g(\theta^T x_i)}\Big] \cdot \frac{\partial g(\theta^T x_i)}{\partial \theta_j}$$

$$= -\frac{1}{m}\sum_{i=1}^{m}\Big[y_i \cdot \frac{1}{g(\theta^T x_i)} - (1 - y_i) \cdot \frac{1}{1 - g(\theta^T x_i)}\Big] \cdot$$

$$g(\theta^T x_i)(1 - g(\theta^T x_i)) \cdot \frac{\partial \theta^T x_i}{\partial \theta_j}$$

$$= -\frac{1}{m}\sum_{i=1}^{m}\big[y_i(1 - g(\theta^T x_i)) - (1 - y_i)g(\theta^T x_i)\big] \cdot x_{i,j}$$

$$= \frac{1}{m}\sum_{i=1}^{n}(h_\theta(x_i) - y_i) \cdot x_{i,j}$$

推导过程略有些复杂，其中用到了式 5.2 的 $h_\theta(x) = g(\theta^T x)$ 进行替换，还用到了 Sigmoid 函数求导的性质。从最终得到的结果可以看到，我们把较为复杂的 $J(\theta)$ 对 θ 求导化简到了 θ 取某个值时预测值与真实值相差的线性公式，这就降低了梯度下降每次迭代的复杂性以及编写代码的复杂性。这里要注意为什么会有 $x_{i,j}$，i 表示训练集中的第 i 个变量，j 则代表在 $\theta = \theta_j$ 的取值下的梯度下降求解，也就是第 j 次梯度下降迭代。

然后，再应用梯度下降法的迭代公式：

$$\theta_j = \theta_j - \alpha \cdot \frac{\partial J(\theta)}{\partial \theta_j} = \theta_j - \frac{\alpha}{m}\sum_{i=1}^{n}(h_\theta(x_i) - y_i)x_{i,j} \tag{5.11}$$

其中：α 为学习率。在每一次的迭代过程中，根据给定的训练集，就会得到一个新的参数值解 θ_j，迭代终止的条件是将得到的参数值 θ_j 代入逻辑回归的成本函数中，求出代价值，与上一次迭代得到的代价值相减，若结果小于某个阈值，则立即停止迭代，此时得到最终解。

在这里，逻辑回归的梯度下降求解方法所使用的成本函数（或者叫损失函数）$J(\theta)$ 式为一种对数似然的形式，而在线性回归算法中，其成本函数为平方损失函数，即预测值与真实值相差的平方和，化简之后的结果形式比较类似，都是预测值与实际值之间相差的形式，但由于 $h_\theta(x_i)$ 的不同，优化后的求解并不完全一样。

另外，前边讨论的都是二元分类的问题，即预测结果只有两种类别：0和1，但是在许多实际的问题中，分类结果有多种可能，比如将天气分为晴天、阴天、雨天等，还有机器学习中比较有名的鸢尾花（Iris）数据集，就分为 3 类。这里通常采用的一种处理方式就是 one vs all（一对多）的方法，对于有 k 个类别的数据，我们可以把问题分割成 k 个二值分类问题，每个二值分类问题计算当前预测的 y 属于其中一个分类的概率。

例如一个 3 级分类问题：0、1 和 2，首先创建一个二元分类器，对 0 类和非 0 类（即 1、2）的训练样本采用逻辑回归进行参数求解，然后计算预测样本 y 属于 0 类和非 0 类的概率；然后创建 1 类和非 1 类的二元分类器，通过逻辑回归预测样本 y 属于 1 类和非 1 类的概率；再创建 2 类和非 2 类的二元分类器，通过逻辑回归预测样本 y 属于 2 类和非 2 类的概率；最后将这 3 个分类中概率最大的作为结果。这种方式是将一个多分类问题转化为多个二值化分类器。

5.4　逻辑回归的 Python 实现

本部分使用 Python 软件实现逻辑回归，共有两种方式：一是基于梯度下降法的求解构造 gradientDescent 函数来训练数据并预测；二是采用 Scikit-learn 库中的 LogisticRegression 模块来实现。前者代码比较复杂，但可以通过代码来进一步理解梯度下降法的工作原理；后者代码相对比较简单，直接用逻辑回归的相关模块来实现，对于初学者来说，后者简单易懂，上手比较快。

5.4.1　梯度下降法求解的 Python 示例：预测学生是否被录取（一）

利用 Python 实现梯度下降法求解的逻辑回归的核心在于实现对式（5.11）获取参数值 θ_j 的迭代过程，而我们观察逻辑回归的算法公式 $h_\theta(x) = g(\theta^T x) = \dfrac{1}{1 + e^{-\theta^T x}}$，其关键也是求解 θ_j，所以如何用 Python 编程实现梯度下降法求解 θ_j 的迭代过程是本部分问题的关键，解决了这个部分其他地方就迎刃而解了。

1. 构造 sigmoid( ) 函数与 predict( ) 函数

在构建梯度下降法求解函数之前，首先需要构造 sigmoid( ) 函数，代码如下：

```
01  #构建梯度下降法求解
02  import numpy as np              #科学计算(矩阵)包
03  import pandas as pd             #数据操作与分析包
04  import matplotlib.pyplot as plt  #数据可视化包
05
06  #构建 sigmoid 函数
07  def sigmoid(z):
08      return1/(1 +np.exp( -z))     #sigmiod 函数形式
09  def predict(theta,X):
10      prob =sigmoid( X * theta.T)
                                    #根据 sigmoid 函数预测 admit 的概率
11      return [1 if a > =0.5 else 0 for a in prob]
12      #根据 admit 的概率设定阈值,大于 0.5 计为 1,否则为 0
```

从上述代码中可以看到，程序中首先用 $1/(1 + np.\exp(- z))$ 来实现 $\dfrac{1}{1 + \mathrm{e}^{-z}}$，然后构造 predict( ) 函数来实现 $h_\theta(x) = g(\theta^T x) = \dfrac{1}{1 + \mathrm{e}^{-\theta^T x}}$ 这一过程，然后对预测出来的值按照 0.5 的阈值归类。

2. 构造梯度下降 gradientDescent( ) 函数

接下来，以式 (5.11) 为基础构造梯度下降法求解的程序，观察式 (5.11)：$\theta_j = \theta_j - \dfrac{\alpha}{m} \displaystyle\sum_{i=1}^{n} (h_\theta(x_i) - y_i) x_{i,j}$，可以将右边的式子拆解为 3 部分：一是 θ_j，它首先有一个初始输入值，然后再不断迭代，基于最小梯度值得到最终值；二是 $\dfrac{\alpha}{m}$，其中 α 代表学习率，可以事先设定，m 则是训练样本个数；三是 $\displaystyle\sum_{i=1}^{n} (h_\theta(x_i) - y_i) x_{i,j}$ 部分，该部分又可以分为两部分：$(h_\theta(x_i) - y_i)$ 和 $x_{i,j}$，其中 $h_\theta(x_i)$ 是在已知 θ_j 下采用逻辑回归公式得到的预测值，y_i 是实际值，$(h_\theta(x_i) - y_i)$ 就表示 θ_j 取某一已知值时的预测偏差，$x_{i,j}$ 则是第 j 次迭代下的第 i 个 x 变量。经过对公式的拆分分析，明确每个部分的计算方式以及所涉及的函数，我们就可以一步步构建计算函数 gradientDescent( ) 来实现梯度下降求解的迭代过程。具体代码为：

```
13   def gradientDescent(X,y,theta,alpha,m,numIter):
14       XTrans = X.transpose()                        #矩阵转置
15       #在 1 – numIterations 之间 for 循环
16       for i in range(0,numIter):
17           theta = np.matrix(theta)                  #将 theta 转化为矩阵
18           pred = np.array(predict(theta,X))  #将预测值转化为数组
19           loss = pred – y                            #预测值减去实际值
20           gradient = np.dot(XTrans,loss) /m  #计算梯度
21           theta = theta – alpha * gradient
                                        #参数 theta 的计算，即更新法则
22       return theta
```

其中，第 13 行函数 gradientDescent( )中 X、y 是输入变量，theta 是参数，alpha 是学习率，m 是样本数，numIter 梯度下降迭代次数；第 20 行 np. dot( )是矩阵相乘函数，因为式（5.11）中参数值 θ_j 不一定是一个数，它跟变量 x 的属性有关，如训练样本包含两个以上 x 属性值(x_1,x_2)，则 θ_j 就是一个向量，所以在这里要采用矩阵计算的方式。

代码第 16 行，在 for 循环下，对于式（5.11）中 $\theta_j = \theta_j - \dfrac{\alpha}{m} \sum\limits_{i=1}^{n} (h_\theta(x_i)$ $- y_i)x_{i,j}$，在 for 循环下采取了 4 个步骤：第 18 行用以计算 $h_\theta(x_i)$；第 19 行计算 $(h_\theta(x_i) - y_i)$，赋值给 loss；第 20 行计算 $\dfrac{1}{m} \sum\limits_{i=1}^{n} (h_\theta(x_i) - y_i)x_{i,j}$，赋值给 gradient；第 21 行进行迭代更新，即 theta = theta – alpha * gradient。

3. 示例：对学生是否被录取的逻辑回归预测

现有 400 个学生是否被学校录取的数据，包含 3 个变量：admit（学生是否被录取）、gre（学生的入学成绩）、gpa（学生在之前学校的学习成绩绩点），其中 admit 有两个取值 0 和 1，0 代表没有被录取，1 代表被录取。基于上述构造函数，进行求解，代码如下：

❑ 加载数据并进行可视化

```
23   df = pd.read_csv('D:/logisitic_admit.csv') #读取 csv 数据
24   df.insert(1,'Ones',1)                          #在 df 插入全为 1 的一列
25   df.head(10)                                      #展示 df 列表前 10 行
26   positive = df[df['admit'] = =1]
                     #把 admit 为 1 的数据筛选出来形成单独的数据集
```

```
27   negative = df[df['admit'] = = 0]      #把 admit 为 0 的数据筛选出来形
                                              成单独的数据集
28
29   fig,ax = plt.subplots(figsize = (8,5))   #创建子图,大小为 8 ×5
30    ax.scatter(positive['gre'],positive['gpa'],s = 30,c = 'b',
      marker = 'o',label = 'admit')
31   #构建 positive 的散点图,设置散点形状为•,见图 5.3
32    ax.scatter(negative['gre'],negative['gpa'],s = 30,c = 'r',
      marker = 'x',label = 'not admit')
33   #构建 negaitive 的散点图,设置散点形状为×,见图 5.3
34   ax.legend()                            #设置图例
35   ax.set_xlabel('gre')                   #设置 x 轴标签
36   ax.set_ylabel('gpa')                   #设置 y 轴标签
```

第 24 行在第 1 列后边插入全为 1 的列，是因为本文在这里的线性回归函数 $z = \theta^T X = \theta_0 + \theta_1 x_1 + \theta_2 x_2 + \cdots + \theta_n x_n$ 包含截距项，即变量 $X = (1, x_1, x_2, \cdots, x_n)$。第 25 行的展示结果如图 5.2 所示。

	admit	Ones	gre	gpa
0	0	1	380	3.61
1	1	1	660	3.67
2	1	1	800	4.00
3	0	1	640	3.19
4	0	1	520	2.93
5	1	1	760	3.00
6	0	1	560	2.98
7	0	1	400	3.08
8	1	1	540	3.39
9	1	1	700	3.92

图 5.2　插入 Ones 之后的数据前 10 行展示

最终得到的可视化结果如图 5.3 所示。

图 5.3 中•形的点就是被录取的学生分布情况，×形的点则是未被录取学生的分布情况，横坐标为学生的入学成绩 gre，纵坐标为学生的绩点 gpa。可以看出被录取与未被录取的学生分布虽有重叠，但有一个明显界限：gre 与 gpa 越大的学生被录取的概率越大，反之则被录取概率越小。

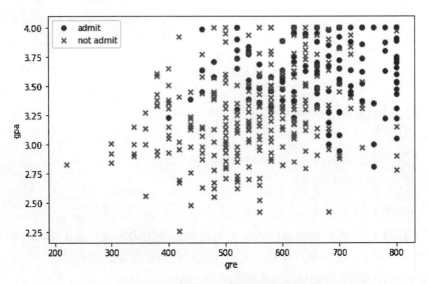

图 5.3　不同学生样本按照是否被录取划分的可视化结果

❏　梯度下降法求解参数

```
37   X = df.iloc[:,1:4]                                    #取 df 的后 3 列为 X 变量
38   y = df['admit']                                       #设置 y 变量
39
40   # 把 X、y 转化为数组形式,以便于计算
41   X = np.array(X.values)
42   y = np.array(y.values)
43   m,n = np.shape(X)                                      #设置训练样本值 m,变量个数 n
44   m,n
45   theta = np.ones(n)                                     #初始化
46   X.shape,theta.shape,y.shape                            #检查 X 与 y 的行列数,是否一致
47   numIter = 1000                                         #迭代次数
48   alpha = 0.00001                                        #学习率
49   theta = gradientDescent(X,y,theta,alpha,m,numIter)
50   #采用构造的 gradientDescent 求解 theta
51   print(theta)
```

第 47、48 行分别是迭代次数、学习率的设定值，其中迭代次数表明梯度下降迭代过程的截止次数，学习率则是每一次迭代梯度下降的"步长"。第 51 行打印 theta，得到结果为：$[0.8527, -0.0066, 0.7553]$，也就是 $z = 0.8527 - 0.0066x_1 + 0.7553\theta_2x_2$。

❏　预测并计算准确率

```
52   pred = Predict(theta,X)                   #采用 predict()函数来预测 y
53   correct = [1 if ((a = =1 and b = =1) or (a = =0 and b = =0))
     else 0 for (a,b) in zip(pred,y)]
54   #将预测为 1 实际也为 1,预测为 0 实际也为 0 的均记为 1
55   accuracy = (sum(map(int,correct)) % len(correct))
56   #采用加总 correct 值来计算预测对的个数
57   print 'accuracy = {:.2f}% '.format(100 * accuracy /m)
                                         #打印预测准确率
```

按照对 predict() 函数的设定,第 52 行得到的预测值是 0、1 分布的,第 53 行将预测值 pred 与实际值 y 比较,并用 for 循环进行遍历,将预测值为 1 实际值也为 1,以及预测值为 0 实际值也为 0 的均记为 1,反之则记为 0。第 55 行 map() 是 Python 内置的高阶函数,它接收一个函数 function 和一个列表 list,并通过把函数依次作用在列表的每个元素上,得到一个新的列表并返回。例如在这里对于得到的 correct 值用函数 int 转化为整型,然后加总计算得到预测准确的比例,即准确率。第 57 行打印准确率数值,.2f 表示数值保留小数点后两位,得到结果为 53.00%。

以上就是用梯度下降法求解逻辑回归,并用于预测学生是否被录取的 Python 过程。该算法的主要核心是根据梯度下降法的求解结果来构造 gradientDescent() 函数,在这里迭代次数与学习率的设置值不同,得到的准确率结果会不同,大家可以试一下。实际过程中可能还会根据算法预测误差或准确率进一步确定最优学习率,这需要更深入的机器学习算法原理。

5.4.2　用 Scikit-learn 做逻辑回归:预测学生是否被录取(二)

5.4.1 节讲了如何用 Python 实现梯度下降法求解的逻辑回归,本节采用 Scikit-learn 机器学习库中的逻辑回归模块直接进行拟合与预测。在 Scikit-learn 中,与逻辑回归有关的模块有 3 个,分别是 LogisticRegression、Logistic RegressionCV 和 logistic_regression_path,其中 LogisticRegressionCV 中使用了一些方法对其中的参数进行了训练、选择;LogisticRegression 需要每次指定一个正则化系数;logistic_regression_path 类则比较特殊,它拟合数据后,不能直接来做预测,只能为拟合数据选择合适逻辑回归的系数和正则化系数,主要是用在模型选择的时候。

这 3 个模块中,LogisticRegression 是最常用的逻辑回归模块,且相对比较简单。关于 LogisticRegression 中具体有哪些参数，每个参数的用处是什么，可以参考 Scikit-learn 的官方文档 sklearn.linear_model.LogisticRegression 中相关介绍，在实际应用中部分参数可以是默认设定的。

在这里，我们仍以学生是否被录取的数据为基础，采用 LogisticRegression 模块进行逻辑回归。调用 sklearn 逻辑回归算法 LogisticRegression 步骤相对简单，包括导入模块、设置回归算法、fit( )训练、predic( )预测，具体代码如下：

```
58  from sklearn.linear_model.logistic import LogisticRegres-
    sion
59  #导入 sklearn 库中的逻辑回归包
60  lf=LogisticRegression()              #设置算法为逻辑回归
61  lf.fit(X,y)                          #用逻辑回归拟合
62  lf.coef_                             #基于 sklearn 得到的参数值
63  pred_sk =lf.predict(X)               #预测
64  correct =[1 if ((a = =1 and b = =1) or (a = =0 and b = =0)) else
    0 for (a,b) in zip(pred_sk,y)]
65  #将预测为1,实际也为1;预测为0,实际也为0 的均记为1
66  accuracy =(sum(map(int,correct)) % len(correct))
                                         #计算预测对的个数
67  print 'accuracy = {:.2f}% '.format(100 * accuracy /m)
                                         #打印预测准确率
68  print(pred_sk)
69  lf.score(X,y)   #采用 sklearn 的 score 函数打印准确率得分
```

❑ lf.fit(X,y)

第 61 行 lf.fit(X,y)是整个 LogisticRegression 模块的核心，但是这一行代码并不能直接输出结果，而是一个逻辑回归算法运算的过程，其输出结果是 LogisticRegression 参数设置情况，在这里由于 lf.fit( )只加入了要拟合的变量（X 和 y），没有设置其他参数，所以输出的结果基本都是 LogisticRegression 的默认参数，结果如图 5.4 所示。

```
LogisticRegression(C=1.0, class_weight=None, dual=False, fit_intercept=True,
        intercept_scaling=1, max_iter=100, multi_class='ovr', n_jobs=1,
        penalty='l2', random_state=None, solver='liblinear', tol=0.0001,
        verbose=0, warm_start=False)
```

图 5.4   lf.fit(X,y)输出的 LogisticRegression 默认参数

图 5.4 中共列出了 14 个 LogisticRegression 模块的参数，在这里只对其中几个比较重要的参数进行介绍，更多参数介绍可以参考 Scikit-learn 的官

方文档 sklearn.linear_model.LogisticRegression。

在上述参数中，C = 1.0 表示正则化参数设定为 1，正则化是逻辑回归中的高级算法，用以防止算法过拟合的问题，这里 C 是正则化中一些函数设定的约束条件值，C 值越小，则正则化强度越大。

penalty 代表了正则化中惩罚项的种类选择，是'l1'还是 'l2'，其中，l1 代表向量中各元素绝对值的和，作用是产生少量的特征，而其他的特征都是 0，常用于特征选择；l2 代表向量中各个元素平方之和再开根号，其作用是选择较多的特征，使它们都趋近于 0。这些都是高级算法的内容，读者可酌情涉及。

solver = 'liblinear'则是算法的优化方法选择，在这里 liblinear 表示使用了开源的 liblinear 库实现，内部使用了坐标轴下降法来迭代优化损失函数，为默认算法。另外还有其他选择项，比如 lbfgs 就是拟牛顿法的一种，利用损失函数二阶导数矩阵即海森矩阵来迭代优化损失函数；sag 则是随机平均梯度下降算法，是梯度下降法的变种，和普通梯度下降法的区别是每次迭代仅仅用一部分的样本来计算梯度，适合于样本数据多的时候。

另外，max_iter = 100 表示最大迭代次数为 100，tol = 0.0001 表示迭代截止的规则，一般是逻辑回归算法预测偏误的一个设定值。

❑　lf.coef_

第 62 行的代码表示算法运算之后结果的展示。其中，lf. coef_的输出结果为最终求解的参数值，在这里为 array([[− 3.66785342, 0.00655088, 0.79150304]])。

❑　print 'accuracy = {:.2f} %'. format(100 ∗ accuracy/m) ; lf. score(X, y)

第 67 行的代码表示打印逻辑回归预测的准确率，最终输出结果为 77.00%，高于之前用梯度下降法求解 53.00% 的结果。在这里也可以直接采用另一种预测准确度来得到结果，即 lf.score(X, y)，输出数值为 0.77。

以上就是用 Scikit-learn 库中 LogisticRegression 模块进行逻辑回归的全过程。

5.4.3　两种实现方式的比较

5.4.1 节和 5.4.2 节分别讲解了构造梯度下降 gradientDescent() 函数求解的逻辑回归，和采用 Scikit-learn 机器学习库中 LogisticRegression 模块直接进行拟合与预测，通过对这两种实现方式的过程的详细介绍，可以看出二者之间的区别很大。

采用构造 gradientDescent( )函数求解的实现方式，代码比较复杂，需要对梯度下降法求解的原理、最终结果都要熟悉，才能写出并理解相关运行框架，并且求解过程中包含一些矩阵、向量之间的运算，稍微不注意很容易出现错误。这种实现方式的优点就是能够进一步加强我们对算法求解过程的理解，以及编程能力的提高。

采用 Scikit-learn 机器学习库中 LogisticRegression 模块的实现方式，代码比较简单，如果不涉及 accuracy 的计算，三四行代码就能解决问题。对于初学者来说，这种方式简单便捷，只输入相关变量就可以进行训练，非常容易接受。但是这种实现方式是一个黑盒子，只需要输入数据，相关参数已经默认好了，剩下的就是等待最终结果，甚至无须知道整个算法运算原理与过程。即便对其中的参数进行调节，比如设置 penalty = 'l1'，也不过是手动更改一下就行，无需复杂的代码实现。

在预测结果方面，用这两种方式分别得到的预测值 y 与实际值的前 10 行结果比较如表 5.1 所示。

表 5.1　逻辑回归两种实现方式的结果比较

样本	实际值	gradientDescent( )函数得到的预测值	LogisticRegression 模块得到的预测值
1	0	1	0
2	1	0	0
3	1	0	1
4	0	0	0
5	0	0	0
6	1	0	1
7	0	0	0
8	0	1	0
9	1	0	0
10	1	0	1

从表 5.1 可以看出，这两种方式在每个样本上的预测结果存在很多差异。最终根据前边计算得到的准确率 accuracy，gradientDescent( )函数求解方式的准确率为 53%，LogisticRegression 模块实现方式的准确率为 77%，后者要高于前者很多。

为什么在这里写了很复杂的一串代码得到的结果还不如直接采用 LogisticRegression 模块的实现方式呢？这是因为虽然我们根据梯度下降法的求解原理，写了很复杂的程序去实现逻辑回归，但是这种方法也是比较粗糙的，我们没有在求解过程中加入正则化参数、惩罚项来进一步优化该算法。而 LogisticRegression 模块虽然直接采用了默认方式，但是其参数设置中加入了正则化参数、惩罚项等，最终的结果优于前者。

　　另外，无论是 gradientDescent( ) 函数求解方式，还是 LogisticRegression 模块都可以通过调整参数来进一步优化预测结果。在 gradientDescent( ) 函数中设置不同的迭代次数、学习率等，可以得到不同的预测结果。在 Logistic Regression 模块中可以自己手动选择正则化参数、solver 优化方法、迭代次数等，以进一步优化结果。另外，还可以通过更复杂的算法，例如交叉验证等来选择最优迭代次数、学习率、正则化参数等数值，这就涉及更高级的逻辑回归算法了。

5.5　逻辑回归的正则化

　　与线性回归一样，逻辑回归也需要正则化以解决过拟合（overfitting）的问题，只不过它的过拟合问题属于分类问题的中过拟合，分类问题中的欠拟合、恰当拟合与过拟合如图 5.5 所示。

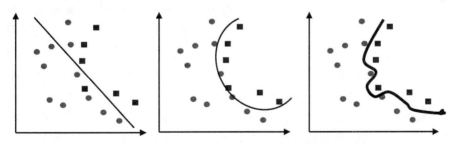

图 5.5　分类问题中的欠拟合、恰当拟合与过拟合

　　图 5.5 中左图就是欠拟合问题，它所采用的划分标准不能很好地将图中两种类别区分开，在圆圈类别中还包含较多的■类别。右图是过拟合问题，它所采用的划分标准虽然将图中的两个类别一一区分，准确无误地分离出圆圈与■类别，但是其泛化能力非常差，一旦用于别的数据集可能产生较大分类误差。中间图就是恰当拟合，其分类标准既不复杂，也能较好地区分

开两种类别，虽然有一些误差，但可以保证其泛化能力。

逻辑回归的正则化与线性回归无较大差异，也在成本函数的基础上引入惩罚项，以实现对求解参数的约束，具体形式为：

$$J(\theta) = -\frac{1}{m}\sum_{i=1}^{n}\left[y_i \ln h_\theta(x_i) + (1 - y_i)\ln(1 - h_\theta(x_i))\right] + \frac{\lambda}{2m}\sum_{j=1}^{n}\theta_j^2$$

$$(5.12)$$

其中，λ 为正则化参数，正则项都是从 $j = 1$ 开始的，相当于 θ_0 没有惩罚。根据第 4 章线性回归正则化中的内容，其正则化后的梯度下降法的更新规则如下：

$$\theta_0 := \theta_0 - \frac{\alpha}{m}\sum_{i=1}^{n}(h_\theta(x_i) - y_i)x_{0,j},$$

$$(5.13)$$

$$\theta_j := \theta_j - \alpha\left[\frac{1}{m}\sum_{i=1}^{n}(h_\theta(x_i) - y_i)x_{i,j} - \frac{\lambda}{m}\theta_j\right], j = 1, 2, \cdots, n$$

可以看到，式（5.13）与线性回归中梯度下降法的正则化更新规则较为类似，不同的是其 $h_\theta(x_i)$ 为 Sigmiod 函数形式，因此，在此更新规则下的梯度下降优化求解与线性回归算法相类似，在这里不再赘述。

5.6　小结

本章着重介绍了逻辑回归算法，作为机器学习中的一种经典算法，该算法兼顾了线性回归与分类思想的特征。其基本算法思路就是基于线性回归算法，引入 Sigmoid 函数进行分类，然后再设定不同的阈值将样本归为两类或者多类。逻辑回归算法的一个核心内容，就是对参数值进行求解，本书主要介绍了梯度下降法的求解方法。

梯度下降法是在最大似然函数的基础上，通过设置一定的学习率不断迭代求解最优解，根据最终求出的求解公式，采用 Python 编程实现这一过程。另外，我们也可以通过 Scikit-learn 库中的 LogisticRegression 模块来实现。前者代码比较复杂，但可以通过代码来进一步理解梯度下降法的工作原理；后者实现过程相对比较简单，直接用逻辑回归的相关模块来实现。无论哪种方法，都可以通过调整参数或者采用更高级的参数选择算法，来进一步提高预测准确率。

第6章 贝叶斯分类算法

贝叶斯分类（Bayes Classifiers）是一类分类算法的总称，这类算法均以贝叶斯定理为基础，故统称为贝叶斯分类算法。而贝叶斯定理则是基于事物发生的条件概率而构建的一种判定方法，因此从这个角度讲，贝叶斯分类是以概率论为基础的一种分类算法，但是这种基于概率的分类又与第5章的逻辑回归有很大不同。逻辑回归本质还是一种回归方法，只不过引入了逻辑函数来实现分类问题的解决，在这其中事物发生的概率 $p(y|x)$ 只是作为类别划分依据，以及参数求解过程中的表达形式，但并未发生实质作用。

但在贝叶斯分类算法中，不仅把概率作为事物类别划分的依据，更引入了更多概率论的相关内容，例如事物的不同概率分布所产生的不同分类方式与结果，正如朴素贝叶斯分类中。因此，朴素贝叶斯分类常常被称为生成式分类器，它是基于事物的概率特征来实现分类的，而逻辑回归常常被称为判别式分类器，其中的概率只是一种分类的判别方式。两者各有优点，在实际应用中也各有所长。

6.1 贝叶斯分类器的分类原理

在机器学习中，构造分类模型可以使用许多不同的方法，如决策树、贝叶斯分类法、神经网络分类法等。通过对分类算法的比较研究发现，贝叶斯分类算法可以与决策树算法以及神经网络算法相媲美。基于贝叶斯方法的分类器以完善的贝叶斯定理为基础，有较强的模型表示、学习和推理能力，使得基于贝叶斯方法分类器的研究和应用成为模式识别、人工智能和数据挖掘等领域的研究热点。对于大型数据库，朴素贝叶斯分类法也已表现出高准确率与高速度。

6.1.1 贝叶斯定理

贝叶斯分类基于贝叶斯定理，贝叶斯定理是由 18 世纪概率论和决策论的早期研究者 Thomas Bayes 发明的，故用其名字命名为贝叶斯定理。贝叶斯定理可以粗略地被简述成一条原则：若要预见未来，必须回归过往，也就是说未来某件事情发生的概率可以通过计算它过去发生的频率来估计。

贝叶斯定理从本质上说，每件事都有不确定性，有不同的概率类型。例如，在概率论中典型的例子——抛硬币，在这里基本上都是假设硬币是均匀的，这样一次抛下去正反面出现的概率是一样的，但是若没有硬币是均匀的假设，每一次抛硬币出现正面还是反面的概率，那可能就与硬币的形状、成型过程中的误差、重量分布和其他的因素都有关，也就是说，硬币出现正面的结果要在一定的条件下才能计算得到，而不能直接假定 0.5 的概率。这就引出了条件概率的概念。

在没有训练数据前，假设拥有的初始概率用 P 来表示，$P(A)$ 则被称为的先验概率，它不考虑任何事件方面的因素，因此被称为先验概率。在事件已经发生的前提下事件出现的概率用 $P(B|A)$ 来表示，称为 A 对 B 的条件概率（简称条件概率）。条件概率的计算公式如下：

$$P(B|A) = \frac{P(A|B)P(B)}{P(A)} \tag{6.1}$$

式（6.1）提供了一种从先验概率 $P(A)$、$P(B)$ 和 $P(A|B)$ 计算后验概率 $P(B|A)$ 的方法。在此基础上，将事件 B 扩展到 n 个事件，即可得到贝叶斯定理的一个普遍定义：设实验 E 的样本空间 S，A 为 E 的事件，$B_1,B_2,\cdots,B_n$ 为 S 的一个划分，并且 $P(A) > 0$，$P(B_i) > 0$，则

$$P(B_i|A) = \frac{P(A|B_i)P(B_i)}{\sum_{j=1}^{n} P(A|B_j)P(B_j)} \tag{6.2}$$

式（6.2）是贝叶斯定理的表述形式。其中，$P(A) = \sum_{j=1}^{n} P(A|B_j)P(B_j)$ 由先验概率 $P(B_j)$ 和概率条件 $P(A|B_j)$ 计算得到，它表达了结果 A 在各种条件下出现的总体概率，称为结果 A 的全概率。

如何去理解贝叶斯定理呢？我们可以结合下面这个图形来理解，如图 6.1 所示。

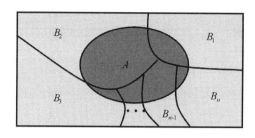

图 6.1　贝叶斯定理的图形表示

图 6.1 中整个长方形就可以作为样本空间 S，它被划分为 $B_1, B_2, \cdots, B_n$，椭圆就是事件 A。其中，A 与 B_1 相交的部分就是它们俩共同发生的一个空间，可以表示为 $A \cdot B_1$，那么可以得到 $P(B_1 | A) = \dfrac{P(A \cdot B_1)}{P(A)}$，意思就是当 A 发生时，B_1 发生的条件概率等于 A 发生的概率中 A 与 B_1 共同发生的概率。而 $P(A \cdot B_1)$ 又可以等于 $P(A | B_1) P(B_1)$，即已知 B_1 发生的先验概率下与 A 相交那部分的概率。

又因为 $P(A) = \displaystyle\sum_{j=1}^{n} P(A \cdot B_j) = \sum_{j=1}^{n} P(A | B_j) P(B_j)$，也就是当 A 在样本空间 S 内，其发生概率可以分解为若干个 A 与 B_j 共同发生概率相加。所以贝叶斯定理其实就是已知某条件概率，如何得到两个事件交换后的概率，也就是在已知 $P(A | B)$ 的情况下如何求得 $P(B | A)$。

6.1.2　贝叶斯定理的一个简单例子

本节以一个简单例子来说明贝叶斯定理，假设一支业余足球队经常和别人约比赛踢球，但是能否比赛要视天气情况而定，有时候雨天可能会取消比赛，但有时候也会雨中比赛，有时候虽然没有下雨可能也会由于某些原因取消比赛。该球队一段时间内是否进行比赛以及当天天气的信息，如表 6.1 所示。

表 6.1　天气信息与足球队是否比赛

天　气	是否比赛	天　气	是否比赛
晴	否	阴	否
阴	是	阴	是

（续）

天　气	是否比赛	天　气	是否比赛
雨	是	晴	是
晴	是	晴	否
晴	是	晴	是
阴	否	晴	是
雨	否	雨	否
雨	否	雨	是

令 B 表示该球队当天进行了比赛（是），A 表示天气情况，其中，A_1 为晴天，A_2 为阴天，A_3 为雨天，并假定 A_1，A_2，A_3 三者并无关联，那么若明天为晴天，该球队进行比赛的概率，也就是 $P(B|A_1)$ 有多大？

在采用贝叶斯定理求解该概率之前，首先对表 6.1 的信息进行整理，得到不同事件与结果的频次分布如表 6.2 所示。

表 6.2　天气信息与是否比赛的频次表

天　气	进行比赛（是）	不进行比赛（否）	总计（天）
晴	5	2	7
阴	2	2	4
雨	2	3	5
总计（次）	9	6	16

根据表 6.2 的信息，我们可以得到各个事件与结果的概率。

晴天的概率：$P(A_1)$ = 7/16；

阴天的概率：$P(A_2)$ = 4/16 = 1/4；

雨天的概率：$P(A_3)$ = 5/16；

进行比赛的概率：$P(B)$ = 9/16；

当球队进行比赛时，天气为晴天的概率：$P(A_1|B)$ = 5/9；

当球队进行比赛时，天气为阴天的概率：$P(A_2|B)$ = 2/9；

当球队进行比赛时，天气为雨天的概率：$P(A_3|B)$ = 2/9；

……

接下来若某一天为晴天，求解球队进行比赛的概率 $P(B|A_1)$。

根据贝叶斯定理，得到：

$$P(B \mid A_1) = \frac{P(A_1 \mid B)P(B)}{P(A_1)} = \frac{\dfrac{5}{9} \times \dfrac{9}{16}}{\dfrac{7}{16}} = \frac{5}{7} \approx 0.71$$

同样，若某一天为雨天，求解球队进行比赛的概率 $P(B \mid A_2)$。

根据贝叶斯定理，得到：

$$P(B \mid A_2) = \frac{P(A_2 \mid B)P(B)}{P(A_2)} = \frac{\dfrac{2}{9} \times \dfrac{9}{16}}{\dfrac{4}{16}} = \frac{2}{4} = 0.50$$

若明天为雨天，球队进行比赛的概率仍然有50%。

以上便是贝叶斯定理的简单案例，事实上，以贝叶斯定理为基础的贝叶斯分类大量应用在病症检测、垃圾邮件过滤等方面。

例如在垃圾邮件过滤上，最初的垃圾邮件过滤是靠静态关键词加一些判断条件来过滤，效果不好，被判错的邮件很多，同时漏掉的垃圾邮件也不少。后来，利用贝叶斯定理过滤邮件，通过选取正常邮件和垃圾邮件作为先验信息，两种邮件数量越多效果越好。根据已知正常邮件和垃圾邮件的相关内容，统计在垃圾邮件中出现过的所有词汇的频次，和正常邮件中出现的所有的词汇的频次。由于典型的垃圾邮件词汇在垃圾邮件中会以更高的频率出现，因此，当收到某一邮件时，通过贝叶斯公式计算，在该邮件中若典型垃圾邮件词汇出现较高概率，那么，其邮件为垃圾邮件的概率就会较高，这就是贝叶斯定理中基于先验概率，来判断条件概率，从而进行分类的基本原理。

6.1.3　贝叶斯分类的原理与特点

贝叶斯分类模型是一种典型的基于统计方法的分类模型。贝叶斯决策理论是处理分类问题的基本理论，它把分类问题看作是一种不确定性决策问题。其决策的依据是分类错误率最小或者损失风险最小。贝叶斯分类是非规则分类，它通过训练集（已分类的例子集）训练而归纳出分类器（被预测变量是离散的称为分类，连续的称为回归），并利用分类器对没有分类的数据进行分类。贝叶斯分类器中有代表性的分类器有朴素贝叶斯分类器、贝叶斯网络分类器和树扩展的朴素贝叶斯分类模型 TAN 分类器等。

贝叶斯分类具有如下特点：

- ❑ 贝叶斯分类并不是把一个对象绝对地指派给某一类，而是通过计算得出属于某一类的概率，具有最大概率的类便是该对象所属的类。
- ❑ 一般情况下在贝叶斯分类中所有的属性都潜在地起作用，即并不是一个或几个属性决定分类，而是所有的属性都参与分类。
- ❑ 贝叶斯分类对象的属性可以是离散的、连续的，也可以是混合的。

根据给定的训练集归纳出分类器是数据挖掘的一项重要而基本的任务，在众多的分类器中（决策树、决策表、神经网络和粗糙集分类器等），朴素贝叶斯分类器以简单的结构和良好的性能受到人们的关注，在理论上它在满足其限定条件下是最优的，针对其较强的限定条件，可以尝试着减弱独立条件以扩大最优范围，从而产生更好的分类器。

6.2　朴素贝叶斯分类

朴素贝叶斯（Naive Bayesian）是经典的机器学习算法之一，也是为数不多的基于概率论的分类算法。朴素贝叶斯原理简单，也很容易实现，多用于文本分类，例如过滤垃圾邮件等。朴素贝叶斯分类器很容易建立，特别适合用于大型数据集，众所周知，这是一种胜过许多复杂算法的高效分类方法。

6.2.1　朴素贝叶斯为什么是"朴素"的

回到 6.1.2 节讲的关于天气与比赛的例子，在该例中我们只是设置了一种事件和一个结果来描述贝叶斯定理，但是若有多个事件，可能上述求解就不是这么简单，仍以 $P(B|A_1) = \dfrac{P(A_1 \mid B)P(B)}{P(A_1)}$ 为例，这里代表了当某一天为晴天时，球队进行比赛的概率。此时若再增加一个事件 C，表示球队比赛场地离球员们住处平均距离的远近程度，C_1，C_2，C_3 代表离得比较近、一般、较远，那么在天气为晴天且比赛场地离球员们住处平均距离较近的情况下，球队进行比赛的概率就是 $P(B|A_1C_1) = \dfrac{P(A_1C_1 \mid B)P(B)}{P(A_1C_1)}$。

　　这时候，相比较于只单独存在一个事件天气的条件，我们需要求得 $P(A_1C_1|B)$ 和 $P(A_1C_1)$ 的概率才能求得 $P(B|A_1C_1)$。但是，在这种情况下，我们并不能判断 A 与 C 是否关联，从而将 $P(A_1C_1)$ 分解，单独求得 $P(A_1)$、$P(C_1)$ 来得到 $P(B|A_1C_1)$。因为天气情况与比赛场地离球员们住处平均距离可能存在着互相关联的关系。比如，若天气比较晴朗，出来踢球的球队比较多，那么离得近的球场可能就很难约得上，导致球队参加比赛的场地可能会比较远一些；反之，雨天可能导致参加比赛的场地比较近一些。为了简化问题，我们需要一些假设。

　　朴素贝叶斯分类就是这种基于一定假定的多属性分类算法。它是基于贝叶斯定理和特征条件独立假设的分类方法。对于给定训练集，首先基于特征条件独立性的假设，学习输入/输出联合概率（计算出先验概率和条件概率，然后求出联合概率）。然后基于此模型，给定输入 x，利用贝叶斯概率定理求出最大的后验概率作为输出 y，如图 6.2 所示。

　　图 6.2 中 C 代表了事情发生结果的某个类别，$A_1, A_2, \cdots, A_n$ 则代表了该类别出现的不同属性，也就是不同事件条件下对 C 的影响。若我们想求 $A_1, A_2, \cdots, A_n$ 不同属性发生时 C 发生的概率，根据贝叶斯定理：

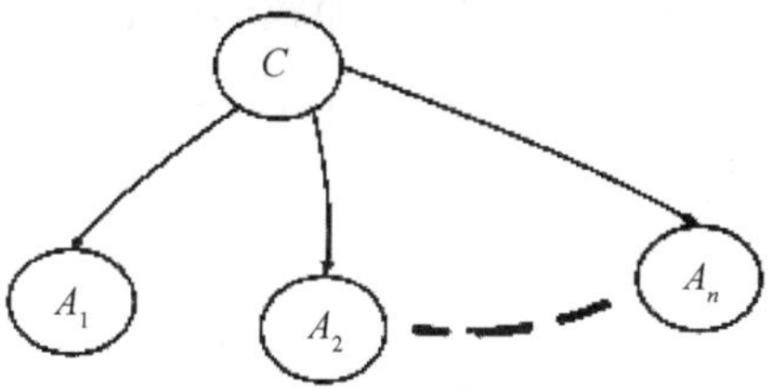

图6.2　朴素贝叶斯分类算法

$$P(C|X) = \frac{P(XC)P(C)}{P(X)}$$

其中，X 为 $A_1, A_2, \cdots, A_n$ 发生的集合，那么 $P(X|C) = P(A_1A_2\cdots A_n|C)$ 是一个未知变量。而朴素贝叶斯算法就在这里做了假设：各个属性 $A_1, A_2, \cdots, A_n$ 之间相互独立，那么根据概率联合分布公式，有 $P(X|C) = P(A_1A_2\cdots A_n|C) = P(A_1|C) \cdot P(A_2|C)\cdots P(A_n|C)$，也就是将相互独立的属性条件概率拆开连乘，这样就大大简化了计算。

　　因此，朴素贝叶斯分类为什么是"朴素"的？也就是它的假设条件以及原理都很朴素，只是在特征条件独立的情况下，学习输入输出的联合概率分布，再利用贝叶斯定理计算后验概率最大的输出。

6.2.2 朴素贝叶斯分类算法的原理

根据上面内容的介绍，我们对朴素贝叶斯有了大概的了解，那么它的分类算法原理或者工作流程是什么？

假设样本空间 S 的每个数据样本 X 都用一个 n 维特征向量表示 $X = \{x_1, x_2, \cdots, x_n\}$ 表示，其对应了样本的 n 个属性 $A_1, A_2, \cdots, A_n$。以前文讲例子——球队进行比赛为例，这里的 A_1、A_2 就表示天气、球场距离远近等影响球队进行比赛的属性，其中一个数据样本就对应 $X = \{$晴天，球场平均距离较远$\}$ 这样一个特征向量。

再假定有 m 个类 $C_1, C_2, \cdots, C_m$，给定一个未知的数据样本 X（即没有类标号），分类器将预测 X 属于具有最高后验概率（条件 X 下）的类。这里的 C 就相当于球队参加比赛例子中的球队是否进行比赛，C_1 表示参加（是），C_2 表示不参加（否）。而我们给定一个未知样本 X，如晴天、球场平均距离较远这样一个数据样本，但未标记它是属于 C_1 还是 C_2，也就要预测条件 X 下该数据样本进行比赛的概率大还是不比赛的概率大，以此来对该数据样本进行分类。

在这里朴素贝叶斯分类算法就是，将未知的样本分配给类 C_i（$1 \leqslant i \leqslant m$）当且仅当 $P(C_i|X) > P(C_j|X)$，对任意的 $j = 1, 2, \cdots, m$，其中 $j \neq i$。这样，最大化 $P(C_i|X)$。其 $P(C_i|X)$ 最大的类 C_i 称为最大后验假定。意思就是 X（晴天，球场平均距离较远）这样一个数据样本下，若它进行比赛的概率大，那么 X 的类别就是 C_1，否则就是 C_2。根据不同类别下的条件概率大小来判断类别，其中概率大的则是最大后验假定。

根据贝叶斯定理，可得：

$$P(C_i|X) = \frac{P(X|C_i)P(C_i)}{P(X)}$$

若要求得 $P(C_i|X)$，就需要求出来 $P(X|C_i)$、$P(X)$、$P(C_i)$ 等概率。由于 $P(X)$ 对于所有类为常数，也就是 X（晴天，球场平均距离较远）这样一个数据样本的概率，是类别（是否进行比赛）的先决条件，因此跟类别无关，只需要 $P(X|C_i)P(C_i)$ 最大即可。

如果 C_i 类的先验概率未知，则通常假定这些类是等概率的，即 $P(C_1) = P(C_2) = \cdots = P(C_m)$。也就是是否进行比赛这个类别通常会假定为概率相等

的。因此问题就转换为对 $P(X|C_i)$ 的最大化（$P(X|C_i)$ 常被称为给定 C_i 时数据 X 的似然度，而使 $P(X|C_i)$ 最大的假设 C_i 称为最大似然假设）。

否则，需要最大化 $P(X|C_i)P(C_i)$。另外，需要注意的是，类的先验概率也可以用 $P(C_i) = s_i/s$ 计算，其中 s_i 是类 C_i 中的训练样本数，而 s 是训练样本总数。例如球队是否进行比赛这个类，可以统计球队在日常约定比赛的日期内最终进行比赛的数量，以及最终没有进行比赛的数量比例，从而得到 $P(C_i)$。

接下来的问题就是求 $P(X|C_i)$ 了，根据朴素贝叶斯的属性间条件独立假设：对于样本 X 的 n 个属性之间相互独立，则有：

$$P(X|C_i) = \prod_{k=1}^{n} P(x_k|C_i) \tag{6.3}$$

式（6.3）含义就是，球队进行比赛的条件下，求 X（晴天，球场平均距离较远）发生的概率，我们就可以将其拆分为 P（晴天 | 球队进行比赛）$\times P$（球场平均距离较远 | 球队进行比赛）的联合概率分布。朴素贝叶斯的属性独立性假定使得在对新样本预测类标号 C_i 时，大大地简化了计算，节省了系统的开销。

最终，其分类决策规则就是：样本 X 被指派到类 $C_i (1 \leqslant i \leqslant m)$，当且仅当 $P(C_i|X) > P(C_j|X)$，$j = 1, 2, \cdots, m$，其中 $j \neq i$，换言之，X 被指派到其 $P(X|C_i)P(C_i)$ 最大的类。

6.2.3　朴素贝叶斯分类算法的参数估计

在 6.2.2 节介绍的朴素贝叶斯分类算法原理中，$P(C_i|X)$ 求解的关键 $x_1, x_2, \cdots, x_n$ 的联合概率分布 $\prod_{k=1}^{n} P(x_k|C_i)$ 并不容易得到。若样本的 n 个属性 $A_1, A_2, \cdots, A_n$ 是离散的，球队进行比赛的例子中，这里的 A_1 和 A_2 分别表示天气和球场距离远近等影响球队进行比赛的属性，那么 $P(x_k|C_i)$ 为 A_k 属性的属性值 x_k，可以通过的训练样本数与样本总数的比值，计算公式是比较简单的。

在球队进行比赛的例子，若 x_1 为晴天，那么通过表 6.2 统计球队在进行比赛时候天气为晴的比例就可以得到。

但是，若 $A_1, A_2, \cdots, A_n$ 是连续的，那么计算公式会复杂很多，一般情况下，可以利用高斯分布（正态分布），来进行离散化处理。相应的公式可表示为：

$$P(x_k \mid C_i) = \frac{1}{\sqrt{2\pi}\sigma_{c_i}} e^{\frac{(x_k - \mu_{c_i})}{2\sigma_{c_i}^2}} \qquad (6.4)$$

其中，给定类 C_i 的训练样本 A_k 的值，式（6.4）就是属性 A_k 服从高斯分布时的密度函数，x_k 表示某个属性，而 μ_{c_i} 和 σ_{c_i} 则分别表示该属性值对应的平均值和标准差。

需注意，朴素贝叶斯分类模型一般只能处理离散的数据，因此使用该模型分类时较常采用的方法是：先对训练样本数据集和测试数据集借助一定的数据处理软件进行离散化处理，另外，如果处理的数据存在缺失，也要借助相应的软件进行数据的补齐。

6.2.4 朴素贝叶斯的优、缺点及应用场景

朴素贝叶斯的优点有：

（1）对数据的预测是简单、快捷和高效的，特别在多元分类任务中。

（2）当特征相互独立的假设成立，其预测能力好于逻辑回归等其他算法，适合增量式训练，尤其是数据量超出内存时，我们可以分批进行增量训练。

（3）与输入变量为数值变量相比时，它在分类变量的情况下表现良好，若是数值变量，则需要假设其为正态分布。

（4）算法实施的时间和空间开销小，即运用该模型分类时所需要的时间复杂度和空间复杂度较小。

朴素贝叶斯的缺点有：

（1）朴素贝叶斯算法的假设条件在实际中往往很难成立，在属性个数比较多或者属性之间相关性较大时，分类效果不好。

（2）需要知道先验概率，且先验概率很多时候取决于假设，假设的模型可以有很多种，因此在某些时候会由于假设的先验模型的原因导致预测效果不佳。

（3）对输入数据的表达形式很敏感。

朴素贝叶斯的应用场景包括以下几种。

（1）实时预测：朴素贝叶斯算法简单便捷。因此，它可以用于实时预测。

（2）多分类预测：适用于目标变量为多类别的任务，这里我们可以预测多类目标变量的概率。

（3）文本分类/垃圾邮件过滤/情感分析：主要用于文本分类的朴素贝叶斯分类器（由于多类问题和独立规则更好的结果）与其他算法相比具有更高的成功率。因此，它被广泛用于垃圾邮件过滤（识别垃圾邮件）和情感分析（在社交媒体分析中，识别积极和消极的客户情绪）。

（4）推荐系统：朴素贝叶斯分类器和协作过滤一起构建推荐系统，该系统使用机器学习和数据挖掘技术来过滤看不见的信息并预测用户是否会喜欢给定的资源，例如淘宝上的商品推荐。

6.3　高斯朴素贝叶斯分类算法

朴素贝叶斯估计也可以采用 Python 里的 Scikit-learn 库来实现，在 Scikit-learn 中，一共有 3 个朴素贝叶斯的分类算法类，分别是高斯朴素贝叶斯（GaussianNB）、多项式朴素贝叶斯（MultinomialNB）、伯努利朴素贝叶斯（BernoulliNB）。下面分别对这 3 种方法进行 Python 的简单实现。

高斯朴素贝叶斯分类算法在第 6.2.3 节已有所涉及，即当特征属性为连续值时，在计算 $P(x_k|C_i)$ 时假设属性 A_k 服从高斯分布时的密度函数。高斯朴素贝叶斯主要用以处理连续型变量的数据，它的模型假设是属性 A_k 的每一个维度都符合高斯分布（正态分布），在 Scikit-learn 库中，经常采用 sklearn. naive_bayes. GaussianNB(priors = None) 来实现。接下来我们就以信用等级（Credit Rating）评估的数据集，来实现高斯朴素贝叶斯分类算法。

6.3.1　高斯朴素贝叶斯的 Python 实现：借款者信用等级评估（一）

假设某个金融机构有一些借款者的信息，根据这些信息金融机构对借款者已进行了信贷等级的评估，分为 1、2、3 共三个等级，并形成数据集。该数据集共有样本 219 个，变量 6 个，其中特征变量 5 个，分别是 income（借款者的月收入，单位：元）、house（借款者拥有的房产数，单位：处）、points（借款人已积累的信用积分，单位：分）、default（借款人之前的不良违约次数，单位：次）、numbers（借款人之前偿还贷款，单位：次）。响应变量为 credit，分为 1、2、3 共三个等级，数值越大代表借款人的信用越好。

根据已有的借款人相关信息及其对应的信用等级，我们采用朴素贝叶斯分类算法来训练数据，得到其信用等级评估规则，并进行预测，观察不同算法的预测效果。

❏　导入数据

```
01   import matplotlib.pyplot as plt        #导入 matplotlib 库
02   import numpy as np                      #导入 numpy 库
03   import pandas as pd                      #导入 pandas 库
04
05   df=pd.read_csv('D:/6_credit.csv')       #读取 csv 数据
06   df.head()                               #展示前 5 行数据
```

前 5 行的数据展示结果如图 6.3 所示。

	income	house	points	default	numbers	credit
0	5472	3	10	0	7	3
1	7452	3	10	0	8	3
2	5312	3	10	0	7	3
3	6568	3	10	0	8	3
4	6340	3	20	0	9	3

图 6.3　信用等级评估数据集的前 5 行数据

图 6.3 中展示了 6_credit.csv 数据集中前 5 行的数据，通过部分数据，我们可以初步了解特征变量与响应变量的取值情况。可以看到 income、points 为连续型变量的数据，house、default、numbers 为离散型变量的数据，由于这里主要是展现高斯朴素贝叶斯的 Python 实现方法，就不在数据类型以及应用场合作过多讨论。

❏　数据可视化

```
07   #对训练集中的数据进行可视化
08   a1=df[df['credit'] = =1]
                #把 credit 为 1 的数据筛选出来形成单独的数据集
09   a2=df[df['credit'] = =2]
                #把 credit 为 2 的数据筛选出来形成单独的数据集
10   a3=df[df['credit'] = =3]
                #把 credit 为 3 的数据筛选出来形成单独的数据集
```

```
11
12   fig,ax = plt.subplots(figsize = (8,5))        #创建子图,大小为 8 ∗ 5
13   #构建 a1 的散点图,设置散点形状为•
14   ax.scatter(a1['income'],a1['points'],s = 30,c = 'b',marker = 'o',
     label ='credit =1')
15   #构建 a2 的散点图,设置散点形状为×
16   ax.scatter(a2['income'],a2['points'],s = 30,c = 'r',marker = 'x',
     label ='credit =2')
17   #构建 a3 的散点图,设置散点形状为▲
18   ax.scatter(a3['income'],a3['points'],s = 30,c = 'g',marker = '^',
     label ='credit =3')
19   ax.legend( )   #设置图例
20   ax.set_xlabel('income')                       #设置 x 轴标签
21   ax.set_ylabel('points')                       #设置 y 轴标签
```

　　由于这里是分类形式的数据,因此不采用第 4 章的散点图矩阵、相关系数矩阵热力图等,而是采用了第 5 章逻辑回归数据类似的可视化方法,得到图形如图 6.4 所示。

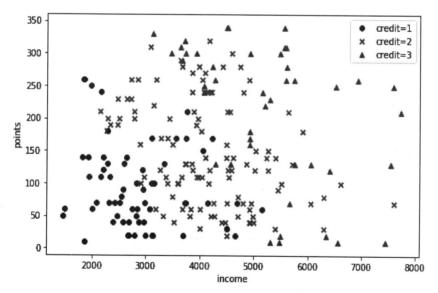

图 6.4　不同等级下借款者累计积分与收入的散点图

　　图 6.4 中展示了不同等级下借款者累计积分与收入的散点,其中圆圈(•)为等级为 1 的借款者,十字星(×)为等级 2 的借款者,三角形(▲)为等级 3 的借款者,可以看到 3 个等级之间有一个比较模糊的区分边界,即积分越高、收入越高的,其信用等级也就越大。

采用同样方法，展示不同等级下的其他特征变量之间的散点图。

```
22  fig,ax =plt.subplots(figsize =(8,5))   #创建子图,大小为 8 * 5
23  #构建 a1 的散点图,设置散点形状为●
24  ax.scatter(a1['house'],a1['numbers'],s=30,c='b',marker='o',
    label='credit=1')
25  #构建 a2 的散点图,设置散点形状为×
26  ax.scatter(a2['house'],a2['numbers'],s=30,c='r',marker='x',
    label='credit=2')
27  #构建 a3 的散点形状为▲
28  ax.scatter(a3['house'],a3['numbers'],s=30,c='g',marker='',
    label='credit=3')
29
30  ax.legend( loc='upper left')          #设置图例
31  ax.set_xlabel('house')               #设置 x 轴标签
32  ax.set_ylabel('numbers')             #设置 y 轴标签
```

得到图形如图 6.5 所示。

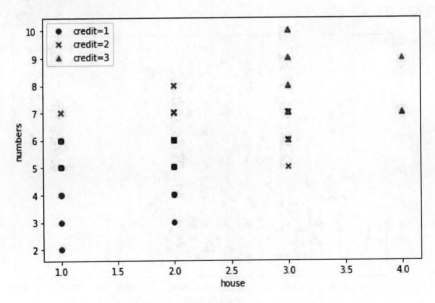

图 6.5　不同等级下借款者偿债次数与拥有房产数量的散点图

图 6.5 中展示了不同等级下借款者偿债次数与拥有房产数量的散点，由于这里偿债次数与拥有房产数量都是离散型变量，因此得到的图形如图 6.5 所示。但是从图 6.5 可以看出，3 个等级之间在偿债次数、拥有房产数量方面还是存在一定的分类边界，其中，等级为 1 的借款者主要集中于points <5、 house = 1 的范围内，等级 3 的借款者主要集中在 points > 7、house = 3 或 4 的范围内，剩下的中间范围就是等级 2 的借款者。这种存在一定划分边界的变量也为本文分类算法的实现打下较好基础。

❑　选取特征变量与响应变量，并进行数据划分

```
33  X = df.iloc[:,1:6]                    #取 df 的后 3 列为 X 变量
34  y = df['credit']                      #设置 y 变量
35
36  #把 X、y 转化为数组形式,以便于计算
37  X = np.array(X.values)
38  y = np.array(y.values)
39  from sklearn.cross_validation import train_test_split
40  #以 25% 的数据构建测试样本,剩余作为训练样本
41  X_train,X_test,y_train,y_test = train_test_split(X,y,test_
    size = 0.25,random_state = 1)
42  X_train.shape,X_test.shape,y_train.shape,y_test.shape
```

第 33 行将 df 数据中的前 5 列设为 X，最后一列响应变量设为 y。这里的操作过程与第 4、5 章的操作过程类似，具体代码不再解释，对于数据样本划分，也采用 random_state = 1 来固定随机种子。第 42 行则是对训练集与测试集的 X、y 矩阵形状进行展示，输出结果为：

```
((164L,5L),(55L,5L),(164L,),(55L,))
```

从输出结果可以看到 X_train 为 164 行 5 列的数据矩阵，X_test 则为 55 行 5 列的数据矩阵，以此类推。

❑　进行高斯朴素贝叶斯估计，并输出结果

```
43  from sklearn.naive_bayes import GaussianNB
                                          #导入高斯朴素贝叶斯分类包
44  GNB = GaussianNB()                    #设定模型为高斯朴素贝叶斯
45  GNB.fit(X_train,y_train)              #训练数据
46  print(GNB.class_prior_)              #获取各个类标记对应的先验概率
47  print(GNB.class_count_)              #获取各类标记对应的训练样本数
48  print(GNB.theta_)                    #获取各类标记在各个特征值上的均值
49  print(GNB.sigma_)                    #获取各个类标记在各个特征上的方差
```

可以看到，采用 sklearn. naive_bayes. GaussianNB( )，默认先验概率为 None，输出结果为：

```
GaussianNB(priors = None)
[0.25609756 0.54878049 0.19512195]
```

```
[42.90.32.]
[[1.50000000e+00 9.33333333e+01 3.14285714e+00 5.33333333e+00
  1.00000000e+00]
[2.13333333e+00 1.44222222e+02 1.58888889e+00 6.56666667e+00
  2.00000000e+00]
[3.06250000e+00 2.19062500e+02 1.87500000e-01 7.90625000e+00
  3.00000000e+00]]
[[2.50008540e-01 4.97460318e+03 5.51028948e-01 9.36516477e-01
  8.54022531e-06]
[2.26675207e-01 6.18439507e+03 3.53218417e-01 4.67786318e-01
  8.54022531e-06]
[5.86022902e-02 1.08584961e+04 1.52352290e-01 1.45996948e+00
  8.54022531e-06]]
```

输出结果的各数组分别代表高斯朴素贝叶斯估计中的各参数值，在这里由于更多的是预测，因此对我们来说，预测才是关注的重点。

❑ 根据求出参数对测试集进行预测

```
50  y_pred = GNB.predict(X_test)      #采用高斯朴素贝叶斯对预测集进行
                                        预测
51  y_pred                           #打印预测值
```

输出结果为：

```
array([1,1,1,1,2,3,2,2,3,3,2,1,2,3,2,1,1,3,2,1,2,2,
      2,2,1,1,3,2,2,1,1,3,1,1,2,1,2,3,1,1,1,1,2,3,
      2,1,2,3,2,1,2,3,3,2,2],dtype=int64)
```

输出结果中，y_pred 就是对测试集 y_test 的预测值，接下来就对测试集预测结果进行评价。

6.3.2 预测结果的评价及其与逻辑回归算法的比较

❑ 对预测结果进行评价

由于是类别的预测，所以对其效果的评价，应该看预测的类别是否与原值的类别相同，其相同个数的占比也就代表预测准确的比率。

```
52  from sklearn import model_selection    #模型比较和选择包
53  from sklearn.metrics import confusion_matrix
                          #计算混淆矩阵,主要来评估分类的准确性
54  from sklearn.metrics import accuracy_score
                          #计算精度得分
```

```
55
56  accuracy_score(y_test,y_pred)   #计算准确率
57  confusion_matrix(y_true = y_test,y_pred = y_pred)   #计算混淆
                                                          矩阵
```

第45、46行分别输出的是该算法预测的准确率以及混淆矩阵。输出结果为：

```
1.0
array([[21,  0,  0],
       [ 0,22,  0],
       [ 0,  0,12]],dtype = int64)
```

第一个输出结果是高斯朴素贝叶斯分类算法对预测集的预测精度，达到了1.0，即100%，这里虽然预测准确，但是很容易产生过拟合问题。

第二个输出结果是混淆矩阵，混淆矩阵是机器学习中总结分类模型预测结果的情形分析表，以矩阵形式将数据集中的记录按照真实的类别与分类模型作出的分类判断两个标准进行汇总。根据输出结果，可以将结果整理到混淆矩阵表格中，如表6.3所示。

表6.3　高斯朴素贝叶斯分类算法得到的混淆矩阵

真实类别 ＼ 预测类别	等级1	等级2	等级3
等级1	21	0	0
等级2	0	22	0
等级3	0	0	12

混淆矩阵的行代表的是实际类别，列代表的是预测的类别。在混淆矩阵中，从行的角度看，第1行代表了真实类别为1的样本数据被预测为类别1、2、3的分布情况，从列的角度看，第1列就代表了预测类别为1的样本数据其真实值的分布情况，由于这里预测精度为100%，所以真实类别与预测类别是一一对应的。下面，我们以逻辑回归的预测结果来进一步讲解混淆矩阵的用法。

❑　与逻辑回归分类算法评价效果的比较

在这里使用第5章的逻辑回归算法来对信用等级评估数据集进行分类与预测，从而比较两种算法的评价效果。

```
58   #导入 sklearn 库中的逻辑回归包
59   from sklearn.linear_model.logistic import LogisticRegression
60   clf = LogisticRegression()                    #设置算法为逻辑回归
61   clf.fit(X_train,y_train)                       #训练数据
62
63   y_pred_classifier = clf.predict(X_test)       #预测测试集
64   accuracy_score(y_test,y_pred_classifier)      #计算准确率
65   confusion_matrix(y_true = y_test,y_pred = y_pred_classifier)
                                                    #计算混淆矩阵
```

输出结果为：

```
0.9454545454545454
array([[19,  2,  0],
       [ 0,22,  0],
       [ 0,  1,11]],dtype = int64)
```

可以看到，LogisticRegression( )的预测精度为94.54%，低于高斯朴素贝叶斯分类算法的预测效果。在混淆矩阵里，我们可以发现存在预测偏误的样本，其混淆矩阵表格如表6.4所示。

表 6.4　逻辑回归算法得到的混淆矩阵

真 实 类 别　　　　　预 测 类 别	等级 1	等级 2	等级 3
等级 1	19	2	0
等级 2	0	22	0
等级 3	0	1	11

在逻辑回归算法得到的混淆矩阵中，可以看到在真实类别为1的情况下，预测为类别1的样本有19个，预测为类别2的样本有2个；真实类别为2的情况下，实际预测全部正确；而真实类别为3的情况下，有一个样本数据被预测到类别2中了，11个样本被预测正确，其预测正确率为$11/12 = 91.67\%$。

上述就是高斯朴素贝叶斯分类算法的 Python 实现过程，由于高斯朴素贝叶斯分类算法适用于连续型变量的样本特征分布，在这里没有细究，实际过程中要根据实际数据进行算法的选择，再进行估计与预测。

6.4 多项式朴素贝叶斯分类算法

6.4.1 多项式朴素贝叶斯算法的原理

当特征属性为离散值时，多项式朴素贝叶斯分类算法是一个比较合适的分算法，该模型常用于文本分类，特征是单词，值是单词的出现次数。在 6.2.2 节讲朴素贝叶斯分类原理的时候，对于贝叶斯定理：

$$P(C_i \mid X) = \frac{P(X \mid C_i)P(C_i)}{P(X)}$$

其中，先验概率 $P(C_i)$ 通常采用 $P(C_i) = s_i/s$ 计算，其中 s_i 是类 C_i 中的训练样本数，而 s 是训练样本总数。在这里则是对先验概率进行平滑处理，公式如下：

$$P(C_i) = \frac{s_i + \alpha}{s + m\alpha} \tag{6.5}$$

其中，m 是类别的总个数，α 是设定的平滑值，其取值区间为 $[0,1]$，当 $\alpha = 1$ 时，称作拉普拉斯（Laplace）平滑，$\alpha = 0$ 时不做平滑。如果不做平滑，当某一维特征的值 x_k 没在训练样本中出现过时，会导致 $P(x_k \mid C_i) = 0$，从而导致后验概率为 0。加上平滑就可以克服这个问题。在此基础上，其 $P(X \mid C_i)$ 的求解也不是像高斯朴素贝叶斯分类那样采用高斯分布的假设，而是计算为：

$$P(x_k \mid C_i) = \frac{s_{i,x_k} + \alpha}{s_i + n\alpha} \tag{6.6}$$

其中，s_{i,x_k} 为类别为 C_i 的训练样本中第 k 个特征变量 x_k 的样本个数，n 是特征变量的维数。

6.4.2 多项式朴素贝叶斯的 Python 实现：借款者信用等级评估（二）

接下来，仍以信用等级评估 6_credit.csv 数据集为例，进行多项式朴素贝叶斯分类算法的 Python 实现。由于这里 income、points 都是整数值，也可以视为离散型数值。在前边数据导入与数据集划分的基础上，直接应用

sklearn. naive_bayes 中的 MultinomialNB 程序模块进行多项式朴素贝叶斯估计预测。

❑ 进行多项式朴素贝叶斯估计，并输出结果

```
66  from sklearn.naive_bayes import MultinomialNB
                              #导入多项式朴素贝叶斯分类包
67  MNB = MultinomialNB(alpha = 1.0)  #设置算法为多项式朴素贝叶斯
68  MNB.fit(X_train,y_train)      #训练数据
69  print(MNB.class_log_prior_)
                              #打印各类标记的平滑先验概率对数值
70  #将多项式朴素贝叶斯解释的 class_log_prior_ 映射为线性模型,其值和
    class_log_prior 相同
71  print(MNB.intercept_)          #打印映射线性模型的截距
```

第 67 行就是采用 MultinomialNB() 进行估计，并设置平滑值为 1.0；第 69、70 行就是根据平滑概率 $P(C_i)$ 计算公式得到的先验概率值。输出结果为：

```
MultinomialNB(alpha = 1.0,class_prior = None,fit_prior = True)
[ -1.36219681 -0.60005676 -1.63413053]
[ -1.36219681 -0.60005676 -1.63413053]
```

❑ 根据求出参数对测试集进行预测

```
72  y_pred_MNB = MNB.predict(X_test)    #预测测试集
73  accuracy_score(y_test,y_pred_MNB)  #计算准确率
74  confusion_matrix(y_true = y_test,y_pred = y_pred_MNB)
                              #计算混淆矩阵
```

输出结果为：

```
0.7454545454545455
array([[14, 7, 0],
       [ 3,19, 0],
       [ 0, 4, 8]],dtype = int64)
```

输出结果中，y_pred_MNB 就是对测试集 y_test 的多项式朴素贝叶斯预测值，可以看到多项式朴素贝叶斯分类算法对预测集的预测精度为 74.55%，低于高斯朴素贝叶斯、逻辑回归分类算法，可能原因是多项式朴素贝叶斯分类算法更多的应用于纯粹离散值变量的估计。根据混淆矩阵输出结果，得到混淆矩阵表格，如表 6.5 所示。

表 6.5　多项式朴素贝叶斯分类算法得到的混淆矩阵

真 实 类 别 ＼ 预 测 类 别	等级 1	等级 2	等级 3
等级 1	14	7	0
等级 2	3	19	0
等级 3	0	4	8

可以看到，混淆矩阵中真实类别与预测类别对应结果较差，有较多的样本预测错误，这也反映了对于该数据集，多项式朴素贝叶斯预测效果不如高斯朴素贝叶斯算法。

6.5　伯努利朴素贝叶斯分类算法

与多项式模型一样，伯努利朴素贝叶斯分类算法适用于离散特征的情况，与多项式朴素贝叶斯分类算法不同的是，伯努利模型中每个特征的取值只能是 1 或 0，以文本分类为例，某个单词在文档中出现过，则其特征值为 1，否则为 0。对于伯努利朴素贝叶斯分类算法，其条件概率 $P(X|C_i)$ 的计算规则为：

（1）当特征值 x_k 为 1 时，$P(x_k|C_i) = P(x_k = 1|C_i)$，例如球队是否进行比赛的例子，$P(x_k = 1|C_i)$ 表示球队进行比赛（或者不进行比赛）的情况下，天气为晴天的概率。

（2）当特征值 x_k 为 0 时，$P(x_k|C_i) = 1 - P(x_k = 1|C_i)$，例如球队是否进行比赛的例子，$P(x_k = 1|C_i)$ 表示球队进行比赛（或者不进行比赛）的情况下，天气不是晴天的概率。

对应特征值为多元分类，例如信用等级评估的例子，其中的特征变量 income、points、house、default、numbers 均不是二元分类变量，在实际处理时，对于某个 x_k，伯努利朴素贝叶斯分类算法通常以该值的类别为 1，其他类别作为 0 来计算。因此，在信用等级评估一例中，我们采用 sklearn.naive_bayes 中的 BernoulliNB 程序模块进行伯努利朴素贝叶斯估计预测。

❑ 进行伯努利朴素贝叶斯估计，并输出结果

```
75  from sklearn.naive_bayes import BernoulliNB
                                    #导入伯努利朴素贝叶斯分类包
76  BNB = BernoulliNB(alpha = 1.0,binarize = 2.0,fit_prior = True)
                                    #设置算法为伯努利朴素贝叶斯
77  BNB.fit(X_train,y_train)         #训练数据
78  #类先验概率对数值,类先验概率等于各类的个数/类的总个数
79  print(BNB.class_log_prior_)
80  #指定类的各特征概率(条件概率)对数值,返回形状为(n_classes,n_fea-
    tures)数组
81  print(BNB.feature_log_prob_)
```

第 76 行就是采用 BernoulliNB( ) 进行估计，并设置平滑值为 1.0，binarize = 2.0则是进行二值化处理；第 80 和第 82 行分别计算伯努利朴素贝叶斯的类先验概率对数值和类的各特征概率（条件概率）对数值。输出结果为：

```
BernoulliNB(alpha = 1.0,binarize = 2.0,class_prior = None,fit_
prior = True)
[ -1.36219681 -0.60005676 -1.63413053]
[[ -3.78418963 -0.02298952 -0.25782911 -0.04652002 -3.78418963]
 [ -1.63141682 -0.01092907 -3.13549422 -0.01092907 -4.52178858]
 [ -0.02985296 -0.02985296 -3.52636052 -0.02985296 -0.02985296]]
```

❑ 根据求出参数对测试集进行预测

```
83  y_pred_BNB = BNB.predict(X_test)      #预测测试集
84  accuracy_score(y_test,y_pred_BNB)     #计算准确率
85  confusion_matrix(y_true = y_test,y_pred = y_pred_BNB)
                                          #计算混淆矩阵
```

输出结果为：

```
0.8727272727272727
array([[14,  7,  0],
       [ 0, 22,  0],
       [ 0,  0, 12]],dtype = int64)
```

输出结果中，y_pred_BNB 就是对测试集 y_test 的伯努利朴素贝叶斯预测值，可以看到伯努利朴素贝叶斯分类算法对预测集的预测精度为87.27%，高于多项式朴素贝叶斯分类算法，但低于高斯朴素贝叶斯、逻辑回归分类算法。根据混淆矩阵输出结果，得到混淆矩阵表格，如表 6.6 所示。

表 6.6　伯努利朴素贝叶斯分类算法得到的混淆矩阵

预测类别 真实类别	等级 1	等级 2	等级 3
等级 1	14	7	0
等级 2	0	22	0
等级 3	0	0	12

可以看到，伯努利朴素贝叶斯估计除了在等级 1 的预测上不够准确外，在等级 2 与 3 的预测基本无误。

迄今为止，朴素贝叶斯模型已在多种分类领域及工程实践中得到了成功的应用，在大型数据库的应用上也表现出了高准确率与高速度。在理论上讲，与其他所有的分类算法相比，贝叶斯分类具有最小的出错率，在其类条件独立的假定成立的前提下，它是最佳的分类算法。然而在很多情况下，其类条件独立的朴素假定并不能成立，但即便如此，实践证明，朴素贝叶斯模型在很多领域中仍然能够获得较好的分类结果。

6.6　贝叶斯网络算法的基本原理与特点

6.6.1　贝叶斯网络算法的基本原理

贝叶斯网络（Bayesian Network），又称信念网络（Belief Network）或是有向无环图模型（Directed Acyclic Graphical Model），是一种概率图论模型。它基于后验概率的贝叶斯定理，建立在概率统计理论的基础上，有向无环图（Directed Acyclic Graphs，DAGs）中得知一组随机变量及其 n 组条件概率分配的性质。贝叶斯网络不但具有稳固的数学基础，而且逐步形成一个统一的理论体系和方法论。运用相应的定理和公式计算相关参数，其计算方法和推理过程严密，且具有灵活、通用的概率推断算法。

举个例子，前文在介绍朴素贝叶斯分类算法的时候，我们将属性 A_1，$A_2,\cdots,A_n$ 假定为相互独立的，由此再进行条件概率的计算，当属性之间相互不独立时，那就需要采用贝叶斯网络了。

例如 $X=\{$晴天，球场平均距离较远$\}$，这样一个具有两个特征值的向量，在朴素贝叶斯分类算法中，其求解过程用有向无环图表示，如图 6.6 所示。

图 6.6 中表示了在朴素贝叶斯分类算法中，对于球队进行比赛的类别，根据晴天、球场平均距离较远等已知条件的概率，在二者相互独立的条件下进行条件概率的求解。而事实上，晴天与球场平均距离较远之间可能存在相互关联性，因为在天气晴朗的时候，会有更多的球队出来约定比赛，这时候场地就会比较紧张，可能离球员住处比较近的场地被预订，导致球队会有较大概率选择较远的球场进行比赛，这时候贝叶斯估计的求解过程，用图形表示出来，如图 6.7 所示。

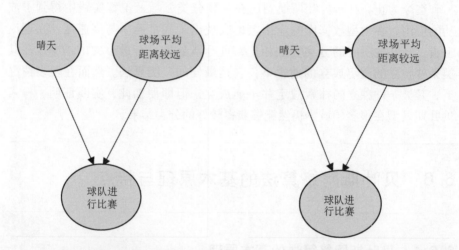

图 6.6　朴素贝叶斯分类算法的求解过程　　图 6.7　特征变量之间不独立的求解过程

图 6.7 可以看到，在根据晴天、球场平均距离较远等已知条件的概率，求解球队进行比赛条件概率的过程中，还需要考虑晴天与球场平均距离较远之间的概率，然后最终求得目标类别的概率。这三者之间由于晴天与球场平均距离较远之间的相互关联，而形成了一种网络式的概率关系。贝叶斯网络就是在这种条件下形成的。

贝叶斯网络结构模型是一个有向无环图，其中的节点表示了随机变量，是对于过程、事件、状态等实体的某一特性的描述，边表示变量间的概率依赖关系，图中的每个节点都有一个给定其父节点情况下该节点的条件概率分布函数，连接两个节点的箭头代表这两个随机变量具有因果关系，或非条件独立。这样一个贝叶斯网络就用图形化的形式表示了如何将与一系列节点相关的条件概率函数组合成为一个整体的联合概率分布函数。

6.6.2　贝叶斯网络算法的实现及其特点

贝叶斯网络用条件概率表达各个信息要素之间的相关关系，并在有限的、不完整的、不确定的信息条件下进行学习和推理。目前对于贝叶斯网络推理研究中提出了多种近似推理算法，主要包括精确推理算法和近似推理算法两类。

精确推理算法的原理在于计算出目标变量的边际分布或条件分布的精确值，但是随着无向图中极大团规模的增长，精确推理算法的计算复杂度呈现指数增长，所以该算法仅适用于贝叶斯网络的规模较小时。当贝叶斯网络的规模较大时，多采用近似推理算法，该算法可以在较低时间复杂度下获得原问题的近似解。

精确推理算法主要有：多树传播（Polytree Propagation）推理算法；团树传播的（Clique TreePropagation）方法，如联结树（Junction Tree Propagation）推理算法；基于组合优化的求解方法，如符号推理（Symbolic ProbabilisticInference）和桶消元推理（Bucket Elemination Inference）算法。近似推理算法主要有：基于搜索的（Search—Based）方法；蒙特卡洛（Monte Carlo）算法。针对不同的贝叶斯网络，用户可以选择合适的推理算法进行推理。

贝叶斯网络应用于数据挖掘和知识发现，主要有以下特点：

❑ 贝叶斯网络能够真正有效地处理不完整数据。

❑ 贝叶斯网络通过不确定性推理、概率计算，可以发现因果关系和时序关系。

❑ 贝叶斯网络能够将先验知识和观测数据有机地结合起来。

❑ 贝叶斯网络能够有效地避免对数据的过度拟合。

目前，贝叶斯网络已经成为人工智能领域的一项处理概率问题的重要技术，并逐步成为处理不确定性信息技术的主流，在计算机智能科学、工业控制、医疗诊断等领域的许多智能化系统中得到了重要的应用。由于贝叶斯网络的复杂性，其常被用于医疗诊断、人工智能等多任务领域，对于一般的分类项目，朴素贝叶斯分类算法基本够用，特别是在文本挖掘上，所以在这里对贝叶斯网络仅作初步介绍，不深入展开。

6.7 小结

本章在逻辑回归算法的基础上，介绍了另外一种分类算法——贝叶斯分类算法。这类算法均以贝叶斯定理为基础，而贝叶斯定理则是基于事物发生的条件概率而构建的一种判定方法，它是在已知某条件概率下，如何得到两个事件交换后的概率，也就是在已知 $P(A|B)$ 的情况下如何求得 $P(B|A)$。

朴素贝叶斯分类算法是基于贝叶斯定理和特征条件独立假设的分类方法。对于给定训练集，首先基于特征条件独立性的假设，学习输入/输出联合概率（计算出先验概率和条件概率，然后求出联合概率）。然后基于此模型，输入给定 x，利用贝叶斯概率定理求出最大的后验概率作为输出 y。朴素贝叶斯的"朴素"指的就是属性间条件独立假设这一基本假设，由于这个条件的成立，使得实际运算过程中系统开销较小，对数据的预测简单、快捷和高效，特别在多元分类任务中。

朴素贝叶斯分类算法按照对条件属性的假设条件不同，可以分为高斯朴素贝叶斯、多项式朴素贝叶斯以及伯努利朴素贝叶斯算法等，其中，高斯朴素贝叶斯主要用以处理连续型变量的数据，它的模型假设是属性的每一个维度都符合高斯分布；多项式朴素贝叶斯分类算法适用于特征属性为离散值的情况，它对先验概率进行平滑处理，在此基础上计算属性的后验概率；伯努利朴素贝叶斯分类算法适用于离散特征的情况，每个特征的取值只能是 1 或 0，在此基础上按照伯努利概率计算公式进行条件概率的计算。本文针对这 3 种算法进行了不同的 Python 实践操作。

贝叶斯网络是一种概率图论模型，它考虑了实际情况中特征变量的不同属性之间存在着相互关联的问题，采用先验概率以及概率推理，一步步求得各特征变量的条件概率，它用有向无环图的形式表达了如何将与一系列节点相关的条件概率函数组合成为一个整体的联合概率分布函数。

第 7 章　基于决策树的分类算法

本章进入决策树算法的学习，决策树算法（Decision Tree）是根据数据的属性采用树状结构建立的一种决策模型，通过该决策体系，决策树算法既可以求解分类问题（Classification Tree），即对应的目标值是类别型数据，也可以应用于回归预测问题的求解（Regression Tree），其输出值则是连续的实数值。

事实上，无论是决策树分类，还是回归树，二者在构造原理、过程中并无较大差异，主要区别在于类别属性的划分原则上，同时，决策树在分类问题上的应用更多更广泛。因此，本章主要阐述决策树分类算法，除了上述原因外，从分类的视角看，决策树分类又代表了另一种新的分类思维，那就是从归纳学习的角度进行分类的理论模型体系。

7.1　决策树分类算法原理

7.1.1　以信息论为基础的分类原理

从逻辑回归、贝叶斯分类再到决策树分类，实际上是一种分类技术方式向另一种方式的转换，从分类原理、数据训练的过程来看，逻辑回归、贝叶斯分类算法属于利用统计学原理对数据集进行分类，其分类技术是基于回归分析（求回归方程来表示变量间的数量关系）、概率论（条件概率、联合概率和贝叶斯定理）等。而决策树分类则是采用归纳学习的方法，它通过信息论的相关原理将数据集的类别差异进行归纳，然后建立类别标准。在决策树中，信息论的相关原理中又包含概率的相关理论，本文将对此分类原理作详细讲解。

决策树算法主要根据给定数据集，归纳出分类规则，并以决策树的形式表现出来。它使用自顶向下的递归划分（Recursive Partitioning）的方式，这种递归划分方式通常也被称为分而治之（Divide and Conquer）。从代表整个数据集的根节点开始，决策树学习算法选择最能预测目标类的属性，再根据这些属性把数据集中的实例划分到这一属性的不同值的组中，以形成第一组树枝，然后继续分而治之地处理其他节点，每次选择最佳的候选特征，直到节点上所有的实例都属于同一类，同时没有剩余的特征来分辨案例之间的区别，最后，在决策树的叶子节点得到分类结果。

图 7.1 就是一个"某个个体是否要买笔记本电脑"的决策树分类过程图。

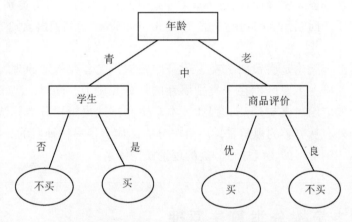

图 7.1　"某个个体是否要买笔记本电脑"的决策树

在图 7.1 中，方框代表了判断条件，圆圈代表了决策结果，箭头表示一个判断条件在不同情况下的决策路径。在该决策过程判定过程中，首先是以年龄作为第一个判定条件的，分为青、中、老 3 个类别，其中在年龄为中年的条件下会直接得到决策结果——买笔记本电脑；在青年的判定条件下，又按照是否是学生进一步分类决策，其中不是学生的条件下得到了不买的决策结果，而在是学生的条件下，则得到了买的决策结果；在老年的条件下，又按照信誉好坏进行条件判断，若信誉为优，则买，而信誉为良，则不买。从图 7.1 可以看出，利用决策树进行分类非常直观，容易理解。

值得注意的是，上述决策树建立的分类规则是基于一定的样本数据所建立的，例如某销售电脑的电商网站根据客户填写的资料，以及最后的购买行为，整理出来客户是否购买笔记本电脑的数据库，然后再采用一定的分类技术，建立分类规则。从最开始的判定条件开始对该对象的属性逐渐测试其值，并且顺着分支向下走，直至到达最终的分类结果，这就是决策树分类算法的基本原理。

7.1.2　决策树分类算法框架

由图 7.1 可以看出，一棵决策树就像一棵大树一样，由树根、树杈、树枝、叶子等部分组成的，换成专业术语去描述，就是一个决策树由若干个节点、分支、分裂谓词以及类别等元素组成。

节点是一棵决策树的主体。其中，没有父亲节点的节点称为根节点，如图 7.1 中的年龄方框；没有子节点的节点称为叶子节点，如图 7.1 中的学生、商品评价方框。一个节点按照某个属性分裂时，这个属性称为分裂属性，根节点年龄按照"年龄"被分裂，这里"年龄"就是分裂属性，同理，"学生""商品评价"也是分裂属性。每一个分支都会被标记着相应的分裂谓词，这个分裂谓词就是分裂根节点的具体依据，例如在将年龄节点分裂时，产生 3 个分支，对应的分裂谓词分别是"青""中""老"。另外，每一个叶子节点都被确定一个类标号，这里是"不买"或者"买"。

因此，决策树可以看作是一个可以自动对数据进行分类的树形结构，通过树形结构的展示方式，将分析结果直接转换为决策规则。从整个预测模型来看，可以视为一棵大树，根节点是整个数据集合空间，每个分节点是一个分裂问题，每次分裂都是对某一个变量的决策分割，从而将数据集合空间分割成两块或更多，每个叶子节点是带有分类的数据分割。决策树也可以解释成一种特殊形式的规则集，其特征是规则的层次组织关系。决策树算法主要是用来学习以离散型变量作为属性类型的学习方法。连续型变量必须被离散化后才能被学习。表 7.1 给出了决策树与自然树的对应关系以及在分类问题中的代表含义。

表 7.1　决策树与自然树的对应关系及代表含义

自　然　树	对应决策树中的意义	分类问题中的表示意义
树根	根节点	训练实例整个数据集空间
杈	内部（非叶）节点、决策节点	待分类对象的属性（集合）
树枝	分支	属性的一个可能取值
叶子	叶子节点、状态节点	数据分割（分类结果）

那么从一个完整的决策树结构图看，其根节点、决策节点、叶子节点的构造情况如图7.2所示。

我们还可以用决策树算法进行预测并可以评估预测效果，通过采用数据集划分的方式，首先对训练集进行训练，采用决策树分类算法得到一个决策树模型，然后再对测试集或者类别未知的数据集进行算法的评估或者预测。

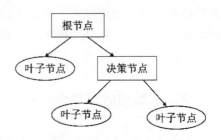

图 7.2　决策树完整结构图

从整个过程来看，决策树分类算法的实现关键在于如何根据训练数据构建一棵决策树，而构建决策树的关键问题就在于，如何选择一个合适的分裂属性进行一次分裂，以及如何制定合适的分裂谓词来产生相应的分支。各种决策树算法的主要区别也正在于此。

7.1.3　衡量标准：信息熵

信息熵（Information Entropy）就是决策树方法中分支产生的衡量标准之一，对于每个节点，我们在每一次选择分列属性时，计算这种分类所带来的信息熵的一个变化情况（也就是信息增益），并比较不同分类下的信息增益的大小，最终通过一定的规则来选择最佳的分裂属性。决策树模型中的 ID3、C4.5 算法都是以此为基础进行模型构建的。

什么是信息熵？这需要首先了解"熵"这个概念。熵（Entropy）这个概念最早出现在热力学中，是由德国物理学家及数学家鲁道夫·尤利乌斯·埃马努埃尔·克劳修斯所提出，它的物理意思表示某体系的混乱程度，简单地说，如果某体系下的分子运动杂乱程度增加，该体系的熵也随着增加。

在此基础上，美国数学家、信息论的创始人香农提出了信息熵的概念，代表了数据集中的不确定性、突发性或随机性的程度的度量。当一个数据集中的记录全部属于同一类的时候，则没有不确定性，这种情况下的熵为 0。

熵定义为信息的期望值。若求熵，需要先知道信息的定义。设某事物具有 n 种相互独立的可能结果（或称状态），则信息定义为：

$$l(x_i) = -\log_2 p(x_i) \tag{7.1}$$

其中，x_i 表示第 i 个分类，$p(x_i)$ 表示选择第 i 个分类的概率函数，其中，$\sum_{i=1}^{n} p(x_i) = 1$。

那么熵的定义就可以表示为：

$$H(X) = -\sum_{i=1}^{n} p(x_i) \log_2 p(x_i) \tag{7.2}$$

对于一个比较简单的二元分类，此时 $n=2$，那么它的熵就可以表示为：

$$H(X) = -p(x_1) \log_2 p(x_1) - p(x_2) \log_2 p(x_2) \tag{7.3}$$

举个例子，假设一个袋子里有 20 个球，如果这 20 个球全为白球，那么我们就很容易判断从袋子里拿出一个球的颜色，此时该事件的熵就为 0；如果这 20 个球里有 19 个白球，1 个黑球，那么我们也比较容易判断从袋子里拿出一个球的颜色，因为白球占了大多数，该球为白球的概率很高，此时该事件的熵就略微比 0 大一些；随着白球数量的不断减少，黑球数量的不断增多，我们判断拿出一个球的颜色会越来越困难，此时该事件的熵也在不断增大；当该袋子里有 10 个白球，10 个黑球时，拿出是白球或黑球的概率均为 0.5，那么此时也是最难判断的时候，这时候该事件的熵就为 1。具体变化情况如图 7.3 所示。

图 7.3 可以看到，其所表达出来的信息和我们的分析完全对应，当 20 个球全为白球的时候，代表了一个事情非常容易判断，也就是我们以很大的概率认为它会发生或者不会发生，那么它的信息熵就偏向 0；随着白球数量的不断减少，黑球数量的不断增加，该事件就愈来愈难判断，其信息熵的值也在不断增加；当白球与黑球的个数均为 10 时，此时该事情非常难判断，我们可以

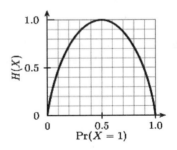

图 7.3　二元分类熵的变化情况

认为最难的时候就是这个事件的所有可能性均相等的时候，它的信息熵为 1，即图中曲线的顶点；随着白球数量的不断减少，黑球数量的不断增加，信息熵也随着下降，直到袋中的球全是黑球时，信息熵再次变为 0。

在信息熵的基础上，再引入信息增益的概念，它表示划分数据集前后信息发生的变化，再根据信息变化的情况，以此来选择最佳分类，这就是决策树中 ID3 算法的基本思想，而 C4.5 算法的核心思想与 ID3 完全相同，

只是在实现方法与功能上做了更好的改进，具体内容在 7.2 节和 7.3 节再做详细介绍。

7.1.4　决策树算法的简化

在决策树算法的学习过程中，如果任由决策树自然生长，在特征变量很多的情况下，决策树的分支点、节点也会很多，此时算法运算的开销也会很大。另外，如果节点个数过多，则每个节点所包含的实例个数就越小，支持每个叶子节点假设的实例个数也越小，学习后的错误率就随之增加。对于复杂的决策树，当树周围布满了叶子节点时，就像一棵树上全是树枝一样，这会对用户造成视觉干扰，此时的分类构造也没有意义，因为太多的分支信息反而使得用户很难理解。实践表明简单的假设更能反映事物之间的关系，所以在决策树算法学习中，必要时需要对决策树进行简化。

简化决策树的方法有控制树的规模、修改测试空间、修改测试属性、数据库约束、改变数据结构等。控制树的规模也就是控制树的分支数量，一般采用预剪枝算法、后剪枝算法及增量树方法来实现，预剪枝算法不要求决策树的每一个叶子节点都属于同一个类，而是在这之前就停止决策树的扩张，具体何时停止是其研究的主要内容，例如可以规定决策树的高度，达到一定高度即停止扩张；或计算扩张对系统性能的增益，如小于某个规定的值则停止扩张。后剪枝算法则首先利用增长集生成一棵未经剪枝的决策树 T，并进行可能的修剪，把 T 作为输入，再利用修剪集进行选择，输出选择最好的规则。

7.1.5　决策树算法的优、缺点与应用

决策树算法的优点很多，包括构建树模型速度快，精度高，分类规则直接生成可理解，计算量相对来说不是很大，可以处理连续值和离散值属性，可以清晰地显示哪些属性比较重要等。对于使用者来说，在算法学习过程中也不需要掌握很多背景知识，树本身就可以生成直观的分类信息，训练例子能够用属性——结论式的方式表达出来，就能使用该算法来学习。

决策树算法的缺点有：对离散型信息处理比较便捷，但是连续型信息就难以预测；若数据存在时间顺序，需要预处理工作；对于特征变量很多

的数据，由于信息量太大，反而容易导致分类错误；算法分类时只是根据一个字段来分类。

决策树算法广泛应用于各个领域，并且有许多成熟的系统，如语音识别、医疗诊断、模式识别和专家系统等。

目前，决策树技术面临的挑战表现在以下几个方面：

❑ 可扩展性亟待提高。在大型数据集中，能从中快速而准确地发现隐藏于其中的主要分类规则，即认为算法具有良好的可扩展性。数据挖掘面临的数据往往是海量的，对实时性要求较高的决策场所，数据挖掘方法的主动性和快速性显得日益重要。

❑ 适应多数据类型和容噪性。随着计算机网络和信息的社会化，数据挖掘的对象已不单是关系数据库模型，还是分布、异构的多类型数据库，数据的非结构化程度、噪声等现象越来越突出，这也是决策树技术面临的困难问题。

❑ 决策树方法的递增性。数据挖掘出来的知识，只是相对于某一时间的某些数据，新的数据可能使发现的新知识与原来的知识冲突。因此，设计具有递增性决策树挖掘方法，也是实用化的基本要求之一。

7.2　基本决策树 ID3 算法

决策树的生成算法主要有 ID3、C4.5、CART 等。ID3 算法在 1979 年由 J. R. Quinlan 提出，在归纳学习中，它代表着基于决策树方法的一个大类，是决策树学习算法中最具有影响和最为典型的算法。C4.5 算法是在 ID3 算法的基础上做了一些改进，CART（Classification And Regression Tree，分类回归树）算法既可用作分类树，也可以用作回归树。

7.2.1　特征选择之信息增益

对事物进行分类时，特征选择是一个很重要的环节，面对成千上万上百万的特征，如何选取有利于分类的特征呢？信息增益（Information Gain）

法就是其中一种简单高效的做法，信息增益体现了特征的重要性，信息增益越大，说明特征越重要。信息增益的计算是在信息熵的基础上得来的。

前文我们讲了信息熵的概念与定义，对于从袋子里拿球的例子，我们知道若该袋子里装有 10 个白球与 10 个黑球的时候，随机从中拿到一个球的信息熵就是 1，代表了此时最难判断。假设我们已经知道这个袋子里的 10 个白球全部在上面，黑球全部在下面，那么只在袋子上面拿一个球，很容易知道此球的颜色为白色，该事件的信息熵就为 0。

上述事件中我们在判断的时候都有一个相应的条件，来帮助我们做决策，此时有了更多的信息帮助我们判断，那么事情的不确定性就减少了，这就是条件熵。它代表了在一定已知信息或条件下，事件发生的不确定性，其计算公式为：

$$H(X \mid Y) = - \sum_{j=1}^{k} p(y_j) \sum_{i=1}^{n} p(x_i \mid y_j) \log_2 p(x_i \mid y_j) \tag{7.4}$$

其中，y_j 表示给定事件 Y 的第 j 个分类，$p(y_j)$ 表示选择第 j 个分类的概率，$\sum_{i=1}^{n} p(y_j) = 1$，$p(x_i \mid y)$ 代表了给定事件 Y 的条件下，x_i 的条件概率。

信息增益就是信息熵与条件熵的差，代表了消除不确定性后获得的信息量，其计算公式为：

$$IG(X, Y) = H(X) - H(X \mid Y) \tag{7.5}$$

根据式（7.5）分析从袋子里拿球的例子，如果我们知道 10 个白球全部在上面，黑球全部在下面，只在袋子上面拿一个球，该事件的信息增益就为 1 - 0 = 0，它代表了已知信息或条件的出现，事件发生不确定性的减少程度。

当我们对一个是事件的信息完全不知情时，其确定性为 $H(X)$；而当我们在一定条件下或者知道某个特征时，不确定性就减少了一个值 $H(X) - H(X \mid Y)$，而这个值就是信息增益。对于分类问题，在诸多特征中，信息增益体现了特征的重要性，信息增益越大说明特征越重要，那么根据这个特征所做出的决定，其不确定性减少的也是最多的，因此可以以此为基准来判断不同分类下的不确定性减少程度，从而做出分类的决策。

7.2.2 ID3 算法原理与步骤

ID3 算法（Iterative Dichotomiser 3，迭代二叉树 3 代）是一个由 Ross

Quinlan 发明的用于决策树的算法，其核心就是在决策树中各级节点上选择分裂属性，用信息增益作为属性选择标准，使得在每一非叶子节点（内部节点，树权）进行测试时，能获得关于被测试例子最大的类别信息。使用该属性将训练数据集分成子集后，系统的熵值最小，期望该非叶子节点到达各后代叶子节点的平均路径最短，使生成的决策树平均深度较小。

可以看出训练数据集在目标分类方面越模糊越杂乱无序，它的熵就越高；训练数据集在目标分类方面越清晰则越有序，它的熵越低。ID3 算法就是根据"信息增益越大的属性对训练例的分类越有利"的原则，在算法的每一步选取"属性表中可对训练例集进行最佳分类的属性"。一个属性的信息增益就是由于使用这个属性分割样例而导致系统熵的降低，计算各个属性的信息增益并加以比较是 ID3 算法的关键操作。

因此，对于一个有多个特征属性的数据集，一个基本的 ID3 决策树算法步骤为：

- ❑ 试探性地选择一个属性放置在根节点，并对该属性的每个值产生一个分支。
- ❑ 分裂根节点上的数据集，并移到子节点，产生一个局部决策树结构。
- ❑ 对该划分的信息增益进行计算。
- ❑ 遍历所有属性，重复该过程。
- ❑ 每个用于划分的属性均产生一棵局部决策树。
- ❑ 根据局部决策树的信息增益值，选择一棵信息增益最大的属性的局部树。
- ❑ 对选定的局部决策树的每个子节点重复以上步骤。
- ❑ 这是一个递归过程，若该数据集中的所有属性均已遍历完，或者一个节点上的所有实例都具有相同的类，则停止局部决策树的生长。
- ❑ 最终，这棵信息增益最大的属性的局部树以及各生成节点，就形成一个完整的决策树。

整个 ID3 决策树算法流程如图 7.4 所示。

决策树是一种贪心算法，它以从上到下递归的方式各个击破构造决策树，每次选取的分割数据的特征都是当前的最佳选择，并不关心是否达到最优。在 ID3 算法中，每次根据"最大信息增益"选取当前最佳的特征来

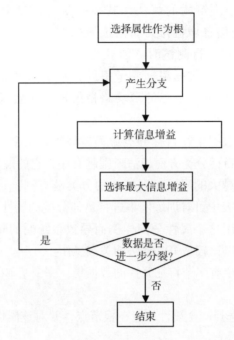

图 7.4 ID3 决策树算法流程图

分割数据，并按照该特征的所有取值来划分，也就是说如果一个特征有 4 种取值，数据将被划分为 4 份，一旦按某特征划分后，该特征在之后的算法执行中，将不再起作用，所以最开始的遍历最复杂，越到后边类别划分范围就越小。

7.2.3 ID3 算法的一个简单例子：顾客购买服装的属性分析（一）

本节以一个具体的案例来详细说明决策树中 ID3 算法的原理与步骤，其中还包括信息熵、信息增益的计算，以及每一次最佳分裂属性的选择等。

❑ "双十一"期间顾客是否买服装的案例

对于某电商网站的一些服装商品，在"双十一"期间价格优惠的情况下，针对客户的购买行为，搜集相关信息，包括该类商品的评价（y_1）、打折高低程度（y_2）、是否必需（y_3）、是否包邮（y_4）等，建立分类规则，以判断客户购买行为 x 与哪些属性的关系最大。数据集如表 7.2 所示。

表 7.2 "双十一"顾客购买行为的数据集

	商品评价（y_1）	打折程度（y_2）	是否必需（y_3）	是否包邮（y_4）	是否购买（x）
1	好	高	不必需	包邮	不买
2	好	高	不必需	不包邮	不买
3	中	高	不必需	包邮	买
4	差	中	不必需	包邮	买
5	差	低	必需	包邮	买
6	差	低	必需	不包邮	不买
7	中	低	必需	不包邮	买
8	好	中	不必需	包邮	不买
9	好	低	必需	包邮	买
10	差	中	必需	包邮	买
11	好	中	必需	不包邮	买
12	中	中	不必需	不包邮	不买
13	中	高	必需	包邮	买
14	差	中	不必需	不包邮	不买

整个计算流程及其分类规则构建过程如下。

1. 计算目标变量属性的熵

训练数据集中共有 14 个实例，决策属性为"是否购买服装"，其类别为买（x_1）、不买（x_2）两类。其中，有 9 个实例为买，5 个实例为不买，在无其他条件或信息的情况下，二者的概率分别为：

$$p(x_1) = \frac{8}{14} = 0.571$$

$$p(x_2) = \frac{5}{14} = 0.429$$

决策属性的熵分别为：

$$H(X) = H(x_1, x_2) = -p(x_1) \log_2 p(x_1) - p(x_2) \log_2 p(x_2) = 0.985$$

2. 计算商品评价特征下目标变量属性的熵及信息增益

训练数据集中的特征变量共有 4 个，分别是该类商品的评价（y_1）、打折高低程度（y_2）、是否必需（y_3）、是否包邮（y_4），在不同特征下，计算决策属性的熵及信息增益。

对于该类商品的评价（y_1）特征，其类别有好（y_{11}）、中（y_{12}）、差（y_{13}），计算不同类别属性的发生概率、买与不买的条件概率及其条件熵。

不同评价的发生概率：

$$p(y_{11}) = \frac{5}{14} = 0.357$$

$$p(y_{12}) = \frac{4}{14} = 0.286$$

$$p(y_{13}) = \frac{5}{14} = 0.357$$

对于商品评价为好的属性，其买与不买的条件概率及熵分别为：

$$p(x_1 \mid y_{11}) = \frac{2}{5} = 0.400$$

$$p(x_2 \mid y_{11}) = \frac{3}{5} = 0.600$$

$$H(x_1, x_2, y_{11}) = -p(x_1 \mid y_{11})\log_2 p(x_1 \mid y_{11}) - p(x_2 \mid y_{11})\log_2 p(x_2 \mid y_{11}) = 0.971$$

同样，对于商品评价为中的属性，其买与不买的条件概率及熵分别为：

$$p(x_1 \mid y_{12}) = \frac{3}{4} = 0.750$$

$$p(x_2 \mid y_{12}) = \frac{1}{4} = 0.250$$

$$H(x_1, x_2, y_{12}) = 0.811$$

对于商品评价为差的属性，得到：

$$p(x_1 \mid y_{13}) = \frac{3}{5} = 0.600$$

$$p(x_2 \mid y_{12}) = \frac{2}{5} = 0.400$$

$$H(x_1, x_2, y_{12}) = 0.971$$

因此，可以得到已知商品评价信息下的条件熵以及信息增益：

$$H(X \mid Y_1) = p(y_{11})H(x_1, x_2, y_{11}) + p(y_{12})H(x_1, x_2, y_{12}) + p(y_{13})H(x_1, x_2, y_{13})$$
$$= 0.357 \times 0.971 + 0.286 \times 0.811 + 0.357 \times 0.971 = 0.925$$

◀》注意：

此处 $H(x_1, x_2, y_{11})$、$H(x_1, x_2, y_{12})$、$H(x_1, x_2, y_{13})$ 在计算时已将负号纳入，故在这里 $H(X \mid Y_1)$ 的计算，公式中的负号变正号。

$$IG(X, Y_1) = H(X) - H(X|Y_1) = 0.985 - 0.925 = 0.060$$

3. 计算打折高低程度等其他特征下目标变量属性的熵及信息增益

同样采取上述步骤，计算打折高低程度 y_2 的不同类别属性的发生概率，买与不买的条件概率，条件熵以及信息增益，打折高低程度 y_2 的类别包括高（y_{21}）、中（y_{22}）、低（y_{23}），得到结果为：

$$H(X|Y_2) = p(y_{21})H(x_1, x_2, y_{21}) + p(y_{22})H(x_1, x_2, y_{22}) + p(y_{23})H(x_1, x_2, y_{23})$$
$$= 0.931$$

$$IG(X, Y_2) = H(X) - H(X|Y_2) = 0.985 - 0.931 = 0.054$$

对于是否必需（y_3），其包含类别有必需（y_{31}）、不必需（y_{32}），得到结果：

$$H(X|Y_3) = 0.728$$

$$IG(X, Y_3) = H(X) - H(X|Y_3) = 0.985 - 0.728 = 0.257$$

对于是否包邮（y_4），其包含类别有包邮（y_{41}）、不包邮（y_{42}），得到结果：

$$H(X|Y_4) = 0.857$$

$$IG(X, Y_4) = H(X) - H(X|Y_3) = 0.985 - 0.857 = 0.128$$

4. 选择根节点

通过以上计算可知，比较所有特征属性下的信息增益值，是否必需的信息增益值最大，因此选择是否必需（y_3）作为根节点，再进行分支，观察表 7.2，当是否必需为"必需""不必需"时，对应的归类不唯一，因此构造局部决策树结构如图 7.5 所示。

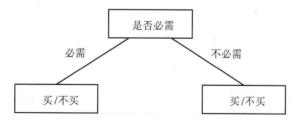

图 7.5 以"是否必需"为根节点的局部树

5. 在根节点的不同属性下选择分支（子节点）

在选择是否必需（y_3）作为根节点的情况下，当其属性为"必需"时，采用同样步骤，分别计算商品评价（y_1）、打折程度（y_2）、是否包邮（y_4）的信息增益值，从而进行比较，来选择下一个分支。

当其属性为"必需"时，商品评价 y_1、打折程度 y_2、是否包邮 y_4 的信息增益分别为：

$$IG(X, Y_1, y_{31}) = H(X) - H(X \mid Y_1, y_{31}) = 0.592 - 0.392 = 0.200$$
$$IG(X, Y_2, y_{31}) = H(X) - H(X \mid Y_2, y_{31}) = 0.592 - 0.463 = 0.129$$
$$IG(X, Y_4, y_{31}) = H(X) - H(X \mid Y_4, y_{31}) = 0.592 - 0.394 = 0.198$$

因此，可以得到是否包邮的信息增益值最大，由此再次构造局部决策树结构如图 7.6 所示。

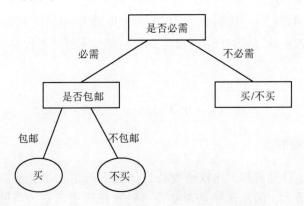

图 7.6　以"是否包邮"为子节点的局部树

图 7.6 中初步构建了顾客是否购买服装的第一个子节点，即在服装为"必需"且"包邮"的条件下，顾客会做出"买"的决策。

6. 构建完整决策树模型

对于其他属性，我们仍然采用对信息增益值不断计算，进一步构建出该决策树的各个分支以及叶子节点，经过计算，该实例的完整决策树模型如图 7.7 所示。

通过最终得到的决策树，可以得到顾客购买还是不购买服装的分类规则，即当该服装是顾客"必需"且"包邮"，顾客会买该服装；当该服装是顾客"必需"且"不包邮"时，若商品评价为"好/中"的时候，顾客会

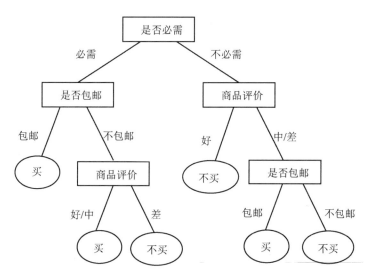

图 7.7　顾客是否购买的完整决策树模型

买；但若商品评价为"差"的时候顾客不会买；当该服装是顾客"不必需"且商品评价为"好"时，顾客不会买该服装；当该服装是顾客"不必需"且商品评价为"中/差"时，若该服装"包邮"，顾客会买；若"不包邮"，则不会买。

7.2.4　ID3 算法的 Python 实现：顾客购买服装的属性分析（二）

ID3 算法的决策树也可以采用 Python 里的 Scikit-learn 库来实现，其中的 tree 模块包含实现决策树 ID3 等算法的程序包。这里以前文的"双十一"期间顾客是否买服装的案例为训练数据集，进行 ID3 算法的 Python 实现。

❑　导入数据并展示

```
01   import matplotlib.pyplot as plt    #导入 matplotlib 库
02   import numpy as np                  #导入 numpy 库
03   import pandas as pd                 #导入 pandas 库
04
05   df=pd.read_csv('D:/7_buy.csv')      #读取 csv 数据
06   df
```

第 6 行，这里的数据样本量较少，所以我们就全部展示出来，而没有用 df. head( )命令部分输出。数据输出结果如图 7.8 所示。

	review	discount	needed	shipping	buy
0	3	3	0	1	1
1	3	3	0	0	1
2	2	3	0	1	0
3	1	2	0	1	0
4	1	1	1	1	0
5	1	1	1	0	1
6	2	1	1	0	0
7	3	2	0	1	1
8	3	1	1	1	0
9	1	2	1	1	0
10	3	2	1	0	0
11	2	2	0	0	1
12	2	3	1	1	0
13	1	2	0	0	1

图 7.8   "双十一"期间顾客购买行为的数据集

图 7.8 可以看到，我们将表 7.2 的数据进行了量化处理，其中第一列变量 review 对应了表 7.2 中的商品评价变量，对于评价的类别进行了量化，分别为"好"=3、"中"=2、"差"=1。对其他变量作同样的处理，discount 对应打折程度，其类别及其对应数值分别为"高"=3、"中"=2、"低"=1；needed 对应是否必需，其类别及其对应数值分别为"不必需"=0、"必需"=1；shipping 对应是否包邮，其类别及其对应数值分别为"不包邮"=0、"包邮"=1；buy 对应是否购买，其类别及其对应数值分别为"不买"=0、"买"=1。

❑   进行 ID3 决策树算法的分类

```
07   X = df.iloc[:,0:4]              #取 df 的前 4 列为 X 变量
08   y = df['buy']                   #设置 y 变量
09
10   #把 X、y 转化为数组形式,以便于计算
11   X = np.array(X.values)
12   y = np.array(y.values)
13
```

```
14   from sklearn import tree          #导入决策树库
15   tree_ID3 = tree.DecisionTreeClassifier(criterion ='entropy')
16   #默认采用的是 gini,即是 cart 算法,在这里通过 entropy 设置 ID3 算法
17   tree_ID3 = tree_ID3.fit(X,y)       #采用 ID3 算法进行训练
18   tree_ID3
```

输出结果为:

```
DecisionTreeClassifier(class_weight = None,criterion ='entropy',
max_depth = None,
            max_features = None,max_leaf_nodes = None,
            min_impurity_decrease = 0.0,min_impurity_split = None,
            min_samples_leaf = 1,min_samples_split = 2,
            min_weight_fraction_leaf = 0.0,presort = False,ran-
            dom_state = None,
            splitter ='best')
```

输出结果为 ID3 算法决策树的相关参数设置情况, 这里除了 criterion = 'entropy'代表使用 ID3 算法外, 其他均为默认参数。各参数的含义与作用, 大家可以参阅相关资料, 这里主要介绍几个比较重要的参数。

(1) max_depth: 表示决策树的最大深度, 默认为 None, 一般来说, 数据少或者特征少的时候可以不用设置这个值。如果模型样本量多, 特征也多的情况下, 推荐限制这个最大深度, 具体的取值取决于数据的分布。常用的可取值为 10 ~ 100 之间。

(2) max_features: 表示划分时考虑的最大特征数, 默认是 None, 意味着划分时考虑所有的特征数; 若是整数, 代表考虑的特征绝对数; 若是浮点数, 代表考虑特征百分比, 即考虑 (百分比 × N) 取整后的特征数。其中 N 为样本总特征数。一般来说, 如果样本特征数不多, 比如小于 50, 我们用默认的 None 就可以了。

(3) min_samples_leaf: 表示限制了叶子节点最少的样本数, 若某叶子节点数目小于样本数, 则会和兄弟节点一起被剪枝。默认是 1, 表示可以输入最少的样本数的整数, 或者最少样本数占样本总数的百分比。如果样本量不大, 不需要管这个值。如果样本量数量级非常大, 则推荐增大这个值。

(4) Splitter: 表示特征划分点选择标准, 可以使用 best 或者 random。前者在特征的所有划分点中找出最优的划分点, 后者是随机的在部分划分点中找局部最优的划分点。默认的 best 适合样本量不大的时候, 而如果样本数据量非常大, 此时决策树构建推荐 random。

❏ 预测并评估效果

```
19   y_pred = tree_ID3.predict(X)                    #对测试集进行预测
20   y_pred
21
22   from sklearn import model_selection             #模型比较和选择包
23   from sklearn.metrics import confusion_matrix
                                                      #计算混淆矩阵,主要来
                                                        评估分类的准确性
24   from sklearn.metrics import accuracy_score       #计算精度得分
25
26   accuracy_score(y,y_pred)                         #计算准确率
27   confusion_matrix(y_true = y,y_pred = y_pred)     #计算混淆矩阵
```

输出结果为:

```
array([1,1,0,0,0,1,0,1,0,0,0,1,0,1],dtype = int64)
1.0
array([[8,0],
       [0,6]],dtype = int64)
```

由于这里数据量与特征属性都比较少,所以这里的决策树基本穷尽了该数据集在购买决策"买"与"不买"上的所有类别,故无论是对目标变量的预测,还是评估分类的准确率、混淆矩阵等,都表明预测准确率达到了100%。

❏ 生成决策树结构图

```
28   feature_names = list(df.columns[:-1])
                            #得到所有列标签并转化为 list 形式
29   target_names = ['0','1']   #创建目标变量的类别名称
30
31   import pydotplus
                      #导入 pydotplus,即 python 写 dot 语言的接口
32   from IPython.display import Image
                           #导入 Jupyter Notbook 的 Image 图形输出库
33   dot_data = StringIO()    #将对象写入内存中
34   #生成决策树结构
35   tree.export_graphviz(tree_ID3,out_file = dot_data,feature_
     names = feature_names,
36   class_names = target_names,filled = True,rounded = True,
37   special_characters = True)
38   #生成决策树图形
39   graph = pydotplus.graph_from_dot_data(dot_data.getvalue())
40   Image(graph.create_png()) #生成图形并展示出来
```

代码第28、29行通过设置特征属性、目标变量的标签,在代码第35行

中作为决策树结构的参数使用，这样可以使得决策树在分裂或分支时，更好地标注其分类属性、分裂谓语，一目了然，而不是用 x[1]等来表示。第 31、32、33 行中是导入了生成决策树结构图的相关库，由于 Python 里没有直接生成决策树的图形函数，这里需要导入 dot 语言写入接口，以及 Jupyter Notbook 的 Image 图形输出库，并将对象写入内存。第 35 行就是决策树分类之后所生成的分类规则的 dot 语言，里边设置了决策树模型 tree_ID3、feature_names、class_names = target_names，并为了图形美观还设置了图形着色点、填充色等参数。第 39 行就是把 dot 语言转化为图形，第 40 行就把它在 Jupyter Notbook 中直接展示出来，实际上我们也可以用 graph. write_pdf 将它存入 pdf 文件中保存在计算机里。

最终得到的图形如图 7.9 所示。

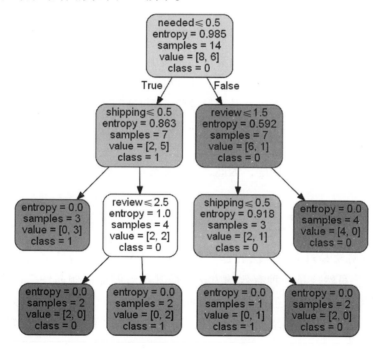

图 7.9 Python 生成的决策树

图 7.9 可以看到，通过 Python 中 DecisionTreeClassifier( )程序包生成的决策树，其分类规则与图 7.7 手动计算生成的决策树相一致，根节点也是"是否必需"，即以 needed≤0.5 为分类边界，样本量为 14，按不同属性划分为 8 个和 6 个，其熵为 0.985。

当为 True 时代表值为 1，生成分支 shipping≤0.5，即是否包邮，方块里边依次是该节点的熵、样本量与划分样本数，按照向左的分支为 True(=1)，即当该服装包邮时，最终得到一个分类是 class=1，即顾客买此服装。

向右的分支为 False，代表不包邮，此时继续分支，下一个分类属性为 review≤2.5，代表商品评论是中差还是好（这点与前边有所不同），则按照此规则得到最终决策结果；右边"不必需"的分支也是从上到下，按照不同分裂属性进行分类的。这就是用 Python 来实现 ID3 决策树算法，并画出决策树结构图的整个过程。

7.3 其他决策树算法

除了 ID3 算法之外，目前决策树已发展出多种算法，比如 C4.5、CART 等，在分类规则上的衡量标准也不仅仅以信息增益为主，且信息增益的一大局限性就是依赖于概率以及是离散数值，而 CART 就采用另外一种衡量标准，即可以用于分类树也可以用于回归树。另外，如数据的样本与特征均很多，可能决策树的分支会很多，甚至达到几十个，这样很不利于分类规则的建立或产生过拟合问题，因此，剪枝也是决策树需要探讨的问题之一。

7.3.1 C4.5 算法

C4.5 算法是对 ID3 算法的延伸和优化，ID3 采用"信息增益"来选择分裂属性。虽然这是一种有效的方法，但其具有明显的倾向性，即它倾向于选择具有大量不同取值的属性，从而产生许多小而纯的子集。例如表 7.2 所示的案例中，我们再增加一个属性，其类别的属性值完全不同，如表 7.3 所示。

由于"标志"属性有 14 个完全不同的类别，因此，对于每一个类别，其买或不买的条件概率，要么为 1，要么为 0，其熵也就为 0。在其类别熵全为 0 的条件下，其条件熵也就为 0，计算信息增益就等于 $H(X)=0.985$，很明显该属性的信息增益最大，毫无疑问若标志码将被选为分裂属性，其分支最多，且在标志码属性上的分支对预测未知实例的类别没有任何帮助，也没能够描述任何有关决策的结构，这就属于"归纳偏置"。

表 7.3　增加了"标志"属性的顾客购买数据集

	标　志	商品评价（y_1）	打折程度（y_2）	是否必需（y_3）	是否包邮（y_4）	是否购买（x）
1	a	好	高	不必需	包邮	不买
2	b	好	高	不必需	不包邮	不买
3	c	中	高	不必需	包邮	买
4	d	差	中	不必需	包邮	买
5	e	差	低	必需	包邮	买
6	f	差	低	必需	不包邮	不买
7	g	中	低	必需	不包邮	买
8	h	好	中	不必需	包邮	不买
9	i	好	低	必需	包邮	买
10	j	差	中	必需	包邮	买
11	k	好	中	必需	不包邮	买
12	l	中	中	不必需	不包邮	不买
13	m	中	高	必需	包邮	买
14	n	差	中	不必需	不包邮	不买

　　C4.5 算法通过信息增益率选择分裂属性，克服了 ID3 算法中通过信息增益倾向于选择拥有多个属性值的属性作为分裂属性的不足。除此之外，它还能在构造树的过程中进行剪枝，能够完成对连续属性的离散化处理，以及对不完整数据进行处理等功能。

　　信息增益率等于信息增益与分裂信息的比值，假设训练数据集 S 有属性 A，那么信息增益率定义为：

$$\text{GainRatio}(S,A) = \frac{\text{IGain}(S,A)}{\text{SplitInfo}_A(S)} \tag{7.6}$$

其中，$\text{IGain}(S,A)$ 为当 A 为分裂属性时的信息增益，计算方式见 ID3 算法中的计算，$\text{SplitInfo}_A(S)$ 表示属性 A 的分裂信息，分裂信息用来衡量属性分裂数据的广度和均匀。若训练数据集 S 通过属性 A 的属性值划分为 m 个子数据集，$|S_j|$ 表示第 j 个子数据集中样本数量，$|S|$ 表示划分之前数据集中样本总数量。其定义为：

$$\text{SplitInfo}_A(S) = -\sum_{j=1}^{m} \frac{|S_j|}{|S|} \log_2 \frac{|S_j|}{|S|} \tag{7.7}$$

如表 7.3 中的"标志"属性，其分裂信息为：

$$\text{SplitInfo}([1,1,\cdots,1]) = -\frac{1}{14} \times \log_2\left(\frac{1}{14}\right) - \frac{1}{14} \times \log_2\left(\frac{1}{14}\right) - \cdots - \frac{1}{14} \times$$

$$\log_2\left(\frac{1}{14}\right)$$

$$= 3.807$$

$$\text{GainRatio}(标志) = \text{IGain}(标志) / \text{SplitInfo}([1,1,\cdots,1])$$

$$= 0.985/3.807 = 0.259$$

可以看到分裂信息相当于给信息增益值增加了一个惩罚项，避免过大或过小的极端情况。以类似方法可以得出其他属性的信息增益率，如表 7.4 所示。

表 7.4 其他属性的信息增益、分裂信息与信息增益值的计算结果

信息增益的计算	商品评价（y_1）	打折程度（y_2）	是否必需（y_3）	是否包邮（y_4）
IGain	0.060	0.054	0.257	0.128
SplitInfo	1.577	1.557	1	0.985
GainRatio	0.038	0.035	0.257	0.130

由此可以看出，在上述 4 个属性中"是否必需"属性的结果依然排在首位，而"是否包邮"属性排在第二位，因为它将数据集分裂成 2 个子集而不是 3 个。在这个例子中，"标志"属性的增益率（0.259）仍然是最高的，然而，它的优势已经大大降低了。后边各分支的做法也与 ID3 算法相同，唯一的不同之处是判断标准由信息增益变成了信息增益率。

C4.5 算法既可以处理离散型描述属性，也可以处理连续性描述属性。在选择某节点上的分枝属性时，对于离散型描述属性，C4.5 算法的处理方法与 ID3 相同，按照该属性本身的取值个数进行计算；对于某个连续性描述属性，C4.5 算法将作以下处理：

❑ 对属性的取值由小到大进行排序。

❑ 两个属性取值之间的中点作为可能的分裂点，将该节点上的数据集分成两部分，计算每个可能的分裂点的信息增益。

❑ 计算每一种分割所对应的信息增益率，选择最大的分割点来划分数据集。

为了避免树的高度无节制地增长，避免过度拟合数据，C4.5 算法采用了一种后剪枝方法，这在 7.4 节作详细介绍。另外，C4.5 算法在 Python 中

的 Scikit-learn 库以及 DecisionTreeClassifier( ) 程序包中没有现成的命令来实现，所以实现该算法还需编程构建熵、信息增益、信息增益率等函数，在这不作详细示范。

7.3.2　CART 算法

分类回归树 CART 是一种典型的二叉决策树（对特征属性进行二元分裂），主要用来进行分类研究，可以同时处理连续变量和分类变量。如果目标变量是分类变量，则 CART 生成分类决策树，如果目标变量是连续变量，则 CART 变量生成回归决策树。

无论是分类决策树还是回归决策树，CART 的首要目标都是构造一个准确的分类模型用来进行预测，即研究引起分类现象发生的变量及变量之间的作用，通过建立决策树和决策规则对类型未知的对象进行类别预测，即通过类型未知的对象的某些相关变量值就可以对其做出类型判定。

CART 决策树的生成就是递归地构建二叉决策树的过程，在这里我们仅讨论用于分类的 CART。对分类树而言，CART 用 Gini 系数最小化准则来进行特征选择，生成二叉树。假设某个特征属性有 K 个类，样本点属于第 k 类的概率为 p_k，则概率分布的 Gini 系数定义为：

$$\text{Gini}(p) = \sum_k^K p_k(1 - p_k) = \sum_k^K (p_k - p_k^2) = 1 - \sum_k^K p_k^2 \qquad (7.8)$$

其中，$\sum_k^K p_k = 1$。

对于给定的样本集合 D，并假设 C_k 是属于第 k 类的样本子集，则 Gini 系数计算为：

$$\text{Gini}(D) = 1 - \sum_k^K \left(\frac{|C_k|}{|D|}\right)^2 \qquad (7.9)$$

其中，采用对于给定的样本集合 D 及其样本子集，采用 $\frac{|C_k|}{|D|}$ 来计算 p_k。

如果数据集 D 根据特征 A 在某一取值 a 上进行分割，得到 D_1，D_2 两部分后，那么在特征 A 下集合 D 的 Gini 系数为：

$$\text{Gini}_A(D) = \frac{|D_1|}{|D|}\text{Gini}(D_1) + \frac{|D_2|}{|D|}\text{Gini}(D_2) \qquad (7.10)$$

对于一个连续变量来说，需要将排序后的相邻值的中点作为阈值（分裂点），同样使用上面的公式计算每一个划分子集 Gini 系数的加权和。

Gini 系数也表示样本的不确定性，Gini 系数值越大，样本集合的不确定性越大。基于 Gini 系数的 CART 分类算法步骤为：

- ❑ 若节点训练的数据集为 D，计算现有特征对该数据集的 Gini 系数。对于样本中每一个特征 A，及 A 的每一个可能取值 a，根据 $A \geqslant a$ 与 $A < a$ 将样本分为两部分，并计算被特征 A 划分为两个样本子集后，样本 D 的 Gini 系数。

- ❑ 在所有可能的特征 A 以及它们所有可能的切分点 a 中，选择 Gini 系数最小的特征及其对应的切分点作为最优特征与最优切分点。依最优特征与最优切分点，从现节点生成两个子节点，将训练数据集依特征分配到两个子节点中去。

- ❑ 对两个子节点递归地调用上述步骤，直至满足停止条件。

- ❑ 生成 CART 决策树。

算法停止计算的条件是节点中的样本个数小于预定阈值，或样本集的 Gini 系数小于预定阈值（样本基本属于同一类），或者没有更多特征。

7.3.3 CART 算法的应用举例：顾客购买服装的属性分析（三）

在这里仍以"双十一"期间顾客是否买服装的案例及表 7.2 的数据，进行 CART 算法的实现。按照 ID3 算法相同的计算流程及分类规则构建过程，具体如下。

1. 计算"是否必需"等特征下目标变量属性的 Gini 系数

对于"是否必需"特征，按照"必需"和"不必需"划分，"必需"时目标变量类别有 6 个"买"和 1 个"不买"。其 Gini 系数为：

$$Gini(必需) = 1 - \left[\left(\frac{6}{7} \right)^2 + \left(\frac{1}{7} \right)^2 \right] = \frac{12}{49}$$

"不必需"时目标变量类别有 2 个"买"和 5 个"不买"。其 Gini 系数为：

$$Gini(不必需) = 1 - \left[\left(\frac{2}{7} \right)^2 + \left(\frac{5}{7} \right)^2 \right] = \frac{20}{49}$$

得到特征"是否必需"下数据集的 Gini 系数：

$$\text{Gini}(\text{是否必需}) = \frac{7}{14} \times \frac{12}{49} + \frac{7}{14} \times \frac{20}{49} = \frac{16}{49}$$

按照上述计算方式，对于"是否包邮"特征，同样按照"包邮"和"不包邮"划分，计算其 Gini 系数分别为：

$$\text{Gini}(\text{包邮}) = 1 - \left[\left(\frac{2}{8}\right)^2 + \left(\frac{6}{8}\right)^2\right] = \frac{3}{8}$$

$$\text{Gini}(\text{不包邮}) = 1 - \left[\left(\frac{2}{6}\right)^2 + \left(\frac{4}{6}\right)^2\right] = \frac{4}{9}$$

$$\text{Gini}(\text{是否包邮}) = \frac{8}{14} \times \frac{3}{8} + \frac{6}{14} \times \frac{4}{9} = \frac{17}{42}$$

2. 计算"商品评价"等特征下目标变量属性的 Gini 系数

对于"商品评价"特征，有 3 个类别：好、中、差，所以这里的计算要相对前边"是否必需"的 Gini 系数复杂一些，要计算所有它们所有可能切分点的 Gini 系数。首先是以"好"与"不好"去划分，"不好"包括"中"和"差"，其中有 6 个"买"和 3 个"不买"。则此类切分点的 Gini 系数为：

$$\text{Gini}(\text{好}) = 1 - \left[\left(\frac{2}{5}\right)^2 + \left(\frac{3}{5}\right)^2\right] = \frac{12}{25}$$

$$\text{Gini}(\text{不好}) = 1 - \left[\left(\frac{6}{9}\right)^2 + \left(\frac{3}{9}\right)^2\right] = \frac{4}{9}$$

$$\text{Gini}(\text{商品评价},\text{好与不好}) = \frac{5}{14} \times \frac{12}{25} + \frac{9}{14} \times \frac{4}{9} = \frac{16}{35}$$

按照上述计算方式，对于"商品评价"特征属性，若按照"差"与"不差"去划分，"不差"包括"中"和"好"，其中有 5 个"买"和 4 个"不买"。则此类切分点的 Gini 系数为：

$$\text{Gini}(\text{不差}) = 1 - \left[\left(\frac{5}{9}\right)^2 + \left(\frac{4}{9}\right)^2\right] = \frac{40}{81}$$

$$\text{Gini}(\text{差}) = 1 - \left[\left(\frac{3}{5}\right)^2 + \left(\frac{2}{5}\right)^2\right] = \frac{12}{25}$$

$$\text{Gini}(\text{商品评价},\text{差与不差}) = \frac{5}{14} \times \frac{12}{25} + \frac{9}{14} \times \frac{40}{81} = \frac{308}{630}$$

因此，单纯在"商品评价"特征属性下，以 Gini 系数最小为准则，"好"与"不好"的划分点最优。

同样按照上述方式，对于"打折程度"特征属性，按照不同的切分点，计算其 Gini 系数，并选取最优切分点，结果为：

$$Gini(打折程度，高与不高) = \frac{4}{14} \times \frac{1}{2} + \frac{10}{14} \times \frac{12}{25} = \frac{17}{35}$$

$$Gini(打折程度，低与不低) = \frac{4}{14} \times \frac{3}{8} + \frac{10}{14} \times \frac{1}{2} = \frac{13}{28}$$

因此，单纯在"打折程度"特征属性下，以 Gini 系数最小为准则，"低"与"不低"的划分点最优。

3. 选择根节点并向下分支

通过以上计算可知，对所有特征属性及其所有切分点下的 Gini 系数进行比较，以 Gini 系数最小为准则，"是否必需"的 Gini 系数最小，因此选择"是否必需"作为根节点，再进行分支。当其属性为"必需"时，采用同样步骤，分别计算商品评价、打折程度、是否包邮及其所有切分点的 Gini 系数，从而进行比较，来选择下一个分支。

当其属性为"必需"时，商品评价、打折程度、是否包邮及其所有切分点的 Gini 系数分别为：

$$Gini(商品评价，好与不好) = \frac{2}{7} \times 0 + \frac{5}{7} \times \frac{18}{25} = \frac{18}{35}$$

$$Gini(商品评价，差与不差) = \frac{3}{7} \times \frac{4}{9} + \frac{4}{7} \times 0 = \frac{4}{21}$$

$$Gini(打折程度，高与不高) = \frac{1}{7} \times 0 + \frac{6}{7} \times \frac{5}{18} = \frac{5}{21}$$

$$Gini(是否包邮) = \frac{4}{7} \times 0 + \frac{3}{7} \times \frac{4}{9} = \frac{4}{21}$$

以 Gini 系数最小为准则，可以看到是否包邮，以及商品评价中的"差"与"不差"的均最小，这里为了与 ID3 算法得到的结果有所区分，故以商品评价中的"差"与"不差"作为"必需"分支下的分裂属性，当以"不差"作为分裂谓语时可以得到一个叶子节点为"买"，但是当以"差"作为分裂谓语时，其决策仍有"买"与"不买"两种，仍需作进一步分支。

4. 不断递归并构建完整决策树模型

对于其他属性，我们按照上述步骤，采用 Gini 系数不断计算，进一步构建出该决策树的各个分支以及叶子节点，最终，经过计算，该实例的完整决策树模型如图 7.10 所示。

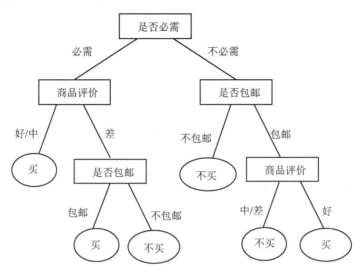

图 7.10　CART 算法下顾客是否购买的完整决策树模型

通过最终得到的决策树，可以看到，虽然 CART 算法下得到的顾客是否购买的决策树构造，与 ID3 算法得到结果不尽相同，但这种差异主要来自于在分支过程中采用了不同的分裂属性，而最终的分类规则大同小异。

7.3.4　CART 算法的 Python 实现：顾客购买服装的属性分析（四）

与 ID3 算法相同，CART 算法也采用 Scikit-learn 库中的 DecisionTreeClassifier( )程序包来实现。这里以前文的"双十一"期间顾客是否买服装的案例为训练数据集，进行 CART 算法的 Python 实现。

❑　进行 CART 决策树算法的分类

```
41  tree_CART = tree.DecisionTreeClassifier()   #设置 CART 算法
42  tree_CART = tree_CART.fit(X,y)              #采用 ID3 算法进行训练
43  tree_CART
```

输出结果为：

```
DecisionTreeClassifier(class_weight = None,criterion ='gini',
max_depth = None,
          max_features = None,max_leaf_nodes = None,
```

```
        min_impurity_decrease = 0.0,min_impurity_split = None,
        min_samples_leaf = 1,min_samples_split = 2,
        min_weight_fraction_leaf = 0.0,presort = False,ran-
        dom_state = None,
        splitter = 'best')
```

输出结果为 CART 算法决策树的相关参数设置情况，我们可以注意到这里 criterion = 'gini' 代表使用 CART 算法，其他均为默认参数，并基本与 ID3 算法类似。

❑ 预测并评估效果

```
44   y_pred_CART = tree_CART.predict(X)    #对测试集进行预测
45   y_pred_CART
46
47   accuracy_score(y,y_pred_CART)         #计算准确率
48   confusion_matrix(y_true = y,y_pred = y_pred_CART)
                                           #计算混淆矩阵
```

输出结果为：

```
array([1,1,0,0,0,1,0,1,0,0,0,1,0,1],dtype = int64)
1.0
array([[8,0],
       [0,6]],dtype = int64)
```

由于这里数据量与特征属性都比较少，所以 CART 决策树算法得到的结果与 ID3 算法相同，预测准确率均达到了 100%。

❑ 生成决策树结构图

```
49   import pydotplus       #导入 pydotplus,即 python 写 dot 语言的接口
50   from IPython.display import Image
                            #导入 Jupyter notebook 的 Image 图形输出库
51   dot_data = StringIO()#将对象写入内存中
52   #生成决策树结构
53   tree.export_graphviz(tree_CART,out_file = dot_data,feature
     _names = feature_names,
54                   class_names = target_names,filled = True,
                     rounded = True,
55                   special_characters = True)
56   #生成决策树图形
57   graph = pydotplus.graph_from_dot_data(dot_data.getvalue())
58   Image(graph.create_png()) #生成图形并展示出来
```

代码第 53 行设置了决策树模型 tree_CART，其他均与 ID3 算法的类似。

最终得到的图形如图 7.11 所示。

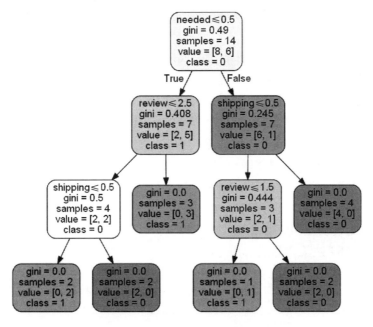

图 7.11　CART 算法生成的决策树

图 7.11 可以看到，通过 CART 生成的决策树，其分类规则与图 7.10 手动计算生成的决策树相一致，根节点也是"是否必需"，即以 needed ≤ 0.5 为分类边界，样本量为 14，按不同属性划分为 8 个和 6 个，其 Gini 系数为 0.49。

7.4　决策树剪枝方法

决策树对训练属性有很好的分类能力，但是对于未知的测试集未必有好的分类能力，泛化能力弱，即可能发生过拟合现象。为防止过拟合，我们需要进行剪枝。决策树剪枝方法分为预剪枝（也叫先剪枝）和后剪枝两种方法。

7.4.1 预剪枝及其实现

预剪枝，是在整个决策树结构生成之前进行的剪枝，由于缺乏对整个分类过程、分类规则的全面了解，它是通过提前停止树的构造实现的，例如，通过确定在给定的节点不再分裂或划分训练元组的子集；指定节点的熵小于某个值，不再划分；到达此节点的实例个数小于某一个阈值也可停止树的生长等方法，来对决策树进行剪枝。在 Scikit-learn 库中的 Decision-TreeClassifier( ) 程序包中部分参数可以实现预剪枝过程，如 max_depth = None，树的最大深度；min_samples_split = 2，分裂点的样本个数；min_samples_leaf = 1，叶子节点的样本个数；max_leaf_nodes = None，最大的叶子节点数等，通过设置相应数值就可以实现。

❏　CART 决策树算法的预剪枝

```
59  tree_CART_prun = tree.DecisionTreeClassifier(max_depth = 2)
                                              #设置 CART 算法
60  tree_CART_prun = tree_CART1.fit(X,y)     #采用 ID3 算法进行训练
61  tree_CART_prun
```

输出结果为：

```
DecisionTreeClassifier( class_weight = None, criterion = 'gini',
max_depth = 2,
            max_features = None, max_leaf_nodes = None,
             min_impurity_decrease = 0.0, min_impurity_split =
             None,
            min_samples_leaf = 1, min_samples_split = 2,
            min_weight_fraction_leaf = 0.0, presort = False, ran-
            dom_state = None,
            splitter = 'best')
```

输出结果为 CART 算法决策树的相关参数设置情况，我们可以注意到这里设置了 max_depth = 2 剪枝处理。

❏　预测并评估效果

```
62  y_pred_prun = tree_CART_prun.predict(X)    #对测试集进行预测
63  accuracy_score(y,y_pred_prun)              #计算准确率
```

输出结果为：

```
0.7857142857142857
```

经过剪枝后，CART 决策树算法得到的预测准确率就不再是 100%，而是 78.57%。

❏ 生成决策树结构图

```
64  import pydotplus          #导入 pydotplus,即 python 写 dot 语言的接口
65  from IPython.display import Image
                             #导入 Jupyter notebook 的 Image 图形输出库
66  dot_data = StringIO()  #将对象写入内存中
67  #生成决策树结构
68  tree.export_graphviz(tree_CART_prun,out_file = dot_data,
    feature_names = feature_names,
69                          class_names = target_names,filled =
                            True,rounded = True,
70                          special_characters = True)
71  #生成决策树图形
72  graph = pydotplus.graph_from_dot_data(dot_data.getvalue())
73  Image(graph.create_png()) #生成图形并展示出来
```

最终得到的图形如图 7.12 所示。

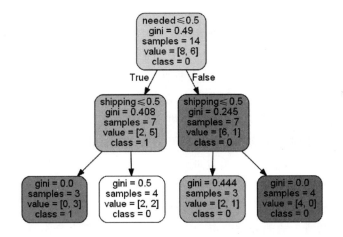

图 7.12 CART 算法剪枝后的决策树

可以看到，通过剪枝后，CART 生成的决策树高度少了一层，且分类规则有所变化。

7.4.2 后剪枝之错误率降低剪枝方法

后剪枝方法最初是由 Breiman 等提出，它首先构造完整的决策树，允许

决策树过度拟合训练数据，然后自底向上或自顶向下的对非叶子节点进行考察，若将该节点对应的子树换为叶子节点能够带来泛化性能的提升，则把该子树替换为叶子节点。后剪枝方法主要有：错误率降低剪枝（Reduced-Error Pruning，REP）、悲观错误剪枝（Pessimistic Error Pruning，PEP）、最小错误剪枝（Minimum Error Pruning，MEP）、代价–复杂度剪枝（Cost-Complexity Pruning，CCP）、基于错误剪枝（Error-Based Pruning，EBP）等方法。这些方法可应用于决策树的 ID3、CART 算法构造的决策树上，只是在处理过程中的方式或原则不同。在这里主要介绍错误率降低剪枝和悲观错误剪枝两种。

REP 方法是采用划分数据集的方式进行剪枝的一种方法，是一种较为简单的后剪枝方法。该方法将数据集划分为两个：训练集和验证集（或者是测试集），前者用来学习得到决策树，后者则是对生成的决策树进行评估，判断决策树算法的精度，在此基础上来作出是否剪枝的决策。它将树上的每一个节点作为修剪的候选对象，其过程大致如下：

对于已生成决策树，REP 方法从树的最底部开始，自下而上，从树 T 的每一棵子树 S（即图 7.2 的决策节点）开始，我们先删除其下面的叶子节点，使 S 成为一个叶子节点，这样就完成了一次剪枝过程。在该次剪枝后生成的新树 T 下，我们用验证集的数据去再次训练，得到预测的分类结果，将其与验证集原有真实分类结果相比较，若与未剪枝之前的分类偏差相差不大或者相等，同时剪枝后验证集的决策树分类规则下，子树 S 没有相同性质的新子树产生时，则这一剪枝过程就是成立的，相应子树 S 下的叶子节点就可以被删除。以此类推，重复此过程，直到任意一个子树被叶子节点替代而不增加其在测试集上的分类错误为止。

这种剪枝处理方法会修正原始训练集决策树分类学习时，由于巧合性或偶然性因素所生成的分类节点，因为同样的巧合不大会出现在验证集中。通过反复地比较错误率，每一剪枝过程都会对所生成决策树的精度有所提升，随着修剪的进行，节点的数量下降，但在测试集合上的精度上升，直到自下而上过程中的某一次修剪降低了决策树精度，该剪枝过程终止。

使用该方法进行剪枝，一方面提升了决策树在验证集上的精度，解决了过拟合的问题，另一方面也实现了决策树的修剪，在降低错误率的同时减少了树的规模。另外，它的计算复杂性是线性的，这是因为决策树中的每个非叶子节点只需要访问一次就可以评估其子树被修剪的概率。由于使用独立的验证集，和原始决策树相比，修剪后的决策树对未来新事例的预测偏差较小。但是该方法也存在一定的缺陷，它偏向于过度修剪，由于训练集和验证集划分的不同，可能有些数据实例在验证集的数量较小，这种情况就会导致部分数据实例被误删，特别是当验证集比训练集小得多的时候，这一问题尤其突出。因此如果训练数据集较少，通常不考虑采用 REP 方法。

7.4.3　后剪枝之悲观错误剪枝方法

与 REP 方法相比，悲观错误剪枝方法它不去关注剪枝后的精度提升，而在于错误率是否能够降低。其"悲观"之处在于，它假定每个叶子节点都自动对实例的某个部分进行错误的分类，然后通过引入统计学上修正方法来判断剪枝后是否降低了错误率，具体方法是在评价子树的训练错误公式中添加了一个常数，其基本思想与处理步骤为：

（1）假设训练数据集生成原始树为 T，某一叶子节点的实例个数为 n_t，其中错误分类的个数为 e_t，我们定义训练数据集的误差率为 $p_t = e_t/n_t$。

（2）由于训练数据集既用来生成决策树，又用来修剪树，所以是有偏倚的，利用它来修剪的决策树并不是最精确、最好的。因此，Quinlan 在误差估计度量中增加了连续性校正，将误差率的公式修改为：

$$P_t = \left[e_t + \frac{1}{2}\right]/n_t \tag{7.11}$$

（3）同样的，我们假设 s 为树 T 子树 T_t 的其中一个子节点，则该子树的叶子节点的个数为 l_s，则 T_t 的分类误差率为：

$$P_{T_t} = \frac{\sum\limits_s \left[e_s + \frac{1}{2}\right]}{\sum\limits_s n_s} = \frac{\sum e_s + \frac{l_s}{2}}{\sum n_s} \tag{7.12}$$

为简单起见，在定量分析中，我们用误差总数取代上面误差率的表示，即有公式：

$$E_t = e_t + \frac{1}{2} \tag{7.13}$$

（4）那么，对于子树 T_t，它的分类误差总数为：

$$E_{T_t} = \sum e_s + \frac{l_s}{2} \tag{7.14}$$

如果所得到的决策树精确地分类到各个实例，即误差 $e_s = 0$，此时 E_{T_t} 等于常量 1/2，它仅仅代表决策树关联每个叶子的时间复杂性的度量。当训练集中有样本冲突时，此结果将不再成立。

（5）一般来说，某一非叶子节点 t 被叶子节点替换（剪枝）的条件是，替换后子树 T_t 的分类误差率要小于节点 t 的，那么就表示剪枝后的误差总数小于剪枝之前的误差总数，即 $E_{T_t} \leqslant E_t$。但由于连续性校正的问题，有时候会发生叶节点实例个数变大的问题，即 $n_t \leqslant \sum n_s$，为此 Quinlan 进行了修正：

$$E_t \leqslant E_{T_t} + SE[E_{T_t}] \tag{7.15}$$

式（7.15）削弱了替换后误差率的限制，其中 $SE[E_{T_t}]$ 为 E_{T_t} 的标准误差，定义为：

$$SE[E_{T_t}] = \sqrt{\frac{E_{T_t}[n_t - E_{T_t}]}{n_t}} \tag{7.16}$$

若式（7.15）成立，则子树 T_t 应被剪掉，由相应的叶子节点替代。同样可以对所有非叶子节点依次计算测试，来判断它们是否应该被剪掉。

PEP 方法由于引入了修正误差，在一定程度上弥补了 REP 的不足，因而其剪枝方法对决策树学习的精度有所提升。但由于其是决策树模型中唯一使用自上而下剪枝策略的后剪枝方法，不可避免地带来一些问题。这种策略会带来与预剪枝出现的同样问题，那就是树的某个节点会在其子树根据同样的准则不需要修剪时被完全删除掉。虽然 PEP 方法存在局限性，但它在实际应用中表现出了较高的精度。另外，它不需要对数据集进行划分，这对样本数据较少的问题非常有利。另外，自上而下的剪枝策略与其他方法相比，效率更高，速度更快，这是因为，树中每棵子树最多需要访问一次，即便有可能多次访问，它的时间复杂性也只和未剪枝的非叶子结点数呈线性关系。

7.5　决策树的集成学习算法之随机森林

在决策树算法的技术上，结合集成学习的思想，就产生了随机森林（Random Forest）、迭代决策树（Gradient Boosting Decision Tree，GBDT）等机器学习算法,它们可以利用集成的思想(投票选择的策略)来提升决策树的分类性能,并解决了过拟合等问题。本节以随机森林为例,对集成学习算法以及随机森林作具体介绍。

7.5.1　集成学习算法

集成学习,通俗地讲,就是多算法融合,也就是我们常常说的"三个臭皮匠,赛过诸葛亮"。其主要思想是利用一定的手段学习多个学习器(在分类算法中也叫分类器),而且这多个分类器要求是弱分类器(分类精度较差,比随机预测略好,但准确率不太高),然后将多个分类器进行组合公共预测。核心思想就是如何训练出多个弱分类器以及如何将这些弱分类器进行组合。

集成学习通过构建并结合多个"个体学习器"来完成学习任务。个体学习器通常由一个现有的学习算法从训练数据产生,若集成中只包含同种类型的个体学习器,称为同质集成,例如都是决策树个体学习器,或者都是神经网络个体学习器。若包含不同类型的个体学习器,则称为异质集成,例如有一个分类问题,对训练集采用支持向量机个体学习器,逻辑回归个体学习器和朴素贝叶斯个体学习器来学习,再通过某种结合策略来确定最终的分类强分类器。同质集成中的个体学习器也称为"基学习器"。

由于个体学习器生成方式的不同,目前的集成学习算法主要有两大"派别",一个是以 Boosting 为代表的强依赖关系个体学习器,该方法是必须串行生成的序列化方法;另一个是以 Bagging 和"随机森林"为代表的算法,其个体学习器间不存在强依赖关系,并能够同时生成的并行化方法。

其中,Boosting 方法(提升法)的集成学习主要专注于提高弱分类算法的精确度方面,其处理方式在于构造一个预测函数系列,然后以一定方式将其加权组合,形成一个联合的总的预测函数,这种加权联合的方式就是串行生成的序列化方式。具体而言,Boosting 方法首先要将样本集进行分割,得到若干个样本子集,在此基础上,先给每一个训练样本集赋予相同的权重。然后对第一个样本进行训练得到第一个基分类器,用该基分类器来对整个训练集进行预测,对于那些分类错误的测试样例提高其权重(实际算法中是降低分类正确的样例的权重)。然后用调整后的带权训练集训练第二个基分类器,以此类推,对 n 个基分类器进行训练,最终产生 n 个基分类器，最后 Boosting 框架算法将这 n 个基分类器进行加权合并，产生一个最后的结果分类器。在这 n 个基分类器中，每个单个的弱分类器的识别率不一定很高，但在加权的情况下，串联后的结果有很高的识别率，由此便提高了该弱分类算法的识别率。

Adaboost 是 AdaptiveBoost 的简称，即自适应增强方法，它是 Boosting 中较为代表性的算法。具体步骤为：首先对训练数据的权值分布进行初始化设置，假设有 N 个样本，那么每个样本的权值为 $1/N$；然后训练弱分类器，通过误差率更新弱分类器的权重，若某个样本已经被准确分类，则其权值在下次训练时会被降低，反之则提升；最后，整个训练过程不断迭代进行，直到达到迭代次数或者损失函数小于某一阈值。

Bagging 方法（装袋法）是 bootstrap aggregating 的缩写，采用的是随机有放回地选择训练数据，在此基础上构造分类器，最后组合在一起。Bagging 的个体弱分类器的训练集是通过随机采样得到的，这也是 Bagging 的由来。每一次随机采样，就可得到一个采样集，也能独立地训练出一个弱分类器，如此进行 n 次，就得到 n 个弱分类器，然后再进行组合得到最终的强分类器。

对于这里的随机采样有必要做进一步的介绍，这里一般采用的是自助采样法（Bootstap Sampling），即对于 s 个样本的原始训练集，先随机采集一个样本 s_1 放入采样集，然后再放回到原始训练集，继续进行随机采样，有可能下一次仍然会采集到样本 s_1，如此采集 s 次就会得到有 s 个样本的采样集。该采样集与原始训练集不同的概率很大，且存在部分样本相同的情况，这就是采样集要达到的效果。这样在 n 次训练时，每一次得到的采样集大概率与原始训练集不同，由此得到多个不同的弱分类器。

集成学习中的结合策略有：平均法、投票法和学习法等。平均法通常是对于数值类的回归预测问题，对于若干个弱分类器的输出进行算术平均或加权平均得到最终的预测输出；投票法则主要针对分类问题的预测，它通过对不同弱分类器得到的样本预测类别结果进行投票，一般按照少数服从多数，某一样本若多数预测为 c，那么以 c 作为它的预测类别；学习法则相对较为复杂，代表方法是 Stacking，当使用 Stacking 的结合策略时，我们不是对弱分类器的结果做简单的逻辑处理，而是再加上一层学习器，也就是说，我们将训练集弱分类器的学习结果作为输入，将训练集的输出作为输出，重新训练一个分类器来得到最终结果。

综合来看，无论是 Boosting 还是 Bagging 的集成学习算法，其本质在于通过弱学习器（分类器）的预测来对训练样本进行赋权调整，在不断地赋权调整中得到多个弱学习器，然后再采用一些结合策略将弱学习器以最优方式组合起来，得到预测误差较低的强学习器。二者不同之处在于，Boosting 依次有顺序地训练学习器，在此过程中不断赋权组合，即串行生成的序列化方法，Bagging 则是一次性抽出 T 个样本，分别训练，再根据训练结果将弱学习器结合起来得到强学习器。

7.5.2　随机森林

随机森林是在决策树弱分类器的基础上进阶的一种 Bagging 集成学习算法，但是它与 Bagging 不同的是，在 Bagging 的样本随机采样基础上，随机森林又加上了特征的随机选择，通俗地讲，它既有样本的打乱组合，又有弱分类器下决策树生长过程中特征的打乱组合。但总体而言，它没有脱离 Bagging 的范畴，只是利用多棵决策树（森林）对样本进行训练并预测的一种分类器，从而形成"随机森林"。

随机森林由 Leo Breiman（2001 年）提出，它是一种统计学习的理论，随机化采用重抽样的方式，从原始的训练样本集中抽取多个版本的样本集，对各个样本集进行决策树的训练建模，最后组合所有的决策树的结果，通过既定的投票机制进行最终的预测。随机森林的构建过程如图 7.13 所示。

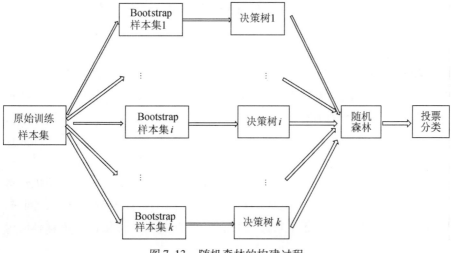

图 7.13　随机森林的构建过程

结合图 7.13 随机森林的构建过程，我们对构造随机森林的步骤进行介绍：

（1）利用 Boostrap 重抽样从原始训练样本集中生成 k 个样本子集，理论上 k 个样本子集覆盖了原样本集中 2/3 的数据实例，未包含的数据称作袋外数据（Out-Of-Bag，OOB），袋外数据可以用来作为测试数据，随机森林算法中 OOB 估计可以很好地评估该组合分类器的分类效果。

（2）利用生成的 k 个自助样本集生长 k 个决策树。这里在每棵树的各个节点上，分别从 M 个特征中随机选出 m（$m \ll M$）个特征，在实际项目中通常取 $m = \left[\sqrt{M}\right]$，每次在随机选择的 m 个特征中按照一定的规则选择一个特征进行分支，直到这棵树充分生长，其间不做剪枝操作。

（3）根据上述生成的 k 个决策树对测试样本集进行预测，综合每棵树的测试结果按照一定的投票机制确定最终结果。

从步骤（2）可以看出，随机森林中的子树的每一个分裂过程实现了对所有特征的随机选择，通过从所有的待选特征中随机选取一部分特征，由此能够不断提取最优的特征。我们从前文决策树分类算法可以看到，剪枝过程就是选择效果最佳特征的一个过程，随机森林在这里有异曲同工之效，虽然处理过程不同，但是每一次的决策树都能够不同，导致随机森林学习过程中的多样性，并通过集成来提升分类性能。

在投票机制方面，除了常见的少数服从多数法之外，还有一票否决法、阈值法与贝叶斯投票法等。一票否决法的思想就是当且仅当所有的决策树都把实例 x 分类到类 i 的时候最终的结果才会判定为类 i，否则拒绝实例 x；阈值法是分别统计将实例 x 划分为正样本和负样本的数目，然后计算两者的比值，当比值超过事先定好的阈值时，则将实例划分到类上；贝叶斯投票法较为复杂，由于上述的方法都存在一个假定，即每个决策树的分类能力是相当的，实际上，各个决策树由于样本集已经随机选择的特征导致各个决策树的能力有强有弱，贝叶斯投票机制就是给分类效果好的决策树设置高的权重，相对的效果差的决策树设置低的权重，最后进行加权计算。

随机森林算法很好地利用随机性（包括随机生成子样本集，随机选择子特征），最小化了各棵树之间的相关性，提高了整体的分类性能，同时，因为每棵树的生成时间非常短，并且森林可以实现并行化，随机森林的分类速度非常快。

7.5.3　随机森林的 Python 实现：解决交通拥堵问题（一）

随机森林也可以采用 Python 里的 Scikit-learn 库来实现，在 Scikit-learn 中的 RandomForestClassifier 程序包可以直接实现对随机森林方法的运行，无需过多的编程或者对参数的调整。接下来我们就以某个省不同路口的交通拥堵情况（traffic）的数据集，来实现随机森林算法的应用。

假设某省交通部门想了解当地的交通拥堵情况，他们通过搜集不同路口的交通拥堵程度数据以及该路口红灯数量、居民住宅区面积、路面宽度、该区域人口密度程度、地面平稳状况、该区域商圈等级等相关信息，打算通过这些信息建立与交通拥堵程度的相关关系，一方面了解路口交通拥堵的一些内在原因，另一方面对于未来的城市规划，可以根据某区域的预测解决其交通拥堵情况。

该数据集共有样本 281 个，变量 7 个，其中特征变量 6 个，目标变量为 traffic，各变量的取值及代表意义如表 7.5 所示。

表 7.5　某个省不同路口交通拥堵情况数据集的变量说明

变 量 类 型	变 量 名	变 量 含 义
特征变量	red	该路口红灯数，单位：个
	area	该路口所在区域的居民住宅区面积，单位：万平方米
	width	路面宽度，单位：米
	density	该路口所在区域人口密度程度，取值为 0、1、2，分别对应低人口密度、中人口密度与高人口密度 3 个等级
	land	该路口的地面平坦状况，取值为 0、1、2，分别表示陡坡、斜坡、平地
	cbd	该路口包含商圈的等级，取值为 0、1、2、3、4，分别代表社区型、区级、市级、都市型和国际型，数值越大等级越高
目标变量	traffic	该路口的交通拥堵程度，取值为 0、1、2，分别对应不拥堵、中度拥堵与严重拥堵 3 个等级

❑　导入数据

```
01   import matplotlib.pyplot as plt       #导入 matplotlib 库
02   import numpy as np                     #导入 numpy 库
03   import pandas as pd                    #导入 pandas 库
```

```
04   from sklearn import model_selection      #模型比较和选择包
05   from sklearn.metrics import confusion_matrix
                                               #计算混淆矩阵,主要来
                                                评估分类的准确性
06   from sklearn.metrics import accuracy_score
                                               #计算精度得分
07
08   df=pd.read_csv('D:/7_traffic.csv')        #读取 csv 数据
09   df.head()                                 #展示前 5 行数据
```

前 5 行数据展示结果如图 7.14 所示。

	red	area	width	density	land	cbd	traffic
0	1	450	18	0	0	3	2
1	1	260	14	0	0	3	2
2	1	295	18	0	0	3	1
3	2	286	16	1	0	0	2
4	0	520	14	0	0	3	2

图 7.14　交通拥堵情况数据集的前 5 行数据

图 7.14 中展示了 7_traffic. csv 数据集中前 5 行的数据，通过部分数据，我们可以逐步了解一下特征变量与响应变量的取值情况。可以看到，area、width 为连续型变量的数据，red、density、land、cbd、traffic 等均为离散型变量的数据。

❑　数据初步可视化展示

```
10   X=df.iloc[:,0:6]    #取 df 的前 5 列为 X 变量
11   y=df['traffic']     #设置 y 变量
12
13   X.hist(xlabelsize=12,ylabelsize=12,figsize=(18,12))
                         #调整直方图尺寸
14   plt.show()
```

第 10、11 行将 df 数据集的特征变量 X、目标变量 y 分离出来，然后分别做变量的直方图，首先是特征变量的直方图展示，得到图形如图 7.15 所示。

图 7.15 分别为 area、cbd、density、land、red、width 等变量的直方图，可以看出，area、width 等连续型变量的分布并非正态分布，density 中取值

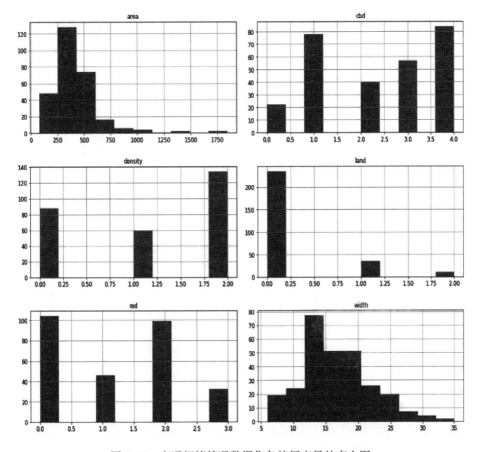

图 7.15　交通拥堵情况数据集各特征变量的直方图

为 2 的样本最多, 0 次之, 1 最少; land 中取值为 0, 即平地的样本最多, 远远超过其他两个变量的样本数, 其他变量的具体情况在这里不再赘述。对于目标变量的直方图, 其代码如下:

```
15  y.hist(xlabelsize =12,ylabelsize =12,figsize =(8,5))
                                          #调整直方图尺寸
16  plt.show()
```

得到图形如图 7.16 所示。

图 7.16 可以看出, 目标变量 traffic 的取值分布情况, traffic = 2 时的样本最多, 1 次之, 0 最少。

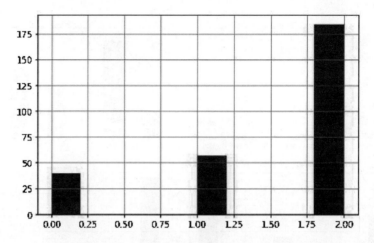

图 7.16 交通拥堵情况数据集目标变量的直方图

❏ 将数据集划分为训练集与测试集

```
17  #把 X、y 转化为数组形式,以便于计算
18  X = np.array(X.values)
19  y = np.array(y.values)
20
21  from sklearn.cross_validation import train_test_split
22  #以 25% 的数据构建测试样本,剩余作为训练样本
23  X_train,X_test,y_train,y_test = train_test_split(X,y,test_
    size = 0.25,random_state = 2)
24  X_train.shape,X_test.shape,y_train.shape,y_test.shape
```

第 23 行仍然以 25% 的比例划分训练集与测试集,并固定随机种子 random_state = 2,第 24 行则是对训练集与测试集的 X、y 矩阵形状进行展示,输出结果为:

```
((210L,6L),(71L,6L),(210L,),(71L,))
```

可以看到 X_train 为 210 行 6 列的数据矩阵,X_test 则为 71 行 6 列的数据矩阵,以此类推。

❏ 首先进行 ID3 决策树算法的训练,并进行预测

```
25  from sklearn import tree              #导入决策树库
26  tree_ID3 = tree.DecisionTreeClassifier(criterion = 'entropy')
27  #默认采用的是 gini,即 CART 算法,在这里通过 entropy 设置 ID3 算法
28  tree_ID3 = tree_ID3.fit(X_train,y_train)
                             #计算准确率,采用 ID3 算法进行训练
29  y_pred_ID3 = tree_ID3.predict(X_test)
```

```
                                        #对测试集进行预测
30  accuracy_score(y_test,y_pred_ID3)
                                        #计算准确率
31  confusion_matrix(y_true = y_test,y_pred = y_pred_ID3)
                                        #计算混淆矩阵
```

可以看到，采用 DecisionTreeClassifier(criterion = 'entropy')，得到 ID3 决策树算法的训练结果为：

```
0.7746478873239436
array([[ 5,  5,  2],
       [ 3,  7,  0],
       [ 3,  3,43]],dtype = int64)
```

第一个输出结果是 ID3 决策树算法对预测集的预测精度，达到了 77.46%，第二个输出结果是混淆矩阵，该结果的表格展示情况在前边章节已作了详细描述，这里不再讲述。通过混淆矩阵可以看到，目标变量 traffic 的 3 个类别中，第 1 行代表了真实类别为 1 的样本数据被预测为类别 1、2、3 的分布情况，分别为 5、2、2，即 12 个类别为 1 的样本中有 5 个预测正确。第 2、3 行的分析也是类似。

❑　然后进行随机森林的训练，并输出结果

```
32  from sklearn.ensemble import RandomForestClassifier #导入随
    机森林包
33  #定义一个随机森林分类器
34  clf = RandomForestClassifier(n_estimators = 10,max_depth =
    None,
35  min_samples_split = 2,oob_score = True,random_state = 0)
36  clf.fit(X_train,y_train)    #进行训练
37  print clf.oob_score_        #袋外数据的预测精度
```

第 31 行对随机森林的相关参数进行了设置，其中 n_estimators = 10 代表了随机森林中树的数量，max_depth = None 代表不对树的深度进行限制，min_samples_split = 2 最小分裂样本数为 2，oob_score = True 代表了使用袋外（Out-Of-Bag，OOB）样本估计准确度，random_state = 0 代表了随机森林中的随机数种子。输出结果为：

```
RandomForestClassifier(bootstrap = True,class_weight = None,
criterion = 'gini',
         max_depth = None,max_features = 'auto',max_leaf_nodes =
         None,
```

```
        min_impurity_decrease = 0.0, min_impurity_split = None,
        min_samples_leaf = 1, min_samples_split = 2,
        min_weight_fraction_leaf = 0.0, n_estimators = 10, n_
        jobs = 1,
        oob_score = True, random_state = 0, verbose = 0, warm_
        start = False)
0.7714285714285715
```

以上结果代表了本次随机森林训练数据时的参数设置情况，大多数参数与前边决策树算法的参数类似，在这里主要注意的是，bootstrap = True 代表了采用 bootstrap 法抽取样本，criterion = 'gini'代表了用 Gini 系数来衡量分裂属性对数据集的影响情况。袋外数据样本估计准确度为 77.14%。

❑ 根据训练结果对测试集进行预测，并评估预测效果

```
38  y_pred_rf = clf.predict(X_test)          #预测测试集
39
40  accuracy_score(y_test, y_pred_rf)        #计算准确率
41  confusion_matrix(y_true = y_test, y_pred = y_pred_rf)
                                             #计算混淆矩阵
```

输出结果为：

```
0.8169014084507042
array([[ 3,  5,  4],
       [ 3,  7,  0],
       [ 0,  1, 48]], dtype = int64)
```

可以看到，随机森林的预测精度为 81.69%，高于 ID3 算法的预测效果。在混淆矩阵里，我们可以发现，随机森林主要在第 3 行的预测效果高于 ID3 算法。

除了 RandomForestClassifier 程序包可以实现随机森林，在 Python 中还有 ExtraTreesClassifier 程序包来实现随机森林，但是这里的随机森林为极端随机森林（Extra-Trees 或 Extremely randomized trees），该算法与随机森林算法十分相似，都是由许多决策树构成。但该算法与随机森林有两点主要区别：

一是随机森林应用的是 Bagging 模型，而 Extra-Trees 使用所有的训练样本得到每棵决策树，也就是每棵决策树应用的是相同的全部训练样本。

二是随机森林是在一个随机子集内得到最佳分裂属性，而 Extra-Trees 是完全随机的得到分裂值，从而实现对决策树进行分裂。以二叉树为例，当特征属性是类别的形式时，Extra-Trees 随机选择具有某些类别的样本为左分支，而把具有其他类别的样本作为右分支；当特征属性是数值的形式时，

随机选择一个处于该特征属性的最大值和最小值之间的任意数，当样本的该特征属性值大于该值时，作为左分支，当小于该值时，作为右分支。

　　这样就实现了在该特征属性下把样本随机分配到两个分支上的目的，然后计算此时的分裂值（如果特征属性是类别的形式，可以应用基尼指数；如果特征属性是数值的形式，可以应用均方误差）。遍历节点内的所有特征属性，按上述方法得到所有特征属性的分裂值，我们选择分裂值最大的那种形式实现对该节点的分支。随机森林则是在随机生成的子样本中根据分裂属性随机选择样本特征来进行分支的，因此，这种方法比随机森林的随机性更强。

　　❑　用 ExtraTreesClassifier 包进行训练

```
42  from sklearn.ensemble import ExtraTreesClassifier
                                            #导入极端森林包
43  #定义一个极端森林分类器
44   clf_extra = ExtraTreesClassifier(n_estimators = 10, max_
     depth = None,
45  min_samples_split = 2, random_state = 0)
46  clf_extra.fit(X_train, y_train)   #进行训练
```

输出结果为：

```
ExtraTreesClassifier(bootstrap = False, class_weight = None, cri-
terion = 'gini',
        max_depth = None, max_features = 'auto', max_leaf_nodes =
        None,
        min_impurity_decrease = 0.0, min_impurity_split = None,
        min_samples_leaf = 1, min_samples_split = 2,
        min_weight_fraction_leaf = 0.0, n_estimators = 10, n_
        jobs = 1,
        oob_score = False, random_state = 0, verbose = 0, warm_
        start = False)
```

　　以上为 Extra-Trees 的参数设置，具体内容大家可以查阅相关资料，在这里不作具体介绍。

　　❑　用 Extra-Trees 算法对测试集进行预测，评估预测效果

```
47  y_pred_extra = clf_extra.predict(X_test)   #预测测试集
48  accuracy_score(y_test, y_pred_extra)       #计算准确率
49  confusion_matrix(y_true = y_test, y_pred = y_pred_extra)
                                               #计算混淆矩阵
```

输出结果为：

```
0.8450704225352113
array([[ 6,  4,  2],
       [ 2,  7,  1],
       [ 1,  1,47]],dtype = int64)
```

可以看到，极端随机森林的预测精度为 84.51%，高于随机森林算法的预测效果。在混淆矩阵里，我们可以发现，极端随机森林算法主要在第 1 行的预测结果作了进一步改善。

7.6 小结

本章主要介绍了决策树分类算法，与逻辑回归、贝叶斯分类不同，它是基于信息论的相关原理、采用归纳学习方法进行分类的。它使用自顶向下的递归划分的方式，根据给定数据集，归纳出分类规则，构建根节点、分支、非叶子节点一直到叶子节点，最终形成一个类似于树的决策树分类构造图。

决策树的生成算法主要有 ID3、C4.5、CART 等方法，其中 ID3、C4.5 算法均以信息论中的熵为衡量标准，它主要衡量了数据集的不确定性、随机性。通过计算不同分类下数据集的信息变化情况，得到其类别不同属性下的信息增益值或者信息增益比，再根据信息增益值（率）最大的原则，选择每次决策树分裂的属性及其谓语，依次递归，从而得到决策树的根节点、分支、非叶子节点、叶子节点，直到不能穷尽该数据集的类别为止。

分类回归树 CART 是一种典型的二叉决策树（对特征属性进行二元分裂），主要用来进行分类研究，可以同时处理连续变量和分类变量。CART 决策树的生成就是递归地构建二叉决策树的过程，与 ID3、C4.5 算法不同的是，它采用 Gini 系数最小化准则来进行特征选择，然后依次递归，建立根节点、分支、叶节点等，形成完整的决策树模型。

本章还介绍了决策树剪枝方法，它主要解决决策树算法的过拟合问题，包括预剪枝、后剪枝。预剪枝，主要是在整个决策树结构生成之前通过限定节点、设定阈值等方式进行的剪枝；后剪枝则是在构造完整的决策树基础上，通过将该节点对应的子树换为叶子节点，分析是否提高其泛化能力，来判断是否剪枝。本章对 REP 和 PEP 两种方法作了详细介绍。

　　在决策树算法的技术上，结合集成学习的思想，就产生了随机森林算法，它是随机化采用重抽样的方式，从原始的训练样本集中抽取多个版本的样本集，对各个样本集进行决策树的训练建模，最后组合所有的决策树的结果，通过既定的投票机制进行最终的预测。本章对其建模步骤以及Python实现，作了具体介绍。

第 8 章　K 近邻算法

　　本章进入 K 近邻算法的学习，K 近邻算法是在训练数据集中找到 k 个最近邻的实例，然后由这 k 个近邻中占最多的实例的类别来决定数据集类别的划分，直观地理解，所谓的 K 近邻，就是考察和待分类样本最相似的 k 个样本，根据这 k 个样本的类别来判断待分类样本的类别值。

　　事实上，K 近邻算法既可用于分类，也可用以回归，这和决策树相类似。但是无论是用于分类还是回归，二者在构造原理、过程中并无较大差异。同时，K 近邻算法的原理分类视角上更为明了，更重要的是它借鉴了空间分类思想，通过将特征值映射到多维空间，再根据不同数据的类别属性，判断未知样本与哪一类最近或最相似。因此本章延续前面章节分类技术的演进，进入对 K 近邻算法的学习中。

8.1　K 近邻算法的原理与特点

　　K 近邻算法（K 近邻，K-Nearest Neighbors）是机器学习中最经典的算法之一，又是最简单的机器学习算法之一。其简单在于 K 近邻算法应用的原理思路清晰，容易掌握和实现，省去了创建复杂模型的过程，只需要训练样本集和测试样本集，而当新样本加入样本集时不需要重新训练。既不像决策树那样需考虑不同分支的划分方法、特征属性的选择、剪枝等问题，也不像朴素贝叶斯那样需要考虑数据的概率分布问题等。K 近邻算法更多地考虑距离的衡量以及 K 值的选择问题，现对这些内容进行详细介绍。

8.1.1　K 近邻算法的原理

　　K 近邻算法，又叫 K 最邻近算法，也叫 KNN 算法。所谓 K 近邻，就是

k 个最近的邻居的意思，说的是每个样本都可以用它最接近的 k 个邻居来代表。K 近邻算法概括来说，就是已知一个样本空间里的部分样本有多少类别，然后，对于一个待分类的数据，通过计算找出与自己最接近的 k 个样本，由这 k 个样本投票决定待分类数据归为哪一类。K 近邻算法在类别决策时，只与极少量的相邻样本有关。其建模思想如图 8.1 所示。

图 8.1 在已知两个分类的情况下，对于待分类样本 X（图中的三角形▲），考虑它与哪个类别最近，就把它划分到哪一类。在计算过程中不仅仅局限于 X 与哪个点距离最近，简单分类，而是考虑 X 与哪些点距离最近，以及这些点都属于哪些类，通过投票决定其类别。

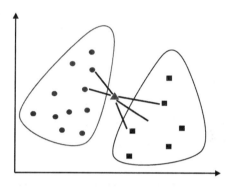

K 近邻的核心思想用一句俗语概括就是：近朱者赤，近墨者黑。

图 8.1　K 近邻算法建模思想

例如以我们的兴趣爱好为例，如果你周围最好的 10 个朋友中有 9 个喜欢踢足球，那么很可能你也喜欢踢足球。由于 K 近邻算法主要靠周围有限的邻近的样本，而不是靠判别类域的方法来确定所属类别的，因此对于类域的交叉或重叠较多的待分样本集来说，K 近邻算法较其他算法更为适合。

K 近邻算法是一种懒惰学习算法（Lazy Learning Algorithm），其"懒惰"之处在于，直到有了新的待分类或待预测样本，该算法才开始依据训练样本进行样本的预测处理工作，这与前边的逻辑回归、贝叶斯算法、决策树算法等有所不同，这些算法会在测试之前利用训练样本建立一个统一的、与输入量相独立的目标函数，然后利用该函数对测试样本进行预测。K 近邻算法则是不会对训练样本进行任何处理，只有在待分类或预测样本"到来"时，才开始进行训练或学习。

8.1.2　K 近邻算法需要解决的问题

K 近邻算法的一般步骤分类：计算距离，即给定测试对象，计算它与训练集中的每个对象的距离；寻找邻居，即圈定距离最近的 k 个训练对象，作为测试对象的近邻；确定类别，即根据这 k 个近邻归属的主要类别，来对测试对象进行分类。从上述步骤来看，对于给定测试对象，用 K 近邻算法去确定分类所需要解决的问题有：

第一，要有适当的训练数据集。由于 K 近邻是懒惰学习算法，其预测是直接在训练数据集基础上的，所以采用 K 近邻算法第一个要解决的问题就是训练集要适当，能够对历史数据有一个很好的覆盖，从而保证最近邻有利于预测。选择训练数据集的原则包括历史数据要有代表性、不同类别的样本数量要相差不大。因此，可以在训练之前按照类别把历史数据分组，再在每组中选取一些有代表性的样本组成训练集，从而保证各类别样本数量相一致，同时也保证训练集的大小适当。

第二，距离函数的选取。常用距离函数包括欧氏距离、曼哈顿距离、明氏距离等，哪种函数最适合本次的 K 近邻算法？这要结合实际的数据和决策问题。如果样本是空间中点，最常用的是欧几里德距离。

第三，k 取值的决定。不同邻居个数 k 的设置，常常会有不同分类的结果，一般先确定一个初始值，再不断调整尝试，直到找到合适的值为止。

第四，最终分类决策时确定测试样本类别的方法如何选择。当把邻居确定后，并不总是能得到测试样本完全属于某个类，此时就要做分类规则决策。多数法是最简单的一种综合方法，先从测试样本的邻居中选择出现频率最高的类别作为最终类别，若频率最高的类别不止一个，那就从各类别距离测试样的距离最近来选择最佳类别。另外，还有权重法等分类决策方法，其原理是对 k 个最近邻居设置权重，距离越大，权重就越小，然后计算每个类别的权重和，和最大的那个就是新样本的类别。

对于 K 近邻算法，距离的选择与 k 的取值是比较重要的两个问题，不同的距离以及不同的 k 值可能使得待测试样本划归的类别不同，因此，在 8.2 节对这两个问题重点讨论。

8.1.3 K 近邻算法的优、缺点

K 近邻算法有以下优点：

首先，K 近邻算法是一种非参数分类算法（不考虑训练中的模型参数），计算简单，在基于统计的模式识别中有效性极其突出，已成为在模式识别、回归、文本分类和数据挖掘领域比较常见的一种分类算法，该算法准确率高，容易实现，易于操作，一些文献表明 K 近邻算法分类效果较好，

并且在训练过程中投入的时间最少。

其次，K 近邻算法在类别判别决策时，仅与预定的 k 个近邻有关，避免了类不平衡的问题。正是因为该算法仅仅依赖于周围有限个近邻，所属类别的确定不是靠判别类域的方法，对于类与类交叉或者有可能出现类别重叠较多的待分类样本集来说，K 近邻算法就凸显了它的优势。K 近邻算法体现了其分类规则独立性的特征，使得分类实现更加方便快捷。

最后，K 近邻算法直接利用了样本点之间的关系，能够用于各种类型的数据，不需要事先建立分类模型进行模型训练，仅仅是简单地存储已知的训练集，容易获取，维护方便。

基于以上优点，K 近邻被认为是向量空间模型下较好的分类算法之一。但是 K 近邻算法也存在向量空间模型下的不足：

第一，如在文本分类中，如果选取特征词或者词组的数量过大，这会使得文本向量的维数很高，从而增加计算量，增加时间开销，而且相当高的维度对类别方面的区分能力明显降低，单纯减少特征词数又会丢失一些起到重要分类作用的信息量。

第二，向量距离计算仅仅涉及各项的权重值，不涉及向量中各特征间的关系，各项之间用力平均，影响距离计算的精确性，从而导致分类的精度也受影响。

针对 K 近邻算法的不足之处，目前出现了一些较好的改进算法，并取得了一些相对较好的效果。为了更大程度地提高 K 近邻算法的分类精度，到目前为止，研究者主要提出了 3 种情况来改进算法：一是通过改进距离也就是改进相似度的计算公式的方法提高分类精度；二是使用概率估测方法改进类别判定机制；三是弱化或消除参数 k 对于分类精度的影响。根据目前的实际需要，在确保 K 近邻分类算法精度的前提下，有效提高该算法的分类效率才是此算法得以推广所面临的最重要的问题。

当今，K 近邻分类算法的研究现状大多是出于提高算法分类效率：一是通过特征选取建立较低维度的向量空间模型来减少计算量，从而减少时间消耗；二是通过减少训练样本来减少计算量；三是建立高效索引或者引入快速搜索算法来加快寻找测试样本最近邻的速度。

相关结果表明，尽管很多研究者在这几个方面对 K 近邻分类算法进行改进，但其仍然存在很多难以克服的不足之处，甚至有的算法改进后导致原有准确率的降低，有的改进算法对分类效果也没有带来提升，因此对于 K

近邻算法的改进与完善仍需进一步研究。

8.2　K 近邻算法的具体内容探讨

8.2.1　距离的度量

设有 n 个 p 维样本 $x_i = (x_{i1}, x_{i2}, \cdots, x_{ip})^T$, $i = 1, 2, \cdots, n$, 可将它们看成是 p 维空间中的 n 个点, 因而可用各点之间的距离来衡量各样本之间的远近程度, 距离越大, 则两个样本归属于一个类别的可能性就越低。尤其当 $p = 2$ 时, 那么样本就可以用二维平面上的点去表示, 如图 8.1 中的不同点。

❑　欧氏距离（Euclidean Distance）

两个样本 x_i 与 x_j 之间欧氏距离的计算公式为：

$$d(x_i, x_j) = \sqrt{\sum_{k}^{p} (x_{ik} - x_{jk})^2} \tag{8.1}$$

❑　曼哈顿距离（Manhattan Distance）

曼哈顿距离也叫绝对距离, 两个样本 x_i 与 x_j 之间曼哈顿距离的计算公式为：

$$d(x_i, x_j) = \sum_{k}^{p} |x_{ik} - x_{jk}| \tag{8.2}$$

❑　明氏距离（Minkowski Distance）

明氏距离是欧氏距离的推广, 是对多个距离度量公式的概括性的表述。两个样本 x_i 与 x_j 之间明氏距离的计算公式为：

$$d(x_i, x_j) = p\sqrt{\sum_{k}^{p} |x_{ik} - x_{jk}|} \tag{8.3}$$

这里的 p 值是一个变量, 当 $p = 2$ 的时候就得到了上面的欧氏距离。

❑　切比雪夫距离（Chebyshev Distance）

两个样本 x_i 与 x_j 之间切比雪夫距离的计算公式为：

$$d(x_i, x_j) = \max_{1 \leqslant k \leqslant p} |x_{ik} - x_{jk}| \tag{8.4}$$

在以上距离度量公式中, 欧氏距离是最常用的, 对于二维样本 $x_i = (x_{i1}, x_{i2})^T$、$x_j = (x_{j1}, x_{j2})^T$, 也就是二维平面上的两个点, 其欧氏距离的计算公式一般为：

$$d(x_i, x_j) = \sqrt{(x_{i1} - x_{j1})^2 + (x_{i2} - x_{j2})^2} \qquad (8.5)$$

　　除了用距离衡量两样本的相似程度外，还一种叫相似系数的度量法，性质越接近的变量或样本，它们的相似系数的绝对值越接近于 1；而彼此无关的变量或样本，它们的相似系数越接近于 0。把相似的归为一类，把不相似的归为其他类，它常用余弦相似性指标来度量变量间的相似程度。

　　多元数据中的变量在几何上可用多维空间中的一个有向线段表示，在分析变量之间的相似性时，从几何角度可以从变量的方向趋同性来考察。在 p 维空间中，对于变量 x_i 和 x_j，如果以 $\cos\theta_{ij}$ 表示第 i 行和第 j 行数据的夹角余弦，则有：

$$\cos\theta_{ij} = \frac{\displaystyle\sum_{k=1}^{p} x_{ki}x_{kj}}{\sqrt{\displaystyle\sum_{k=1}^{p} x_{ki}^2}\sqrt{\displaystyle\sum_{k=1}^{p} x_{kj}^2}} \quad (i,j = 1,2,\cdots,n) \qquad (8.6)$$

　　如果变量之间越相近，它们的夹角就越接近 0，则 $|\cos\theta_{ij}|$ 越接近 1；而彼此无关的变量，$|\cos\theta_{ij}|$ 就越接近 0。

8.2.2　最优属性 K 的决定

　　K 近邻算法中 k 值的选择会对 K 近邻算法的结果产生重大影响。不同的 k 值选取有可能就将待分类样本划分到不同的类，如图 8.2 所示。

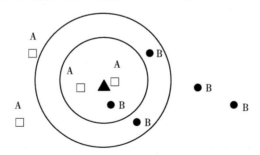

图 8.2　K 近邻算法中不同 k 取值的情况

　　图 8.2 中有两类不同的样本数据，分别用白色的小正方形和黑色的圆圈表示，而图正中间的黑色三角形所表示的数据则表示待分类的数据。那么结合 K 近邻算法，如何给这个三角形分类？

如果 $k=1$，这就是最近邻法，也就是找到离它最近的一个点，把它归为该点所属类别。在图 8.2 中，可以看到离黑色三角形最近的邻居是其中的白色小正方形方块，那么在此条件下，判定这个三角形属于 A 类，即白色正方形方块的那一类。

如果 $k=3$，黑色三角形点最近的 3 个邻居是 2 个白色正方形方块和 1 个黑色圆圈，依据少数从属于多数，基于统计的方法，判定该黑色三角形的待分类点属于 A 类。

如果 $k=5$，黑色三角形点最近的 5 个邻居是 2 个白色正方形方块和 3 个黑色圆圈，仍然依据少数从属于多数，基于统计的方法，判定该黑色三角形的待分类点属于 B 类，即黑色圆圈的那一类。

不同 k 值的选取会导致结果类别的判定不同，同时，k 值的大小也会引起模型的预测误差和过拟合等问题。如果选择较小的 k 值，就相当于训练过程中待预测样本的邻域较小，这会导致"学习"的近似误差会减小。但不足在于会导致"学习"的估计误差会增大，预测结果会对近邻的实例点非常敏感。如果邻近的实例点恰巧是异常点，此时就会出现极端情况导致预测出错。也就是说，k 值的减小反而导致训练过程中考虑的因素过少，容易受到异常因素影响，发生过拟合。

如果选择较大的 k 值，就相当于训练过程中待预测样本的邻域较大。其效果就与较小 k 值的结果相反，会导致学习的估计误差减少，但也会使得学习的近似误差增大。由于邻域较大，就会使过多的训练样本纳入待预测样本的类别判断中，使预测发生错误的概率增大。也就是说，k 值的增大使得训练过程中考虑的因素过多，如果 $k=N$，那么无论输入实例是什么，都将简单地预测它属于在训练实例中最多的类。这时，模型过于简单，完全忽略训练实例中的大量有用信息，是不可取的。

因此，k 值的选择代表了对预测结果的近似误差与估计误差之间的权衡，事实上可以通过交叉验证选择最优的 k 来帮助进行决策。对于给定的数据集，通过划分训练集与测试集，选取不同的 k 值，对测试集中的样本进行预测，根据预测误差来判定最优的 k 值选择。

8.2.3 K 近邻算法的快速搜索之 Kd-树

K 近邻算法最简单的实现方法是对待分类的样本，计算出训练集中每一个样本到该样本的距离或者相似度（比较常用的有欧氏距离），然后选取 k 个距离目标最近的点，根据这些点的分类以多数投票的形式来决定待分类样本的类别（也叫 K 近邻的蛮力实现）。但是当训练集很大时，这种计算开销较大，非常耗时，为了提高 k 近邻搜索的效率，可以考虑使用特殊的结构存储训练数据，以减少计算距离的次数。Kd-树就是这样一种方法。

　　Kd-树即 K-dimension tree，它是对数据点在 k 维空间中，如二维 (x,y)，三维 (x,y,z) 等，进行划分的一种数据结构，通常应用于多维空间下对关键数据的定位与搜索（如范围搜索和最近邻搜索）。通俗地讲，Kd-树就是一种多维空间划分树，通过把整个多维空间划分为特定的几个部分，然后在特定空间的部分内进行相关搜索操作，这样就减少了搜索的范围与次数，达到快速搜索的目的。

　　本质上说，Kd-树就是一种二叉树，即每个节点最多有两个子树的树结构。树中的每一个节点对应于一个 k 维的超矩形区域，每一次分支表示对于 k 维空间的一次划分。当给定一个目标点时，可以通过 Kd-树的二叉树结构寻找这个目标点所在空间，由此缩小了目标点的 k 近邻搜索范围，降低了计算次数与系统消耗。因此，实现 Kd-树的 k 近邻搜索，首先通过 Kd-树划分空间以及建立树结构。

　　举个例子，假设给定一个二维空间的数据集 $T = \{(2,2),(5,4),(9,7),(4,8),(8,3)\}$，各样本点在二维空间的分布情况如图 8.3 所示。

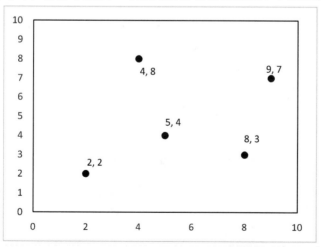

图 8.3　数据集的样本分布情况

接下来就根据这些点来划分空间并构建 Kd-树，其步骤为：

（1）使用最大方差法，计算数据在各维度的方差，选择方差最大的那个维度进行空间初步分割（split）。

这里数据维度只有二维，所以可以简单地给 x、y 两个方向轴设置编号为 0，1，即 split = $\{0,1\}$。分别计算 x、y 方向轴上数据集 T 中样本数据的方差，比如在 x 轴上的样本数据方差为：

$$\text{var}(x) = \frac{(2-0)^2 + (5-0)^2 + (9-0)^2 + (4-0)^2 + (8-0)^2}{5} = 11.8667$$

同理可得，$\text{var}(y) = 7.7667$，因此，选择 x 轴方向为切分轴。

（2）依据切分轴 split 维度将数据排序，选取正中间的数据点（中位数），以垂直于切分轴 split 维度的方向将原始空间划分成两个子区域。

对于数据集 T 中的样本数据，根据 x 轴方向的值 2、5、9、4、8 排序选出中值为 5，所以首先以 (5,4) 点为切分点，垂直于 x 轴将该平面划分为两个空间，如图 8.4 所示。

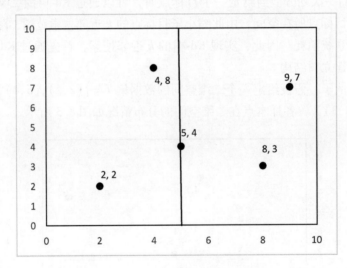

图 8.4　以 (5,4) 为切分点的空间划分

可以看到，以 (5,4) 点为切分点，垂直于 x 轴将该平面划分为左、右两个子空间，$x \leqslant 5$ 的部分为左子空间，包含 2 个节点 $\{(2,2),(4,8)\}$；另一部分为右子空间，包含 2 个节点 $\{(8,3),(9,7)\}$。

（3）在各自的子空间中重复步骤（1）、（2），直到所有的子空间里都没有样本点，即所有的点都在切分的超平面上。

因此，对图 8.4 中的左、右两个子空间，以左子空间为例，此时剩下了两个样本点 $\{(2,2),(4,8)\}$，对这两个样本点仍然采用最大方差法选择 split 维度轴，然后再选择正中间的数据点进行空间切分，由于这时只剩下两个点，所以其中值选择哪个都可以。以此类推，不断递归，最终得到了该数据集 T 的 Kd-树空间划分，如图 8.5 所示。

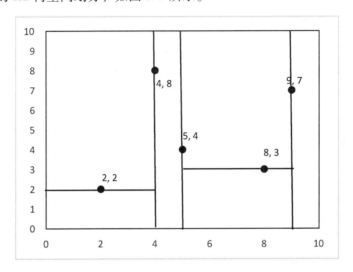

图 8.5　二维数据集 T 的 Kd-树空间划分

可以看到，Kd-树的构建就是一个递归过程，先确定一个初步切分点来划分左子空间与右子空间，然后再对两子空间的样本点重复寻找切分点，将空间和数据集进一步细分，如此反复，直到空间中只包含一个数据点。整个过程用二叉树结构的形式来展示出来，即 Kd-树的根节点构造树结构，如图 8.6 所示。

对于待分类的样本点，要找到它的最近邻，那么就可以基于 Kd-树，通过搜索快速找到目标点的 K 近邻点。例如对于待分类的目标点 $(2.5,2.5)$，首先从根节点出发，因为根节点是按照 x 轴划分的，所以看 2.5 和 5 的大小，发现 $2.5<5$，所以向左查找，于是就到了 $(4,8)$ 这个点，因为这个点是按照 y 轴切分的。因为 $2.5<8$，所以还是向左查找，于是就到了叶子节点 $(2,2)$。

点 $(2,2)$ 为目标点 $(2.5,2.5)$ 的"当前最近点"，注意这时候叫作"当前最近点"，因为它并不一定就是目标点 $(2.5,2.5)$ 的最近邻，还得对它的身份进行确认。为了找到真正的最近邻，还需要进行"回溯"操作：算法

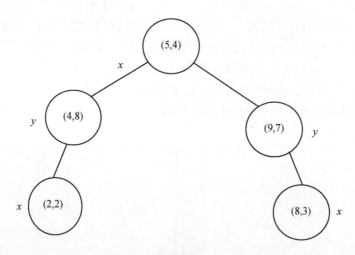

图 8.6   二维数据集 T 的 Kd-树

沿搜索路径向上进行回退，查找是否有距离查询点更近的数据点。

在该例中先从 (5,4) 点开始进行二叉查找，然后到达 (4,8)，最后到达 (2,2)，此时搜索路径中的节点为小于 (5,4) 和 (4,8)，大于 (2,2)，首先以 (2,2) 作为当前最近邻点，计算其到目标点 (2.5,2.5) 的距离为 0.7071，然后回溯到其父节点 (4,8)，并判断在该父节点的其他子节点空间中是否有距离查询点更近的数据点。以 (2.5,2.5) 为圆心，以 0.7071 为半径画圆，如图 8.7 所示。

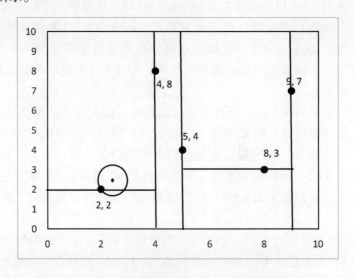

图 8.7   二维数据集 T 的 Kd-树空间划分

发现该圆并没有和超平面 $y=4$ 相交，因此不用进入 $(4,8)$ 节点右子空间中去搜索，从而判断点 $(2,2)$ 为目标点 $(2.5,2.5)$ 的 K 近邻点。若发现该圆和超平面 $y=4$ 相交，还需回溯到 $(4,8)$ 节点右子空间中去搜索，判断点 $(4,8)$ 与点 $(2,2)$ 哪个离目标点 $(2.5,2.5)$ 距离最近，从而更新 K 近邻点。

通过上述过程可以看到，通过 Kd-树的空间切分以及 k 近邻点的搜索，能够快速缩小目标点的 k 近邻搜索范围，从而降低搜索的次数和时间，达到提高 k 近邻快速确定的目的。除了 Kd-树外，在 K 近邻算法中还有球树的快速搜索 k 近邻方法，它是通过球体来进行空间分割，而不是 Kd-树的矩形，主要解决 Kd-树处理不均匀分布的数据集时效率不高的问题，具体内容大家可以参阅相关资料，在这里不作具体介绍。

8.3　K 近邻算法的应用

8.3.1　K 近邻的一个简单例子：文化公司推广活动的效果预估

本节以一个简单的案例来介绍 K 近邻算法的原理、计算流程以及实际应用情况等。假设有一个网络文化公司，拟推出一个活动对公司的文化及其相关产品进行宣传推广，为吸引更多的客户来参加该活动，该公司对部分客户进行在线调查，了解其兴趣爱好，以推出更受欢迎的活动形式，达到良好效果。现已知有甲、乙、丙、丁、戊、己 6 位公司客户，他们之间互不认识。通过对该 6 位客户的兴趣爱好进行调查，得到的调查结果如表 8.1 所示。

表 8.1　该公司部分客户的兴趣爱好

兴趣爱好名称	客　户
足球	甲、丙、丁
篮球	甲、乙、丙
乒乓球	乙、丁、己
网络游戏	戊、己
读书	甲、丙、戊
音乐	乙、丁、戊

假设该网络文化公司拟推出一场乒乓球对抗赛并设置相应奖品，来宣传推广本公司的文化与产品，已经知道客户乙、丁、戊要参与该场活动，但是其他客户是否有兴趣参与该活动还不知道。因此，该网络文化公司想根据表 8.1 的记录数据来了解其他客户的参与兴趣，以此判断该乒乓球对抗赛的开展效果以及受欢迎程度。

首先，将表 8.1 进行转换，以客户为观察视角，得到每个客户兴趣爱好的统计结果，如表 8.2 所示。

表 8.2　每个客户兴趣爱好的统计结果

客　户	兴 趣 爱 好	对应向量值
甲	足球、篮球、读书	$(1,1,0,0,1,0)$
乙	篮球、乒乓球、音乐	$(0,1,1,0,0,1)$
丙	足球、篮球、读书	$(1,1,0,0,1,0)$
丁	足球、乒乓球、音乐	$(1,0,1,0,0,1)$
戊	网络游戏、读书、音乐	$(0,0,0,1,1,1)$
己	乒乓球、网络游戏	$(0,0,1,1,0,0)$

在这里按照兴趣爱好的顺序：足球、篮球、乒乓球、网络游戏、读书、音乐，并设置相应数值来将某客户的兴趣爱好转化为数据形式，假设某客户喜欢该项爱好，设定为 1，否则设定为 0。如客户甲的对应向量值为 $(1,1,0,0,1,0)$，代表了足球、篮球、乒乓球、网络游戏、读书、音乐这 6 项活动按照甲的兴趣爱好，分别被设置为 1，1，0，0，1，0。这样就把这 6 位客户的兴趣爱好转化为向量形式，从而可以计算两两之间的欧氏距离或余弦相似性，以判断他们之间的相似程度，如对客户甲、乙采用余弦相似性来计算二者的相似程度。根据余弦相似度计算公式，得到：

$$\cos\theta(甲,乙) = \frac{(1\times 0)+(1\times 1)+(0\times 1)+(0\times 0)+(1\times 0)+(1\times 0)}{\sqrt{1^2+1^2+0^2+0^2+1^2+0^2}\times\sqrt{0^2+1^2+1^2+0^2+0^2+1^2}}$$

$$= \frac{1}{3}$$

从而得到 $\cos\theta(甲,乙) \approx 0.33$。

同理，根据上述计算方式依次计算所有客户两两之间的相似度，最终得到结果如表 8.3 所示。

表 8.3　每个客户之间的相似度

客　户	甲	乙	丙	丁	戊	己
甲	1	0.33	1	0.33	0.33	0
乙	0.33	1	0.33	0.66	0.33	0.41
丙	1	0.33	1	0.33	0.33	0
丁	0.33	0.66	0.33	1	0.33	0.41
戊	0.33	0.33	0.33	0.33	1	0.41
己	0	0.41	0	0.41	0.41	1

根据表 8.3，假定两客户之间的相似度不小于 0.33，则视为相关客户，对相关客户进行权重排序，结果如表 8.4 所示。

表 8.4　对每个客户分析与其相似的客户

客　户	相似客户及其相似度
甲	乙（0.33）、丁（0.33）、戊（0.33）
乙	丁（0.66）、己（0.41）、甲（0.33）、丙（0.33）、戊（0.33）
丙	乙（0.33）、丁（0.33）、戊（0.33）
丁	乙（0.66）、己（0.41）、甲（0.33）、丙（0.33）、戊（0.33）
戊	己（0.41）、甲（0.33）、乙（0.33）、丙（0.33）、丁（0.33）
己	乙（0.41）、丁（0.41）、戊（0.41）

根据表 8.4 统计结果，已经初步判断出每个客户最相近的邻居，从而可以划分类别并作进一步的预测。在已知乙、丁、戊要参与乒乓球比赛的情况下，来分析其他客户甲、丙、己对该项活动的兴趣程度，通过相似度叠加的方式确定兴趣值。在这里设定 k 值为 3，根据表 8.4 客户两两之间的相似度情况，来对与甲、丙、己相似度最近的 3 个客户进行平均值分析，得到平均相似度，结果如表 8.5 所示。

表 8.5　客户与 $k=3$ 的邻居客户的平均兴趣值

客　户	$k=3$ 的邻居	兴　趣　值
甲	乙（0.33）、丁（0.33）、戊（0.33）	$(0.33+0.33+0.33)÷3=0.33$
丙	乙（0.33）、丁（0.33）、戊（0.33）	$(0.33+0.33+0.33)÷3=0.33$
己	乙（0.41）、丁（0.41）、戊（0.41）	$(0.41+0.41+0.41)÷3=0.41$

通过表 8.5 可以看到，兴趣值越大，代表客户 $k=3$ 的邻居客户的相似

度越大，在已知乙、丁、戊要参与乒乓球比赛的情况下，客户己去参加活动的可能性就越大。极端情况下，如果计算某个客户的平均兴趣值等于 1，则表示该客户与已知确定参加乒乓球活动的客户历史行为完全一致，那么他们的未来行为也很可能会一致。根据表 8.5 的计算结果，客户己的平均兴趣值最大，是比较有可能去的，客户甲、丙的平均兴趣值相对较小，但也是有可能去的。

在上述问题的基础上进行扩展，假设客户乙、丁、戊参加该项乒乓球活动的可能性不是确定的，而是有概率的，分别为 0.8、0.7、0.6，则在计算兴趣值的过程中需要进行概率折算，则结果如表 8.6 所示。

表 8.6 客户与 $k=3$ 的邻居客户的加权平均兴趣值

客户	$k=3$ 的邻居	兴 趣 值
甲	乙（0.33）、丁（0.33）、戊（0.33）	$0.33 \times 0.8 + 0.33 \times 0.7 + 0.33 \times 0.6) \div 3 = 0.231$
丙	乙（0.33）、丁（0.33）、戊（0.33）	$0.33 \times 0.8 + 0.33 \times 0.7 + 0.33 \times 0.6) \div 3 = 0.231$
己	乙（0.41）、丁（0.41）、戊（0.41）	$0.41 \times 0.8 + 0.41 \times 0.7 + 0.41 \times 0.6) \div 3 = 0.287$

根据表 8.6 的计算结果，客户己的平均兴趣值仍然最大，是比较有可能去的，客户甲、丙的平均兴趣值相对较小，但也是有可能去的，但 3 个人平均兴趣值均有所降低。

8.3.2 K 近邻算法的 Python 实现：解决交通拥堵问题（二）

K 近邻算法也可以采用 Python 里的 Scikit-learn 库来实现，在 Scikit-learn 中的 neighbors 程序包可以调取 KNeighborsClassifier( ) 函数直接实现对 K 近邻算法的运行，无须过多的编程或者对参数的调整。接下来基于第 7 章 7.5.3 节随机森林算法实现的案例：某个省不同路口的交通拥堵情况（traffic）的数据集，来实现 K 近邻算法。

该数据集共有样本 281 个，变量 7 个，其中特征变量 6 个，包括 red（该路口红灯数）、area（该路口所在区域的居民住宅区面积）、width（路面宽度）、density（该路口所在区域人口密度程度，取值为 0、1、2）、land（该路口的地面平坦状况，取值为 0、1、2）、cbd（该路口包含商圈的等级，取值为 0、1、2、3、4），目标变量为 traffic（该路口的交通拥堵程度，取值为 0、1、2），各变量的取值及代表意义可以参见 7.5.3 节的相关介绍。

❑　导入数据

```
01   import matplotlib.pyplot as plt           #导入 matplotlib 库
02   import numpy as np                          #导入 numpy 库
03   import pandas as pd                         #导入 pandas 库
04   from sklearn import model_selection         #模型比较和选择包
05   from sklearn.metrics import confusion_matrix
                                #计算混淆矩阵,主要来评估分类的准确性
06   from sklearn.metrics import accuracy_score   #计算精度得分
07
08   df = pd.read_csv('D:/7_traffic.csv')         #读取 csv 数据
09   df.head()                                    #展示前 5 行数据
```

前 5 行的数据展示结果如图 8.8 所示。

	red	area	width	density	land	cbd	traffic
0	1	450	18	0	0	3	2
1	1	260	14	0	0	3	2
2	1	295	18	0	0	3	1
3	2	286	16	1	0	0	2
4	0	520	14	0	0	3	2

图 8.8　交通拥堵情况数据集的前 5 行数据

图 8.8 中展示了 7_traffic.csv 数据集中前 5 行的数据,以上步骤与第 7 章随机森林算法实现中相同。

❑　将数据集划分为训练集与测试集

```
10   #把 X、y 转化为数组形式,以便于计算
11   X = np.array(X.values)
12   y = np.array(y.values)
13
14   from sklearn.cross_validation import train_test_split
15   #以 25% 的数据构建测试样本,剩余作为训练样本
16   X_train,X_test,y_train,y_test = train_test_split(X,y,test_
     size = 0.25,random_state = 2)
17   X_train.shape,X_test.shape,y_train.shape,y_test.shape
```

第 16 行仍然以 25% 的比例划分训练集与测试集,并固定随机种子 random_state = 2,使得划分的训练集与测试集与随机森林算法的相同,第 17 行则是对训练集与测试集的 X、y 矩阵形状进行展示,输出结果为:

```
((210L,6L),(71L,6L),(210L,),(71L,))
```

可以看到 X_train 为 210 行 6 列的数据矩阵，X_test 则为 71 行 6 列的数据矩阵，以此类推。

❑ 进行 K 近邻算法的训练，并输出结果

```
18   from sklearn import neighbors   #导入近邻算法库
19   #定义一个 knn 算法分类器
20   knn = neighbors.KNeighborsClassifier(n_neighbors = 5,
     weights = 'distance')
21   knn.fit(X_train,y_train)          #进行训练
```

第 20 行对 K 近邻算法的相关参数进行了设置，其中 n_neighbors = 5 代表了 K 值的选择，这里选择最近的 5 个邻居来确定类别，weights = 'distance' 主要用于标识每个样本的近邻样本的权重，如果是 K 近邻算法，就是 k 个近邻样本的权重，选择默认的"uniform"，意味着所有最近邻样本权重都一样，在做预测时一视同仁。如果是"distance"，则权重和距离成反比例，即距离预测目标更近的近邻具有更高的权重，这样在预测类别或者做回归时，更近的近邻所占的影响因子会更加大。

除此之外，KNeighborsClassifier( )还有很多参数，在这里均选择了默认，其输出结果为：

```
KNeighborsClassifier(algorithm = 'auto',leaf_size = 30,metric = '
minkowski',
          metric_params = None,n_jobs = 1,n_neighbors = 5,p = 2,
          weights = 'distance')
```

以上结果代表了本次 K 近邻算法训练数据时的参数设置情况，其中：

algorithm 是分类时采取的算法，有 'brute'、'kd_tree'、'ball_tree'和'auto' 4 种取值。第一种 brute 是蛮力实现，第二种 kd_tree 是 Kd-树实现，第三种 ball_tree 是球树实现。根据样本量的大小和特征的维度数量，不同的算法有各自的优势。默认的 'auto' 选项会在学习时自动选择最合适的算法，所以一般来讲选择 auto 就可以。

leaf_size 是使用 Kd-树或者球树时，生成的树的树叶（树叶就是二叉树中没有分支的节点）的大小。这些与 algorithm 的部分内容都涉及 K 近邻算法的一些深入性内容，Kd-树或球树的构建过程，具体内容可查阅相关资料。如果使用的算法是蛮力实现，则这个参数可以忽略。

metric 和 p 表示 K 近邻算法使用的距离度量，metric = 'minkowski'代表了

使用的是明氏距离，但是设定 p = 2 就表示使用的是欧氏距离，一般来说默认的欧氏距离就可以满足需求。

metric_params 一般都用不上，主要是用于带权重欧氏距离或曼哈顿距离的权重，以及其他一些比较复杂的距离度量的参数。n_jobs 主要用于多核 CPU 时的并行处理，加快建立 KNN 树和预测搜索的速度。一般用默认的 −1 就可以了，即所有的 CPU 核都参与计算。

❑　根据训练结果对测试集进行预测，并评估预测效果

```
22   y_pred_knn = knn.predict(X_test)
23   y_pred_knn
24
25   accuracy_score(y_test,y_pred_knn)   #计算准确率
26   confusion_matrix(y_true = y_test,y_pred = y_pred_knn)
                                          #计算混淆矩阵
```

分别得到输出结果为：

```
array([2,2,2,0,2,2,2,2,0,2,1,1,2,2,2,2,2,2,2,2,2,2,2,
       2,2,2,2,2,2,2,2,2,2,2,2,2,2,2,2,2,2,1,1,2,2,2,2,
       2,2,2,1,1,1,2,0,0,1,2,2,0,1,2,1,2,2,2,2,2,2,
       2,2,1,1,2],dtype = int64)
0.5774647887323944
array([[ 2,  1,  9],
       [ 0,  2,  8],
       [ 3,  9,37]],dtype = int64)
```

可以看到，设置 k = 5 的 K 近邻算法预测精度为 57.75%，小于随机森林算法 81.69% 的预测精度。在混淆矩阵里可以发现，K 近邻算法在第 1、2 行的预测正确率都不高。接下来再调整一下 k 值，观察 k 值变化所带来的预测效果的变化。

❑　设定 k = 15 进行 K 近邻的训练，并输出结果

```
27   knn1 = neighbors.KNeighborsClassifier(n_neighbors = 15,
     weights = 'distance')
28   knn1.fit(X_train,y_train)
29   y_pred_knn1 = knn1.predict(X_test)
30
31   accuracy_score(y_test,y_pred_knn1)   #计算准确率
32   confusion_matrix(y_true = y_test,y_pred = y_pred_knn1)
                                           #计算混淆矩阵
```

第 27 行对 K 近邻算法的 k 值进行了重新设置，令 n_neighbors = 15，扩

大对最近的邻居数目的选取。分别得到输出结果为：

```
0.6619718309859155
array([[ 0,  1,11],
       [ 0,  1, 9],
       [ 2,  1,46]],dtype = int64)
```

可以看到，设置 $k = 15$ 的 K 近邻算法预测精度为 66.20%，大于 $k = 5$ 时 57.75% 的预测精度，但仍远小于随机森林算法 81.69% 的预测精度。在混淆矩阵里可以发现，$k = 15$ 时 K 近邻算法在第 1、2 行的预测正确率仍然不高，只不过在第 3 行的预测时，相比 $k = 5$ 预测正确率有所改进。

接下来采用余弦相似性作为衡量变量相似度的指标，来进行 K 近邻算法的实现。

❏ 以余弦相似性为相似度衡量标准进行 K 近邻的训练，并输出结果为：

```
33  knn2 = neighbors.KNeighborsClassifier(n_neighbors = 15,
    metric = 'cosine',weights = 'distance')
34  knn2.fit(X_train,y_train)
35  y_pred_knn2 = knn2.predict(X_test)
36
37  accuracy_score(y_test,y_pred_knn2)   #计算准确率
38  confusion_matrix(y_true = y_test,y_pred = y_pred_knn2)
                                         #计算混淆矩阵
```

第 33 行对 K 近邻算法的距离衡量参数进行了重新设置，令 metric = 'cosine'，表示用余弦相似度作为相似度衡量标准，此时 k 值仍设定为 15。分别得到输出结果为：

```
0.7605633802816901
array([[ 3,  5,  4],
       [ 3,  7,  0],
       [ 2,  3,44]],dtype = int64)
```

可以看到，以余弦相似性为相似度衡量标准时，K 近邻算法预测精度为 76.06%，相比较于 $k = 15$ 时采用欧氏距离衡量标准的 K 近邻算法，所得到 66.20% 的预测精度有所提升，并逐步接近于随机森林算法 81.69% 的预测精度。在混淆矩阵里可以发现，以余弦相似性为相似度衡量标准且 $k = 15$ 时 K 近邻算法在第 1、2 行的预测正确率有所改善，虽然整体预测正确率不高，但较大地改进了之前算法对 1、2 类别的预测结果。同时也看到，采用

KNeighborsClassifier( )实现 K 近邻算法，设置不同的参数对预测结果与效果带来很多影响，因此，对于 K 近邻算法中 k 值的选择与距离的衡量是一个需要更深入探讨与研究的问题，更多内容大家可以在深入了解算法之后，参考相关资料作进一步的研究。

8.4　小结

本章主要介绍了 K 近邻算法，相比较于逻辑回归、贝叶斯分类、决策树分类算法，它又是另外一种思维的分类方法，当然它也可以实现回归。K 近邻算法就是已知一个样本空间里的部分样本分成几个类，然后，给定一个待分类的数据，通过计算找出与自己最接近的 k 个样本，由这 k 个样本投票决定待分类数据归为哪一类。K 近邻算法是一种懒惰学习算法，该算法事先不会对训练样本进行任何处理，这与前面的逻辑回归、贝叶斯算法、决策树算法等不同。

K 近邻算法的一般步骤分类：计算距离，即给定测试对象，计算它与训练集中的每个对象的距离；寻找邻居，即圈定距离最近的 k 个训练对象，作为测试对象的近邻；确定类别，即根据这 k 个近邻归属的主要类别，来对测试对象进行分类。K 近邻算法需要解决的问题主要是距离的选择与 k 的取值。

K 近邻算法中距离的度量包括欧氏距离、曼哈顿距离、明氏距离、切比雪夫距离等，还可以用余弦相似性来度量变量间的相似程度，实际应用中以及在 Scikit-learn 中的 neighbors 程序包中，欧氏距离是最常用的距离衡量指标。

K 近邻算法中 k 值的选择会对 K 近邻算法的结果产生较大影响，较小的 k 值意味着整个模型变得复杂，容易发生过拟合；较大的 k 值模型过于简单，完全忽略训练实例中的大量有用信息。在 K 近邻算法中，k 值的搜索与确定通常是通过计算预测样本和所有训练集中的样本的距离，然后计算出最小的 k 个距离即可，接着多数表决，很容易做出预测。这种方法简单直接，但是开销较大，非常耗时。

Kd-树则是通过使用特殊的结构存储训练数据，以减少计算距离的次数。它是一种多维空间划分树，通过把整个多维空间划分为特定的几个部分，然后在特定空间的部分内进行相关搜索操作，这样就减少了搜索的范围与次数，达到快速搜索的目的。本章还对 K 近邻算法的应用及其建模 Python实现作了具体介绍。

第 9 章　支持向量机

支持向量机（Support Vector Machine，SVM）主要是将特征空间通过非线性变换的方式映射到一个高维（甚至无限维）的特征空间，并在这个高维空间中找出最优线性分界超平面的一种方法。支持向量机算法的工作原理是找到一个最优的分界超平面，不仅需要这个分界超平面能够把两个类别的数据正确地分隔开来，还需要使这两类数据之间的分类间隔（Margin）达到最大。

与 K 近邻算法相比较，二者一个共同特点就是将特征变量映射到多维空间中，从中找到不同数据间的关系，以便于分类或者回归。但是支持向量机考虑的问题更多，不仅仅是距离问题，所以支持向量机算法更为复杂，且常常预测效果更好。支持向量机应用非常广泛，在许多领域比大多数其他算法更精确，特别是在处理高维数据时。一些研究学者认为支持向量机可能是解决文本分类问题的最佳方法，并被广泛应用于网络入侵、网页分类、模式识别和生物信息等领域。

9.1　支持向量机的基本知识

简单来说，支持向量机的主要原理就是找出间隔最大的超平面作为分类边界。这里的关键就是超平面、间隔这两个概念，何谓超平面？何谓间隔？只有了解了这两个概念，接下来才是寻找最优边界的问题。下面就支持向量机的一些基本知识做一些介绍。

9.1.1　超平面

什么是超平面？百度百科中是这样解释的：

"超平面是 n 维欧式空间中余维度等于 1 的线性子空间，也就是必须是 $(n-1)$ 维度。这是平面中的直线、空间中的平面之推广（n 大于 3 才被称为"超平面"），是纯粹的数学概念，不是现实的物理概念。因为是子空间，所以超平面一定经过原点。"

这种解释太过于数学化，没有一定数学基础的人很难弄清楚。其中欧式空间、余维度、线性子空间等概念又是什么？如果要解释这些概念又得引出更多的空间几何概念，反而越解释越不清楚。

不妨继续看百度百科的进一步描述：

"在几何体中，超平面是比其环境空间小一维的子空间。如果空间是三维的，那么它的超平面是二维平面。如果空间是二维的，则其超平面是一维的直线。该概念可以用于定义子空间维度概念的任何一般空间。"

根据上述描述，暂且不管数学上的各种专业术语，我们对超平面作一个简单的通俗的总结：超平面就是比当前所在的环境空间低一个维度的子空间。

举个例子，假设我们所处的环境空间为二维平面，如图 9.1 所示。

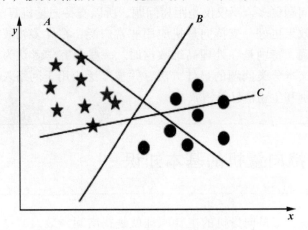

图 9.1　二维平面下的超平面

从图 9.1 中可以看到，在 x–y 的二维平面下，直线 A、B、C 均属于超平面，三条线段的不同之处在于对图中的两个不同类别——星状标志与圆形标志划分出不同的决策边界。

在这里还需要说明的是，前面引用百度百科的解释，其中说到"因为是子空间，所以超平面一定经过原点"，这句话的含义可能会不理解，例如在图9.1中，3 条直线 A、B、C 均没有经过原点，为什么就说超平面一定经过原点？事实上，由于超平面属于子空间，所以总会把原点纳入进来，就像图9.1中只是展示了 3 条不过原点的直线，但是还有很多过原点的直线没有展示出来，这些直线也属于图9.1中二维平面的超平面，所以超平面一定经过原点的含义就是，由于 n 维环境空间中有众多 $n-1$ 维度的超平面，因此总会有超平面经过原点。

因此，在二维空间中超平面就是一条直线，那么它就可以表示为：二维空间里面，一条直线的方程可以表示为：$Ax + By + C = 0$，其中 A 与 B 不能同时为 0；在三维空间中，超平面就是一个平面，可以表示为：$Ax + By + Cz + D = 0$，其中 A、B 不能同时为 0。由此延伸到 n 维空间中，超平面可以表示为：

$$w_1 x_1 + w_2 x_2 + \cdots + w_n x_n + b = 0 \tag{9.1}$$

令 $w = (w_1, w_2, \cdots, w_n)^T$，$w_1, w_2, \cdots, w_n$ 不全为 0，$x = (x_1, x_2, \cdots, x_n)^T$，$n$ 维空间中的超平面就可以表示为：

$$w^T x + b = 0 \tag{9.2}$$

超平面一般用于划分类别，分布在超平面一侧的所有数据都属于某个类别，而分布在另一侧的所有数据则属于另一个类别。图9.1中3条直线 A、B、C 将星状标志与圆形标志划分出不同的类别边界，但是只有直线 B 能够将两个类别完全区分开。支持向量机就是寻找这样一种最优超平面，从而找到不同类别之间的划分边界，并用于预测。

9.1.2　间隔与间隔最大化

对于任意一个 n 维空间，其子空间都有无穷多个，哪怕是一维空间：一条直线，线上的点也有无穷多个。如果从超平面对不同样本类别的划分效果来看，直线 B 是最优的超平面，因为它将两类不同的样本点完全区分开了，如图9.1所示。但是类似于直线 B 的超平面也不仅仅只有一个，如图9.2所示。

从图9.2中可以看到，在 $x-y$ 的二维平面下，这里的超平面 A、B、C 均将两类不同的样本点完全区分开，那么 A、B、C 哪个又是最优的超平面呢？或者说在支持向量机算法中，根据什么原则去确定最优的超平面？

一个好的分类超平面应该是其决策边界本身离两个类别样本点越远

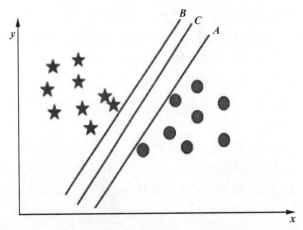

图9.2　完全划分两类样本点的超平面

越好,这样的超平面才具有容错性,也就是泛化能力比较好。以图9.2为例,单纯比较图中的超平面 A、B、C,可以看到,A 离圆形标志类别比较近,而 B 离星状标志类别比较近。虽然在该样本下,超平面 A、B 均能对两类别样本进行有效划分,但是当换了该两类数据的另外一个样本,可能就会出现新的圆形样本点离 A 更近,甚至为0或者越过超平面 A,那么就会出现圆形样本被超平面 A 归到星状样本那一类中。同样,也会出现新的圆形样本点离 B 更近,甚至为0或者越过超平面 B,被归到圆形样本那一类。

但是,对于超平面 C,由于其离两类样本点的距离都相对较远,一旦换了新的样本,较远的距离保证其有很大的容错空间,也就是避免了更多离超平面更近的数被划归到另一类样本中。因此,一个点距离超平面的远近可以表示为分类预测的准确程度。这就引入了间隔(Margin)的概念。

仍以二维平面为例,假设存在着方形标志和圆形标志两类样本点,H 为分类线,H_1 和 H_2 分别为过各类中离分类线最近的样本且平行于分类线的直线,它们之间的距离叫做分类间隔(Margin)。所谓的最优分类线就是要求分类线不但能将两类正确分开,而且使得分类间隔最大。而将这一理论推广到高维空间,最优分类线就变为最优超平面,如图9.3所示。

综合看来,图9.3中的 H 就是最优超平面,因为它的分类间隔最大,而支持向量机的分类思维就是通过寻找最大间隔超平面来得到对不同类别的最优划分。另外,图中位于超平面 H_1 和 H_2 上的方形点与圆形点则称为支持向量(Support Vector),它们起到了支撑超平面决策边界的作用,这也是支持向量机算法名称的由来。

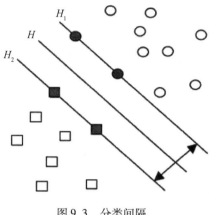

图9.3 分类间隔

9.1.3 函数间隔与几何间隔

在超平面 $w^T x + b = 0$ 确定的情况下，$|w^T x + b|$ 能够相对地表示点 x 到超平面的远近，即表示点 x 到超平面的距离。但是如图9.3所示，x 分布在超平面两侧，因此，$w^T x + b$ 的符号（是否大于0）与类标记 y 的符号是否一致，则表示分类是否正确。令 y 取 1 或 -1，若 $w^T x + b > 0$，则判断类别 y 为 1，否则判定为 -1。

因此，可以用量 $y(w^T x + b)$ 的正负性来判定或表示分类的正确性和确信度，并且 $y(w^T x + b)$ 的值越大，分类结果的确信度越大，反之亦然，从而就可以得到函数间隔的定义。

❑ 函数间隔

对于给定的训练数据集 T 和超平面 (w, b)，定义超平面 (w, b) 关于样本点 (x_i, y_i) 的函数间隔为：

$$\hat{\gamma}_i = y_i(wx_i + b) \tag{9.3}$$

式（9.3）中 wx_i 代表了两个向量的内积，后面的 wx_i 也是相同计算方式，不再赘述。定义超平面 (w, b) 关于训练数据集 T 的函数间隔为超平面 (w, b) 关于 T 中所有样本点 (x_i, y_i) 的函数间隔之最小值，即：

$$\hat{\gamma} = \min_{i=1,\cdots,N} \hat{\gamma}_i \tag{9.4}$$

函数间隔可以表示分类预测的正确性。如果考虑 w 和 b，如果同时成比

例地改变为 $2w$ 和 $2b$。因为要求解的是 $wx_i + b = 0$，同时扩大 w 和 b 对结果是无影响的。但是，函数间隔 $\hat{\gamma}$ 成为原来的 2 倍。因此，需要对其 w 加一些约束，进行规范化。由此引入几何间隔的概念。

❑ 几何间隔

对于给定的训练数据集 T 和超平面 (w,b)，定义超平面 (w,b) 关于样本点 (x_i,y_i) 的几何间隔为：

$$\gamma_i = y_i\left(\frac{w}{\parallel w \parallel} \cdot x_i + \frac{b}{\parallel w \parallel} \right) \tag{9.5}$$

其中的 $\parallel w \parallel$ 表示向量 w 的欧氏范数，$\parallel w \parallel = \sqrt{w_1^2 + w_2^2 + \cdots + w_n^2}$，其几何意义为向量 w 的长度。定义超平面 (w,b) 关于训练数据集 T 的几何间隔为超平面 (w,b) 关于 T 中所有样本点 (x_i,y_i) 的几何间隔之最小值（也就是离得最近的点之间的距离），即

$$\hat{\gamma} = \min_{i=1,\cdots,N} \hat{\gamma}_i \tag{9.6}$$

在这可以看到于函数间隔相比，几何间隔也就是加了 $\parallel w \parallel$ 这样一个约束，即

$$\gamma = \frac{\hat{\gamma}}{\parallel w \parallel} \tag{9.7}$$

若 $\parallel w \parallel = 1$，则几何间隔和函数间隔相等。此时如果同时扩大 w 和 b，$\parallel w \parallel$ 也会随之扩大多少倍，对于最终的几何间隔 γ 并无影响。

通过对函数间隔与几何间隔的数学定义，将支持向量机中寻找间隔最大超平面的问题转化成数学问题，接下来就是通过数学求解来得到最优超平面，从而实现支持向量机算法的学习原理。

9.2　不同情形下的支持向量机

支持向量机的基本原理就是寻找间隔最大的分割超平面，在这里需要考虑不同情形的支持向量机模型，包括线性可分、线性不可分以及非线性可分，针对不同情形，需采用不同的求解方法，并引入相关参数。下面将具体讲解。

9.2.1 线性可分下的支持向量机

前面讨论的内容基本上都基于线性可分的条件下，如图 9.2 和图 9.3 所示，无论何种情况，这两个图形中的两类样本点都可以用一条直线完全分开，若是在三维或三维以上的空间中，用一个线性平面 $w^T x + b = 0$ 就可以把类别完全分开的情形，就成为线性可分。

根据 9.1.3 节对几何间隔的定义以及约束条件，寻找间隔最大的超平面就可以转化为：

$$\max_{w,b} \frac{\hat{\gamma}}{\|w\|} \tag{9.8}$$

$$\text{s. t. } y_i(w \cdot x_i + b) \geq \hat{\gamma}, \quad i = 1,2,\cdots,n \tag{9.9}$$

式（9.9）的约束条件来自于 $\hat{\gamma} = \min\limits_{i=1,\cdots,N} \hat{\gamma}_i$，即 $\hat{\gamma}$ 来自于所有样本点之间间隔的最小值。

不妨对 $\hat{\gamma}$ 做一些限制，以保证解是唯一的。这里为了简便起见，取 $\hat{\gamma} = 1$，将离超平面最近的点的距离定义为 $\frac{1}{\|w\|}$。由于求 $\frac{1}{\|w\|}$ 的最大值相当于求 $\frac{1}{2}\|w\|^2$ 的最小值（范数的性质）。可以将式（9.8）和式（9.9）分别改写为下面的式子：

$$\min_{w,b} \frac{1}{2}\|w\|^2 \tag{9.10}$$

$$\text{s. t. } y_i(w \cdot x_i + b) \geq 1, \quad i = 1,2,\cdots,n \tag{9.11}$$

这就把求解最优分类超平面转换为凸二次规划的求解问题，构造拉格朗日函数，引入拉格朗日乘子 $\alpha_i > 0$，$i = 1,2,\cdots,n$，定义拉格朗日函数：

$$L(w,b,\alpha) = \frac{1}{2}\|w\|^2 - \sum_{i=1}^{n} \alpha_i y_i(w \cdot x_i + b) + \sum_{i=1}^{n} \alpha_i \tag{9.12}$$

对式（9.12）中的 w 和 b 分别求偏微分，并令它们等于 0，可得到：

$$\frac{\partial L(w,b,\alpha)}{\partial w} = w - \sum_{i=1}^{n} \alpha_i y_i x_i = 0$$

$$\frac{\partial L(w,b,\alpha)}{\partial a} = \sum_{i=1}^{n} \alpha_i y_i = 0$$

由上式可以得到：

$$w = \sum_{i=1}^{n} \alpha_i y_i x_i, \quad \sum_{i=1}^{n} \alpha_i y_i = 0 \tag{9.13}$$

将式（9.13）代入式（9.12）可得：

$$L(w,b,\alpha) = \frac{1}{2} \sum_{i=1}^{n} \sum_{j=1}^{n} \alpha_i \alpha_j y_i y_j (x_i \cdot x_j) - \sum_{i=1}^{n} \alpha_i y_i \left(\left(\sum_{j=1}^{n} \alpha_j y_j x_j \right) \cdot x_i + b \right)$$

$$+ \sum_{i=1}^{n} \alpha_i$$

$$= - \frac{1}{2} \sum_{i=1}^{n} \sum_{j=1}^{n} \alpha_i \alpha_j y_i y_j (x_i \cdot x_j) + \sum_{i=1}^{n} \alpha_i$$

因此，可以将原始最优化问题转化为对应的对偶问题，即

$$\max_{\alpha} - \frac{1}{2} \sum_{i=1}^{n} \sum_{j=1}^{n} \alpha_i \alpha_j y_i y_j (x_i \cdot x_j) + \sum_{i=1}^{n} \alpha_i \tag{9.14}$$

$$\text{s. t.} \sum_{i=1}^{N} \alpha_i y_i = 0, \quad _i \geqslant 0, \quad i = 1,2,\cdots,n \tag{9.15}$$

根据 Kuhn-Tucker 定理（原始问题与对偶问题等价且同解的条件），最优解满足：

$$\alpha_i (y_i (w \cdot x_i + b) - 1) = 0, \quad i = 1,2,\cdots,n \tag{9.16}$$

在最优化的过程中，由式（9.14）和式（9.15）可以得到每个训练样本点对应的 α_i，但是 $\alpha_i = 0$ 对应的样本点对于分类效果没有任何影响，只有 $\alpha_i > 0$ 对应的样本点才会对分类产生影响，这些点就是支持向量。如果求出了 α_i（即 α_i^*），根据式（9.13）的 $w = \sum_{i=1}^{n} \alpha_i y_i x_i$ 即可求出 w^*，由于 y 取 1 或 -1，所以代入式（9.16）可求得 b^*：

$$b^* = y_i - w \cdot x_i = y_i - \sum_{i=1}^{n} \alpha_i^* y_i (x_i \cdot x_j) \tag{9.17}$$

最终可以得到分类决策的函数为：

$$f(x) = \text{sgn}[(w^*)^T x + b^*] = \text{sgn}\left(\sum_{i=1}^{n} \alpha_i^* y_i (x \cdot x_i) + b^* \right) \tag{9.18}$$

式（9.18）中 sgn( ) 为符号函数，返回的是整型变量，在该式中则是根据 $f(x)$ 的最终值来判断样本点 x 所属的类别，如果 $f(x)$ 返回 1，那么样本点 x 被分为正类，否则被分为负类。从上式可以看出，当引入了拉格朗日乘子 α_i 之后，不需要再求出 w 才能分类，只需将新来的样本和训练数据中的

所有样本做内积和即可。在实际运算中，只有支持向量对应的 $\alpha_i > 0$，其他情况下 $\alpha_i = 0$。因此，只需求新来的样本和支持向量的内积，然后运算即可。

9.2.2 线性不可分下的支持向量机

数据线性可分情形是一种理想的情形。但在实际问题中，样本是线性不可分的，如图 9.4 所示。

图 9.4 中出现了异常点，即纯黑色的方块，这导致超平面 H 无法完全将两类样本点区分开，这就导致了线性不可分问题，也就是无法用一条线性分类线或者超平面将不同类别完全划分。其中一个原因就是样本出现异常点或者噪声，但是事实上，在多数情况下，能够完全分隔不同类别样本的支持向量机模型的适应性和泛化性能未必是理想的，此时，允许部分样本被错分，

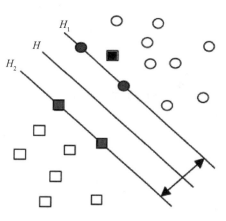

图 9.4 线性不可分的示例

如图 9.4 所示，尽管超平面 H 线性不可分，但其泛化性能未必较差。

在线性不可分的情况下，式（9.11）中的约束条件 $y_i(w \cdot x_i + b) \geqslant 1$ 将很难满足，因此需要引入一个松弛变量 ξ_i（$\xi_i \geqslant 0$），使得约束条件变为：

$$y_i(w \cdot x_i + b) \geqslant 1 - \xi_i, \quad \xi_i \geqslant 0, \quad i = 1,2,\cdots,n \qquad (9.19)$$

同样需要在目标函数中为误差加入惩罚项，即添加一个误差的代价，将原始优化问题转化为：

$$\min_{w,b,\xi} \frac{1}{2} \parallel w \parallel^2 + C \sum_{i=1}^{n} \xi_i \qquad (9.20)$$

$$\text{s. t. } y_i(w \cdot x_i + b) \geqslant 1 - \xi_i, \quad \xi_i \geqslant 0, \quad i = 1,2,\cdots,n \qquad (9.21)$$

其中，$C > 0$ 是一个用户指定的惩罚参数，通过控制松弛变量来达到控制对误分训练实例的惩罚程度。上述公式也被称作"软间隔"支持向量机（Soft-margin SVM），根据拉格朗日优化理论可知，在线性不可分情形下，对应目标函数的对偶问题为：

$$\max_{\alpha} -\frac{1}{2} \sum_{i=1}^{n} \sum_{j=1}^{n} \alpha_i \alpha_j y_i y_j (x_i \cdot x_j) + \sum_{i=1}^{n} \alpha_i \qquad (9.22)$$

$$\text{s. t.} \sum_{i=1}^{N} \alpha_i y_i = 0, \quad C \geqslant \alpha_i \geqslant 0, \quad i = 1, 2, \cdots, n \qquad (9.23)$$

从上式可以看到，参数 ξ_i 刚好在运算中被消掉，与前面的式子的区别在于对 α_i 的限制多了一项 $C \geqslant \alpha_i$。线性不可分情况下分类的决策准则和可分情况下也是一样的，即最优分类超平面的决策函数为：

$$f(x) = \text{sgn}\left[(w^*)^T x + b^*\right] = \text{sgn}\left(\sum_{i=1}^{n} \alpha_i^* y_i (x \cdot x_i) + b^*\right) \quad (9.24)$$

最后，参数 C 仍然需要确定，一般的做法是，从一个范围中尝试一些值来构造分类器，然后再使用验证集进行测试，选择分类效果最好的值作为最终的参数。经常使用的方法是交叉验证。

9.2.3　非线性支持向量机

数据线性可分情形是一种理想的情形。但在实际问题中，样本是线性不可分的，如图 9.5 所示。

图 9.5 中 × 标志与圆形标志类别无法用一条直线来完全区分开，只能用非线性曲线将它们正确区分，这种分类问题就是非线性分类。在处理非线性问题时，可以将非线性问题转化成线性问题，并通过已经构建的线性支持向量机来处理。其基本思想是将样本原始数据映射到一个高维的特征空间，体现在特征空间中的是对应的线性分类问题，这种映射得到的高维特征空间如图 9.6 所示。

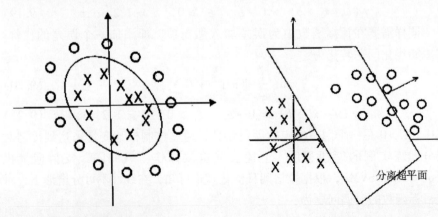

图 9.5　非线性分类的示例　　　　图 9.6　非线性分类的映射

图 9.6 中将二维平面的非线性分类点映射到三维空间中，这样就能找到一个超平面对该样本点进行线性分割。假设通过映射 ϕ 后，原始的训练样本集 $\{(x_1, y_1), (x_2, y_2), \cdots, (x_n, y_n)\}$ 就变成了 $\{(\phi(x_1), y_1), (\phi(x_2), y_2), \cdots, (\phi(x_n), y_n)\}$，那么通过变换后，原始的优化问题就转化为：

$$\min_{w,b,\xi} \frac{1}{2} \parallel w \parallel^2 + C \sum_{i=1}^{n} \xi_i \qquad (9.25)$$

s. t. $y_i(w \cdot \phi(x_i) + b) \geqslant 1 - \xi_i, \quad \xi_i \geqslant 0, \quad i = 1, 2, \cdots, n$ (9.26)

那么，对应目标函数的对偶问题为：

$$\max_{\alpha} -\frac{1}{2} \sum_{i=1}^{n} \sum_{j=1}^{n} \alpha_i \alpha_j y_i y_j (\phi(x_i) \cdot \phi(x_j)) + \sum_{i=1}^{n} \alpha_i \qquad (9.27)$$

s. t. $\sum_{i=1}^{N} \alpha_i y_i = 0, \quad C \geqslant \alpha_i \geqslant 0, \quad i = 1, 2, \cdots, n$ (9.28)

最优分类超平面的决策函数为：

$$f(x) = \text{sgn}\left(\sum_{i=1}^{n} \alpha_i^* y_i (x \cdot \phi(x_i)) + b^* \right) \qquad (9.29)$$

9.2.4　非线性支持向量机之核函数

由于直接将输入数据变换到高维特征空间，然后用线性支持向量机来分类，这样变化之后，整个模型就变得更加复杂，同时，计算量也变多了，甚至会导致分类器的拟合能力下降。而数学家们发现通过引进核函数可以同时简化模型和计算量。这表明，在对样本数据进行分类时，如果使用了合适的核函数，就能够构造出高维空间中特征向量的最优分类超平面。

由于在对偶问题中，最优超平面和对应分类决策函数都只需计算特征空间中的内积 $\phi(x_i) \cdot \phi(x_j)$，而不需要单独计算 $\phi(x)$，因此可以采用满足 Mercer 定理的核函数 $K(x_i, x_j)$ 来替代 $\phi(x_i) \cdot \phi(x_j)$，即

$$K(x_i, x_j) = \phi(x_i) \cdot \phi(x_j) \qquad (9.30)$$

此时，转换到高维特征空间的决策函数式（式 9.29），就可以变换为引入核函数的最终决策函数：

$$f(x) = \text{sgn}\left(\sum_{i=1}^{N_s} \alpha_i^* y_i K(x_i, x) + b^* \right) \qquad (9.31)$$

需要特别说明的是，这里的变化包含了 Mercer 定理以及核函数可替代性的判定，对于中间过程的理解，还需要大家对相关数学知识有一定的了

解。在这里对部分内容做一初步的、简单的介绍。

首先是 Mercer 定理，其内容表述如下：

如果函数 K 是 $R^n \times R^n \rightarrow R$ 上的映射，且 K 是一个有效的核函数（也称为 Mercer 核函数），那么当且仅当对于训练样例 $\{x^{(1)}, x^{(2)}, \cdots, x^{(l)}\}$，其相应的核函数矩阵是半正定的。

Mercer 定理表明在验证 K 作为核函数的有效性时，不需要再去寻找 ϕ，只需要根据训练集计算 K_{ij}，然后判断得到的矩阵 K 是否半正定即可。

接下来的问题是能否找到一个函数 K 来替代 ϕ？这里举一个核函数的小例子：

设 $\forall x, z \in R^n$，有 $K(x, z) = (x^T z)^2$，展开后得：

$$K(x, z) = (x^T z)^2 = \left(\sum_{i=1}^{n} x_i z_i \right) \left(\sum_{j=1}^{n} x_j z_j \right) = \sum_{i=1}^{n} \sum_{j=1}^{n} x_i x_j z_i z_j$$

$$= \sum_{i=1}^{n} \sum_{j=1}^{n} (x_i x_j)(z_i z_j) = \phi(x)^T \phi(z)$$

在特定的核函数条件下，可以通过解线性分类问题的方法去求解非线性分类的问题。不用显式地定义特征空间和映射函数，隐式地在特征空间进行学习，这样的方法被称为核技巧。但是在实际应用时，需要通过领域知识选择核函数，并需要通过实验才能验证其有效性。

支持向量机算法的一个核心内容就是核函数的选择，目前常用的核函数有：

❑ 线性函数

线性是最简单的核函数，它由内积 $<x, y>$ 加上可选的常数 c 给出。表达式为：

$$K(x, y) = x^T y + c$$

❑ 多项式函数

表达式为：

$$K(x, y) = (\alpha x^T y + r)^d$$

式中，α 为斜率；r 为常数项；d 为多项式的幂。

❑ 径向基核函数（RBF）

表达式为：

$$K(x, y) = \exp(-\gamma \| x - y \|^2)$$

式中，$\| x - y \|$ 代表向量作差之后各分量的平方和的开根号；γ 为径向基核

的参数。径向基核函数（RBF）也叫高斯核函数，因为可以看成如下核函数的另一种形式：

$$K(x,y) = \exp\left(- \frac{\| x - y \|^2}{2\delta^2} \right)$$

式中，δ 为高斯核的参数。

❑　Sigmoid 函数

表达式为：

$$K(x,y) = \tanh(\mu(x^T y) - r)$$

式中，μ 和 r 为核函数参数。

9.2.5　多类分类支持向量机

本章前面讲的支持向量机模型都是建立在二分类问题上的，但是在实际中，所要解决的任务并不全是二分类的，例如前面研究过的用户信贷等级评价案例，目标变量信用等级有 1、2、3 三个类别；在某个省不同路口的交通拥堵情况的案例中，该路口的交通拥堵程度，取值为 0、1、2，分别代表不拥堵、中度拥堵与严重拥堵三个类别。

支持向量机算法在处理二类分类任务时是非常成功的，但是为了满足现实中存在大量多类分类问题，需要将 SVM 延伸到多类分类问题上。现阶段，支持向量机的发展已经走向逐渐成熟，存在着很多算法可以将支持向量机从二分类向多分类拓展，这样的算法被叫做多分类支持向量机。

从原理上来看，可以将多分类支持向量机分为如下两类：第一种是将整个多分类支持向量机分为多个两分类支持向量机来处理，从而实现多分类；第二种是将整个多分类问题归集为一个最优分类面的问题中，从而一次解决多分类问题。这两种方法虽然原理较为简洁，但相对于第一种方法来说，第二种方法需要求解的变量太过于复杂，从运行速度和效率来看也远低于第一种，并且在分类精度上也不占优。因此，这里着重介绍第一种方法。

❑　一对多（One-vs-Rest）方法

一对多方法的主要原理是将每一类样本与其他 $k-1$ 类样本进行分类，这样就可以形成 k 个分类支持向量机，最后进行多分类时，得到最大值的那一类便是该样本数据的分类。在一对多方法下，对于 k 个类别，系统仅需训练 k 个二类分类支持向量机，每个支持向量机分别将某一个类别的样本从其他类别的样本中鉴别出来。具体方法为：

假定将第 j 类样本看作正类（ $j = 1,2,\cdots,k$ ），而将其他 $k-1$ 类与样本看作负类，通过前面讲的两类 SVM 方法求出一个决策函数：

$$f_j(x) = \text{sgn}\big[(w_j^*)^T \phi(x) + b_j^*\big] = \text{sgn}\Big(\sum_{i=1}^{n_s} \alpha^{*j}_i y_i K(x_i,x) + b_j^*\Big)$$

(9.32)

对于不同的类别 j，这样的决策函数 $f_j(x)$ 一共有 k 个。给定一个测试样本 x，将其分别代入 k 个决策函数并求出函数值，若在 k 个 $f_j(x)$ 中 $f_s(x)$ 最大，则判定样本 x 属于第 s 类。

在这里以三类分类问题为例，假设有三个类别 A、B、C，根据三个类别所对应的特征向量及其类别取值，采用一对多方法，做以下安排：

（1）以 A 所对应的向量作为正集，B、C 所对应的向量作为负集，此时得到一个决策函数 $f_1(x)$。

（2）以 B 所对应的向量作为正集，A、C 所对应的向量作为负集，此时得到一个决策函数 $f_2(x)$。

（3）以 C 所对应的向量作为正集，A、B 所对应的向量作为负集，此时得到一个决策函数 $f_3(x)$。

（4）若有一个未知类别的测试数据集 x，将其分别代入这 3 个决策函数并求出函数值，假设在 3 个 $f_j(x)$ 中 $f_2(x)$ 最大，则判定样本 x 属于 B 类。

一对多方法的优点是：简单、有效，仅需要训练 k 个二类支持向量机，分类速度较快，适用于处理大规模样本数据。缺点是：每次训练时，二类支持向量机都使用全部样本，当训练样本的规模变大时，支持向量机的训练速度将会急剧变慢，训练时间变得很大。

❑ 一对一（One-vs-One）方法

一对一方法的主要原理是通过在不同类别的样本之间两两进行分类训练，形成 $k(k-1)/2$ 个支持向量机。当对样本数据实行分类时，通过对其在每两个类别之间分类，进行 $k(k-1)/2$ 次分类，每次分类结果的类别记 1 分，获得分数最多的类别就是最终该样本的类别。这种方法的本质与两类 SVM 并没有区别，它相当于将多类问题转化为多个两类问题来求解。具体方法为：

从样本集中取出所有满足 $y_i = s$ 与 $y_i = t$（其中 $1 \leqslant s, \ t \leqslant k, \ s \neq t$ ）的样本，通过两类 SVM 算法构造最优决策函数为：

$$f_{st}(x) = \text{sgn}\big[(w_{st}^*)^T \phi(x) + b_{st}^*\big] = \text{sgn}\Big(\sum_{i=1}^{n_s} \alpha^{st*}_i y_i K(x_i,x) + b_{st}^*\Big)$$

(9.33)

用同样的方法对 k 类样本中的每一对构造一个决策函数，那么对于 k 类样本需要构造 $k(k-1)/2$ 个决策函数。给定一个测试样本 x，为了判定它属于哪一类，该机制必须综合考虑上述所有 $k(k-1)/2$ 个决策函数对 x 所属类别的判定：若有一个决策函数判定 x 属于第 s 类，则意味着第 s 类获得了一票，最后得票数最多的类别就是最终 x 所属的类别。存在多个累计票数相同的类别，选择标号最小的类别作为待测数据 x 的类别，或者随机选择其中的一个类别作为 x 的类别。

在这里以三类分类问题为例，假设有三个类别 A、B、C，根据三个类别所对应的特征向量及其类别取值，采用一对一方法，做以下安排：

（1）以 A 所对应的向量作为正集，B 所对应的向量作为负集，此时得到一个决策函数 $f_1(x)$。

（2）以 A 所对应的向量作为正集，C 所对应的向量作为负集，此时得到一个决策函数 $f_2(x)$。

（3）以 B 所对应的向量作为正集，C 所对应的向量作为负集，此时得到一个决策函数 $f_3(x)$。

（4）若有一个未知类别的测试数据集 x，将其分别代入这 3 个决策函数并求出函数值，假设在 $f_1(x)$ 判定样本 x 属于 A 类，而在 $f_2(x)$、$f_3(x)$ 中均判定样本 x 属于 C 类，则样本 x 就属于 C 类。

一对一方法的优点是：一对一的训练速度比一对多快，推广能力强；缺点是：①随着所有二类支持向量机训练精度的提高，最后多类分类器可能会产生过学习问题；②二类支持向量机的数量 $k(k-1)/2$ 为类别数 k 的平方，当类别数目较大时，分类器的数量急剧增加，导致决策时速度变得很慢，分类器的效率降低。

9.2.6　支持向量回归机

支持向量机本身是针对经典的二分类问题提出的，在实际应用中不断发展逐渐延伸到多分类问题，而随着支持向量机在现实中应用日益广泛且在分类问题上的良好表现，也逐步拓展到在回归问题上的学习与实现，也就是支持向量回归机（Support Vector Regression，SVR）。

从回归问题向分类问题的转化，在第 5 章已有所涉及，简单来说就是通过相应函数（如 Sigmoid 函数）映射并设定一个阈值，将连续型的目标变量转换为离散型的目标变量，甚至是 0－1 类别变量。那么现在如何从分类问题向回归问题转化，将用于分类的支持向量机拓展到支持向量回归机呢？

实质上，分类问题也可以看作回归问题，只不过分类是将样本"回归"到两个类别变量上，比如 SVM 中，在最终的决策函数中要加入 sgn( ) 这样的符号函数来控制预测结果的输出，而从 SVM 到 SVR，就要放松这种假定，使得最终决策函数的输出结果为连续型目标值而不是离散型的两个或多个离散值。因此，在 SVM 分类问题中，试图寻找最优超平面来分离两类样本，也就是寻找到两类边缘距离最大的超平面。在回归中，目标是在有限的训练样本基础上预测出未知的连续函数，SVM 所寻求的最优超平面不是使两类样本点分得"最开"，SVR 而是使所有样本点离超平面的"总偏差"最小。

因此，对于分类问题，其决策函数形如 $f(x) = \mathrm{sgn}[w^T x + b]$，通过训练样本点 $\{(x_1, y_1), (x_2, y_2), \cdots, (x_n, y_n)\}$ 获取相应参数并进行未知样本点的预测，那么在支持向量回归机中就采用形如 $f(x) = w^T x + b$ 的回归函数来训练样本点，获取相应参数 w 和 b，并对未知样本点的目标值进行预测。

不仅如此，在本书第 3 章、第 4 章探讨回归问题时，都引入了成本函数或损失函数的概念，以度量或控制回归拟合的偏差或精度，因此，在支持向量回归机中也引入 ε－不敏感损失函数，用于控制拟合精度，当使用线性回归函数拟合样本数据时，假设所有训练数据的拟合误差精度为 ε，即

$$\begin{cases} y_i - w^T x_i - b \leqslant \varepsilon \\ w^T x_i + b - y_i \leqslant \varepsilon \quad i = 1, 2, \cdots, n \end{cases} \tag{9.34}$$

不同于 SVM 寻求超平面，SVR 的拟合效果则如图 9.7 所示。

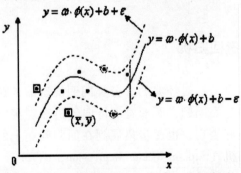

图 9.7　支持向量回归机（SVR）拟合效果图

图 9.7 中在二维平面中支持向量回归机拟合出一条曲线，并采用 ε 来控制预测精度，保证图中的样本点（黑色圆点）基本在预测范围之内。与此对应，在线性二分类支持向量机下，寻找的超平面就是一条直线，并将样本点划分为 1 或 -1 两个类别。

根据上述分析，将线性二分类问题下的最优化问题转换成线性回归下的最优化问题，结合最优化问题的对偶，并考虑在回归拟合下用于控制拟合误差精度的 ε 并不可能完全涵盖所有训练样本点，也就相当于分类中的线性不可分问题，如图 9.7 所示，实际中 SVR 的拟合线性回归函数，再加上一定的拟合误差精度 ε，并不能完全涵盖所有样本点（图 9.7 中用方框圈上的黑色圆点），所以还需要引入松弛变量 $\xi_i \geqslant 0$，$\xi_i^* \geqslant 0$，相当于给 SVR 加入惩罚系数，来进一步控制对异常点的划分误差。最终，支持向量回归机的最优化问题为：

$$\min_{w,b,\xi} \frac{1}{2}\parallel w \parallel^2 + C\sum_{i=1}^{n}(\xi_i + \xi_i^*) \qquad (9.35)$$

$$\text{s.t.}\begin{cases} y_i - w^T x_i - b \leqslant \varepsilon + \xi_i \\ w^T x_i + b - y_i \leqslant \varepsilon + \xi_i^* \quad i = 1,2,\cdots,n \\ \xi_i \geqslant 0, \xi_i^* \geqslant 0 \end{cases} \qquad (9.36)$$

式中，$C > 0$ 是一个用户指定的惩罚参数，通过控制松弛变量来达到控制对超出误差范围的样本的惩罚程度。最后，通过引入拉格朗日乘数，并经过一系列求解与对偶，求得的线性拟合函数为：

$$f(x) = w^T x + b = \sum_{i=1}^{n}(\alpha_i - \alpha_i^*)(x \cdot x_i) + b \qquad (9.37)$$

式中，α_i、α_i^* 是拉格朗日乘子。

对于非线性支持向量回归，只需要引入核函数，通过非线性映射将输入空间映射到高维的特征空间，在高维空间上进行线性回归。核函数的形式与 9.2.4 节中非线性分类中的核函数一致。引入核函数后，非线性支持向量回归的回归拟合函数为：

$$f(x) = w^T x + b = \sum_{i=1}^{n}(\alpha_i - \alpha_i^*)K(x_i,x) + b \qquad (9.38)$$

9.3 支持向量机的 Python 实现

支持向量机可以用 Python 里的 Scikit-learn 库来实现，在 Scikit-learn 中的 SVM 的算法库分为两类：一类是分类的算法库，包括 SVC、NuSVC 和 LinearSVC 三个类；另一类是回归算法库，包括 SVR、NuSVR 和 Linear SVR 三个类。对于 SVC、NuSVC 和 LinearSVC 3 个分类的类，SVC 和 NuSVC 差不多，区别仅仅在于对损失的度量方式不同，而 LinearSVC 从名字就可以看出，它是线性分类，也就是不支持各种低维到高维的核函数，仅仅支持线性核函数，对线性不可分的数据不能使用。这些算法库以 SVC、SVR 应用最广泛，所以在这里主要讲不同情形下 SVC、SVR 对支持向量机的实现过程。

9.3.1 线性可分 SVM 的 Python 实现

这里通过构造线性可分二分类数据来实现该情形下的 SVM。
❏ 生成线性可分二分类数据并进行可视化

```
01  import matplotlib.pyplot as plt    #导入 matplotlib 库
02  import numpy as np                 #导入 numpy 库
03  import pandas as pd                #导入 pandas 库
04  from sklearn import model_selection   #模型比较和选择包
05  from sklearn.metrics import confusion_matrix
                              #计算混淆矩阵,主要用来评估分类的准确性
06  from sklearn.metrics import accuracy_score
                                      #计算精度得分

08  np.random.seed(0)
09  #分别生成两个20×2维正态数组,其中第一个以[-2,-2]为中心,第二个
    以[2,2]为中心
10  X=np.r_[np.random.randn(20,2)-[2,2],np.random.randn
    (20,2)+[2,2]]
11  #np.r_表示按列连接两个矩阵
12  #生成类别变量y,前20个为0,后20个为1
```

```
13  y = [0] * 20 + [1] * 20
14
15  fig,ax = plt.subplots(figsize =(8,6))   #创建子图,大小为8*6
16  #构建y = 0的散点图,设置散点形状为•
17  ax.scatter(X[0:20,1],X[0:20,0],s = 30,c = 'b',marker = 'o',
    label ='y = 0')
18  #构建y = 1的散点图,设置散点形状为x
19  ax.scatter(X[20:40,1],X[20:40,0],s = 30,c = 'r',marker = 'x',la-
    bel ='y = 1')
20  ax.legend( )   #设置图例
21  plt.show( )
```

第1~6行导入本次操作所需的各种程序包;第10行这里生成20×2维
特征变量X,其中前20个的类别属性值为0,后20个的类别属性值为1,
两类数据用加减[2,2]的方式分隔开;第13行基于生成的二维变量X再
生成相应的类别;第15~21行将生成的变量按类别进行可视化,如图9.8
所示。

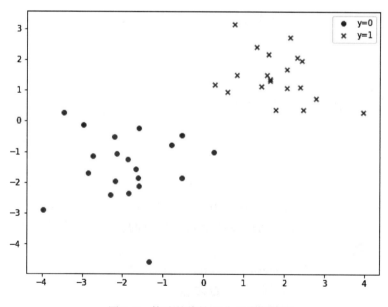

图9.8　构造的线性可分二分类数据

从图9.8中可以看到,构造的线性可分二分类数据在二维平面上有明显
的划分超平面。接下来就对该数据进行SVM算法的学习。

❏ SVM 算法的学习

```
22   from sklearn.svm import SVC    #导入支持向量机程序包
23   clf = SVC(kernel ='linear')    #设定模型为线性核函数的 SVM
24   clf.fit(X,y)                    #训练数据
```

第 23 行用 SVC( )进行 SVM，并设置了核函数为线性，如果不设置 kernel = 'linear'，默认的核函数为径向基函数（即'rbf'），因而这里设置为线性。由于该数据线性可分，因而核函数的意义等同于无核函数的 SVM 模型，输出结果为：

```
SVC(C =1.0,cache_size =200,class_weight =None,coef0 =0.0,
   decision_function_shape ='ovr',degree =3,gamma ='auto',kernel ='
   linear',
   max_iter = -1,probability =False,random_state =None,shrink-
   ing =True,
   tol =0.001,verbose =False)
```

输出结果展示了该次 SVM 算法学习的参数设置情况。由于参数较多，不再一一介绍，就重点的几个参数进行介绍。

C = 1.0 表明松弛变量或惩罚因子，C 越大，相当于惩罚松弛变量，希望松弛变量接近 0，即对误分类的惩罚增大，趋向于对训练集全分对的情况，这样对训练集测试时准确率很高，但泛化能力弱。C 值小，对误分类的惩罚减小，允许容错，将它们当成噪声点，泛化能力较强。默认 C = 1.0。

decision_function_shape = 'ovr'表明采用一对多的多类别处理方式，如果设置为'ovo'表明了采用一对一的多类别处理方式。还可以设置成'None'表明不采用多分类方法，由于这里是为二分类问题，decision_function_shape 的设置影响不大。

degree = 3 这个参数只对多项式核函数有用，是指多项式核函数的阶数 n，如果给的核函数参数是其他核函数，则会自动忽略该参数。

gamma = 'auto'表示自动选择核函数，这里的核函数参数有'poly' 'rbf' 'sigmoid'，默认为'poly'。

kernel：参数选择有'linear' 'poly' 'rbf' 'sigmoid' 'precomputed'和其他可用核函数，默认的是'rbf'，即径向基函数形式。

❏ 获取训练结果并预测

```
25   print(clf.coef_)              #查看拟合模型的 w
26   print(clf.support_vectors_)   #查看支持向量
27   print(clf.predict(X))         #预测 y
28   print(clf.score(X,y))         #查看 SVM 预测精度
```

第 26 行根据训练结果查看支持向量，第 27 行根据训练结果预测类别 y，第 28 行为此次预测的精度，输出结果为：

```
[[0.90230696 0.64821811]]
[[ -1.02126202  0.2408932 ]
 [ -0.46722079 -0.53064123]
 [ 0.95144703  0.57998206]]
[0 0 0 0 0 0 0 0 0 0 0 0 0 0 0 0 0 0 0 0 1 1 1 1 1 1 1 1 1 1 1 1 1 1 1 1 1
 1 1 1]
1.0
```

输出结果分别为拟合模型的系数、支持向量、预测类别、预测精度，其中，SVM 预测精度为 1.0，表明预测的准确率为 100%，由于这里明显有直线将样本完全划分开，故 100% 的预测正确率并不稀奇。

❏　绘制超平面与支持向量

```
29  w = clf.coef_[0]              #获取参数 w
30  a = -w[0]/w[1]                #获取斜率
31  xx = np.linspace( -5,5)       #生成 xx 为 -5 到 5 之间步长为 1 的数组
32  yy = a * xx - (clf.intercept_[0])/w[1] #生成超平面 yy
33
34  b = clf.support_vectors_[0]                 #获取支持向量第一列
35  yy_down = a * xx + (b[1] - a * b[0])        #生成下方的 yy
36  b = clf.support_vectors_[ -1]               #获取支持向量第二列
37  yy_up = a * xx + (b[1] - a * b[0])          #生成上方的 yy
38
39  plt.plot(xx,yy,'k -')                       #绘制超平面
40  plt.plot(xx,yy_down,'k - -')                #绘制超平面下方的直线
41  plt.plot(xx,yy_up,'k - -')                  #绘制超平面上方的直线
42
43  plt.scatter(clf.support_vectors_[:,0],clf.support_vectors
    _[:,1],
44              c ='black',s = 30,facecolors ='none')   #绘制支持向
                量的散点
45  #构建 y = 0 的散点图,设置散点形状为•,cmap = plt.cm.Paired 表示绘图
    样式选择 Paired 主题
46  plt.scatter(X[0:20,1],X[0:20,0],s = 30,c ='b',
47              marker ='•',label ='y = 0',cmap = plt.cm.Paired)
48  #构建 y = 1 的散点图,设置散点形状为×
49  plt.scatter(X[20:40,1],X[20:40,0],s = 30,c ='r',
50              marker ='x',label ='y = 1',cmap = plt.cm.Paired)
51  plt.legend()   #设置图例
52  plt.show()
```

第29、30行根据 SVM 学习得到的参数作为最优超平面的斜率、截距；第31行来绘制最优超平面，即在此次二维空间类别下的最优划分直线。由于超平面的间隔是以支持向量为基础的，所以第34、36行获取支持向量，第35、37行获取超平面的边界。在此基础上，第39~41行绘制超平面及其边界，第43~52行绘制类别散点及其支持向量。结果如图9.9所示。

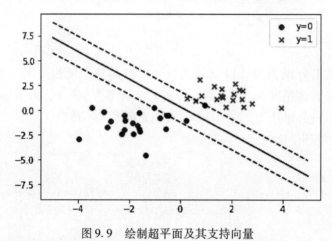

图9.9　绘制超平面及其支持向量

从图9.9中可以看到，绘制超平面（实线）及其对两类别的间隔（虚线），支持向量以较深的颜色表示。

9.3.2　线性不可分 SVM 的 Python 实现

按照9.3.1节的方式来构造线性不可分二分类数据来实现该情形下的 SVM。

　❑　生成线性不可分二分类数据并进行可视化

```
01  import matplotlib.pyplot as plt   #导入 matplotlib 库
02  import numpy as np                #导入 numpy 库
03  import pandas as pd               #导入 pandas 库
04  from sklearn import model_selection        #模型比较和选择包
05  from sklearn.metrics import confusion_matrix
                                      #计算混淆矩阵,主
                                      要用来评估分类
                                      的准确性
06  from sklearn.metrics import accuracy_score #计算精度得分
07
```

```
08  np.random.seed(2)    #固定随机种子数
09  #分别生成两个20×2维正态数组,其中第一个以[-1,-1]为中心,第二个以
    [1,1]为中心
10  X_n=np.r_[np.random.randn(20,2)-[1,1],np.random.randn
    (20,2)+[1,1]]
11  #np.r_表示按列连接两个矩阵
12  y_n=[0]*20+[1]*20
13
14  fig,ax=plt.subplots(figsize=(8,6))    #创建子图,大小为8×6
15  #构建y=0的散点图,设置散点形状为•
16  ax.scatter(X_n[0:20,1],X_n[0:20,0],s=30,c='b',marker='o',
    label='y=0')
17  #构建y=1的散点图,设置散点形状为×
18  ax.scatter(X_n[20:40,1],X_n[20:40,0],s=30,c='r',marker=
    'x',label='y=1')
19  ax.legend()    #设置图例
20  plt.show()
```

第 10 行这里仍然生成 20×2 维特征变量 X,其中前 20 个的类别属性值为 0,后 20 个的类别属性值为 1,不同的是两类数据用加减 [1,1] 的方式分隔开,较小的间隔使得两类数据有交叉的部分,从而形成线性不可分数据集。数据可视化如图 9.10 所示。

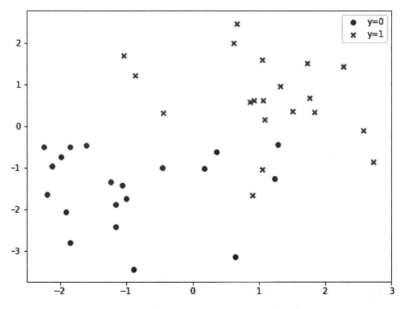

图 9.10　构造的线性不可分二分类数据

从图 9.10 中可以看到，构造的线性不可分二分类数据在二维平面上很难用超平面来完全划分。接下来同样对该数据进行 SVM 算法的学习。

❑ 线性不可分 SVM 算法的学习

```
21   from sklearn.svm import SVC        #导入支持向量机程序包
22   clf_n = SVC(kernel ='linear')      #设定模型为线性核函数的 SVM
23   clf_n.fit(X_n,y_n)                  #训练数据
```

第 22 行用 SVC( ) 进行 SVM，并设置了核函数为线性，但是这里默认松弛变量为 1，输出结果为：

```
SVC(C =1.0,cache_size =200,class_weight =None,coef0 =0.0,
  decision_function_shape ='ovr',degree =3,gamma ='auto',kernel ='
  linear',
  max_iter = -1,probability =False,random_state =None,shrink-
  ing =True,
  tol =0.001,verbose =False)
```

输出结果展示了该次 SVM 算法学习的参数设置情况。这里重点是松弛变量 C 的设置，其他与线性可分基本一致。

❑ 获取训练结果并预测

```
24   print(clf_n.coef_)                  #查看拟合模型的 w
25   print(clf_n.support_vectors_)       #查看支撑向量
26   print(clf_n.predict(X_n))           #预测 y
27   print(clf_n.score(X_n,y_n))         #查看 SVM 预测精度
```

分别输出拟合模型的系数、支持向量、预测类别、预测精度，输出结果为：

```
[[1.00815375 0.5853258 ]]
[[ -0.44854596  1.29220801]
 [ -1.0191305    0.17500122]
 [ -1.26905696  1.23136679]
 [ -0.62955546  0.35963386]
 [ -0.99999024 -0.45764743]
 [ -0.86809065  2.73118467]
 [ 1.21611601 -0.85861239]
 [ -1.04032305  1.04625552]
 [ 0.32232442 -0.43943903]
 [ -1.65944946  0.90854738]]
[0 0 0 0 0 1 0 0 0 0 0 0 0 0 0 0 0 0 0 1 1 1 1 1 1 1 1 1 1 0 1 1 1 1
 1 0 1]
0.925
```

　　输出结果分别为拟合模型的系数、支持向量、预测类别、预测精度，其中，此次 SVM 预测精度为 0.925，表明预测的准确率为 92.5%，可以看出由于这里存在线性不可分的情况，与线性可分相比，预测精度很难达到 100%。

　　接下来重新设置松弛变量来观察预测效果。

❑　重新设置松弛变量，实现 SVM 算法的学习

```
28  clf_nSV = SVC(kernel ='linear',C =0.2)  #设定模型为线性核函数的 SVM
29  clf_nSV.fit(X_n,y_n)                     #训练数据
```

第 28 行设置松弛变量为 0.2，输出结果为：

```
SVC(C =0.2,cache_size =200,class_weight =None,coef0 =0.0,
  decision_function_shape ='ovr',degree =3,gamma ='auto',kernel ='
  linear',
  max_iter = -1,probability = False,random_state = None,shrink-
  ing = True,
  tol =0.001,verbose = False)
```

从输出结果可以看到松弛变量 C 设置为 0.2，其他与前面设置基本一致。

❑　获取训练结果并预测

```
30  print(clf_nSV.coef_)             #查看拟合模型的 w
31  print(clf_nSV.support_vectors_)  #查看支撑向量
32  print(clf_nSV.predict(X_n))      #预测 y
33  print(clf_nSV.score(X_n,y_n))    #查看 SVM 预测精度
```

　　分别输出拟合模型的系数、支持向量、预测类别、预测精度，输出结果为：

```
[[0.72864141 0.49610471]]
[[ -0.44854596  1.29220801]
 [ -0.46094168 -1.5961597 ]
 [ -1.0191305   0.17500122]
 [ -1.26905696  1.23136679]
 [ -0.62955546  0.35963386]
 [ -0.99999024 -0.45764743]
 [ -0.86809065  2.73118467]
 [ 0.17086471  1.08771022]
 [ 1.21611601 -0.85861239]
 [ -1.04032305  1.04625552]
 [ 0.32232442 -0.43943903]
 [ -1.65944946  0.90854738]
 [ 1.69511961 -1.03346655]]
[0 0 0 0 0 1 0 0 0 0 0 0 0 0 0 0 0 0 0 1 1 1 1 1 1 1 1 1 1 1 1 1 1 1 1
```

```
1 0 1]
0.95
```

输出结果分别为拟合模型的系数、支持向量、预测类别、预测精度，可以看到此次 SVM 训练结果与松弛变量 C = 1 的结果完全不同。其预测精度为 0.95，高于 C = 1 的预测精度。可以看出设置不同松弛变量，会得到不同的训练结果。

9.3.3 非线性可分 SVM 的 Python 实现

同样按照 9.3.1 节的方式来构造非线性可分二分类数据来实现该情形下的 SVM。

❑ 生成非线性可分二分类数据并进行可视化

```
01  import matplotlib.pyplot as plt    #导入 matplotlib 库
02  import numpy as np                 #导入 numpy 库
03  import pandas as pd                 #导入 pandas 库
04  from sklearn import model_selection            #模型比较和选择包
05  from sklearn.metrics import confusion_matrix
                          #计算混淆矩阵,主要用来评估分类的准确性
06  from sklearn.metrics import accuracy_score    #计算精度得分
07
08  np.random.seed(3)   #固定随机种子数
09  #分别生成两个 20×2 维抛物线式正态数组,其中第一个以[ -1,-1]为中心,
    第二个以[1,1]为中心
10  X_sq =np.r_[np.random.randn(20,2) * * 2 -[1,1],np.random.randn
    (20,2) * * 2 +[1,1]]
11  #np.r_表示按列连接两个矩阵
12  y_sq =[0] * 20 +[1] * 20
13
14  fig,ax =plt.subplots(figsize =(8,6))    #创建子图,大小为 8 ×6
15  #构建 y = 0 的散点图,设置散点形状为•
16  ax.scatter(X_sq[0:20,1],X_sq[0:20,0],s =30,c ='b',marker ='•',
    label ='y = 0')
17  #构建 y = 1 的散点图,设置散点形状为×
18  ax.scatter(X_sq[20:40,1],X_sq[20:40,0],s =30,c ='r',marker ='
    x',label ='y =1')
19  ax.legend()  #设置图例
20  plt.show()
```

第 10 行这里仍然生成 20 ×2 维 0 −1 类别特征变量 X，不同的是该两类数

据进行了二次乘方并用加减［1,1］的方式分隔开，从而形成非线性可分数据集。数据可视化如图9.11所示。

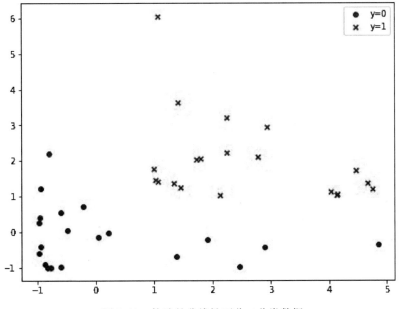

图9.11 构造的非线性可分二分类数据

从图9.11中可以看到，构造的非线性可分二分类数据在二维平面上很难用线性超平面来完全划分，需要类似抛物线的超平面来划分。接下来同样对该数据进行SVM算法的学习。

❑ 非线性可分SVM算法的学习，设置核函数为多项式

```
21  from sklearn.svm import SVC              #导入支持向量机程序包
22  clf_sq = SVC( kernel ='poly',degree = 2 )  #核函数为多项式的SVM
23  clf_sq.fit(X_sq,y_sq)                    #拟合样本
```

第22行SVC( )中设置了kernel = 'poly'，即核函数为多项式类型，并设置了相关参数为2，输出结果为：

```
SVC(C =1.0,cache_size =200,class_weight =None,coef0 =0.0,
  decision_function_shape ='ovr',degree =2,gamma ='auto',kernel ='
  poly',
  max_iter = -1,probability = False,random_state = None,shrink-
  ing =True,
  tol =0.001,verbose = False)
```

这里重点是核函数及其参数的设置。

❑ 获取训练结果并预测

```
24  print(clf_sq.support_vectors_)    #查看支撑向量
25  print(clf_sq.predict(X_sq))       #预测 y
26  print(clf_sq.score(X_sq,y_sq))    #查看 SVM 预测精度
```

分别输出拟合模型的系数、支持向量、预测类别、预测精度，输出结果为：

```
[[ -0.92305579 -0.87414607]
 [ -0.99807997 -0.77226295]
 [ -0.99749663 -0.83623619]
 [ -0.35396007  4.8519634 ]
 [ 1.45525721  1.02268544]
 [ 1.23405117  1.45726862]
 [ 1.41365901  1.06204419]]
[0 0 0 0 0 0 0 0 0 0 0 0 0 0 0 0 0 0 0 0 0 0 0 0 1 1 1 1 1 1 1 1 1 1 1 1 1 1 1
 1 1 1]
1.0
```

输出结果分别为支持向量、预测类别、预测精度，其中，此次 SVM 预测精度为 1.0，表明预测的准确率为 100%，也就是多项式的核函数对此处非线性可分二分类数据集进行了有效划分。

接下来再设置其他类型的核函数，包括径向基（'rbf'）、sigmoid 函数等，观察不同核函数的预测效果。

❑ 非线性可分 SVM 算法的学习，设置核函数为径向基（'rbf'）

```
27  clf_rbf = SVC( kernel ='rbf',gamma =1) #核函数为径向基的 SVM
28  clf_rbf.fit(X_sq,y_sq)                  #拟合样本
29
30  print(clf_rbf.support_vectors_)        #查看支撑向量
31  print(clf_rbf.predict(X_sq))           #预测 y
32  print(clf_rbf.score(X_sq,y_sq))        #查看 SVM 预测精度
```

第 27 行 SVC（）中设置了 kernel = 'rbf'，即核函数为径向基函数类型，并设置了相关参数 gamma =1，输出结果为：

```
[[ 2.19919182 -0.80945915]
 [ -0.99068824  2.47260506]
 [ -0.99315385 -0.60687015]
 [ 0.72624059 -0.21744324]
 [ -0.22327851  1.92264006]
 [ -0.99749663 -0.83623619]
```

```
[-0.70258253  1.39159209]
[-0.03495422  0.21234993]
[1.20863693 -0.94396541]
[-0.44489116  2.90501383]
[-0.35396007  4.8519634 ]
[0.26332645 -0.98259864]
[3.63505564  1.41818914]
[1.76367027  1.00088291]
[6.05466299  1.07169642]
[2.22807954  2.25303544]
[3.21278457  2.25059642]
[1.71543415  4.46290984]
[2.09861321  2.77885657]
[1.45525721  1.02268544]
[1.02339239  2.13251158]
[1.19179723  4.75963747]
[1.02387237  4.13158079]
[2.94815576  2.93672565]]
[0 0 0 0 0 0 0 0 0 0 0 0 0 0 0 0 0 0 0 0 1 1 1 1 1 1 1 1 1 1 1 1 1 1 1 1
 1 1 1]
1.0
```

输出结果分别为支持向量、预测类别、预测精度，其中，此次 SVM 预测精度为 1.0，表明预测的准确率为 100%，即径向基（'rbf'）的核函数对此处非线性可分二分类数据集进行了有效划分。

❑ 非线性可分 SVM 算法的学习，设置核函数为 sigmoid 函数

```
33  clf_sig = SVC( kernel ='sigmoid',gamma =1)   #核函数为 sigmoid 的 SVM
34  clf_sig.fit(X_sq,y_sq)                        #拟合样本
35
36  print(clf_sig.support_vectors_)              #查看支撑向量
37  print(clf_sig.predict(X_sq))                 #预测 y
38  print(clf_sig.score(X_sq,y_sq))              #查看 SVM 预测精度
```

第 33 行 SVC( )中设置了 kernel = 'sigmoid'，即核函数为 sigmoid 函数类型，并设置了相关参数 gamma =1，输出结果为：

```
[[ 2.19919182 -0.80945915]
 [-0.99068824  2.47260506]
 [0.72624059 -0.21744324]
 [-0.22327851  1.92264006]
 [-0.70258253  1.39159209]
 [1.20863693 -0.94396541]
```

```
[ -0.44489116  2.90501383]
[ 0.54784286 -0.60760185]
[ -0.35396007  4.8519634 ]
[ 1.35599079  1.34644334]
[ 1.76367027  1.00088291]
[ 2.02654069  1.72726416]
[ 2.22807954  2.25303544]
[ 3.21278457  2.25059642]
[ 1.45525721  1.02268544]
[ 2.0504833   1.80880964]
[ 1.23405117  1.45726862]
[ 1.41365901  1.06204419]
[ 2.94815576  2.93672565]]
[1 1 0 0 0 1 1 0 1 0 0 1 0 0 0 1 1 0 0 1 1 1 1 1 0 1 0 1 1 1 1 1 1 1 0 1
 1 0]
0.675
```

从输出结果可以看出核函数为 sigmoid 函数类型情形下，SVM 预测精度为 0.675，表明预测的准确率为 67.5%，说明对于该样本数据，sigmoid 的核函数预测精度小于多项式、径向基函数类型。

9.3.4　支持向量回归机 SVR 的 Python 实现

对于多分类问题的 SVM，前面已有所涉及，主要是加入了 decision_function_shape = 'ovr'或 decision_function_shape = 'ovo'，分别代表一对多、一对一的 SVM 类别拟合方式，在这里不作过多介绍。接下来主要针对支持向量回归机 SVR 的 Python 实现来进行说明，同样按照 9.3.1 节的方式来构造连续型二分类数据来实现该情形下的支持向量机回归。

　❑　生成连续型数据二分类数据并进行可视化

```
01  import matplotlib.pyplot as plt      #导入 matplotlib 库
02  import numpy as np                    #导入 numpy 库
03  import pandas as pd                    #导入 pandas 库
04  from sklearn import model_selection    #模型比较和选择包
05  from sklearn.metrics import confusion_matrix #计算混淆矩阵,主
                                                  要用来评估分类
                                                  的准确性
06  from sklearn.metrics import accuracy_score  #计算精度得分
07
08  np.random.seed(4)                       #固定随机种子数
```

```
09   #分别生成40×2维正态数组
10   X_1 = np.random.randn(40,2)
11   #生成连续型变量y,前20个为0,中间20个为1,后20个为2
12   y_1 = X_1[:,0] + 2 * X_1[:,1] + np.random.randn(40)
13
14   fig,ax = plt.subplots(figsize = (8,6))   #创建子图,大小为8×6
15   #构建y_1与X_1[:,0]的散点图,设置散点形状为●
16   ax.scatter(y_1,X_1[:,0],s = 30,c = 'b',marker = '●')
17   #构建y_1与X_1[:,1]的散点图,设置散点形状为×
18   ax.scatter(y_1,X_1[:,1],s = 30,c = 'r',marker = '×')
19   plt.show()
```

第 10 行这里仍然生成 40 ×2 维特征变量 X, 但是在生成目标变量 y 时采用了构建回归函数的形式, 同时加入随机变量 np. random. randn(40), 保证 y 有一定的线性变化趋势, 又包含随机性。数据可视化如图 9.12 所示。

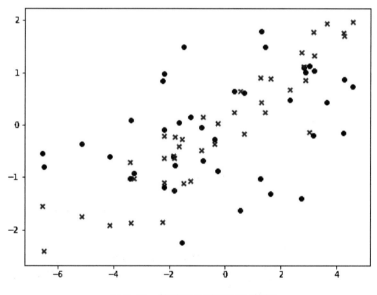

图 9.12　构造的连续型回归数据

从图 9.12 中可以看到, 构造的连续型回归数据。接下来对该数据进行 SVR 算法的学习。

❑　SVR 算法的学习

```
20   from sklearn.svm import SVR
21   clf_1 = SVR()          #设定模型为线性核函数的支持向量机回归
22   clf_1.fit(X_1,y_1)     #训练数据
```

第 21 行用 SVR( ) 进行 SVR，相关参数均为默认形式，输出结果为：

```
SVR(C = 1.0, cache_size = 200, coef0 = 0.0, degree = 3, epsilon = 0.1,
gamma = 'auto',
  kernel = 'rbf', max_iter = -1, shrinking = True, tol = 0.001, verbose
  = False)
```

输出结果展示了该次 SVR 算法学习的参数设置情况。主要参数为 degree = 3，epsilon = 0.1，并设置了松弛变量 C = 1.0 与核函数 kernel = 'rbf'。

❑ 获取训练结果并预测

```
23  print(clf_1.support_vectors_)    #查看支撑向量
24  print(clf_1.score(X_1, y_1))     #查看 SVM 预测精度
```

分别输出支持向量、预测得分，输出结果为：

```
[[ -0.2773882  -0.35475898]
 [ -0.08274148 -0.62700068]
 [ -0.04381817 -0.47721803]
 [ -1.31386475  0.88462238]
 [ 0.88131804  1.70957306]
 [ 0.05003364 -0.40467741]
 [ -0.54535995 -1.54647732]
 [ 0.98236743 -1.10106763]
 [ -1.18504653 -0.2056499 ]
 [ 1.48614836  0.23671627]
 [ -1.02378514 -0.7129932 ]
 [ 0.62524497 -0.16051336]
 [ -0.76883635 -0.23003072]
 [ 0.74505627  1.97611078]
 [ -1.24412333 -0.62641691]
 [ -0.80376609 -2.41908317]
 [ -0.92379202 -1.02387576]
 [ 1.12397796 -0.13191423]
 [ -1.62328545  0.64667545]
 [ -0.35627076 -1.74314104]
 [ -0.59664964 -0.58859438]
 [ -0.8738823   0.02971382]
 [ -2.24825777 -0.26776186]
 [ 1.01318344  0.85279784]
 [ 1.1081875   1.11939066]
 [ 1.48754313 -1.11830068]
 [ -0.6028851  -1.91447204]
 [ -0.67472751  0.15061687]
 [ 0.1529457  -1.06419527]
```

```
[ 0.43794661  1.93897846]
[ -1.02493087  0.89933845]
[ -0.15450685  1.7696273 ]
[ 0.64316328  0.24908671]
[ -1.3957635   1.39166291]]
0.8962433469366455
```

输出结果分别为支持向量、预测得分，注意由于这里是回归，所以 clf_
1. score(X_1,y_1) 输出的不是预测精度，而是类似前面回归分析的 R^2。

对于回归分析，还可以采用与实际值比较、均方误差等评价手段。

❏ 预测值与实际值可视化比较

```
25   y_hat = clf_1.predict(X_1)    #预测 y
26
27   plt.figure(figsize =(10,6))#设置图片尺寸
28   t = np.arange(len(X_1))       #创建 t 变量
29   #绘制原始变量 y_1 曲线
30   plt.plot(t,y_1,'r',linewidth = 2,label ='y_1')
31   #绘制 y_test 曲线
32   plt.plot(t,y_hat,'g',linewidth = 2,label ='y_hat')
33   plt.legend()                  #设置图例
34   plt.show()
```

这里的代码与本书第 3 章的回归分析预测效果评价的代码类似，数据可
视化效果如图 9.13 所示。

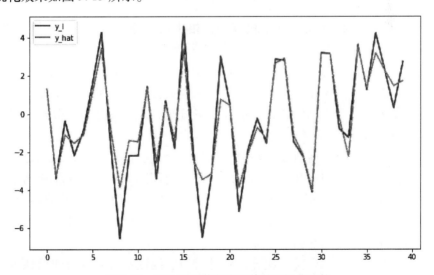

图 9.13   SVR 预测值与实际值的可视化比较

图 9.13 显示，SVR 预测值基本较好地拟合了真实值 y_1 的变化趋势。

接下来，采用评估指标拟合优度 MAE、MSE、RMSE 对预测效果进行评价。

❑ 获取训练结果并预测

```
35  from sklearn import metrics
36  #用 scikit-learn 计算 MAE
37  print "MAE:",metrics.mean_absolute_error(y_1,y_hat)
38  #用 scikit-learn 计算 MSE
39  print "MSE:",metrics.mean_squared_error(y_1,y_hat)
40  #用 scikit-learn 计算 RMSE
41  print "RMSE:",np.sqrt(metrics.mean_squared_error(y_1,y_hat))
```

输出结果为：

```
MAE: 0.6252472026285169
MSE: 0.8734964437575912
RMSE: 0.9346103165264072
```

输出结果分别 MAE、MSE、RMSE 评估结果。

9.4　小结

本章主要介绍了支持向量机算法，相比较于逻辑回归、贝叶斯分类、决策树分类算法、K 近邻算法，它的实现原理较为复杂，结合了空间映射与拉格朗日最优化求解问题，但该方法应用广泛，在二分类问题上表现较好。支持向量机算法的工作原理是找到一个最优的分界超平面，这个分界超平面不仅能够使两个类别的数据正确地分隔开来，还能使这两类数据之间的分类间隔（Margin）达到最大。

超平面就是比当前所在的环境空间低一个维度的子空间，最优超平面则满足间隔最大，间隔又分为函数间隔与几何间隔，几何间隔相比函数间隔，也就是加了一个距离约束。通过对函数间隔与几何间隔的数学定义，就将支持向量机中寻找间隔最大超平面的问题转化成数学问题，从而可以通过数学求解来得到最优超平面。

支持向量机的二分类问题分为线性可分、线性不可分以及非线性可分等情形。在线性可分情形下，基于几何间隔以及约束条件，采用拉格朗日条件函数、对偶问题，求得最终的决策函数 $f(x) = \text{sgn}[(w^*)^T x + b^*] = \text{sgn}(\sum_{i=1}^{n} \alpha_i^* y_i (x \cdot x_i) + b^*)$。在线性不可分情形下，主要在线性可分基础上引入一个松弛变量 ξ_i（$\xi_i \geq 0$），放松约束条件，通过对偶转化得到最优分类超平面的决策函数。对于非线性支持向量机，基本思想是将样本原始数据映射到一个高维的特征空间，将非线性问题转化为高维空间的线性问题。为了避免高维度转换之后的计算量与拟合能力的问题，引入了核函数简化模型和计算量，常用的核函数有线性、多项式、径向基核（'rbf'）、sigmoid 函数等。

　　对于多分类支持向量机，主要采用一对多（One-vs-Rest）方法、一对一（One-vs-One）方法，其基本原理都是将多分类问题转化为多次二分类问题，并进行最大值或投票决策。另外，支持向量机也可以实现回归，即支持向量回归机（SVR），其基本原理就是采用形如 $f(x) = w^T x + b$ 的回归函数来训练样本点，并引入 ε – 不敏感损失函数，用于控制拟合精度，获取相应参数 w 和 b，并对未知样本点的目标值进行预测。通过引入拉格朗日乘数，经过一系列求解与对偶，求得的线性拟合函数为：$f(x) = w^T x + b = \sum_{i=1}^{n}(\alpha_i - \alpha_i^*)(x \cdot x_i) + b$。对于非线性支持向量回归，只需要引入核函数。针对 SVM、SVR 的不同情形，本章还结合不同数据集，进行了线性可分 SVM、线性不可分 SVM、非线性可分 SVM、支持向量回归机 SVR 的 Python 实现。

第10章 人工神经网络

人工神经网络（Artificial Neural Network，ANN）是在现代神经生物学研究成果的基础上发展起来的一种基于模拟生物大脑的结构和功能而构成的信息处理系统。它不但具有处理数值数据的一般计算能力，而且具有处理知识的思维、学习和记忆能力。

人工神经网络基于生物学产生，并采用很复杂的并行计算分析技术，其最大特点是能够拟合极其复杂的非线性函数，从这个角度讲，人工神经网络又开创了一种新的机器学习算法，那就是基于仿生学技术去学习现实世界的非生物问题，从而实现对问题的拟合与预测。由此，从回归分析、贝叶斯分类到决策树算法，再到 K 近邻算法、支持向量机，最后到本章的人工神经网络，这些机器学习中常用的、典型的算法的基本发展脉络，就是从统计技术应用到归纳学习的信息论，再到空间映射，直到仿生学技术的使用，这也是机器如何去学习的一个实现路径。

10.1　人工神经网络入门

人工神经网络，顾名思义，采用人工构造的方式模拟人类大脑的结构与功能，以神经网络的方式实现数据的处理。人工神经网络中的复杂网络结构是以大量简单神经元为基本元素的，这种网络化的方式，具有高度的非线性特点，从而可以处理复杂逻辑操作和非线性关系问题。

10.1.1　从神经元到神经网络

人脑神经网络的基本单位是神经元（也叫神经细胞），它是处理人体内各部分之间信息传递的基本单元。神经网络对信息的处理是由许多功能单一的神经元集成的，每个神经元负责处理它接收到的各种简单信息，许多神经元放在一起就能处理大量的信息。

每个神经元既可以接受信息也可以输出信息，它们相互独立又相互联系，从而形成了神经网络，而神经网络的构造让信息处理拥有了良好的并行处理能力。传统的线性处理方法往往没有良好的并行处理能力，从神经元到神经网络实现了这种突破。

神经元作为一个生物学概念，主要由树突、细胞体和轴突构成。树突收集传递到的信息，细胞体对收集到的信息进行处理，轴突将经过细胞体处理的信息传递到下一个神经元。一个神经元通常具有多个树突，主要用来接收传入信息；而轴突只有一条，轴突尾端有许多轴突末梢用于将信息传递给其他多个神经元。

轴突末梢又跟其他神经元的树突产生连接，将信号传递下去。许许多多个神经元构成神经中枢，结成一个网状结构，而神经中枢综合各种信号，对信息有一个综合性判断。最后，人体根据神经中枢的指令，对外部刺激做出反应。单个人脑神经元的构造如图 10.1 所示。

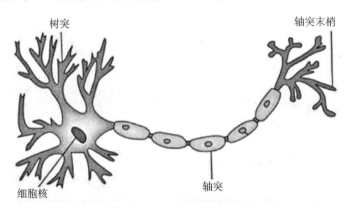

图 10.1　单个人脑神经元构造图

单个人脑神经元处理信息的流程与原理对很多科学家形成启发，特别是这种并行处理信息的原理，即由多个树突收集信息，经细胞体处理后形成综合性信息再由轴突传递出去。这改变了传统线性模型串行处理信息的工作模式，例如之前讲的回归分析、贝叶斯算法、决策树、K 近邻算法等，无一不是对接收的信息统一通过构建模型与训练，提取信息的关键点并输出结果。

经过许多科学家的努力，人脑神经元的这种并行处理信息模式最终演化为神经元模型，它是一种多输入单输出的非线性阈值器件，也被称为"感知器"（Perceptron），其基本结构如图 10.2 所示。

图 10.2 显示了一个有 r 个节点的神经元构造，其中 $p_1,p_2,\cdots,p_r$ 为神经元的 r 个输入节点，类似于 r 个神经元树突的信息；$w_1,w_2,\cdots,w_r$ 为权值，类似于不同树突之间的连接强度，强度不同则信息传递的快慢就会不同，从而部分传递效率高的信息被优先传入，则对最终决策会有不同的影

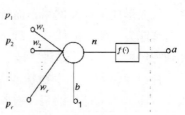

图 10.2　单个神经元模型图

响程度。b 为偏差信号输入，输入分量 p_i 与权值 w_i 相乘，并加上偏差 b，就形成综合性的传递函数 $f(\cdot)$，再经过处理就形成该神经元的输出 a。图 10.2 中的圆形到方框 $f(\cdot)$ 就相当于神经元中细胞体的处理与传递，输出 a 就相当于轴突的输出。

其中传递函数 $f(\cdot)$ 也叫激活函数，它决定该神经元接收输入 p_1，$p_2,\cdots,p_r$ 与偏差信号以何种方式输出，其输出矢量用公式表示为：

$$A = f(W \cdot P + b) = f\left(\sum_{i=1}^{r} w_i \cdot p_i + b\right) \tag{10.1}$$

b 作为激活函数的一部分，b 的选取对神经网络的性能有很大影响。而激活函数作为人工神经网络的核心，其选取对网络的性能有至关重要的作用，在后面要对激活函数作重点介绍。

10.1.2　神经网络决策的一个简单例子：小李要不要看电影

下面举一个简单的例子来说明神经网络的决策过程。假设小李正在考虑要不要晚上去电影院看最近正在上映的一部电影，影响他是否看电影的重要决策因素有 3 个，分别为：今天的工作能否做完，不需要加班；自己的女朋友是否一起去；该电影的口碑是否很好。

上面 3 个因素就是外部信息输入，最后的决定就是单个神经元模型（感知器）的输出。令 p_1 为工作是否及时做完，p_2 为女朋友是否一起去，p_3 为电影的口碑是否很好，若 3 个因素都是 YES（用 1 表示），其输出也是 1，即在工作及时完成、女朋友一起去、电影口碑很好的情况下，小李的决策

就是去看电影；若 3 个因素都是 NO（用 0 表示），其输出也是 0，即在工作不能及时完成、女朋友不一起去、电影口碑不好的情况下，就不去看电影。这就是一个简单的多重信息输入下的神经网络决策过程。

但是，上述决策只是考虑 3 种情况同时满足或同时不满足的情形，如果只是某些因素成立，另一些因素不成立，那么输出决策是什么？例如今天的工作不能及时完成，女朋友一起去以及该电影的口碑很好，这种情况下小李还要不要去看电影？

这就需要小李对这种因素进行权衡，最终根据其重要程度做出相应决策，例如虽然今天的工作不能及时完成，但是女朋友或者电影口碑对小李的决策影响很重要，那么小李可能就会去看电影；若小李是个工作狂，女朋友或者电影口碑的权重不如工作重要，那么小李就可能不会去看电影。

因此，这就需要给这些因素指定权重（weight），代表不同的重要性，然后根据权重作出相关输出决策。例如假设 p_1 的权重 $w_1 = 0.3$，p_2 的权重 $w_2 = 0.4$，p_3 的权重 $w_2 = 0.5$，今天的工作不能及时完成（$p_1 = 0$），女朋友一起去（$p_2 = 1$），以及该电影的口碑很好（$p_3 = 1$），在这种情形下各因素乘以权重得到的综合结果就是 $0.3 \times 0 + 0.4 \times 1 + 0.5 \times 1 = 0.9$。

若假设 p_1 的权重 $w_1 = 0.5$，p_2 的权重 $w_2 = 0.4$，p_3 的权重 $w_2 = 0.3$，这种情形下各因素乘以权重得到综合结果就是 $0.5 \times 0 + 0.4 \times 1 + 0.3 \times 1 = 0.7$。这时候还需指定一个阈值（Threshold）。如果总和大于阈值，感知器输出 1，否则输出 0。假定阈值为 0.8，那么 $0.9 > 0.8$，小李决定去看电影，而 $0.7 < 0.8$，小李决定不去看电影。阈值的高低代表了意愿的强烈，阈值越低就表示越想去，越高就越不想去。

此外，还可以加入一个偏差信号 b，例如 b 代表当前小李和女友的感情亲密程度，越紧密则 b 越大，也会增加综合结果的值。那么基于小李考虑的 3 个因素、权重以及偏差信号，可以得到小李在该事件的激活函数就是 $f(\sum\limits_{i=1}^{r} w_i \cdot p_i + b)$，由激活函数到最终输出 a，有一个阈值的决策函数，即

$$a = \begin{cases} 1 & \sum\limits_{i=1}^{r} w_i \cdot p_i + b \geq 0.8 \\ 0 & \sum\limits_{i=1}^{r} w_i \cdot p_i + b < 0.8 \end{cases}$$

若 $a = 0$ 则表示小李不去看电影，若 $a = 1$ 则表示小李去看电影。这个阈

值的决策函数就是人工神经网络中激活函数的一种类型，而整个决策过程就是神经网络如何解决问题的一个简单例子。

10.2　人工神经网络基本理论

10.2.1　激活函数

激活函数是人工神经网络的核心，神经网络解决问题的能力很大程度上取决于网络所采用的激活函数。激活函数基本作用：一是输入通过激活函数变换，使之转换为输出；二是为了解决实际问题的需要，将可能无限域的输入变换成指定有限域的输出，如前面阈值的设定。

常见的激活函数有：

❑　阈值型激活函数

阈值型激活函数是一种硬限制性的函数，它将任意的输入转化为 0 和 1 的输出，函数 $f(\cdot)$ 为阶跃函数。其数学表达式为：

$$A = \begin{cases} 1 & W \cdot P + b \geq 0 \\ 0 & W \cdot P + b < 0 \end{cases} \tag{10.2}$$

其函数图形如图 10.3 所示。

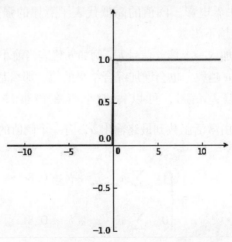

图 10.3　阈值型激活函数

❑　线性型激活函数

线性型激活函数的输出就是加权输入与偏差的和。其数学表达式为：

$$A = f(W \cdot P + b) = W \cdot P + b \tag{10.3}$$

其函数图形如图 10.4 所示。

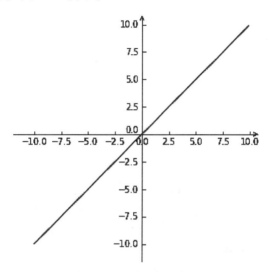

图 10.4　线性型激活函数

❑　正线性型激活函数

正线性型激活函数特点是神经元的输入与输出在一定区间内满足线性关系，模拟了实际系统中的饱和特性。正线性型激活函数也是 ReLu（Rectified Linear Units）激活函数的一种类型，目前应用非常广泛，其数学表达式为：

$$A = \begin{cases} W \cdot P + b & W \cdot P + b \geqslant 0 \\ 0 & W \cdot P + b < 0 \end{cases} \tag{10.4}$$

其函数图形如图 10.5 所示。

❑　S 型激活函数

S 型激活函数的基本功能是将任意的输入值转化为 $(0,1)$ 之间的输入，S 型激活函数一般采用对数或者双曲正切等一类具有 S 形状的函数。对数 S 型激活函数的数学表达式为：

$$f = \frac{1}{1 + \exp(-n)} \tag{10.5}$$

其函数图形如图 10.6 所示。

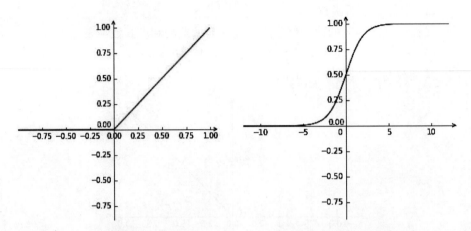

图 10.5　正线性型激活函数　　　　图 10.6　对数 S 型激活函数

双曲正切 S 型激活函数的数学表达式为：

$$f = \frac{1 - \exp(-2n)}{1 + \exp(-2n)} \qquad (10.6)$$

其函数图形如图 10.7 所示。

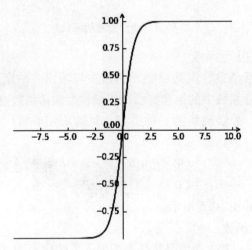

图 10.7　双曲正切 S 型激活函数

与对数 S 型激活函数相比，双曲正切 S 型激活函数是零均值的，其激活函数在特征相差明显时的效果会很好，在循环过程中会不断扩大特征效果。

10.2.2　人工神经网络的基本结构

人工神经网络通过将许多单一"神经元"联结在一起实现了网络结构，对于复杂的人工神经网络，一个"神经元"的输出可能是另一个"神经元"的输入。同时，一个信息的输入并不对应于一个神经元，可能是多个神经元，这样多种信息交叉在一起，经过处理输出结果。这样就形成层次结构与网络结构，这就是人工神经网络结构的特点。

一个最简单的人工神经网络如图 10.8 所示。

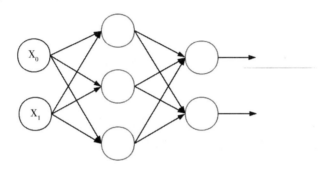

图 10.8　一个简单的人工神经网络构造图

图 10.8 就是一个简单的人工神经网络，其中，神经网络最左边的一层叫做输入层（Input Layer），最右边的一层叫作输出层（Output Layer），中间所有节点组成的一层叫作隐藏层（Hide Layer），该层是帮助神经网络学习数据间的复杂关系，且我们不能在训练样本集中观测到它们的值。

人工神经网络就是由一个输入层、一个输出层和若干个隐藏层组成的，隐藏层的个数可以等于 1，也可以大于 1，根据实际需要确定。隐藏层为 1 的网络称为单隐层神经网络，其余的称为多隐层神经网络。输入层节点与隐藏层节点之间以及隐藏层节点与输出层节点之间是通过权进行连接的，隐藏层与输出层每个节点都有自己的阈值。实际上，输入层表示的是输入信号，而输出层和隐藏层表示的是并行神经元集合，隐藏层和输出层的每一个节点代表一个神经元，当有信号输入时，依次通过各个隐藏层到达输出层。

图 10.8 所示的人工神经网络就是由一个输入层、一个输出层和一个隐藏层组成的简单神经网络，其中输入层为 2 个节点 X_0、X_1，隐藏层为 3 个

节点，输出层为 2 个节点，该网络可以用于解决输入为二维向量的二元分类问题，其输出为两种分类的概率。

10.2.3 人工神经网络的主要类型

10.2.2 节展示了一个最基本的神经网络，在实际中结合具体问题会有不同类型的更复杂的神经网络模型，例如各层有多个节点，有多个隐藏层，不仅如此，可能神经元间还会有反馈、神经网络的层次之间有关联反馈等。其复杂性也促进了其解决问题的能力，现在神经网络应用越来越广泛，随着硬件技术发展和计算能力的提升，训练大规模神经网络处理大数据的速度不断提高。神经网络与大数据双剑合璧，成为人工智能、大数据、认知科学、神经科学等学科跨领域的前沿热点研究问题。

人工神经网络按照神经元连接方式不同可以分为前馈型神经网络、反馈型神经网络与自组织神经网络，其中前馈型神经网络是指网络信息处理的方向是逐层进行的，从输入层到各隐藏层再到输出层，在这个过程中，各层处理的信息只向前传送，而不会反向相互反馈。一个典型的前馈型神经网络结构如图 10.9 所示。

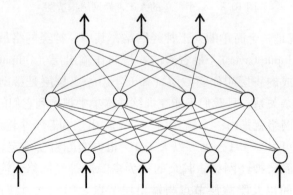

图 10.9　前馈型神经网络结构

前馈型神经网络又可分为单层网络和多层网络，这个层主要是指隐藏层的数量。

反馈型神经网络是指从输出到输入具有反馈连接的神经网络，在反馈网络中所有节点都具有信息处理功能，而且每个节点既可以从外界接收输入，同时可以向外界输出。一个典型的反馈型神经网络结构如图 10.10 所示。

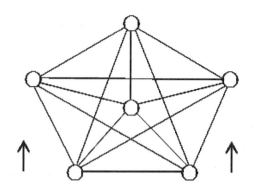

图 10.10　反馈型神经网络结构

从图 10.10 可以看出，反馈型神经网络比前馈型神经网络复杂得多，且输出层的节点信息还可以向输入层、隐藏层反馈。

自组织神经网络则是通过寻找样本中的内在规律和本质属性，以自组织、自适应的方式来改变网络参数与结构，该网络结构特别适合于解决模式分类和识别方面的应用问题，如图 10.11 所示。

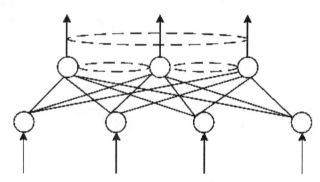

图 10.11　自组织神经网络

自组织神经网络模型的结构与前馈神经网络模型类似，并采用无监督学习算法，但与前馈神经网络不同的是，自组织神经网络存在着竞争层（图 10.11 中虚线部分），在该层里各个神经元通过竞争与输入模式进行匹配，以竞争的形式最后只保留一个神经元，以该获胜神经元的输出结果代表对输入模式的分类。

另外，根据人工神经网络的学习类型又可以分为有导师学习（Learn with a teacher）以及无导师学习（Learn without a teacher）。其中后者又可以细分为无监督学习以及强化学习。

有导师学习也称为有监督学习，导师的含义就在于其包含先验知识，能够对外界环境有认知。这些知识也是作为训练样本的组成，以配对的输入/输出方式来传入神经网络。基于这些先验知识，对于任意一个训练向量的输入，导师本身就包含相应输出，而这个输出同时也是希望从神经网络中获取的输出。

无导师学习，就是没有导师对学习进行监督，也就是在神经网络的学习过程中，其输入不包含有标签的实例，就像前面所说的自组织神经网络。无导师学习又分为两个子类：一是无监督学习，既没有导师监督又没有量化指标的学习过程，这种学习方法一般采用竞争学习准则；二是强化学习，就是学习输入/输出的映射是通过与周围环境的相互作用来进行的，目的是最优化某些量化指标。

10.2.4 人工神经网络的特点

人工神经网络具有类似人脑的自适应、自组织、自学习的能力，在模式识别、组合优化、预测预估等领域已成功地解决了许多棘手问题，表现出很好的智能特性。总的来说，人工神经网络具有以下特性：

（1）具有极强的非线性映射能力。神经网络的运算过程实质上是实现从输入层到输出层的映射功能，理论上，对于具有足够多隐藏层神经元的三层及以上的人工神经网络，具有实现任何复杂的非线性映射的能力，这使得它特别适合于求解内部机制复杂的问题。

（2）强大的计算、处理实际问题的能力。它运用分布并行的信息处理方式，对信息的提取采用联想记忆的方法，能充分调动全部的相关神经元，具有对外界刺激和输入信息进行联想记忆的功能。通过"有导师"的学习（有监督学习）方式，对学习样本的规则进行自适应训练并储存记忆规则，当新的无规则样本加入时，该模型可以从不完整的信息和噪声干扰中运用事先储存的规则对样本信息进行联想记忆，实现完整的原始信息的恢复，具有良好的容错性以及较强的抗干扰能力。特别适合内容庞杂、特征不明显的复杂模式的识别问题。

（3）较强的样本识别与分类能力。强大的非线性处理能力，使神经网络能够很好地处理非线性样本的数据分类。作为一个非线性优化算法，神经网络具有强大的优化计算能力，它可以在已知的约束条件下，寻找一组参数组合，使目标函数快速达到极小值，如图 10.12 所示。

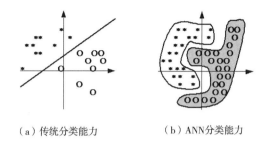

（a）传统分类能力　　　　（b）ANN分类能力

图 10.12　传统分类能力与 ANN 分类能力的比较

（4）良好的泛化能力。神经网络采用全局逼近的学习算法，具有较好的泛化能力。经过训练后的网络，运行速度极快，可对相似的问题实时进行处理。

10.2.5　一个案例：异或逻辑的实现

异或问题是人工神经网络典型的可以解决非线性问题示例之一，它是一种基于二进制的位运算，用符号 XOR 或者^表示，应用于逻辑运算。其运算法则是对运算符两侧数的每一个二进制位进行比较，同值取 0，异值取 1。也就是两个数相同（两者都为真或两者都为假）时，逻辑异或后即为假（通常用 0 表示），不同（一方为真，一方为假）时，逻辑异或后即为真（通常用 1 表示），即 $0^{\wedge}0 = 0$，$1^{\wedge}0 = 1$，$0^{\wedge}1 = 1$，$1^{\wedge}1 = 0$。

对于此类问题用单个神经元模型无法解决，因为该问题是线性不可分的，对于二维输入空间，神经元的作用可以理解为对输入空间进行一条直线划分。例如，在这里 XOR 问题只有 4 个样本，它们的输入分别是 {(0, 0),(0,1),(1,0),(1,1)}，对应的输出是 {0,1,1,0}。其在二维平面的可视化如图 10.13 所示。

从图 10.13 可以看到，异或问题的类别很难用一条线性直线来把两个类别给区分开，即便是用曲线也很难区分开。而多层神经网络在不用转换样本空间的条件下就可以解决这个问题，因为多层网络引入了中间隐藏层，每个隐含神经元可以按不同的方法来划分输入空间，并抽取输入空间中包含的某些特征，从而形成更为复杂的分类区域。理论上已经证明三层神经

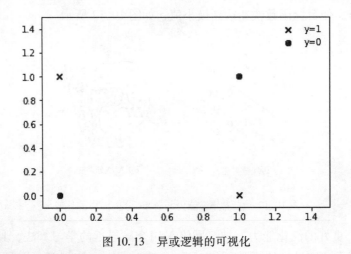

图 10.13 异或逻辑的可视化

网络足以解决任意复杂的分类问题。

　　针对异或问题的神经网络构造为：输入是二维向量，故输入层用 2 个神经元，由于输入层神经元的输入与输出相同，其单元不需要进行数学处理，可直接将输入神经元的输入接到隐藏层神经元的输入。网络输出是一维向量——0 或者 1，故输出层用 1 个神经元。对于这个简单问题，隐藏层神经元的个数确定为 2 个。最终确定的该神经网络构造及其权值、阈值如图 10.14 所示。

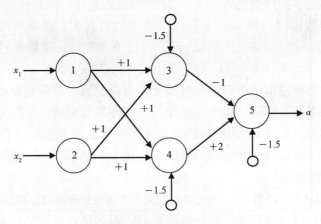

图 10.14 异或逻辑的神经网络

　　图 10.14 中，各条直线上的数字代表两节点之间的权值，小圆到大圆箭头上的数字代表了该神经元的偏差信号，也就是阈值。对于输入的向量 $(0,0)$，

即 $x_1 = 0$, $x_2 = 0$, 从输入层 1、2 到隐藏层 3、4, 乘以各节点相应权重并加上阈值, 最终隐藏层的输出为:

对于隐藏层 3:　　　　　 $(0 \times 1 + 0 \times 1) + (-1.5) = -1.5$

对于隐藏层 4:　　　　　 $(0 \times 1 + 0 \times 1) + (-0.5) = -0.5$

从隐藏层 3、4 的输出可视为输出层 5 的输入, 从而可以计算出输出层 5 的输出为:

$$a = [(-1.5) \times (-1) + (-0.5) \times 2)] + (-05) = 0$$

对于输入向量 $(0, 1)$, 计算隐藏层输出为:

对于隐藏层 3:　　　　　 $(0 \times 1 + 1 \times 1) + (-1.5) = -0.5$

对于隐藏层 4:　　　　　 $(1 \times 1 + 0 \times 1) + (-0.5) = 0.5$

输出层输出为:

$$a = [(-0.5) \times (-1) + (0.5) \times 2)] + (-05) = 1$$

同样对于输入向量 $(1, 0)$、$(1, 1)$ 按照上述步骤, 可计算其输出值分别为 1、0。可以看到, 神经网络通过并行计算机制, 引入多个参数, 无须采用类似 SVM 转换高维特征空间的方式, 就可以实现异或逻辑这一非线性分类问题的学习规则。对于各节点的权值、阈值在这里是直接给出的, 在实际操作中, 可能需要先赋予一个初始值, 然后通过误差的偏差程度, 不断迭代调整, 最终得到最优的、能够解决问题的参数。

10.3　BP 神经网络算法

接下来以人工神经网络中最著名、最典型以及应用最广泛的模型——BP 神经网络为基础, 介绍神经网络的基本原理、训练方式以及独有特性, BP 神经网络算法是 1986 年由 Rumelhart 和 Mc Celland 为首的科学家小组提出的, BP 是 Back Propagation 的简称, 即误差反向传播, 这也是 BP 算法最大的特点以及最典型的学习方式。

10.3.1　BP 算法的网络结构与训练方式

BP 神经网络是一种多层前馈神经网络, 它由一个输入层、一个或多个隐藏层及一个输出层组成的阶层型神经网络。每层由一定数量的神经元构成，相邻层之间的神经元是互相连接的；而每层的神经元之间无连接。对于外部输入信号，BP 神经网络的输入层先吸收，而后向前传播到隐藏层节点，在该层进行变换函数的处理之后，把隐藏层节点的信息传播到输出层节点，最后给出输出结果。

一个典型的三层 BP 神经网络如图 10.15 所示。

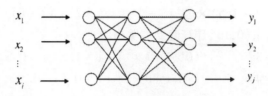

图 10.15　三层 BP 神经网络图

图 10.15 的三层 BP 神经网络具有 i 个输入节点、一个隐藏层和一个输出层，训练样本 X 首先进入输入层的 i 个节点中，经过处理进入隐藏层，再由隐藏层进入输出层，最终输出信息 Y。不同的是，进入输出层的信息会反馈过来，对各层的权值与阈值进行修改，以便达到最优的训练效果。

因此，BP 神经网络算法的训练路径包含两个阶段：信息正向传递与误差反向传播。在第一阶段信息正向传递中，输入已知学习样本，经隐藏层计算传到输出层，如果网络中有若干层隐藏层，每一个隐藏层的输出都是下一个隐藏层的输入。如果实际输出与目标输出之间的误差不能满足要求的精度，则进入第二个阶段——误差的反向传播。通过网络将误差按原来的路径反传回来，通过修改各层的权值与阈值，两个阶段循环进行，直到网络收敛为止。

由于误差逐层往回传递，以修正层与层之间的权值和阈值，这也是该算法为误差反向传播算法的来历，这种误差反向传播算法可以推广到有若干个中间层的多层网络。

10.3.2　信息正向传递与误差反向传播

信息正向传递和误差反向传播是 BP 神经网络的主要训练过程，基于图 10.15 的三层 BP 神经网络形式，将其推广到多层多节点 BP 神经网络。

假设输入层节点数为 n，隐藏层节点数为 r，输出层节点数为 m，w_{ik} 为第 i 个输入层节点到第 k 个隐藏层节点的权值，v_{kj} 为第 k 个隐藏层节点到第 j 个输出层节点的权值，θ_k 为第 k 个隐藏层节点的阈值，γ_j 为第 j 个输出层节点的阈值。

另外，f_1 为隐藏层节点的激活函数，f_2 为输出层节点的激活函数。并假设 $X = (x_1, x_2, \cdots, x_n)^T$ 为网络的输入向量，$Y = (y_1, y_2, \cdots, y_m)^T$ 为网络的输出向量，$Z = (z_1, z_2, \cdots, z_r)^T$ 为隐藏层的输出向量。对于该 BP 神经网络，其训练与学习的具体过程为：

（1）信号的前向传播过程

隐藏层第 k 个节点的输出 z_k：

$$z_k = f_1 \left(\sum_{i=1}^{n} w_{ik} x_i + \theta_k \right) \quad k = 1, 2, \cdots, r \tag{10.7}$$

式中，$w_{ik} x_i + \theta_k$ 为输入信息 x_i 在隐藏层第 k 个节点的输入；z_k 则为输出层的输入信息。

输出层第 j 个节点的输出 y_j：

$$y_j = f_2 \left(\sum_{k=1}^{n} v_{kj} z_k + v_j \right) \quad j = 1, 2, \cdots, m \tag{10.8}$$

式中，$v_{kj} z_k + v_j$ 为输入信息 z_k 在输出层第 j 个节点的输入。

（2）误差的反向传播过程

误差的反向传播，则是从输出层开始的反向过程，通过逐层计算各层神经元的输出误差，根据误差水平，采用梯度下降法来调节与修正各层的权值和阈值，经过修正，其网络的最终输出逐步接近期望值。

对于样本的网络期望输出 y_j 与真实输出 t_j 的误差函数 E 为：

$$E = \frac{1}{2} \sum_{j=1}^{m} (t_j - y_j)^2 = \frac{1}{2} (T - Y)^T (T - Y) = \frac{1}{2} e^T e \tag{10.9}$$

式中，$T = (t_1, t_2, \cdots, t_m)^T$ 为网络的期望输出；$e = (e_1, e_2, \cdots, e_m)^T$ 为误差向量。

根据误差梯度下降法，利用网络期望输出和实际输出，计算误差函数对输出层的各神经元的偏导数，从而依次修正输出层权值的修正量 Δv_{kj}、输出层阈值的修正量 $\Delta \gamma_j$、隐藏层权值的修正量 Δw_{ik}、隐藏层阈值的修正量 $\Delta \theta_k$。

根据式（10.8）、式（10.9），计算输出层权值调整公式：

$$\Delta v_{kj} = - \alpha \frac{\partial E}{\partial v_{kj}} = \alpha(t_j - y_j)f_2{'}z_k \qquad (10.10)$$

根据式（10.8）、式（10.9），计算输出层阈值调整公式：

$$\Delta \gamma_j = - \alpha \frac{\partial E}{\partial \gamma_j} = \alpha(t_j - y_j)f_2{'} = \alpha e_j f_2{'} \qquad (10.11)$$

根据式（10.7）~式（10.9），计算隐藏层权值调整公式：

$$\Delta w_{ik} = - \beta \frac{\partial E}{\partial w_{ik}} = \beta\big[\sum_{j=1}^{m} (t_j - y_j)f_2{'}v_{kj} \big]f_1{'}x_i \qquad (10.12)$$

根据式（10.7）~式（10.9），计算隐藏层阈值调整公式：

$$\Delta \theta_k = - \beta \frac{\partial E}{\partial \theta_k} = \beta\big[\sum_{j=1}^{m} (t_j - y_j)f_2{'}v_{kj} \big]f_1{'} \qquad (10.13)$$

式中，α 和 β 分别为输出层和隐藏层的学习速率。

BP 神经网络对所选激活函数要求其处处可微，因此可采用线性激活函数或 S 型激活函数，若输出层和隐藏层均选用较常用对数 S 型激活函数，即 $f(x) = \dfrac{1}{1 + e^{-x}}$，那么其导数为：

$$f'(x) = \Big(1 - \frac{1}{1 + e^{-x}}\Big)\frac{1}{1 + e^{-x}} = (1 - f(x))f(x) \qquad (10.14)$$

因此，在对数 S 型激活函数，BP 神经网络的网络的权值和阈值修改可表示为：

$$\Delta v_{kj} = - \alpha \frac{\partial E}{\partial v_{kj}} = \alpha e_j(1 - y_j)y_j z_k \qquad (10.15)$$

$$\Delta \gamma_j = - \alpha \frac{\partial E}{\partial \gamma_j} = \alpha e_j(1 - y_j)y_j \qquad (10.16)$$

$$\Delta w_{ik} = - \beta \frac{\partial E}{\partial w_{ik}} = \beta\big[\sum_{j=1}^{m} e_j(1 - y_j)y_j v_{kj} \big](1 - z_k)z_k x_i \qquad (10.17)$$

$$\Delta \theta_k = - \beta \frac{\partial E}{\partial \theta_k} = \beta\big[\sum_{j=1}^{m} e_j(1 - y_j)y_j v_{kj} \big](1 - z_k)z_k \qquad (10.18)$$

根据修改后的权值和阈值，与对应的原始权值或阈值相加，再从式（10.7）开始，计算新权值与阈值下的误差函数 E，再根据误差函数进一步对权值和阈值进行修改，直到误差函数满足一定要求。

10.3.3　BP 神经网络的学习流程

综合上述分析，可以得到 BP 神经网络算法的基本流程：

（1）网络的初始化

根据输入的学习样本来确定神经网络的输入层、隐藏层、输出层神经元的数目（即节点数），对输入量和输出量进行归一化处理，以确保不同参数数值差别的缩小和网络的快速收敛。初始化输入层、隐藏层、输出层神经元之间的连接权值与阈值，设定学习率、最大训练次数和神经元激活函数。在实际应用中，一般采用单隐藏层，多隐藏层虽然可以提高网络的精度，但也增加了网络的复杂度，增加网络的训练时间。隐藏层节点数一般通过如下经验公式来确定：

$$m = \log_2 n \tag{10.19}$$

$$m = \sqrt{nl} \tag{10.20}$$

式中，m 为隐藏层的节点数；n 是输入层的节点数；l 是输出层的节点数，网络的激活函数一般采用 S 型激活函数。

（2）计算各层的输入和输出

计算隐藏层、输出层的输入与输出。

（3）计算输出层的误差

计算误差，若误差满足精度要求，即 $E(q) < \varepsilon$，则停止迭代；若不满足，则需要进行误差反向传播。

（4）修正权值与阈值

根据 10.3.2 节的公式修正神经网络的权值与阈值。

（5）迭代与结束

再次计算输出误差，若满足精度要求或者达到设定的训练次数，则结束算法。否则重新输入样本返回第 2 步。

整个学习流程如图 10.16 所示。

10.3.4　BP 算法的一个演示举例

本节以一个简单的例子介绍一下 BP 神经网络算法的学习与训练过程，该 BP 神经网络是一个三层网络结构，包含一个输入层、一个隐藏层与一个输出层，其中，输入层、隐藏层、输出层节点数分别有 3 个、2 个、1 个，该神经网络结构与各节点权重如图 10.17 所示。

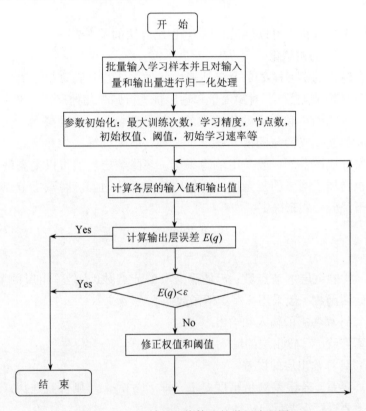

图 10.16　BP 神经网络算法的学习流程图

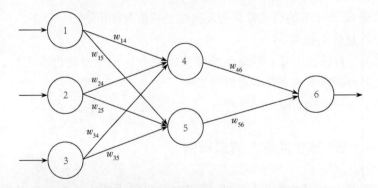

图 10.17　BP 神经网络算法的一个示例

假设该神经网络初始输入样本属性值、各节点权值、阈值、实际输出值以及学习率设定如表 10.1 所示。同时，假设该网络的激活函数仍为对数 S 型激活函数。

表 10.1　神经网络初始值的设置

参　数	代 表 意 义	初 　始 　值	参　　数	代 表 意 义	初 　始 　值
x_1	输入的样本属性值	1	w_{35}	节点 3、5 的权值	0.2
x_2	输入的样本属性值	0	w_{46}	节点 4、6 的权值	−0.3
x_3	输入的样本属性值	1	w_{56}	节点 5、6 的权值	−0.2
w_{14}	节点 1、4 的权值	0.2	θ_4	隐藏层节点 4 的阈值	−0.4
w_{15}	节点 1、5 的权值	−0.5	θ_5	隐藏层节点 5 的阈值	0.2
w_{24}	节点 2、4 的权值	0.4	θ_6	输出层节点 6 的阈值	0.1
w_{25}	节点 2、5 的权值	0.1	α、β	学习率	0.9
w_{34}	节点 3、4 的权值	−0.5	t_1	实际输出值	1

首先，计算隐藏层与输出层每个单元的输入、输出，如表 10.2 所示。

表 10.2　隐藏层与输出层每个单元的输入、输出

单元	输　　　　入	输　　　出
4	$0.2 \times 1 + 0.4 \times 0 + (-0.5) \times 1 + (-0.4) = -0.7$	$1/(1 + \exp(-(-0.7))) = 0.332$
5	$(-0.3) \times 1 + 0.1 \times 0 + 0.2 \times 1 + 0.2 = 0.1$	$1/(1 + \exp(-0.1)) = 0.525$
6	$(-0.3) \times 0.332 + (-0.2) \times 0.525 + 0.1 = -0.105$	$1/(1 + \exp(-(-0.105)))$ $= 0.474$

表 10.2 中，网络单元 4 和 5 输入的计算是根据公式 $\sum_{i=1}^{n} w_{ik} x_i + \theta_k (i = 1, 2, 3; k = 4, 5)$ 得到的，输出是根据式（10.7）的 $z_k = f_1\left(\sum_{i=1}^{n} w_{ik} x_i + \theta_k\right)$ 得到的；单元 6 输入的计算是根据式（10.8）中的 $\sum_{k=1}^{n} v_{kj} z_k + v_j (j = 6)$ 得到的，输出是根据式（10.8）的 $y_j = f_2\left(\sum_{k=1}^{n} v_{kj} z_k + v_j\right)$ 得到的，这里的 v_{kj} 对应表 10.1 中的 w_{46}、w_{56}，v_j 对应表 10.1 中的 θ_6。

其次，计算隐藏层与输出层每个单元的误差，如表 10.3 所示。

表 10.3　隐藏层与输出层每个单元的误差

单　　元	误差的偏导因子
6	$0.474 \times (1 - 0.474) \times (1 - 0.474) = 0.1311$
5	$0.525 \times (1 - 0.525) \times (0.1311 \times (-0.2)) = -0.0065$
4	$0.332 \times (1 - 0.332) \times (0.1311 \times (-0.3)) = -0.0087$

表 10.3 中，各网络单元的误差偏导因子是根据式（10.15）~式（10.18）计算，由于这里是对数 S 型激活曲线，所以可以直接用式（10.15）~式（10.18）。观察式（10.15）~式（10.18）可以看到，输出层权值和阈值的修改有一个共同的偏导因子 $e_j(1 - y_j)y_j$，隐藏层权值和阈值修改也有一个共同的偏导因子 $\left[\sum_{j=1}^{m} e_j(1 - y_j)y_j v_{kj}\right](1 - z_k)z_k$，其中 $e_j = t_j - y_j$，且这里输出层只有一个，所以 $\sum_{j=1}^{m} e_j(1 - y_j)y_j v_{kj}$ 就等于 $e_j(1 - y_j)y_j v_{kj}$。

所以，单元 6 的误差偏导因子计算就来自于 $e_j(1 - y_j)y_j$，单元 4、5 的计算则来自于 $e_j(1 - y_j)y_j v_{kj}(1 - z_k)z_k$，这里的 v_{kj} 就是 w_{46}、w_{56}。

最后，根据误差偏导因子，计算各层各节点修改后的权值与阈值，结果如表 10.4 所示。

表 10.4　各层各节点修正后的权值与阈值

节　　点	误差的偏导因子
W_{46}	$-0.3 + 0.9 \times 0.1311 \times 0.332 = -0.261$
W_{56}	$-0.2 + 0.9 \times 0.1311 \times 0.525 = -0.138$
W_{14}	$0.2 + 0.9 \times (-0.0087) \times 1 = 0.192$
W_{15}	$-0.3 + 0.9 \times (-0.0065) \times 1 = -0.306$
W_{24}	$0.4 + 0.9 \times (-0.0087) \times 0 = 0.4$
W_{25}	$0.1 + 0.9 \times (-0.0065) \times 0 = 0.1$
W_{34}	$-0.5 + 0.9 \times (-0.0087) \times 1 = -0.508$
W_{35}	$0.2 + 0.9 \times (-0.0065) \times 1 = 0.194$
θ_6	$0.1 + 0.9 \times 0.1311 = 0.218$
θ_5	$0.2 + 0.9 \times (-0.0065) = 0.194$
θ_4	$-0.4 + 0.9 \times (-0.0087) = -0.408$

表 10.4 中从隐藏层 4 到输出层 6 的权值更新为 $W_{46}: w_{46} + \Delta w_{46} = w_{46} +$

$\alpha e_j(1-y_j)y_jz_k$，其中 z_k 为单元 4 的输出 0.332；输出层单元 6 的阈值更新为

$$\theta_6:\theta_6+\Delta\theta_6=\theta_6+\beta\left[\sum_{j=1}^{m}e_j(1-y_j)y_jv_{kj}\right](1-z_k)z_k。其他单元权值与阈值的$$

更新法则以此类推。

　　根据更新的网络各单元的权值与阈值，可以再从表 10.2 开始，重新计算新权值与阈值下各层各单元的输出，在此基础上计算误差以及误差偏导因子，从而对权值与阈值再次更新，直到网络期望输出值与实际输出值 1 相接近，或者达到一定的训练次数。

10.4　人工神经网络的 Python 实现

　　人工神经网络可以采用 Python 里的 Scikit-learn 库来实现，使用 sklearn. neural_network 中的 MLPClassifier( ) 来实现 BP 算法训练的多层感知机，无须过多的编程或者对参数的调整。但是需要注意的是，这种实现方式不适用于大规模数据，特别是 Scikit-learn 不支持 GPU。如果想要提高运行速度并使用基于 GPU 的实现，就需要为构建深度学习提供更多灵活性的框架，例如 Caffe 主要用于做卷积神经网络，它还自带绘制神经网络结构图的工具，还有 Pytorch、TensorFlow 等。

10.4.1　人工神经网络的 Python 案例：手写数字的识别

　　接下来以一个数字识别的案例，来实现 Scikit-learn 库下的人工神经网络算法。

　　该数据集共有样本 5000 个，变量有 X、y，数据为 MATLAB 软件加载格式（mat），其中 X 为 5000×400 维矩阵，5000 代表 5000 个训练样本，400 则代表每个训练样本（也就是手写数字图像）20×20 像素的灰度强度，y 为 5000×1 维向量，取值包括 $(1,2,3,4,5,6,7,8,9,10)^T$，注意，由于 MAT-LAB 下标是从 1 开始的，故用 10 表示数字 0。

　　对于手写数字图像特征变量 X，随机选择其中 100 个样本，MATLAB 可视化的结果如图 10.18 所示。

图 10.18 特征变量 X 的部分样本可视化结果

❑ 导入数据

```
01  import numpy as np          #导入 numpy 库
02  from scipy.io import loadmat
                                #导入读取 mat 文件的模块
03  from sklearn import model_selection
                                #模型比较和选择包
04  from sklearn.metrics import confusion_matrix
                                #计算混淆矩阵,主要用来评估分类的准确性
05  from sklearn.metrics import accuracy_score
                                #计算精度得分
06
07  data = loadmat('D:/10_digital.mat')
08  data
```

代码第 2 行是 Python 中专门用于导入 mat 文件的程序包,在第 7 行直接用 loadmat 导入数据文件即可,输出结果为:

```
{'X': array([[0.,0.,0.,...,0.,0.,0.],
       [0.,0.,0.,...,0.,0.,0.],
       [0.,0.,0.,...,0.,0.,0.],
       ...,
       [0.,0.,0.,...,0.,0.,0.],
       [0.,0.,0.,...,0.,0.,0.],
       [0.,0.,0.,...,0.,0.,0.]]),
```

```
'__globals__': [],
'__header__': 'MATLAB 5.0 MAT-file,Platform: GLNXA64,Created on:
Sun Oct 16 13:09:09 2011',
'__version__': '1.0',
'y': array([[10],
          [10],
          [10],
          ...,
          [ 9],
          [ 9],
          [ 9]],dtype=uint8)}
```

　　输出结果展示了 10_digital. mat 数据集中变量 X、y 的部分数据以及相关
信息。注意在这里矩阵 X 中虽然呈现出的很多元素为 0，但是这不代表 X 就
是零矩阵，因为手写数字图像本身就有很多地方是空白的，主要数字像素
点集中在中间，所以矩阵 X 的很多非零元素主要集中于每行中间部分，下
面可以进一步提取变量 X、y，进一步观察变量的取值。

❑　将 X、y 转化为数组形式并展示部分数据

```
09   #把 X、y 转化为数组形式,以便于计算
10   X=data['X']          #提取 X 变量
11   y=data['y']          #提取 y 变量
12
13   X.shape,y.shape      #X、y 的形状
14
15   X[0,100:120]         #矩阵 X 第一行第 101 列至第 119 列的数据
```

　　第 13 行展示 X、y 的形状，第 15 行则展示矩阵 X 的部分数据，输出结
果为：

```
((5000L,400L),(5000L,1L))
array([ -0.01165435, -0.00497787, -0.05190807, -0.16489346,
        -0.26849903,
        -0.38779285, -0.46451186, -0.54957422, -0.30009149,
         0.49926991,
         1.76525906,2.17704731,2.14764,2.00267532,2.02265302,
         1.96091402,1.0217684, -0.32945977, -0.18055523,
         -0.08207319])
```

　　可以看到 X 为 5000 × 400 维矩阵，y 为 5000 × 1 维向量。展示的矩阵 X
的部分数据均为非零。

10.4.2 手写数字数据的神经网络训练

❑ 数据预处理——对 X 进行标准化转换

```
16  from sklearn.neural_network import MLPClassifier
                                          #导入 MLP 分类器程序库
17  from sklearn.preprocessing import StandardScaler
                                          #导入标准化库
18  scaler = StandardScaler()             #标准化转换
19  scaler.fit(X)                         #训练标准化对象
20  X = scaler.transform(X)               #转换数据集
```

在进行神经网络算法训练之前，首先对数据进行预处理，这里使用了 StandardScaler( ) 对矩阵 X 进行标准化转换。

❑ 将数据集划分为训练集与测试集

```
21  from sklearn.cross_validation import train_test_split
22  #以 25% 的数据构建测试样本,剩余作为训练样本
23  X_train,X_test,y_train,y_test = train_test_split(X,y,test_
    size = 0.25,randon_state = 2)
24  X_train.shape,X_test.shape,y_train.shape,y_test.shape
```

第 23 行仍然以 25% 的比例划分训练集与测试集，并固定随机种子 random_ state = 2，第 17 行则是对训练集与测试集的 X、y 矩阵形状进行展示，输出结果为：

```
((3750L,400L),(1250L,400L),(3750L,1L),(1250L,1L))
```

可以看到 X_train 为 3750 × 400 维数据矩阵，X_test 则为 3750 × 1 维数据矩阵，以此类推。

❑ 构建多层感知机来实现神经网络的训练

```
25  #设置 MLP 算法
26  mlp = MLPClassifier( solver = 'adam',activation = 'tanh',alpha =
    1e - 5,
27                       hidden_layer_sizes = (50,),learning_
                         rate_init = 0.001,max_iter = 2000)
28  mlp.fit(X_train,y_train)   #对训练集进行学习
```

第 26 行对人工神经网络算法的相关参数进行了设置，其中 solver = 'adam'表示用来优化网络中权重，solver 的取值：'lbfgs'，表示准牛顿法；'sgd'，表示标准的随机梯度下降法；'adam'，另一种类型的基于随机梯度下降的方

法，默认为'adam'。activation = 'tanh'则代表了激活函数的类型，这里的'tanh'代表正切双曲线型，另外'identity'表示无非线性激活函数，'logistic'表示对数型激活函数，'relu'则是正线性激活函数。

除此之外，alpha = 1e − 5 表示惩罚项系数，默认为 0.0001。hidden_layer_sizes = (50,)为该神经网络初始设置的隐藏层数量，代表了第 i 个元素表示第 i 个隐藏层的神经元的个数，默认为(100,)，例如在这里的(50,)就代表了只有一层隐藏层，该层隐藏层的神经元数为 50，(50,20)代表了有两层隐藏层且第二层的神经元数为 20。learning_rate_init = 0.001 表示学习率，max_iter = 2000 则表示最大迭代次数。

其输出结果为：

```
MLPClassifier(activation ='tanh',alpha =1e −05,batch_size ='auto
',beta_1 =0.9,
      beta_2 =0.999,early_stopping =False,epsilon =1e −08,
      hidden_layer_sizes =(50,),learning_rate ='constant',
      learning_rate_init =0.001,max_iter =2000,momentum =0.9,
      nesterovs_momentum =True,power_t =0.5,random_state =
      None,
      shuffle =True,solver ='adam',tol =0.0001,validation_
      fraction =0.1,
      verbose =False,warm_start =False)
```

以上结果代表了本次神经网络算法训练数据时的参数设置情况，主要参数在上面已有介绍，除此之外，还需注意的参数有：

learning_rate：字符型，控制学习率，当设置为'constant'时，训练过程中的学习率为另一参数 learning_rate_init 预设的常数；当设置为'invscaling'，会逐步降低学习率以减小在最优值附近震荡的风险；当设置为'adaptive'时，且early_stopping 被设置为开启时，如果连续两次训练集上的累积误差没有下降或交叉验证得分无法得到提升时，学习率会变为原来的 1/5，只有当 solver 设置为'sgd'时才生效。

tol：设定精度的阈值，默认是 1e − 4，设置的值越小，理论上训练精度越高，同时迭代次数也相应越多。

10.4.3 手写数字数据的神经网络评价与预测

❑ 展示训练结果，并对测试集进行预测

```
29  print '每层网络层系数矩阵维度: \n',[coef.shape for coef in
    mlp.coefs_]
30  y_pred = mlp.predict(X_test)    #预测测试集输出
31  print  '预测结果:',y_pred
32  print (mlp.intercepts_)         #列表中第 i 个元素代表 i +1 层的偏
                                      差向量
```

分别得到输出结果为：

```
每层网络层系数矩阵维度:
[(400L,50L),(50L,10L)]
预测结果: [7 8 3 ...3 7 9]
[array([ 0.01699874,0.13893963,-0.09739546,0.36212571,
      0.00421097,
      -0.14099249,0.09988133,0.35084429,0.05332728,
      -0.27275202,
      -0.07397795,-0.23062712,-0.05370075,0.17917356,
    0.11551142,
      0.25960553,0.14530344,0.23373868,0.10468435,
      0.06653696,
      -0.05067125,0.09787145,0.24277974,-0.10042277,
      -0.04497526,
      0.34016223,-0.05742729,-0.35138747,-0.36111139,
       -0.03739997,
      -0.28244286,0.01367911,-0.01708489,-0.10670683,
      -0.13151603,
      0.18234888,0.0260016,0.3258951,0.0437308,
       -0.24875039,
      -0.13560819,0.21735574,0.17636884,-0.21388165,
    0.22967284,
      0.20118954,0.17999544,-0.1146581,0.05692678,
       -0.22243835]),
array([ 0.22064924,0.14726668,-0.39460557,-0.06146388,
    0.05067294,0.25413449,0.35557673,-0.5066043,-0.15105733,
    -0.10338268])]
```

可以看到，从输出层到隐藏层，系数矩阵维度为 400×50 维，即输入 400 个向量，对应 50 个隐藏层神经元，从隐藏层到输出层则是 50×10 维，即输出 10 个向量，即数字 0 ~ 9。

除此之外，还可以输出各层的偏差向量 mlp. intercepts_，甚至是各节点之间的权重系数 mlp. coefs_，这部分结果较多，在此不再列出。

❏　预测结果的评价

```
33  accuracy_score(y_test,y_pred)                    #计算准确率
34  confusion_matrix(y_true =y_test,y_pred =y_pred)
                                                      #计算混淆矩阵
```

第 33、34 行分别得到此次神经网络算法的预测精度以及混淆矩阵。输出结果为：

```
0.928
array([[117,  1,  1,  0,  2,  0,  2,  3,  0,  0],
       [  1,110,  2,  0,  1,  1,  0,  3,  1,  0],
       [  1,  0,111,  0,  4,  1,  2,  4,  2,  0],
       [  1,  1,  0,128,  0,  1,  1,  0,  3,  0],
       [  0,  0,  3,  0,104,  6,  0,  1,  0,  0],
       [  1,  1,  0,  0,  1,115,  0,  0,  0,  0],
       [  1,  1,  0,  1,  0,  0,116,  0,  3,  1],
       [  3,  1,  2,  0,  2,  3,  1,126,  2,  1],
       [  0,  1,  2,  4,  1,  0,  2,  2,104,  1],
       [  0,  0,  0,  1,  2,  0,  0,  0,  0,129]],dtype =
int64)
```

可以看到，此次神经网络对手写数字的识别，其准确率为 92.80%，预测效果较好。在混淆矩阵里可以发现，对于每一个手写数字 0～9，采用此次 50 个隐藏层的神经网络能够对大部分手写数字进行有效识别。

10.5　从人工神经网络到深度学习

深度学习（Deep Learning），作为当前一个风靡各大领域的词汇，引发了人们较大的关注，特别是与人工智能的结合，在一定程度上甚至颠覆了人类对未来社会发展以及技术进步的传统认识。事实上，深度学习是以人工神经网络算法为基础的一种机器学习技术，只不过其相关处理改进了神经网络的不足，并随着计算机技术、大数据的发展，开启了更多的问题解决空间，并对很多领域实现了冲击。因此，本节对深度学习做一初步介绍，让大家能够从人工神经网络算法的基础上对深度学习有基本的了解。

10.5.1　从人工神经网络到深度学习的演进

人工神经网络（ANN）算法的出现一个最大的价值就是解决了非线性

分类问题，如前面讲过的"异或逻辑"的问题，在此基础上，神经网络算法应用日益广泛，扩展到了语音识别、图像识别、自动控制、信号处理甚至人工智能等方面。尤其是以反向传播为基础的 BP 神经网络算法，是目前应用最广泛的神经网络模型之一。

实际上，通过预测误差的反向调整来达到对问题或任务更优化学习的思想，在前面章节的相关算法中也有所涉及，例如最典型的梯度下降法，就是根据成本函数或损失函数不断迭代，求出最优的训练参数，已达到最佳拟合或预测效果。但是相比较而言，BP 神经网络算法，或者说人工神经网络算法更大的意义在于，一方面它通过设定输入层、隐藏层、输出层及其各网络单元的节点，将原始问题或样本分离成更抽象的组件，另一方面它引入了更多的参数，例如在 10.3.4 节的一个最简单的"3 - 2 - 1"结构的 BP 神经网络，就有十几个参数。

而在误差反向调整的过程中，这十几个参数会根据网络期望输出与实际输出的误差进行不断微调或者修正，这种微调就是算法或模型很多组件不断学习的过程，相比较于一些机器学习算法仅仅几个参数的微调或修正学习，以 BP 神经网络为基础的人工神经网络才是实现了对人脑学习的模仿。

例如对"苹果"和"梨"两类水果图像的识别，这些图像所对应的数据进入神经网络的多层结构时（特别是隐藏层），会把它分解为最基本的组件，即边缘、纹理和形状。当图像数据在网络中传递时，这些基本组件可能会进一步被组合以形成更抽象的概念，即曲线和不同的颜色等。最后输出时再组合起来形成预测数值，此时会出现误差，如预测的图像是"苹果"，但实际输入图像是"梨"。这时通过反向传播，各组件或抽象概念的参数会不断调整，以增加下一次将同一图像预测成"苹果"的可能性。这一过程持续进行，直到预测的准确度不再提升。

但是，神经网络这种过多的参数是一把"双刃剑"，这导致神经网络的训练耗时较长，且不一定能带来最优解，在实际中使用也不太方便。而 20世纪 90 年代中期，由 Vapnik 等发明的 SVM（支持向量机）算法也能够通过更高维的特征空间映射解决非线性问题，且对比神经网络算法，SVM 无须调参、高效或很容易就实现全局最优解，逐步超越神经网络成为主流。甚至在那一段时期内，神经网络算法被人摒弃，研究论文中如出现神经网络相关的关键字，很容易被会议或期刊拒收。

直到 2006 年，加拿大的 Hinton 教授提出了"深度信念网络"的概念，通过相关设定或处理来减少神经网络的训练时间，并赋予了一个新名词——"深度学习"，这赋予了人工神经网络新的生命。深度学习在语音识别、图像识别领域逐步崭露头角并展现了很大的技术优势。同时，随着机器学习算法的不断优化，并得到了 GPU 并行计算能力和海量训练数据的支持，原来深层神经网络训练方面的困难逐步得到解决，"深度学习"的发展迎来了新的高潮。2012 年，Hinton 与他的学生在 ImageNet 竞赛中，用多层的卷积神经网络成功地对包含 1000 类别的 100 万张图片进行了训练，取得了分类错误率 15% 的好成绩，这个成绩比第二名高了近 11 个百分点，充分证明了多层神经网络识别效果的优越性。

随着深度学习在人工智能领域的应用与技术突破，深度学习更是成为当前机器学习中最火热的算法，甚至指向了人类未来的科技发展。2016 年 3 月，以深度学习技术为基础的人工智能机器人 AlphaGo 在人类最复杂的游戏项目——围棋上，以 4∶1 的比分战胜了世界冠军李世石；2017 年 5 月，AlphaGo 2.0 版又以 3∶0 横扫当时世界排名第一的世界围棋冠军柯洁。同时自动驾驶技术也在不断进步和创新，这些科技发展都引发了人们对深度学习的较大关注，甚至去考虑深度学习技术的应用与不断创新会对未来人类社会发展带来多大的影响。

10.5.2　深度学习相比 ANN 的技术突破

深度学习源于人工神经网络算法，在其网络结构上也是采用了神经网络相似的分层结构，包括输入层、隐藏层（多层）、输出层组成的多层网络，只有相邻层节点之间有连接，同一层以及跨层节点之间相互无连接。但是在训练机制上，深度学习则采用了完全不同的学习规则，特别是改进了 BP 算法反向传播训练方式的不足，从而实现了在任务学习上、应用上的极大发展。

BP 算法作为传统训练多层网络的典型算法，应用只能局限在浅层网络上，在深层网络上的效果不佳。所谓浅层网络，其隐藏层一般有一到两层，有的甚至没有隐藏层，相比深层网络，它在训练时一方面难以用于比较复杂的识别，另一方面比较容易过拟合，使得网络模型对训练集以外的样本识别率很低。而深层神经网络通常含有许多个隐藏层，这种网络结构会产生大量的网络参数，如图 10.19 所示。

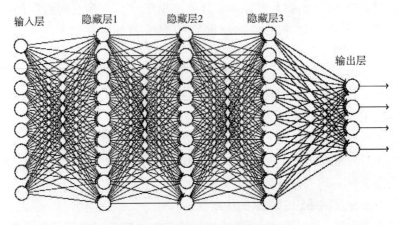

图 10.19　多个隐藏层的深层网络

对于图 10.19 所示的深层网络，若输入一张 100×100（像素）大小的图像，可以表示 10 000 个向量，那么从输入层到第一个隐藏层的参数均为 $10\ 000 \times 10\ 000 = 1 \times 10^8$。这使得神经网络有更深入的特征表示与更强的函数模拟能力，但是在深度网络下，BP 算法误差反向传播到前面的隐藏层的信号越来越小，达不到对参数有效调节的目的，同时 BP 算法容易陷入局部最优解而不是全局最优解。这就需要神经网络算法实现一个突破。

深度学习采用"逐层初始化"（Layer-wise Pre-training）来克服深层网络下 BP 算法的缺陷。传统神经网络对于网络参数是随机设定初始值，而深度学习加入了"逐层初始化"的过程，它先用无监督学习（不依赖于输出目标变量）方法分层训练，将上一层输出作为下一层的输入，从而得到各层参数的初始值。这使得网络的初始状态更接近最优值，提高了后续学习的性能。随着大数据与高性能计算的发展，这使得深度网络在训练海量数据与更多层、更复杂的网络结构有了技术保障。因此，深度学习突出了特征学习的重要性，使得算法本身更具有鲁棒性，在解决传统神经网络算法局限性的同时，又充分利用大数据来学习特征，基于自身学习能力更能深入划分数据的丰富内在信息。

以目前深度学习最常见且应用最为广泛的卷积神经网络（Convolutional Neural Networks，CNN）为例，它与传统 BP 算法最大的不同在于，其相邻层之间的神经单元并不是全连接，而是部分连接，也就是某个神经单元的感知区域来自于上层的部分神经单元，而不是像 BP 那样与所有的神经单元相连接，这使得其训练的参数大大减少；同时 CNN 又在隐藏层引入了由卷积层和子采样层构成的特征抽取器，大大加强了算法特征学习的能力，从而实现算法的优化与高效。这些构成了 CNN 的主要特点：局部感受野、权值共享以及降采样。

（1）感受野用来表示网络内部的不同神经元对原图像感受范围的大小，或者说，是 CNN 结构中某个特征映射到输入空间的区域大小。就像我们的眼睛，在看东西的时候会有一定的范围，而局部感受野可能就是我们眼睛聚焦的时候会集中在一个局部范围内。在 CNN 中，局部感受野则对应于一种卷积核，通过卷积核的特征扫描，可以实现网络神经元的部分连接，而不像传统人工神经网络全部连接，这就大大减少了训练参数。比如一个 100×100 大小的图像，假如局部感受野是 10×10，第一个隐藏层每个感受野只需要和这 10×10 的局部图像相连接，参数共有 $10 \times 10\ 000 = 10 \times 10^4$，相比于全连接 10^8 的参数，数量大大减少。如图 10.20 所示，通过可训练的卷积核向右向下的扫描，左图图像可转化为较小面积的右图图像，从而实现输入层与隐藏层神经元的部分连接。

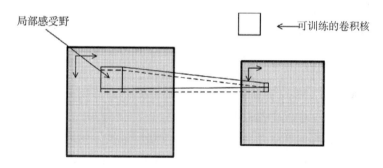

图 10.20　局部感受野的特征扫描过程

（2）权值共享则是在卷积核特征扫描的过程中，同一个卷积核内，所有神经元的权值与偏差值是相同的，从而大大减少需要训练的参数。比如在前面 100×100 大小的图像经 10×10 局部感受野特征扫描将参数减小到 10×10^4，而这 10×10^4 参数在经过同一个卷积核扫描之后共享权值与偏差，那么其参数将会减小到 10×10，即这一个局部感受野就涵盖了所有参数的主要特征。但是这样的话，参数过少会导致特征提取太少，因此，可以多加几个卷积核，例如 10 个，那参数总共就为 $10 \times 10 \times 10 = 1000$，仍然比 10×10^4 参数少很多。

（3）降（下）采样层（池化层）又称为 Pooling Layer，主要作用是简化卷积层输出的信息，所以通常位于卷积层之后。降采样层对前一层中的特征映射进行浓缩，形成一个个新的映射。在完成卷积特征提取之后，对于每一个隐藏层单元，将卷积特征划分为数个不重合区域，用这些区域的最大（或平均）特征来表示降维后的卷积特征，然后用这些均值或最大值参与后续的训练，这个过程也叫池化（Pooling），如图 10.21 所示。

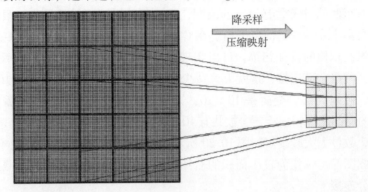

图 10.21　池化

卷积神经网络的这些特点使其在图像识别领域具有很大的优势，它既能够简化网络的复杂度，降低网络参数，又能够自动提取样本图像的特征，在不断"学习"中提高自己的识别能力。卷积神经网络一般采用卷积层与采样层交替设置，即一层卷积层接一层采样层，采样层后接一层卷积层，至少有两次交替，后面再跟着全连接层，全连接层与 BP 神经网络一样。隐藏层的卷积层和降采样层是实现卷积神经网络特征提取功能的核心模块。

除了卷积神经网络外，深度学习还包括深度前馈网络、递归神经网络等复杂的学习架构，同时，随着深度学习技术的不断发展，在网络层级、优化等方面逐步深入，且对未来经济社会的很多领域产生深远影响。其本身也已经超越原有人工神经网络算法内容，形成了一套成熟与庞杂的理论体系，很难用几章、几页纸完全描述清楚，需要长时间的反复学习与积累。

10.6　小结

本章主要介绍了人工神经网络（ANN）算法，它是通过对人类大脑处理信息的过程进行模拟，进而形成具有高度的非线性、能够进行复杂逻辑操作和非线性关系实现的系统。单个人脑神经元处理信息的主要特点就是并行处理，主要由多个树突、一个细胞体以及一个轴突来实现。科学家把人脑这种并行处理信息模式升级到单个神经元模型，即感知器，它是一种多输入单输出的非线性阈值器件，r 个输入信息经神经元传递后基于激活函数 $f(\cdot)$，最终输出网络预测值。

激活函数是一个人工神经网络的核心，它是将输入转化为输出结果的一种传递性质函数。常见的函数类型有阈值型、线性型、正线性型、S 型等，不同的函数对应不同的数据转换表达式。人工神经网络是由一个输入层、一个输出层和若干个隐藏层组成的，隐藏层的个数可以等于 1，也可以大于 1，根据实际需要确定。

人工神经网络按照神经元连接方式不同可以分为前馈型神经网络、反馈型神经网络与自组织神经网络，其中前馈型神经网络是指网络信息处理的方向是从输入层到各隐藏层再到输出层逐层进行，在这个过程中，各层处理的信息只向前传送，而不会反向相互反馈。人工神经网络强大的非线性处理能力，使神经网络能够很好地处理非线性样本的数据分类，特别是针对异或逻辑问题，展示了其非线性分类的优越性。

BP 神经网络是一种多层前馈神经网络，它是由一个输入层、一个或多个隐藏层及一个输出层组成的阶层型神经网络，其主要特征是信息正向传递与误差反向传播。其中误差反向传播就是利用误差梯度下降法，结合网络期望输出和实际输出，计算误差函数对输出层的各神经元的偏导数，从而依次修正各层相应神经元的权值。人工神经网络在实际操作中可以通过 sklearn. neural_network 中的 MLPClassifier( ) 来实现 BP 算法训练的多层感知机，特别是对图像识别有较好的分类预测效果。

深度学习是以人工神经网络算法为基础的一种机器学习技术，它通过相关设定或处理来减少神经网络的参数，并基于 GPU 并行计算能力和海量训练数据的支持，实现了神经网络由浅层网络学习向深层网络学习的跃进。特别是卷积神经网络，这一深度学习典型网络模型，主要采用局部感受野、权值共享和降采样等手段，既大大减少训练参数，又实现了对输入样本特征值的有效提取，在图像识别、人工智能、自动驾驶等很多领域得到广泛应用，也成为当前比较热门的关注领域。本章对深度学习也作了初步介绍。

第 11 章　聚类算法

聚类（Clustering）就是把数据集通过特定方法划分成多个组或簇的过程，使得簇内的对象具有很高的相似性，但不同簇之间的对象相似性很差，即聚类后同一类的数据尽可能聚集到一起，不同类的数据尽量分离。

在机器学习中，分类称作监督学习，因为它给定了类别标签，即学习是监督的，它被告知每个训练元素的类隶属关系。聚类则称为无监督学习，是因为没有提供对象的初始所属类别。本书前面章节讲到聚类分析，也就是从机器学习的有监督学习到无监督学习，而聚类分析就是其中最典型的无监督学习算法。通过对聚类算法的介绍，可以了解无监督学习的训练与评价模式等。

11.1　聚类算法概述

11.1.1　监督学习与无监督学习：原理与区别

关于监督学习与无监督学习概念，在前面的很多地方已有所涉及，特别是对其定义均有所介绍。事实上，监督学习（Supervised Learning）和无监督学习（Unsupervised Learning）的划分主要在于二者输入的数据是否有标签，或者说已知的样本输出目标变量值。输入数据有标签，则为监督学习，没标签则为无监督学习。

基于监督学习的机器学习算法也可以称为基于有导师（教师）学习的模式识别，顾名思义，这种方法的学习是通过第三方的介入——利用"导师"对某一模型进行"指导训练"，之后该模型接受并且记忆"导师"所指导的内容。这类过程可以看成一个人从出生开始，在成长过程中，通过父母和学校老师等每日的教育，本人平日所阅读的书籍资料等途径获得知识不断补充自己的大脑。这里面的"人"就是所谓的"训练模型"，而父母、老师的教导和书籍中的内容就是所说的"有标记的训练样本"，之所以称为"有标记的"是因为这些知识都是具有明确信息的，而人的学习过程则称为"训练"。

简单地表述监督学习，就是基于数学模型，通过对一组已知类别的样本数据的训练学习，使其达到所要求的性能，即对未知事物的分类识别。因此，一个基于监督学习方法具备的三个要素：已知类别信息的样本、数学模型、训练。通过数学模型的训练建立已知样本的分类规则，然后根据该分类规则与样本的已知类别信息相比较，从而进一步优化训练参数与过程，以达到最优的训练标准。

基于无监督学习的方法主要用于处理无标签的数据，即没有明确类别信息的数据，所以无监督学习的分类过程没有监督和指导，其分类原则主要是借助某种算法以及数据之间的类似原则进行分类，所以数据的分类结果并没有具体类别信息，但是通过数据的分类结果可以反映出这些数据的内在关联、分布结构或者潜在的类别规则。一般来说，用来表述样本与样本之间相似度最简单的方法是利用样本与样本直接的距离来描述，分类时主要根据样本矢量之间的欧氏距离远近来判断，尽量将距离近的分到相同的类中，距离远的分到不同的类中。

机器学习从监督学习到无监督学习，类似于人类认知的一个发展与跳跃过程，当我们面临大量未知事件时，我们可能基于已有的积累，通过对事件特征分析，自己寻找到其中的规律或分类规则等，从而建立一套事物划分模式。例如，当进入一个陌生群体时，会根据该群体内每个人的外貌长相、性格、行为方式等方面将其划分为不同类别的个体：谨慎型、外向型、高冷型、体贴型等。而监督学习则就像是我们在进入该陌生群体时，带了一位老师，这个老师对每个人都很熟悉，他会向我们提供每一个体的类型。

从这个角度讲，监督学习与无监督学习各有千秋，虽然在老师的指导下，监督学习能够直接给我们提供已知信息，快速了解事物情况，从而找到其中的决策规则，但是这种"先入为主"的训练方式，也存在着一定的束缚，例如老师提供的已知信息有偏误，那么也会导致我们对事物的认知出现偏误，而监督学习也会受到训练样本的约束，一旦出现训练中没有包含的类别样本，就无法识别。例如当陌生群体来了一个异类，不属于老师所提供的类型个体，那就导致我们无法判断，并做出决策。

反之，无监督学习能够根据一定的相似度算法自适应地去挖掘大量数据内部的分布特性，反映出数据间的异同。这给予了我们一定的认知能动性以及深入了解事物内在特征的机会，提高了自我认知能力。但是由于无监督学习缺乏相应已知信息对照，可能也会导致一定的误判以及分类不准确的情况。

11.1.2 从监督学习到无监督学习

除此之外，由于监督学习比无监督学习多了更多的信息，特别是这些多出来的信息就是关于学习任务或者目标变量方面的，这为监督学习的建模与训练提供了很多空间，所以相比于无监督学习，监督学习的算法层次更多，求解思路更丰富。例如线性回归、逻辑回归中，我们是用构建目标变量与特征变量关系函数的方式来学习，在决策树算法中采用信息论中评判事件发生不确定性的原理，来一步步推演目标事件发生的一系列特征属性。

在支持向量机中则是基于已有类别来获取最优分类超平面。神经网络中的 BP 算法本身就是有导师的学习方式，其误差反向传播的训练方式就必须依赖已有样本目标变量信息。而最小二乘法、梯度下降法等参数求解方式无不依赖已知目标变量值与预测值之间的成本函数，等等。可以说，在监督学习下，样本数据标签信息的提供为机器学习算法带来了极大的发展与丰富的学习思路。

反观，无监督学习受限于数据标签或者类别的未知性，首先考虑的问题就是计算机要自己去学习，去寻找样本数据之间的关联性或相似性，从而进行聚类或者其他操作等。相比较而言，无监督学习在训练方式、算法内容以及实际应用等方面都比监督学习差一些、弱一些。

但是这并不意味着无监督学习的价值或用途就比监督学习低，二者就像人类解决问题的两种途径，一种是已有经验的指导，另一种是凭借对现有事物的了解自己去摸索，找到规律。另外，在某些方面无监督学习是非常强大的，一个突出的例子是西洋双陆棋游戏，有一系列计算机程序（如

Neuro-gammon 和 TD-gammon）通过无监督学习反复玩这个游戏，变得比最强的人类棋手还要出色。这些程序发现的一些原则甚至令双陆棋专家都感到惊讶，并且它们比那些使用预分类样本训练的双陆棋程序工作得更出色。

在某些时候，已有分类模式可能随时间或空间发生变化，此时使用无监督方法可能会大幅提升分类器性能，或者是使用无监督方法能够提取一些更有用的特征，甚至发现原有类别标签下事物的一些新规律等。你需要根据当时的情况决定选用哪一种技术：要解决什么类型的问题，解决它需要多少时间，以及是否监督学习更有可能解决这个问题。总体来说，从监督学习到无监督学习，再到后面对聚类、降维，向我们展示了机器学习的另一种思维，更有助于我们了解计算机本身的思维方式，甚至更多的学习潜力。

11.1.3　聚类算法简介与应用

聚类算法是一个在没有给出训练目标的情况下，仅按照数据点之间的相似性水平将数据集划分为若干类的方法，它是将待分类对象从未知过渡到已知的有效措施。聚类模型可以建立在无类别标记的数据上，是一种无监督学习算法，而对数据预先设定准则的分类方法属于监督学习算法。它划分的基本原则是尽量使类簇内部的数据点间距最小而类簇外部的数据点间距最大。其建模原理如图 11.1 所示。

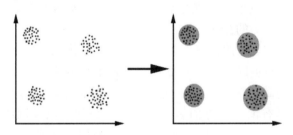

图 11.1　聚类算法建模原理

聚类算法的基本要素有：数据之间的相似度，聚类有效性函数，类别划分策略。

数据之间的相似度在 K 近邻算法的讲解中已有所涉及，包括欧氏距离、曼哈顿距离、明氏距离、切比雪夫距离以及夹角余弦相似性的度量等，这如同 K 近邻算法，也是将样本数据映射到空间中，通过空间距离或其他方式的衡量，来判断不同样本之间的相似程度，这也为后期的聚类打下基础。

聚类有效性函数，也是对样本类别判定的停止条件，一方面在聚类算法的不同阶段会得到不同的类别划分结果。聚类有效性函数就是用来判断多个划分结果中哪个最有效的方法，与此同时，有效性函数也可以作为算法停止的判别条件，当类别划分结果达到聚类有效性函数的条件时，算法运行即可停止。

类别划分策略就是基于数据之间的相似性，决定以何种类别划分方式时，类别划分结果可以达到有效性函数。按照类别划分策略的不同，聚类算法又可以分为划分式聚类算法、层次聚类算法、基于密度的聚类算法、基于网格的聚类算法以及基于模型的聚类算法等。

聚类算法的应用相当广泛。首先从算法角度，它可以作为一种数据预处理过程，在其他算法学习之前，能够通过聚类的方式，一方面对数据进行特征抽取或分类来降低算法训练的开销，提高效率；另一方面聚类后数据更浓缩，也会去除干扰信息，提高训练精度。

作为其他算法的预处理步骤，利用聚类进行数据预处理，可以获得数据的基本概况，在此基础上进行特征抽取或分类就可以提高精确度和训练效率。其次，聚类算法也可以作为一个独立的工具来获得数据的分布状况，它是获得数据分布情况的有效方法，通过观察聚类得到的每个簇的特点，对于某些特定的簇可以集中作进一步分析。最后，聚类算法也可以完成孤立点的挖掘，传统的机器学习算法更多的是使孤立点影响最小化，或者排除它们。然而孤立点本身可能是非常有用的，比如在欺诈探测中，孤立点可能预示着欺诈行为的存在。

因此，目前聚类算法在很多领域发挥着重要作用。比如市场细分与目标顾客定位中，根据顾客基本数据和市场数据将顾客分群，定义并分析不同类型顾客的消费行为模式，以便于企业商品的市场群体或区域的划分，也可以定位到具有消费潜力的客户上；在网络营销以及网络内容运营中，可以将性质或特性相类似的网页予以分类，增加网页搜索的速度，同时可以根据客户浏览行为以及相关信息，将客户聚类以便于商品或网页内容的推荐与营销。

11.1.4　主要的聚类算法

关于数据之间相似度的衡量，在 K 近邻算法的讲解中已经进行了介绍，即各种距离以及余弦相似性的度量，因此这部分内容在此不作过多介绍。目前，聚类算法有很多类别划分策略，这也导致了我们在对数据聚类时，需要根据数据的类型、聚类的目的和具体的应用等方面，考虑具体选取哪一种算法来实现聚类。但到目前为止，还没有一种具体的聚类算法能够适用于解释各种不同类型数据集所呈现出来的多样化结构。如前所述，主要的聚类算法大致可以分为以下几种。

1. 划分式聚类算法

划分式聚类算法是一种最基本的聚类算法，其基本思想是：给定一个包含 n 个样本的数据集，通过一定的学习或训练规则将数据集划分为 k 个子集（$k < n$），也就是说把这个数据集划分成 k 个类，这些类应该满足以下两个条件：每一个类至少包含一个样本；每一个样本必须属于且仅属于一个类。

当前常用的基于划分的方法主要有 Kmeans 和 K-中心点，前者每个类簇中心使用该类的所有数据点的各个属性的均值计算得出，后者使用最接近簇中心点的一个数据点来表示每个簇。这种基于划分的方法简单有效，在中小规模的数据且数据的分布为大小相近的球形簇时效果较好。但是这种方法仍然具有缺点，它受最初设定的 k 个质心影响较大，会对整个聚类过程造成一定程度的干扰，导致聚类质量有时好有时差。

2. 层次聚类算法

层次聚类算法是将数据集分解成几个层次来聚类，层次的分解可以用树状图来表示，层次聚类算法是将数据组织划分为若干个聚类，并且形成相应的以类为节点的一棵树来进行聚类分析。层次聚类算法按照分群方式可以分为凝聚（Agglomerative）型与分裂（Divisive）型两种。

凝聚型层次聚类算法是由下而上，先将各样本点视为单独的聚类，在接下来的每一步将最相似的聚类合并，直到所有的数据点均合并到同一聚类中或者达到所规定的停止条件为止，大多数层次聚类算法采用这种方式。

分裂型层次聚类算法则是一种由上而下的聚类方式，一开始先将所有的个体凝聚为一个大聚类，之后的每一步骤，从原有的聚类中挑选一个聚类，按照某种规则进行拆分，逐步将该大类分裂为较小的聚类，直到每个数据点各自成为一个独立的聚类或者达到所规定的停止条件为止。常用的层次聚类算法有 CURE（Clustering Using Representatives）算法、BIRCH

（Balanced Iterative Reducing and Clustering Using Hierarchies）算法和 ROCK
（Robust Clustering Using Links）算法等。

3. 基于密度的聚类算法

划分式聚类算法与层次聚类算法大多以数据点或聚类间的距离作为分
群依据，这样的衡量尺度很多时候只能得到球状分群结果。若数据点的分
布非球状，有时候只用距离测量来描述是片面的，不够充分的。球状与非
球状分布如图 11.2 所示。

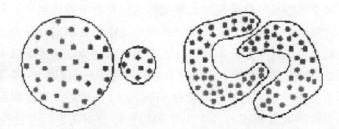

图 11.2　球状与非球状的类分布

对于这种情况，就需要考虑数据的紧密程度，即通过数据集密度来分
析任意形状的聚类。基于密度聚类算法的基本思想是：如果临近区域的密
度或者超过某个阈值时，则继续聚类；反之则停止。也就是说，对给定的
类中的每一个样本点，在某个给定范围的区域内至少包含一定数目的样本
点。常用的基于密度的聚类算法主要有 DBSCAN（Density-Based Spatial Clus-
tering of Applications with Noise）算法、OPTICS（Ordering Points To Identify
the Clustering Structure）算法等。

4. 基于网格的聚类算法

基于网格的聚类方法是利用多维的网格数据结构，把数据空间划分为
有限个独立的单元，进而构建一个可用于聚类分析的网格结构。其主要特
点是：处理时间与数据集中的待处理数据数目无关，而与每个维度上所划
分的单元相关，此类算法的精确程度主要取决于网格单元的大小。其基本
原理是在空间层面把所有点按照各个维度值转化为许多独立的小网格，进
而在它们组成的网络上逐步对小网格做聚类处理。

针对许多涉及空间的聚类问题，一般使用网格的方法会非常有效。基

于网格的方法处理数据集时执行速度会比较快，数据点的个数不会影响这种方法运行所花费的时间，聚类所需的时间仅仅依赖于量化空间的每个属性所对应的单元个数。但是由于单元数目会随着记录的属性添加而成倍增加，这将特别不适合对属性很多的数据点执行聚类操作；同时该算法存在网格单元个数与计算精度及复杂度的平衡问题，网格数目过少，那么计算精度会下降，反之网格数目过大会在很大程度上增加算法的计算量，从而降低执行效率。常用的基于网格的聚类算法有 STING（Statistical Information Grid-based method）算法、CLIQUE（Clustering In Quest）算法等。

5. 基于模型的聚类算法

基于模型的聚类算法是对样本数据分析后假定其符合一定的特征分布，并据此构建出一个合理的模型，再对该模型和已知数据进行充分拟合的过程。这种方法通常根据潜在的概率分布而生成的数据作为假设条件。这样的聚类算法主要有两类：统计学方法和神经网络方法。基于统计学的 COB-WEB 算法是聚类算法中最著名的。神经网络聚类方法主要有两种：竞争学习算法和自组织特征映射算法，其中自组织特征映射算法就是以自组织映射图网络为基础，将数据点投射至二维平面来进行聚类分析。

本章后面章节将对以上聚类算法中部分常用算法进行具体介绍。

11.1.5 聚类结果的有效性评价

除了对数据进行聚类外，对于聚类算法还需考虑聚类过程的终止条件，不同的终止条件可能会导致不同的聚类结果，这就需要对聚类结果进行有效性评价。一个数据集的数据点可以分为多少个类，一直是聚类分析的研究热点，目前为止，还没有一个很好的办法可以保证获得准确的类数目，这是聚类分析中一个较为关键和困难的问题。通常采用评估指标确定类数目，首先根据采集数据的组数 n，从最小值 N_{min}（通常设为 2）开始进行聚类循环，直到将所有的数据聚为一类为止。然后根据设定的聚类终止条件，找到最大类数目 N_{max} 结束。最后，结合一定的已知信息、相关经验与相邻领域背景知识及相关评价标准等，对聚类成果进行分析与解释，找到最适合的聚类数 N_{max}。

算法评估是为了对聚类算法的优劣性作一个评价。由于聚类结果遵循的是"类内相似度尽可能大,而类间相似度尽量小"的原则,因此大部分聚类算法评估都是以此为依据的,通常通过计算评估指标量化值对算法做出优劣性的评估。评估指标可以分为三类:外部准则、内部准则和相对准则。

其中,外部准则是指数据集有外部信息可用时,通过将算法分类结果与标准分类结果进行比较,从而判断分类结果的正确性。内部准则是通过数据集内部量之间的比较来评价聚类结果的好坏。相对准则是根据预定义的评价标准,针对聚类算法不同的参数值进行测试,选择最优的参数设置与聚类模式,该法由于不需用指标去假设检验,和上述两种方法相比,计算量要小很多。这三类准则中,外部准则最为客观,相对准则计算量最小,外部准则优于相对准则,而相对准则要优于内部准则。

无论数据聚类类别的有效性评价还是算法优劣性的评估,最终都需要一些指标来评判。接下来介绍一下几个常用的外部准则、内部准则指标。

1. 外部准则指标

首先,对于外部准则指标,假设由某个聚类算法在数据集 X 上运行所得的聚类结果为 $D = \{d_1, d_2, \cdots, d_m\}$,而数据集已知的真实划分为 $Q = \{q_1, q_2, \cdots, q_s\}$,$D$ 中的聚类数 m 与 Q 中的组数 s 不一定相同。那么对于数据集中的任意一对样本对,若该数据集有 N 个样本,那么样本对的个数 $M = N(N-1)/2$,在这些所有的样本对中,假定 a 表示样本对既在 D 中属于同一簇又在 Q 中同一组的个数;b 表示样本对在 D 中属于同一簇,但在 Q 中不同组的个数;c 表示样本对在 D 中不属于同一簇,但在 Q 中属于同一组的个数;d 表示样本对既在 D 中不属于同一簇又在 Q 中不为同一组的个数,从而得到 $M = a + b + c + d$。那么可以得到:

❑ Rand 指数

$$R = \frac{a+d}{a+b+c+d} = \frac{a+d}{M} \tag{11.1}$$

❑ Jacarrd 系数

$$J = \frac{a}{a+b+c} \tag{11.2}$$

❑ Fowlkes-Malllows 指数

$$FM = \sqrt{\frac{a}{a+b}\frac{a}{a+c}} \tag{11.3}$$

Rand 指数、Jacarrd 系数与 Fowlkes-Malllows 指数均是通过算法聚类结果与实际划分结果的比较来评判聚类效果，若指标值越大，则说明聚类结果与真实划分结果越相近，聚类效果越好。

除了上述指标外，还有采用信息检索中的查准率（precision）与查全率（recall）思想来进行聚类评价的 F-measure 指标，其计算公式为：

$$\text{F-measure} = \frac{2 \times \text{precision} \times \text{recall}}{\text{precision} + \text{recall}} \tag{11.4}$$

式中，$\text{precision} = \dfrac{n_k^m}{n_k}$ 表示精确率；$\text{recall} = \dfrac{n_k^m}{n_m}$ 表示召回率。n_k^m 表示聚类结果第 k 个类簇与真实划分类别中第 m 类共同拥有的数据对象的个数，n_k 表示聚类结果第 k 个类簇中数据对象的个数，n_m 表示聚类结果真实划分类别中第 m 类的数据对象的个数，F-measure 指标值越大，说明聚类结果越好。

2. 内部准则指标

内部准则指标适用于处理的数据及结构未知，其聚类结果评价只依赖数据集自身的特征和量值。在这种情况下，聚类分析的度量通常从数据集的几何结构信息或统计信息指标来评判，包括对数据集结构的紧密度、分离度、连通性等方面的评估。主要指标有：

❑　CH 指标

CH 指标是样本的类内离差矩阵（紧密度）与类间离差矩阵（分离度）的测度，其最大值对应的类数作为最佳聚类数。计算公式为：

$$\text{CH}(k) = \frac{trB(k)/(k-1)}{trW(k)/(n-k)} \tag{11.5}$$

式中，$trB(k)$ 与 $trW(k)$ 分别表示类间离差矩阵的迹和类内离差矩阵的迹；n 表示聚类的样本数；k 表示聚类的类别数。该指标不适用于聚类数为 1 的情况，离差矩阵本质上就是协方差矩阵乘以 $n-1$，CH 指标值越大代表着类自身越紧密，类与类之间越分散，即更优的聚类结果。

❑　DB 指标

DB 指标是基于样本的类内散度与各聚类中心间距的测度，其最小值对应的类数作为最佳聚类数。计算公式为：

$$\text{DB}(k) = \frac{1}{k} \sum_{i=1}^{k} \max_{j=1 \sim k, j \neq i} \left(\frac{W_i + W_j}{C_{ij}} \right) \tag{11.6}$$

式中，C_{ij} 表示类 C_i 和类 C_j 中心之间的距离；W_i 表示类 C_i 中的所有样本到其聚类中心的平均距离；W_j 表示类 C_j 中的所有样本到其聚类中心的平均距离。DB 指标不适用于聚类数为 1 的情况，其值越小表示类与类之间的相似度越低，从而对应越佳的聚类结果。

❑ Wint 指标

Wint 指标是最大化类内相似度和最小化类间相似度，通常采用带惩罚项 $\left(\frac{1-2k}{n}\right)$ 的 Wint 指标进行类数估计，其最大值对应的类数作为最佳聚类数。计算公式为：

$$\text{Wint}(k) = 1 - \frac{1}{\sum\limits_{i=1}^{k} n_i \cdot intra(i)} \sum_{i=1}^{k} \frac{n_i}{n-n_i} \sum_{j=1, j \neq i}^{k} n_j \cdot inter(i,j) \quad (11.7)$$

式中，n 表示聚类的样本数；n_i、n_j 分别代表第 i、j 个类簇中数据对象的个数；$intra(i)$ 表示类内相似度；$inter(i,j)$ 表示类间相似度，用相似度的度量公式计算可得。

11.2　聚类之 K 均值算法

K 均值算法也叫 K-means 算法或 K 平均算法，它是聚类算法中目前应用最广泛的算法之一，且其原理也相对比较简单。K 均值算法是一种基础的、典型的划分式聚类算法，它以其自身特点，特别适用于大型数据集的处理，特别是当样本分布呈类内团聚状时，处理效率较高，并且可以得到很好的聚类结果。本节就对 K 均值算法进行详细介绍。

11.2.1　K 均值算法的思想

K 均值算法就是基于距离的聚类算法，它主要通过不断地取离种子点最近均值来实现聚类的算法。该算法首先随机地选择 k 个对象作为初始的 k 个簇的质心（甚至是相邻对象也可），然后以质心为基础，计算剩余的每个对象与各个质心的距离，对象离哪个近就归哪个簇群，在此基础上，重新计算每个簇的质心，以此类推，直到准则函数收敛。该算法的主要思想在于，在不断的迭代过程中，把数据集划分为不同的类别，通过评价聚类性能的准则函数达到最优（平均误差准则函数 E）来设置终止条件，从而使生成的每个聚类（又称簇）内紧密、类间远离。其基本原理的图形表达如图 11.3 所示。

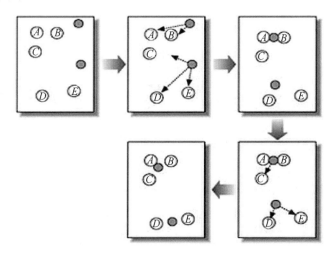

图 11.3　K 均值聚类算法的基本原理

从图 11.3 中可以看到，A、B、C、D、E 是 5 个在图中的点，灰色的点是种子点，也就是用来找点群的点。有两个种子点，所以 $k=2$，其中最上面的灰色种子点标记为 P，下边的种子点标记为 Q。K 均值聚类算法的原理演示为：

首先，随机在图中取 k（这里 $k=2$）个种子点，在这假定为 P、Q 两点，如图 11.3 的左上图所示。然后，对图中的所有点求到这 2 个种子点的距离，假如某一点离种子点 P 最近，那么就判定该点属于 P 点群。如图 11.3 的上中图所示，根据相互间的距离，A、B 点被聚类到种子点 P 所代表的类内，C、D、E 则被聚类到点 Q 的类内。

再次，根据初次聚类所得到的两个类别，分别计算两类的质心，相当于更新种子点。如图 11.3 中的右上图所示，在初次聚类的类别中寻找其中心点。

最后，根据新的种子点再次计算 A、B、C、D、E 到 2 个种子点的距离，根据距离的远近程度，再次划分新的类别。如图 11.3 中下面的两个图形，反复重复上述步骤，直到种子点不再移动。此时，最终聚类结果为：A、B、C 属于 1 类，D、E 属于另一类。

K 均值聚类算法通常采用欧氏距离、明氏距离等指标来计算样本值间的相似度，设有 n 个 p 维样本 $x_i = (x_{i1}, x_{i2}, \cdots, x_{ip})^T$，$i = 1, 2, \cdots, n$，可将它们看成是 p 维空间中的 n 个点，则两个样本 x_i 与 x_j 之间欧氏距离的计算公式为：

$$d(x_i, x_j) = \sqrt{\sum_{k}^{p} (x_{ik} - x_{jk})^2} \tag{11.8}$$

距离越小，样本 x_i 与 x_j 越相似，差异度越小；距离越大，样本 x_i 与 x_j 越不相似，差异度越大。在此基础上，通过不断地更新种子点与距离迭代计算，最终聚合类别的判定依据使用误差平方和准则函数来评价。

假设 X 为给定数据集，包含 n 个样本 $\{x_1, x_2, \cdots, x_n\}$，并假设其中只包含描述属性，不包含类别属性。假设 X 聚类为 k 个子集 $X_1, X_2, \cdots, X_k$，各个聚类子集中的样本数量分别为 $n_1, n_2, \cdots, n_k$，各个聚类子集的均值代表点（也称聚类中心）分别为 $m_1, m_2, \cdots, m_k$。误差平方和准则函数的计算公式为：

$$SSE = \sum_{i=1}^{k} \sum_{x_i \in X_i}^{n_i} \| x_i - m_i \|^2 \tag{11.9}$$

式中，x_i 代表被划分到 X_i 类子集的样本数据集。SSE 在一定程度上刻画了簇内样本围绕均值向量的紧密程度。它的值越小，则簇内样本相似度越高。聚类目标是使得各类的聚类平方和 SSE 最小。

11.2.2 K 均值算法的流程

在实际训练过程中，K 均值算法的具体步骤为：

（1）对于包含 n 个样本 $\{x_1, x_2, \cdots, x_n\}$ 的数据集，任意选取 k 个样本作为初始聚类中心 $m_1, m_2, \cdots, m_k$。

（2）对于每个样本 x_i 计算其与每个聚类中心的距离 D，从中选择距离最短的聚类中心 m_j，将其分配到 m_j 所表明的类内。

（3）对于步骤（2）所形成的聚类，用平均法计算 k 个类内新的聚类中心，即取聚类中所有元素各自维度的算术平均数。

（4）对于重新生成的 k 个新聚类中心，再计算每个样本到聚类中心的距离 D，选择距离最短的聚类中心，将其分配到类中。

（5）若 D 收敛，即步骤（2）中计算的每个样本与聚类中心距离，同步骤（4）中计算的样本与新聚类中心距离相差不大，同时聚类点变化也不大，则聚类过程结束；反之，重复步骤（2）~步骤（4）的过程，直到达到某个终止条件。

K 均值聚类算法的终止条件包括迭代次数、误差平方和准则 SSE 最小、各簇包含的样本点不再变化等。整个聚类过程如图 11.4 所示。

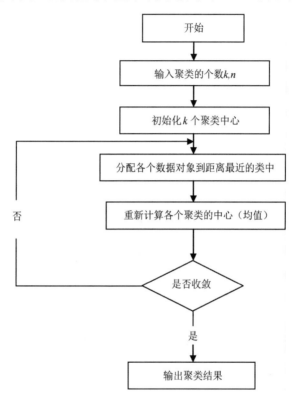

图 11.4　K 均值聚类算法的训练流程

针对大数据集，均值算法是相对可伸缩，并且高效率的，因为它的时间复杂度是由样本数、样本维数、聚类数和迭代次数所决定的。所以，对于类内紧密、类间远离的聚类结构，它的聚类效果相对较好。但它的缺点是，聚类分析前必须确定聚类数，而且不准确的值对聚类质量也是有明显影响，而且对于比较复杂的聚类结构来讲，聚类结果很容易受到初始聚类中心的影响，因而，很可能导致聚类结果的不稳定。

所以对于 K 均值算法，有时候还需考虑最佳的聚类数以及聚类结果的有效性（11.1.5 节所述）。在实际训练过程中，结合上述的 K 均值算法具体步骤，根据一定的准则确定聚类数 k 的一个范围，在该范围内运行聚类算法，得到不同的聚类结果，从而选择合适的有效性指标对聚类结果进行分析和评估。

此时若该数据集有外在的类别信息作为参考，那么就可以采用 Rand 指数、Jacarrd 系数等外部准则评价指标，若没有外部信息对照，则采用 CH 指数、DB 指数等内部准则评价指标。另外，对于聚类数 k 的范围 $[k_{\min}, k_{\max}]$，一般情况下，选择准则为：$k_{\min} = 2$，$k_{\max} = \mathrm{Int}(\sqrt{n})$，$\mathrm{Int}(\ )$ 表示取整数。

11.2.3 K 均值算法的一个简单例子：二维样本的聚类

下面以一个简单的例子来演示 K 均值算法的聚类原理与过程。假设有数据集 S，对应特征值为 x、y，作为一个聚类分析的二维样本，要求聚类的簇的数量 $k = 2$。数据集如表 11.1 所示。

表 11.1　K 均值算法的一个简单例子

O	x	y
1	0	1
2	0	0
3	2	1
4	3	1
5	4	1.5

该数据集中的样本点在二维平面上的分布如图 11.5 所示。

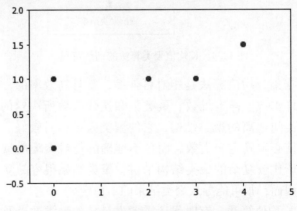

图 11.5　数据集 S 的样本点分布情况

从图 11.5 的样本点分布来看，5 个点有明显的簇群分布特征，接下来就用 K 均值算法来实现对该数据集的聚类。

第一，由于这里要求簇的数量 $k=2$，所以先选取前两个样本点 $O_1(0,1)$、$O_2(0,0)$ 作为初始聚类（簇）中心，即 $m_1=O_1(0,1)$，$m_2=O_2(0,0)$。

第二，对剩余的每个样本点，根据其与各个聚类中心的距离，将它分配给距离最近的簇。因此，对于样本点 $O_3(2,1)$，其与两个聚类中心的距离分别为：

$$d(m_1,O_3)=\sqrt{(0-2)^2+(1-1)^2}=2$$

$$d(m_2,O_3)=\sqrt{(0-2)^2+(0-1)^2}=\sqrt{5}\approx2.236$$

比较两个距离，可以看到 $d(m_1,O_3)<d(m_2,O_3)$，故将样本点 $O_3(2,1)$ 分配给 m_1 所形成的类 X_1。同样，对于 $O_4(3,1)$、$O_5(4,1.5)$ 分别计算其与两个聚类中心的距离为：

$$d(m_1,O_4)=\sqrt{(0-3)^2+(1-1)^2}=3$$

$$d(m_2,O_4)=\sqrt{(0-3)^2+(0-1)^2}=\sqrt{10}\approx3.162$$

$$d(m_1,O_5)=\sqrt{(0-4)^2+(1-1.5)^2}=\sqrt{16.25}\approx4.031$$

$$d(m_2,O_5)=\sqrt{(0-4)^2+(0-1.5)^2}=\sqrt{18.25}\approx4.272$$

比较各自的距离大小，有 $d(m_1,O_4)<d(m_2,O_4)$，故将样本点 $O_4(3,1)$ 分配给 m_1 所形成的类 X_1；$d(m_1,O_5)<d(m_2,O_5)$，故将样本点 $O_5(4,1.5)$ 分配给 m_1 所形成的类 X_1。根据初次聚类，得到的两个簇结果如图 11.6 所示。

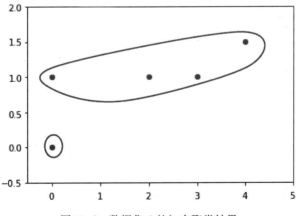

图 11.6　数据集 S 的初次聚类结果

从图 11.6 可以看到，样本点 $O_1(0,1)$、$O_3(2,1)$、$O_4(3,1)$、$O_5(4,$

1.5) 为一簇, 样本点 $O_2(0,0)$ 为单独一簇。此时, 计算该聚类结果的平方误差准则, 根据式 (11.9) 对于两类簇其单个方差为:

$$SSE_1 = [(0-0)^2 + (1-1)^2] + [(0-2)^2 + (1-1)^2]$$
$$+ [(0-3)^2 + (1-1)^2] + [(0-4)^2 + (1-1.5)^2]$$
$$= 29.25$$

$$SSE_1 = [(0-0)^2 + (0-0)^2] = 0$$

那么, 总的平方误差和 SSE = 29.25。

第三, 计算形成的两类簇的新聚类中心。其中 $O_2(0,0)$ 为单独一簇, 此时该簇的中心点就是(0,0)。对于其他 4 个样本点所形成的簇, 其聚类中心为:

$$m_1 = ((0+2+3+4)/4, (1+1+1+1.5)/4) = (2.25, 1.125)$$

第四, 对于新形成的聚类中心, 重复第二步, 计算 5 个样本点到每个聚类中心 m_1、m_2 的距离, 计算方法见第二步, 经过计算可将样本点 $O_1(0,1)$、$O_2(0,0)$ 为一簇, 样本点 $O_3(2,1)$、$O_4(3,1)$、$O_5(4,1.5)$ 为另外一簇。在此聚类结果下, 根据式 (11.9) 计算其总的平方误差和 SSE 为 4.859。

第五, 在第四步新聚类结果的基础上, 计算新的聚类中心为 $m_1 = (3,1.17)$、$m_2 = (0,0.5)$, 并反复重复第二、三步, 此时仍将样本点 $O_1(0,1)$、$O_2(0,0)$ 为一簇, 样本点 $O_3(2,1)$、$O_4(3,1)$、$O_5(4,1.5)$ 为另外一簇, 其总的平方误差和 SSE 为 2.417。

由第五步可知, 与第四步相比, 一方面两个簇包含的样本点不再变化, 另一方面, 总的平方误差和 SSE 也为最小, 所以最终的聚类结果及其簇中心点如图 11.7 所示。

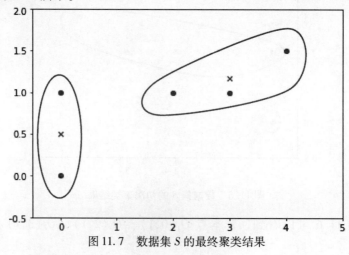

图 11.7 数据集 S 的最终聚类结果

11.2.4　K 均值算法的 Python 实现：不同含量果汁饮料的聚类（一）

　　K 均值算法也可以采用 Python 里的 Scikit-learn 库来实现，在 Scikit-learn 中的 cluster（聚类）程序包可以调取 KMeans( ) 函数直接实现对 K 均值算法的运行，无须过多的编程或者对参数的调整。接下来以果汁饮料含量的案例：某企业通过采集企业自身流水线生产的一种果汁饮料含量（Beverage）的数据集，来实现 K 均值算法。通过聚类以判断该果汁饮料在一定标准含量偏差下的生产质量状况，对该饮料进行类别判定。

　　该数据集共有样本 59 个，变量 2 个，包括 juice（该饮料的果汁含量偏差）、sweet（该饮料的糖分含量偏差），单位均为 mg/ml，所有特征变量都为与标准含量相比的偏差，该数据集没有目标类别标签变量。

　　❑　导入数据

```
01   import pandas as pd                #导入 pandas 库
02   import matplotlib.pyplot as plt    #导入 matplotlib 库
03   import numpy as np                 #导入 numpy 库
04
05   df=pd.read_csv('D:/11_beverage.csv')   #读取 csv 数据
06   df.head( )                         #展示前 5 行数据
```

前 5 行的数据展示结果如图 11.8 所示。

	juice	sweet
0	2.1041	0.8901
1	-1.0617	-0.4111
2	0.3521	-1.7488
3	-0.1962	2.5952
4	1.4158	1.0928

图 11.8　果汁饮料含量偏差数据集的前 5 行数据

　　图 11.8 中展示了 11_beverage.csv 数据集中前 5 行的数据，其中 juice 为该饮料的果汁含量偏差，sweet 为该饮料的糖分含量偏差。

❑ 样本数据转化并且进行可视化

```
07  X=df.iloc[:,0:2]           #取 df 的 2 列为 X 变量
08  X=np.array(X.values)       #把 X 化为数组形式
09
10  plt.scatter(X[:,0],X[:,1],s =20,marker ='o',c ='b')
11  #设置坐标轴的 lable
12  plt.xlabel('juice')
13  plt.ylabel('sweet')
```

将 pandasframe 格式的数据转化为数组形式，并绘制其散点图，观察其分布情况，得到结果如图 11.9 所示。

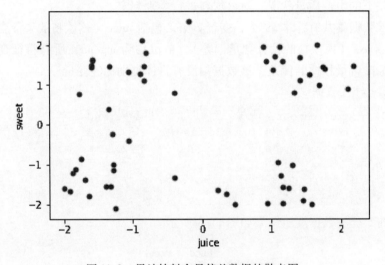

图 11.9　果汁饮料含量偏差数据的散点图

图 11.9 中展示了该数据集 juice、sweet 两特征变量的散点图，通过散点图可以看到，这 59 个样本的两个特征变量数据分布呈现一定的类簇，大致有三四个类簇。

❑ 进行 K 均值算法的训练，并输出结果

```
14  from sklearn.cluster import KMeans #导入 KMeans 算法库
15  n_clusters =3                      #设置聚类结果的类簇
16  kmean =KMeans(n_clusters)          #设定算法为 KMeans 算法
17  kmean.fit(X)                       #进行聚类算法训练
```

第 16 行对 K 均值算法的相关参数进行了设置，其中 n_clusters 代表了 K 值的选择，这里设置 n_clusters =3 代表最终聚类的类簇结果。第 17 行对 K

均值算法进行训练。

除此之外，KMeans( )还有很多参数，在这里均选择了默认，其输出结果为：

```
KMeans(algorithm ='auto',copy_x = True,init ='k - means + +',max_i-
ter =300,
    n_clusters = 3,n_init =10,n_jobs =1,precompute_distances ='
    auto',
    random_state = None,tol = 0.0001,verbose = 0)
```

以上结果代表了本次 K 均值算法训练数据时的参数设置情况，其中主要的参数有：

algorithm 有'auto'、'full'和'elkan' 3 种选择。'full'就是传统的 K-Means 算法，'elkan'是 elkan K-Means 算法。默认的'auto'则会根据数据值是否是稀疏的，来决定如何选择'full'和'elkan'。一般数据是稠密的，那么就是'elkan'，否则就是'full'。一般来说建议直接用默认的'auto'。

init 即初始值选择的方式，可以为完全随机选择'random'，优化过的'k-means ++' 或者自己指定初始化的 k 个质心。一般建议使用默认的'k-means ++'。

n_init 用不同的初始化质心运行算法的次数。由于 K-Means 是结果受初始值影响的局部最优的迭代算法，因此需要多跑几次以选择一个较好的聚类效果，默认是 10，一般不需要改。若 k 值较大，则可以适当增大这个值。

❑ 输出相关聚类结果，并评估聚类效果

```
18   from sklearn import metrics   #导入 metrics 评估模块
19   y_pred = kmean.predict(X)    #根据聚类结果预测每个 X 所对应的类簇
20   metrics.calinski_harabaz_score(X,y_pred)
                                   #采用 CH 指标评估聚类结果

21
22   labels = kmean.labels_           #输出每一样本的聚类的类簇标签
23   centers = kmean.cluster_centers_ #输出聚类的类簇中心点
24   print '各类簇标签值:',labels
25   print '各类簇中心:',centers
```

第 19 行是根据 K 均值聚类算法训练结果来预测每个 X 所对应的类簇，第 20 行则采用 CH 指标来对聚类有效性进行评估，CH 指标的具体内容见前面章节的介绍，这里缺乏外部类别信息，故采用内部准则评价指标来评估。分别得到输出结果为：

```
73.95986749645601
各类簇标签值：[0 1 1 2 0 1 1 0 2 2 1 1 0 2 1 1 1 0 2 1 1 0 1 0 2 1 1 0 2 1
1 0 2 0 1 1
2 0 1 0 2 0 2 1 1 0 2 1 2 1 1 0 2 1 1 1 0 2]
各类簇中心：[[ 1.44084375  1.44255625]
[ -0.30035357 -1.44121786]
[ -1.11652    1.4173    ]]
```

可以看到，设置 $k=3$ 的 K 均值算法，其 CH 指标值为 73.9599，各类簇的中心点分别为 $[1.44084375, 1.44255625]$ $[-0.30035357, -1.44121786]$ $[-1.11652, 1.4173]$。其中第一个中心点的特征值都相对大一些，表明该类簇的果汁饮料，其果汁含量与糖分含量都相对大一些；第二个中心点则表明该类簇的果汁饮料，其果汁含量接近标准含量，但糖分含量相对较小一些；第三个中心点则表明该类簇的果汁饮料，其果汁含量相对较小一些，而糖分含量又相对较大一些。

❑ 聚类结果及其各类簇中心点的可视化

```
26   markers = ['o','˄','*']                #设置散点图标记列表
27   colors = ['r','b','g']                 #设置散点图颜色列表
28   plt.figure(figsize = (7,5))            #设置图形大小
29   #画每个类簇的样本点
30   for c in range(n_clusters):
31       cluster = X[labels = = c]  #根据不同分类值 c 筛选 X
32       #按照 c 的不同取值选取相应样本点、标记、颜色，画散点图
33       plt.scatter(cluster[:,0],cluster[:,1],marker = mark-
         ers[c],s = 20,c = colors[c])
34   #画出每个类簇中心点
35   plt.scatter(centers[:,0],centers[:,1],
36              marker = 'o',c = "black",alpha = 0.9,s = 50)
37   #设置坐标轴的 label
38   plt.xlabel('juice')
39   plt.ylabel('sweet')
40   plt.show()   #展示图形
```

第 30 行根据聚类后不同类簇的标签值 c，一方面将相应的样本归到相关列别，即 cluster = X[labels = = c]，同时采用 for 循环，对不同的类绘制其散点图，且将各类簇采用不同的颜色进行标记，以便于区分；第 34 行，根据聚类后各类簇的中心点的向量值，设置相应的标记与颜色进行标注。得

到结果如图 11.10 所示。

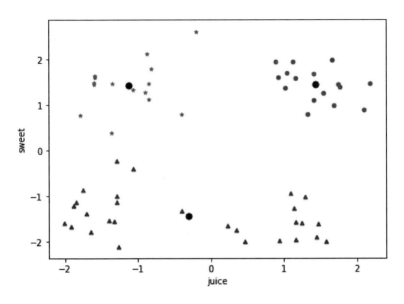

图 11.10　果汁饮料含量的聚类结果（$k=3$）

图 11.10 中展示了 $k=3$ 时对该数据集的聚类结果，通过散点图可以看到，这 59 个样本的 3 大类簇分布情况，不同的类表明了不同果汁饮料果汁、糖分含量的偏差情况，如图中右上角的那一类簇，就表明该类中饮料的果汁、糖分含量都比标准含量高一些。

接下来，再设定 $k=4$，来对该样本进行聚类。

❑　设定 $k=4$ 进行 K 均值算法的训练，并输出结果

```
41  n_clusters_four = 4                          #设置聚类结果的类簇为4
42  kmean_four = KMeans(n_clusters_four)          #设定算法为 KMeans 算法
43  kmean_four.fit(X)                             #进行聚类算法训练
44
45  y_pred_four = kmean_four.predict(X)
                                                  #根据聚类结果预测每个 X 所对应的类簇
46  metrics.calinski_harabaz_score(X,y_pred_four)
                                                  #采用 CH 指标评估聚类结果
```

第 41 行设置类族 n_cluster_four＝4，第 42 行对 K 均值算法的相关参数除了设置类族为 4 外，其他参数为默认值。相关输出结果为：

```
188.0667309404243
```

可以看到，设置 $k=4$ 的 K 均值算法，其 CH 指标值为 188.0667，大于
$k=3$ 时的 73.9599，代表着 $k=4$ 的聚类，其类自身越紧密，类与类之间越
分散，即更优的聚类结果。

❑ 输出聚类中心点

```
47   labels_four = kmean_four.labels_
                            #输出每一样本的聚类的类簇标签
48   centers_four = kmean_four.cluster_centers_
                            #输出聚类的类簇中心点
49   print '各类簇中心:',centers_four
```

输出结果为：

```
各类簇中心: [[ 1.04653846  -1.64170769]
 [ 1.44084375   1.44255625]
 [-1.46766     -1.26746    ]
 [-1.11652      1.4173     ]]
```

可以看到，设置 $k=4$ 时，聚类得到各类簇的中心点分别为 [1.04653846,
-1.64170769] [1.44084375, 1.44255625] [-1.46766, -1.26746]
[-1.11652, 1.4173]。通过不同中心点两特征值的比较，从而判断各类簇
中心点所对应的类，其饮料中果汁含量与糖分含量的水平。

❑ $k=4$ 时聚类结果及其各类簇中心点的可视化

```
50   markers = ['o','^','*','s']             #设置散点图标记列表
51   colors = ['r','b','g','peru']           #设置散点图颜色列表
52   plt.figure(figsize = (7,5))             #设置图形大小
53   #画每个类簇的样本点
54   for c in range(n_clusters_four):
55       cluster = X[labels_four = = c]      #根据不同分类值 c 筛选 X
56       #按照 c 的不同取值选取相应样本点、标记、颜色,画散点图
57       plt.scatter(cluster[:,0],cluster[:,1],
58                   marker = markers[c],s = 20,c = colors[c])
59   #画出每个类簇中心点
60   plt.scatter(centers_four[:,0],centers_four[:,1],
61               marker = 'o',c = "black",alpha = 0.9,s = 50)
62   #设置坐标轴的 label
63   plt.xlabel('juice')
64   plt.ylabel('sweet')
65   plt.show()   #展示图形
```

以上代码与 $k=3$ 时的可视化代码相同，得到结果如图 11.11 所示。

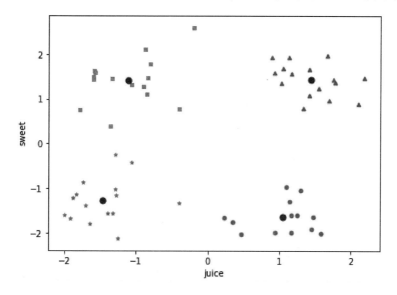

图 11.11　果汁饮料含量的聚类结果（$k=4$）

图 11.11 中展示了 $k=4$ 时对该数据集的聚类结果，通过散点图可以看到，这 59 个样本的 4 大类簇分布情况，不同的类表明了不同果汁饮料果汁、糖分含量的偏差情况，与 $k=3$ 时的聚类结果相比，主要区别在对坐标中下方的样本数据点进行了细分，将其划分为两类。这样聚类得到的 4 个类簇，分别代表：果汁含量低且糖分含量也低（左下角类簇）、果汁含量高但糖分含量低（右下角类簇）、果汁含量低但糖分含量高（左上角类簇）、果汁含量高且糖分含量也高（右上角类簇）。

以上是设定了初始聚类值 k 的聚类结果，但是在实际过程中，可能还要设定 k 的范围，在该范围内对 k 聚类，并通过相关准则来判定最佳聚类数与最优聚类效果。因此，在这里通过设置 k 的取值范围，来得到不同 k 值的聚类结果并进行比较，从而判断最佳结果。

❑ 设置 k 一定的取值范围，进行聚类并评价不同的聚类结果

```
66  from scipy.spatial.distance import cdist
67  #类簇的数量 2~9
68  clusters = range(2,10)
69  #距离函数
70  distances_sum = []
```

```
71
72  for k in clusters:
73      kmeans_model = KMeans(n_clusters = k).fit(X)
                                            #对不同取值 k 进行训练
74      #计算各对象离各类簇中心的欧氏距离,生成距离表
75      distances_point = cdist(X,kmeans_model.cluster_centers
        _,'euclidean')
76      #提取每个对象到其类簇中心的距离(该距离最短,所以用 min 函数),并
        相加
77      distances_cluster = sum(np.min(distances_point,axis =1))
78      #依次存入类簇数从 2 到 9 的距离结果
79      distances_sum.append(distances_cluster)
80
81
82  plt.plot(clusters,distances_sum,'bx -')
                                    #画出不同聚类结果下的距离总和
83  #设置坐标轴的 label
84  plt.xlabel('k')
85  plt.ylabel('distances')
86  plt.show( )   #展示图形
```

第 68 行设定了聚类 k 值的范围为 2 ~ 9,在该范围内计算不同聚类结果得到的每个样本与其对应类簇中心的距离总和值,这个值与误差平方准则的值有些类似。采用 for 循环来获取每一次聚类的距离总和值,其中第 73 行先对每次聚类结果进行训练;第 75 行根据训练结果得到各类簇的中心点,采用欧氏距离来计算各样本点到各类簇中心点的距离;第 77 行提取每个对象到各类簇中心点的最短距离,并将最短距离相加,这一过程就是按照距离最短准则对各样本点分配到各类簇进行判定,以及计算各样本点到对应聚类类簇的距离总和。

第 79 行是将不同 k 值下的距离结果的距离值保存到一个列表中,第 82 行就是绘制不同 k 值对应的总距离值的折线图。得到结果如图 11. 12 所示。

图 11. 12 中展示了 k 取 2 ~ 9 时,对该数据集聚类所得到的各样本点到对应聚类类簇的距离总和。通过图 11. 12 可以看到,随着 k 值的增大,总距离值是减小的,说明 k 值越大,各类越向其中心点聚合,同时可以看到 $k =$ 4 时,这种聚合过程发生较大变化,即总距离值的缩小开始趋缓,由于该数据集样本数量较小,所以 $k = 4$ 是个最佳聚类数。

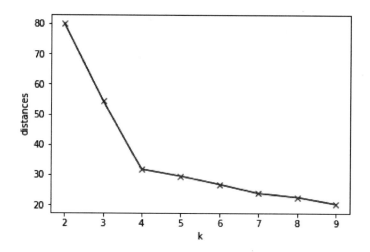

图 11.12　果汁饮料含量取不同 k 值的聚类结果评估

11.3　层次聚类算法

层次聚类算法（Hierarchical Clustering）也是聚类算法中目前应用较为广泛的算法之一，相比较于 K 均值聚类算法是基于划分的聚类方法，它是通过一层一层的聚类来实现对数据的训练。也就是说，在 K 均值算法中，需要确定类别 k 值选择和初始聚类中心点，在此基础上根据数据间的相似度，采用划分的方式找到类内紧密、类间远离的最优类簇，而层次聚类则是基于数据点间的相似性，通过最近的数据组合，一层一层地对数据进行聚类，从而形成树形的聚类结构。

11.3.1　层次聚类算法基本原理

层次聚类算法对给定的数据集进行层次的分解，直到某种条件满足为止。根据层次是自底向上还是自顶而下形成，层次聚类算法可以进一步分为凝聚（Agglomerative）型的层次聚类算法和分裂（Divisive）型的层次聚类算法。从聚类效果上来说，一个完全层次聚类可能由于无法对已经做的合并或分解进行调整，而无法形成最优聚类。但是层次聚类算法没有使用准则函数，它所含的对数据结构的假设更少，所以它的通用性更强。

凝聚型的层次聚类算法，其层次自底向上形成，在开始的时候，让每个对象单独成簇，并且通过迭代让小的簇合并成大的簇，直到达到需要的分类结果，即满足某个结束条件。这个单个的簇就是层次结构的根。在合并的过程中，它需要根据相似性度量找到两个最接近的簇，然后合并它们，得到新的簇。要求就是，让每个簇都要包含对象，最少一个。所以，凝聚的层次算法最多需要 n 次迭代才行。

分裂型的层次聚类算法，其层次自顶向下形成。它把所有的对象都放在一个簇里，这个簇就是层次的根节点。然后，把这个根节点划分成很多小的子簇，持续分为更小的。不断划分，直到底层的簇都足够凝聚或者每个簇里只有一个对象。

凝聚的层次聚类算法与分裂的层次聚类算法的区别如图 11.13 所示。

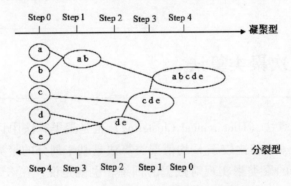

图 11.13 凝聚型与分裂型层次聚类算法

图 11.13 中展示了凝聚型与分裂型层次聚类算法的常规思路，其中，凝聚型层次聚类以 AGNES（Agglomerative NESting）算法为代表，其聚类原理是，对于一个数据对象，例如图 11.13 中的数据集合{a,b,c,d,e}，在 Step 0 中将每个对象作为一个簇，然后这些簇根据数据间相似度等准则被一步步地合并，在 Step 1 中将 a、b 合并，在 Step 2 中将 d、e 合并，在 Step 3 中将 c 和 d、e 合并，最终在 Step 4 中，将所有类簇合并为一类。两个簇间的相似度由这两个不同簇中距离最近的数据点对的相似度来确定。聚类的合并过程反复进行直到所有的对象最终满足簇数目。

分裂型层次聚类是以 DIANA（Divisive Analysis）算法为代表，它的处理方式与 AGNES 反其道而行，是把所有的对象放到一个簇里，如在 Step 0

中将 a、b、c、d、e 均归为一个类簇，按照某个方法把这个簇渐渐分成多个类，即在 Step 1 中先将 c、d、e 分裂为一个簇，在 Step 2 中又把 d、e 从 c、d、e 中分裂为一个簇。簇的分裂过程一直迭代进行，直到每个簇里都包含一个对象，即 Step 4 中 a、b、c、d、e 各归为一类。

从以上过程来看，层次聚类方法尽管简单，但经常会遇到合并点或分裂点的选择困难。这样的决定是非常关键的，因为一旦一组对象被合并或者分裂，下一步的处理将在新的簇上进行。已做的处理不能被撤销，聚类之间也不能交换对象。如果在某一步没有很好地选择合并或分裂的决定，可能会导致聚类效果较差。而且，这种聚类方法不具有很好的可伸缩性，因为合并或分裂的决定需要检查和估算大量的对象或簇。

因此，目前有很多针对层次聚类的改进算法，将层次聚类和其他聚类技术进行集成，形成多阶段聚类，例如 CURE 和 BIRTH 算法等，有兴趣的读者可以参阅相关资料。

11.3.2　算法的距离度量方法

从图 11.13 可以看出，无论凝聚型层次聚类算法还是分裂型层次聚类算法，一个核心的问题就是在每一步如何寻找各类簇的相似度，从而作出聚类决策，这就涉及各簇间距离的度量。在 8.2 节讲过欧氏距离、明氏距离等距离的度量方法，这些距离指标更多的是两个样本点之间距离的计算，在本节中的距离度量需要考虑不同样本点所组成的簇，各簇之间的距离度量。

对于任意两个簇之间的距离度量，广泛使用的是以下 4 种方法：

❑ 最小距离（Single Linkage）

又称单连接或最近邻方法，它是用两个簇之间所有数据点的最近距离代表该两簇间的距离。其计算公式为：

$$d_{\min}(c_i, c_j) = \min_{p \in c_i, p' \in c_j} |p - p'| \qquad (11.10)$$

式中，c_i、c_j 代表两个簇；p 和 p' 分别为 c_i、c_j 两个簇中的数据点向量；$|p - p'|$ 代表两个向量间的距离（采用欧氏距离等来度量）。该方法最善于处理非椭圆结构。却对噪声和孤立点特别敏感，若距离很远的两个类之中出现一个孤立点，这个点就很有可能把两类合并在一起。

❑ 最大距离（Complete Linkage）

又称全连接或最远邻方法，它是用两个簇之间所有数据点的最大距离代表该两簇间的距离。其计算公式为：

$$d_{\max}(c_i, c_j) = \max_{p \in c_i, p' \in c_j} |p - p'| \qquad (11.11)$$

式中，所有变量的意义与式（10.10）相同，不同在于它选取的是最远数据点的距离。它面对噪声和孤立点很不敏感，趋向于寻求某一些紧凑的分类，但是，有可能使比较大的簇拆分。

❑ 平均值距离（Centroid Linkage）

它是用两个簇之间各自中心点之间的距离代表该两簇间的距离。其计算公式为：

$$d_{\text{mean}}(c_i, c_j) = |m_i - m_j| \qquad (11.12)$$

式中，m_i、m_j 分别为类 c_i、c_j 的平均值，也就是中心点向量。

❑ 平均距离（Average Linkage）

它是用两个簇之间所有数据点间的距离的平均代表该两簇间的距离。其计算公式为：

$$d_{\text{avg}}(c_i, c_j) = \frac{1}{n_i n_j} \sum_{p \in c_i} \sum_{p' \in j} |p - p'| \qquad (11.13)$$

式中，n_i、n_j 分别为 c_i、c_j 的对象个数，与平均值距离相比，这里是距离的平均，而平均值距离则是数据点的平均值的距离。

层次聚类算法由于要使用距离矩阵（需要对每个数据点的距离都要计算，然后选择其中的最大、最小或者平均距离来作为簇距离），所以它的时间和空间复杂性都很高，几乎不能在大数据集上使用。层次聚类算法只处理符合某静态模型的簇，忽略了不同簇间的信息而且忽略了簇间的互连性（互连性指的是簇间距离较近数据对的多少）和近似度（近似度指的是簇间对数据对的相似度）。

11.3.3 层次聚类的简单案例之 AGNES 算法

下面以简单案例来演示层次聚类中 AGNES 算法的原理与过程。假设有数据集 Q，对应特征值为 x、y，作为一个聚类分析的二维样本，数据集如表 11.2 所示。

该数据集中的样本点在二维平面上的分布如图 11.14 所示。

表 11. 2   层次聚类算法的一个简单案例

Q	x	y
1	1	1
2	0	0
3	2	1
4	2	2
5	3	5
6	4	4
7	4	5

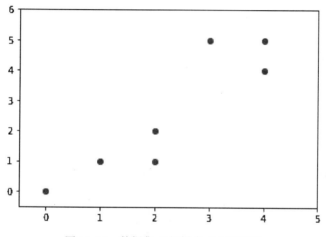

图 11. 14   数据集 Q 的样本点分布情况

从图 11. 14 的样本点分布来看，7 个点有明显的簇群分布特征，接下来就用凝聚型层次聚类算法的代表算法——AGNES 算法来实现对该数据集的聚类。AGNES 算法采用的距离度量方法为最小距离，终止条件为簇的数目 $k = 2$。

第一，将每个样本点视为单独一个簇，计算每个簇之间的距离，随机找出距离最小的两个簇，进行合并。

对于任意两个数据对象计算其距离，例如 $Q_1(1,1)$、$Q_2(0,0)$ 作为初始簇，其距离为：

$$d(Q_1,O_2) = \sqrt{(1-0)^2 + (1-0)^2} = \sqrt{2}$$

按照这种方式，对 7 个簇计算两两之间的距离，最短的距离为 1，这里有好几对簇的距离为 1，可以先把 1 和 3 两个点合并为一个簇 {1,3}。

第二，在第一步已合并部分簇的基础上，再计算簇间距离，找出距离最近的两个簇进行合并。根据计算 6、7 两个点距离最短，为 1，因此合并后 6、7 两个点成为一个簇 {6,7}。

第三，重复第二步，根据簇之间最小距离法计算，点 4 所在的簇与簇 {1,3} 距离最短，为 1，因此合并后这两个簇成为一个簇 {1,3,4}。

第四，重复第二步，根据计算，点 5 所在的簇与簇 {6,7} 距离最短，为 1，因此合并后这两个簇成为一个簇 {5,6,7}。

第五，重复第二步，根据簇之间最小距离法计算，点 2 所在的簇与簇 {1,3,4} 距离最短，为 $\sqrt{2}$，因此合并后这两个簇成为一个簇 {1,2,3,4}。

此时，7 个样本点最终合并成两个簇：{1,2,3,4}、{5,6,7}，达到了终止条件 $k=2$ 的要求，故算法结束。

AGNES 算法整个聚类过程用表格表示，如表 11.3 所示。

表 11.3　AGNES 算法整个聚类过程

步骤	最近的簇距离	最近的两个簇	合并后的新簇
1	1	{1}, {3}	{1,3}, {2}, {4}, {5}, {6}, {7}
2	1	{6}, {7}	{1,3}, {2}, {4}, {5}, {6,7}
3	1	{1,3}, {4}	{1,3,4}, {2}, {5}, {6,7}
4	1	{5}, {6,7}	{1,3,4}, {2}, {5,6,7}
5	1.414	{1,3,4}, {2}	{1,2,3,4}, {5,6,7}

11.3.4　层次聚类的简单案例之 DIANA 算法

接下来仍以同样的数据，再对分裂型方法——DIANA 算法进行聚类演示，终止条件为簇的数目 $k=6$。

第一，将所有样本点视为一个大簇，计算簇中两两样本之间的距离，找出其中距离最远的点 a、b，将其分裂出来，作为单独的簇。以这两个簇为基础，计算原类簇中剩余的其他样本点和 a、b 的距离，若是 dis(a) < dis(b)，则将样本点归到 a 所分裂出来的簇中，否则归到 b 所分裂出来的簇中。

按照这种方式，对簇 {1,2,3,4,5,6,7} 计算两两样本点的欧氏距离，得到点 2 和 7 的距离最远，为 6.403。因此，1 和 7 分别作为单独一簇，即

{2}、{7}。然后计算剩下的样本点到这两个簇的距离。以点 1 为例，它到 {2}、{7} 的距离分别为 1.414、5，因此把 1 划归到簇 {2} 中。以此类推，最终分裂的两簇为 {1,2,3,4}、{5,6,7}。

第二，在第一步已分裂部分簇的基础上，分别对两个簇再次分裂，对于每个簇计算两两样本之间的距离，找出其中距离最远的点，然后在剩下的样本点中计算它们与新簇的距离，将原类簇中的样本点重新分属到新类簇。

以分裂出来的新簇 {1,2,3,4} 为例，计算两两样本点的欧氏距离，得到点 2 和 4 的距离最远，为 2.828。因此，2 和 4 分别作为单独一簇再分裂出来，即 {2}、{4}。然后计算剩下的样本点到这两个簇的距离。以点 3 为例，它到 {2}、{4} 的距离分别为 2.236、1，因此把 3 划归到簇 {4} 中。若某点到两个簇的距离相等，则可以随机划归到某类。以此类推，最终分裂的两簇为 {1,3,4}、{2}。

第三，重复第二步，对分裂出来的新簇 {5,6,7}，找到距离最远的两个点形成新簇，并将剩下的样本划归到新簇，此时可以得到分裂的簇 {5}、{6,7}。

第四，重复第二步，对分裂出来的新簇 {1,3,4}，找到距离最远的两个点形成新簇，并将剩下的样本划归到新簇，此时可以得到分裂的簇 {1,3}、{4}。

第五，不断重复第二步，若终止条件为 $k=6$，此时 7 个样本点最终分裂成 6 个簇：{1,3}、{2}、{4}、{5}、{6}、{7}，算法结束。可以看出分裂型 DIANA 算法若聚类终止条件为 $k=2$，一般到第二步就结束了。

DIANA 算法整个聚类过程用表格表示，如表 11.4 所示。

表 11.4 DIANA 算法整个聚类过程

步骤	最远的样本点距离	最远的两个簇	分裂后的新簇
1	6.403	{2}、{7}	{1,2,3,4}、{5,6,7}
2	2.822	{2}、{4}	{1,3,4}、{2}、{5,6,7}
3	1.414	{5}、{7}	{1,3,4}、{2}、{5}、{6,7}
4	1.414	{1}、{4}	{1,3}、{2}、{4}、{5}、{6,7}
5	1	{6}、{7}	{1,3}、{2}、{4}、{5}、{6}、{7}

从表 11.4 可以看出，DIANA 算法基本上是 AGNES 算法聚类的逆过程，但是中间的训练方式是不一样的，另外，在实际中 DIANA 算法并不一定完全反着 AGNES 算法顺序进行聚类，在每一步的分裂聚类结果中并不与

AGNES算法的每一步合并有对应的地方。从前面的案例可以看出，相对于 AGNES 算法，DIANA 算法等分裂型层次聚类算法计算过程相对复杂、烦琐，一般较少使用。

11.3.5 层次聚类的 Python 实现：不同含量果汁饮料的聚类（二）

层次聚类算法也可以在 Python 的 Scikit-learn 库中调用 cluster（聚类）程序包来实现，但是与之对应的只有 AgglomerativeClustering( )函数，即对凝聚型层次聚类有现成模块。若实现分裂型算法还需编写程序。在这里仍以 11.2.4 节中例子：某企业通过采集企业自身流水线生产的一种果汁饮料含量（Beverage）的数据集，来实现 AgglomerativeClustering 的层次聚类算法。

如前所述，该数据集共有样本 59 个，变量 2 个，包括 juice（该饮料的果汁含量偏差）、sweet（该饮料的糖分含量偏差），单位均为 mg/ml，所有特征变量都为与标准含量相比的偏差，该数据集没有目标类别标签变量。

❑ 导入数据并进行转换

```
01   import pandas as pd                    #导入 pandas 库
02   import matplotlib.pyplot as plt        #导入 matplotlib 库
03   import numpy as np                      #导入 numpy 库
04
05   df=pd.read_csv('D:/11_beverage.csv')  #读取 csv 数据
06
07   X=df.iloc[:,0:2]                        #取 df 的 2 列为 X 变量
08   X=np.array(X.values)                    #把 X 化为数组形式
```

以上代码同 11.2.4 节，在这里不作过多解释。

❑ 进行 AGNES 算法的训练，并输出结果

```
09   from sklearn.cluster import AgglomerativeClustering
                                            #导入凝聚型算法库
10   n_clusters=4                            #设置聚类结果的类簇
11   #设定算法为 AGNES 算法,距离度量为最小距离
12   ward=AgglomerativeClustering(n_clusters,linkage='ward')
13   ward.fit(X)                             #进行聚类算法训练
```

第 12 行对 AGNES 算法的相关参数进行了设置，其中 n_clusters 代表了 k 值的选择，这里设置 n_clusters=4 代表最重要聚类的类簇结果，linkage='ward'代表了距离度量方法选择了最小距离；第 13 行对 AGNES 算法进行训练。其他参数在这里均选择了默认，其输出结果为：

```
AgglomerativeClustering(affinity = 'euclidean', compute_full_
tree = 'auto',
          connectivity = None, linkage = 'ward', memory = None, n_
          clusters = 4,
          pooling_func = < function mean at 0x00000000087AE978 > )
```

以上结果代表了本次 AGNES 算法训练数据时的参数设置情况，其中主要的参数有：

affinity 表示样本间距离的计算方式，可选择参数为'euclidean'、'mantattan'、'cosine'、'precomputed'等，即欧氏距离、曼哈顿距离、夹角余弦等。如果 linkage = 'ward'，则 affinity 必须为'euclidean'。

linkage 即簇间距离的度量方式，可选择参数为' ward' ' complete' 'average'等，即最小距离、最大距离、平均距离等。

memory 表示用于缓存输出的结果，默认为 None。

❑　输出相关聚类结果，并评估聚类效果

```
14   labels = ward.labels_          #输出每一样本的聚类的类簇标签
15   print '各类簇标签值:', labels
16
17   from sklearn import metrics  #导入 metrics 评估模块
18   y_pred = ward.fit_predict(X)
                                   #根据聚类结果预测每个 X 所对应的类簇
19   metrics.calinski_harabaz_score(X, y_pred)
                                   #采用 CH 指标评估聚类结果
```

以上代码同 11.2.4 节，在这里不作过多解释。由于层次聚类法不像 K 均值那样需要以各类簇的中心点为基础进行聚类，所以在这里没有类簇中心点的输出函数，若要输出各类簇中心点，还需根据编写函数进行计算。分别得到输出结果为：

```
各类簇标签值:[2 0 1 0 2 1 1 2 0 0 1 3 2 0 1 3 1 3 2 0 1 3 2 3 2 0 1 3 2 0 1
3 2 0 2 0 1
0 2 3 2 0 2 0 1 3 2 0 1 0 1 3 2 0 1 3 3 2 0]
157.212767543232
```

可以看到，设置以最小距离度量的 AGNES 算法，其 CH 指标值为 157.2128。

❑　聚类结果及其各类簇中心点的可视化

```
20   markers = ['o', '?', '*', 's']       #设置散点图标记列表
21   colors = ['r', 'b', 'g', 'peru']     #设置散点图颜色列表
```

```
22  plt.figure(figsize=(7,5))          #设置图形大小
23  #画每个类簇的样本点
24  for c in range(n_clusters):
25      cluster = X[labels==c]         #根据不同分类值 c 筛选 X
26      #按照 c 的不同取值选取相应样本点、标记、颜色,画散点图
27      plt.scatter(cluster[:,0],cluster[:,1],
28                  marker=markers[c],s=20,c=colors[c])
29  #设置坐标轴的 label
30  plt.xlabel('juice')
31  plt.ylabel('sweet')
32  plt.show()                          #展示图形
```

以上代码同 11.2.4 节,得到结果如图 11.15 所示。

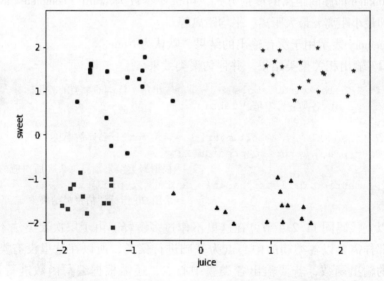

图 11.15　果汁饮料含量的 AGNES 算法聚类结果(最小距离)

图 11.15 中展示了 $k=4$ 时对该数据集的聚类结果,通过散点图可以看到,这 59 个样本的 4 大类簇分布情况,不同的类表明了不同果汁饮料果汁、糖分含量的偏差情况。与 K 均值算法得到聚类结果(见图 11.10)相比,可以发现二者的聚类结果还是存在一定差异的,主要是在各类簇之间的数据点划分有所不同。

接下来将 AGNES 算法的簇间距离度量方式设定为最大距离,即 linkage = 'complete',观察其训练的结果。

❏　进行最大距离度量方式的 AGNES 算法的训练，并输出结果

```
33   #设定算法为 AGNES 算法,距离度量为最大距离
34   complete = AgglomerativeClustering(n_clusters,linkage = '
complete')
35   complete.fit(X)                    #进行聚类算法训练
36
37   labels_com = complete.labels_      #输出每一样本的聚类的类簇标签
38   print '各类簇标签值:',labels_com
39
40   from sklearn import metrics        #导入 metrics 评估模块
41   y_pred_com = complete.fit_predict(X)
                                        #根据聚类结果预测每个 X 所对应
                                         的类簇
42   metrics.calinski_harabaz_score(X,y_pred_com)
                                        #采用 CH 指标评估聚类结果
```

第 34 行在 AgglomerativeClustering( ) 参数中设置 linkage = 'complete'，代表了距离度量方法选择了最大距离，其他参数在这里均选择了默认，其输出结果为：

```
各类簇标签值: [2 3 1 0 2 1 1 2 0 0 1 3 2 0 1 3 1 3 2 0 1 3 2 3 2 0 1 3 2 0 1
3 2 0 2 3 1
  0 2 3 2 0 2 0 1 3 2 0 1 0 1 3 2 0 1 3 3 2 0]
180.81063966597227
```

可以看到，设置以最大距离度量的 AGNES 算法，其 CH 指标值为 180.8106，大于最小距离度量的 CH 指标值（157.2128），说明该算法优于最小距离度量的算法，但是小于 K 均值聚类的 CH 指标值（188.0667）。

❏　聚类结果及其各类簇中心点的可视化

```
43   markers =['o','ᵔ','*','s']        #设置散点图标记列表
44   colors =['r','b','g','peru']       #设置散点图颜色列表
45   plt.figure(figsize =(7,5))         #设置图形大小
46   #画每个类簇的样本点
47   for c in range(n_clusters):
48       cluster = X[labels = = c]      #根据不同分类值 c 筛选 X
49       #按照 c 的不同取值选取相应样本点、标记、颜色,画散点图
50       plt.scatter(cluster[:,0],cluster[:,1],
51               marker = markers[c],s = 20,c = colors[c])
52   #设置坐标轴的 label
53   plt.xlabel('juice')
54   plt.ylabel('sweet')
55   plt.show()                         #展示图形
```

以上代码同 11.2.4 节, 得到结果如图 11.16 所示。

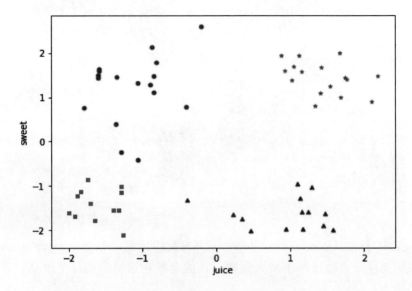

图 11.16 果汁饮料含量的 AGNES 算法聚类结果 (最大距离)

比较图 11.16 中通过采用最大距离度量的 AGNES 算法, 对 59 个样本的 4 大类簇划分情况, 与最大距离度量的 AGNES 算法、K 均值算法均有一些差异, 主要还是在各类簇之间的数据点划分有所不同。

11.4 其他类型聚类算法简介

除了 K 均值算法为代表的划分式、AGNES 算法为代表的层次聚类算法外, 目前聚类算法中还有以密度、网格、模型为基础的聚类算法, 相比较而言这些算法的原理更为复杂, 训练过程中考虑的问题更多, 但是对于特定聚类问题, 比如非球状类分布问题学习的效果较好。本章就对这些类型的算法中的一些典型算法作简要介绍。

11.4.1 基于密度的 DBSCAN 算法

DBSCAN 算法全称为 Density-Based Spatial Clustering of Applications with

Noise，即基于密度的噪声应用空间聚类算法。作为基于密度的聚类算法，与划分和层次聚类方法不同，它将密度相连的点的最大集合作为一个簇，能够覆盖足够高密度的区域，能识别任意形状的数据分布并可以处理噪声数据。因此，DBSCAN 算法不仅关注所要聚类样本数据点之间的距离，还要关注不同数据点周围的密度情况，这里的密度可以解释为以该点为圆心，在一定半径（用 Eps 表示）内的圆区域（也叫邻域，Neighborhood）所包含的样本点数目。

这时候需要考虑的一个问题是，密度达到多大程度才能把邻域的点划归到圆心点所在的簇中？这就需要设置一个阈值——MinPts，若假设 MinPts =4，那么任意找一点，该点以 Eps 为半径的邻域内有 5 个点，那么就可以把该点称为核心点（Core Point）。而某点以 Eps 为半径的邻域内有 4 个点，则是非核心点，但是若这个非核心点的邻域内有核心点，那么非核心点就叫边界点（Border Point），若某点既不是核心点也不是边界点，那就是噪声点（Noise Point）。二维平面坐标下 3 个点的关系如图 11.17 所示。

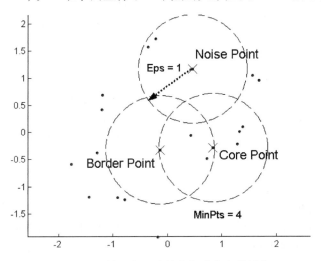

图 11.17 核心点、边界点与噪声点的界定

图 11.17 中，当设置 Eps = 1，MinPts = 4 时，核心点的密度为 6，而边界点的密度为 3，小于 4 但其邻域内包含核心点，噪声点的密度为 2，且不包含核心点。

在此基础上，DBSCAN 算法通过检查数据集中每点的 Eps 邻域来搜索簇，如果点 P 的 Eps 邻域包含的点多于 MinPts 个，则创建一个以 P 为核心点的簇，那么核心点 P 邻域内的点就自然而然聚合到该簇中，这些点也被称为点 P "直接密度可达"的点。但是仅仅这样聚类就算结束了吗？那样的话整个样本空间就是一个又一个的圆形簇，甚至很多簇会有较大交叉。

因此，在这里不仅要考虑核心点"直接密度可达"的点，还要考虑"密度可达"的点，即存在着对象链，P 到 M 是"直接密度可达"，M 到 Q 又是"直接密度可达"，那么 P 到 Q 就是"密度可达"的点。密度可达性是直接密度可达性的传递闭包，但是这种关系是非对称的，比如 Q 点可能就不是核心点，那么从 Q 到 P 就不是"密度可达"。然而，若 P 到 Q 是"密度可达"，而 Q 到 P 也是"密度可达"，二者有了这种对称性的话，那就称为"密度相连"。在二维平面坐标下这种关系如图 11.18 所示。

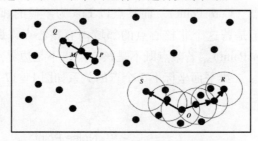

图 11.18　密度可达与密度相连的界定

图 11.18 中，在设置一定的 Eps 与 MinPts 后，核心点 P 与点 Q 就是"密度可达"，核心点 S 与核心点 R 通过点 O 形成"密度相连"。

DBSCAN 算法就是通过这种密度式的搜索，来聚合不同的簇。首先是设置一定的 Eps 与 MinPts 来寻找到核心点以及边界点，然后以核心点为中心，通过边界点搜索密度可达的对象，直到没有对象为止，这些所有密度可达的对象所包含的点就可以聚合为一簇。接着再扫描数据集，将剩下没有被聚类的核心点再重复上述步骤。当没有新的点添加到任何簇时，该聚类结束。此时，若还剩下点没有被聚合到任一簇中，这些点就变成异常点。

这种聚类算法可以处理不同形状和大小的数据，特别是非球状分布点，如图 11.19 所示。

图 11.19 中的数据点分布簇，若用 K 均值算法或者层次聚类算法来学习，其聚类效果将会很差，难以找到数据真正的类。基于密度的 DBSCAN 算法考虑不同点分布的密度状况，则能有效聚类，从而可以过滤噪声孤立点数据，发现任意形状的簇，但对于高维问题，密度定义是一个难题。DBSCAN 算法可以在 Python 的 Scikit-learn 库中调用 cluster. DBSCAN( ) 函数来实现。

图 11.19　非球状分布点示例

11.4.2　基于网格的 STING 算法

作为机器学习的常用算法之一，大多数聚类算法是基于距离的，随着空间数据的增长越来越快，越来越巨大的数量级和数据类型复杂度，对聚类算法提出了挑战。另外，对于高维空间，由于点在空间中的分布比较分散，不太容易形成支持度较高的聚类，所以考虑在某一个子空间内执行聚类分析的任务，基于网格的聚类算法就是由此产生的。

基于网格的聚类算法基于网格原理，主要是将对象空间量化为有限数目的单元（网格），形成一个网格结构，以网格结构为基础进行聚类。STING 算法则是一个典型的网格聚类算法，其全称为 Statistical Information Grid，即统计信息网格算法。它是一种基于网格的多分辨率聚类技术，通过将空间区域划分为矩形单元来聚类。

由于不同级别的分辨率，存在着多个级别的矩形单元，由此不同矩形单元形成了一个层次结构：空间的顶层是第一层，它的下一层是第二层，以此类推。第 i 层中的一个单元与第 $i+1$ 层的子空间单元的集合保持一致。除了底层网格，其他层次的网格单元都具有 4 个子空间单元，子空间单元都是父单元的 1/4，如图 11.20 所示。

高层的每个单元被划分为多个低一层的单元，训练数据集的数据依据其向量值被分配到不同的网格内，就可以得到每个网格单元属性的统计信息（例如网格中所包含数据的平均值、最大值、最小值、分布类型等），并

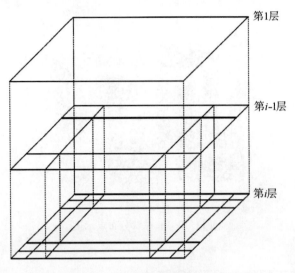

图 11.20　STING 网格结构图

预先计算和存储，这些统计信息可以代表数据，这样可以迅速查询出数据的信息。

在这样的结构基础上，很容易查询相关信息，例如具有某些属性的样本，从上到下开始，根据单元格的统计信息计算置信度区间（或者估算其概率），用以反映该单元与给定查询的关联程度。不相关的单元就不再考虑，低一层的处理就只对剩余的相关单元进行检查。这个处理过程反复进行，直到达到底层。此时，如果满足了查询要求，那就返回相关单元的区域。否则，检索和进一步处理落在相关单元中的数据，直到它们满足查询要求。

STING 算法的核心思想就是：以属性的相关统计信息为基础来划分网格，其网格结构是分层次的，下一层在上一层的基础上继续划分，在一个网格内的数据点就是聚类得到的一个簇。但是在 STING 聚类过程中，采用了多分辨率的方法，其聚类的质量受到网格结构的最低层粒度的影响。假如数据粒度比较细，处理的代价大大加强。另外，STING 算法聚类时，在构建一个父单元时没有对子单元和其相邻单元之间的关系予以考虑。因此，尽管该技术处理速度快，但可能降低簇的质量和精确性。

11.5　小结

　　本章主要介绍了聚类算法，它属于无监督学习，即训练时没有提供对象的初始所属类别。机器学习从监督学习到无监督学习，计算机的学习方式是没有已知信息的情况下自己寻找规律的过程，两种学习方法各有所长，在某些方面无监督学习甚至能挖掘出比有监督学习更深入、更有用的信息。

　　聚类算法是一个在没有给出训练目标的情况下，仅按照数据点之间的相似性水平将数据集划分为若干类的方法，它划分的基本原则是尽量使类簇内部的数据点间距最小而类簇外部的数据点间距最大。按照不同的类别划分策略，聚类算法可分为划分式、层次、基于密度、基于网格与基于模型的聚类算法。除此之外，聚类算法还需考虑结果的有效性评价，包括最佳聚类数评估、基于已知信息的外部准则评估、基于数据集自身结构或统计信息的内部准则评估。

　　K 均值聚类算法是聚类算法中目前应用最广泛的算法之一，也是一种基础的典型的划分式聚类算法，该算法首先随机地选择 k 个对象作为初始的 k 个簇的质心，然后对剩余的每个对象，根据其与各个质心的距离，将它赋给最近的簇，然后重新计算每个簇的质心，这个过程不断重复，直到准则函数收敛。K 均值聚类算法最终目的是使生成的每个聚类（又称簇）内紧密、类间远离。K 均值算法可以调用 Scikit-learn 库中的 cluster. KMeans( ) 函数直接实现。

　　层次聚类算法是通过一层一层的聚类来实现对数据的训练，根据层次是自底向上还是自顶而下形成，可以进一步分为凝聚型与分裂型的层次聚类算法。凝聚型的层次算法，最初是让每个对象单独成簇，根据不同簇之间的距离，通过迭代让小的合并成大的簇，直到达到需要的分类结果。分裂型的层次聚类算法，则先把所有的对象都放在一个簇里，然后同样根据簇间距离划分成很多小的子簇，持续分为更小的，直到底层的簇都足够凝聚或者是每个簇里只有一个对象。前者以 AGNES 算法为代表，后者以 DIANA算法为代表。

　　层次聚类算法按照不同的簇间距离度量方法，可以分为最小距离、最大距离、平均值距离与平均距离。凝聚型层次聚类可以在 Scikit-learn 库中调用 cluster. AgglomerativeClustering( ) 函数来实现。

DBSCAN 算法是基于密度的噪声应用空间聚类算法，它通过设置一定的 Eps 与 MinPts 来寻找到核心点以及边界点，然后以核心点为中心，通过边界点搜索密度可达的对象，直到没有对象为止，这些所有密度可达的对象所包含的点就可以聚合为一簇。接着扫描数据集，将剩下没有被聚类的核心点再重复上述步骤。当没有新的点添加到任何簇时，该聚类结束。STING 算法则是一个典型的网格聚类算法，其基本思想是根据属性的相关统计信息进行划分网格，而且网格是分层次的，下一层是上一层的继续划分，在一个网格内的数据点即为一个簇。

第12章　降维技术与关联规则挖掘

本章进入降维技术与关联规则挖掘的学习，降维技术是根据数据统计等信息寻找合适的几何表征，将高维数据转化为低维数据，从而解决在高维数据分析与处理过程中面临的各种困境。关联规则挖掘则是在大型数据集中发现隐含的让人感兴趣的联系，这种联系是人们事先不知道的但又潜在、有用的信息或知识。

降维技术主要采用了空间映射的思路，即如何将高维特征空间的数据映射到低维空间，空间映射在前面已有所涉及，例如第 9 章 SVM 中非线性问题从低维空间向高维空间的映射。关联规则挖掘则是基于事物发生的概率问题构建关联规则，从而挖掘出隐藏的事物关系。从这个角度讲，这两种方法机器学习算法思维一脉相承，只是对一些基本理论、基本方法的使用不同。

12.1　降维技术

在当今"数据爆炸"的大环境下，人们获取和收集数据的能力得到了极大的提高。大量的数据使人们更加清晰地认识我们所处的客观世界，但也给数据处理带来了更多的难题。在模式识别、文档检测、图像处理、机器学习、农业大数据等领域产生大量数据，这些丰富的数据为技术的再发展提供了支撑，但更高的数据维度往往也相伴而至。例如在图像数据分析中，一张 30×30（像素）的图片的维度就高达 900；在自然语言处理（Natural Language Process，NLP）领域，一般构建词频向量来描述文本，由于一篇文档是由大量词汇组成的，因此文档数据也固然是高维的。

这种数据维度的增加将会给数据分析带来"维数灾难"，即当原始数据的维度相当大时，数据的处理、分析所需要的空间样本数以及算法的时间复杂度都会呈指数形式上升。在 11.4.2 节基于网格的 STING 算法中也曾涉及这个问题，一方面高维数据对计算机的内存开销以及算法训练的时间成本都是较大的负担，另一方面在高维情况下，通常会出现空间稀疏的情况，样本数据点之间距离的度量可区分性随着样本数据维度的增加反而减弱，由此可能会对数据的分类或者聚类带来困难。

这就需要在对高维度数据处理之前，采用降维技术对高维度的数据进行降维，获得空间上较低的数据维度，然后基于低维度空间再对数据进行处理，从而可以有效地提高实验效率。在降低数据维度的同时，保证其中包含的主要信息是相似的（即保证有效信息最大化）。

降维的意义也是通过寻求数据的低维表示，能够尽可能地发现隐藏在高维数据中的规律和特征之间的相互关联信息，使我们更好地理解数据。具体表现在：

（1）进行数据压缩，减少数据存储所需空间以及计算所需时间。

（2）消除数据间的冗余，以简化数据，提高计算效率。

（3）去除噪声，提高模型性能。

（4）从数据中提取特征便于看清数据的分布，从而改善数据的可理解性，提高学习算法的精度。

（5）将数据维度减少到二维或者三维，进行可视化。

数据降维技术在模式识别和机器学习问题的应用中较为广泛，通过降维可以优化数据关键信息的特征选择，从而提高机器学习中的分类和回归等算法训练效果。特别在对高维度的文本和图像数据处理过程中，降维经常是数据预处理的一个重要步骤，且是有效的步骤，降维处理可以实现高维数据的空间压缩，从中提取有效的关键特征，从而去除冗余特征和减小噪声对实验结果的影响。因此，对于降维技术来说，其应用的最大两个方向就是特征选择（Feature Selection）与特征提取（Feature Extraction）。特征选择的原理如图 12.1 所示。

特征选择就是选择有效的特征子集，即去掉不相关或冗余的特征。特征选择后留下的特征值的数值在选择前后没有变化，如图 12.1 所示。也就是说，特征

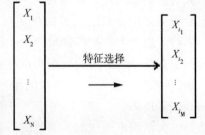

图 12.1　特征选择原理示意图

选择后的特征是原来特征的一个子集。通过特征选择，可以使特征集合剔除冗余或者不相关的特征，进而降低了数据维度，达到优化运行时间的目的，同时也可能避免模型过度拟合，使模型的泛化能力更强。

特征提取的原理如图 12.2 所示。

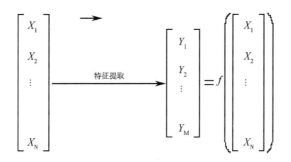

图 12.2　特征提取原理示意图

特征提取就是改变原有的特征空间，并将其映射到一个新的特征空间。也就是说，特征提取后的新特征是原来特征的一个映射，如图 12.2 所示。特征提取就是通过对已有的特征集合从高维映射到低维变换，得到新的包含原有特征主要信息的特征集合，其主要方法有主成分分析（Principal Component Analysis，PCA）或独立成分分析（Independent Component Analysis，ICA）。

降维技术有不同的分类，如果按照按数据样本中类别信息存在与否，又可以将降维分为监督降维技术和非监督降维技术，在降维的同时使信息的损失最小是非监督降维技术的目标；按几何结构信息的保留程度，可以将降维技术分为局部降维技术和全局降维技术；根据所要处理的数据类型的不同，降维技术又可以划分为线性降维技术和非线性降维技术。

其中，对于线性降维技术，主要有主成分分析、独立成分分析、线性判别分析（Linear Discriminant Analysis，LDA）、局部保留投影（Local Preserving Projection，LPP）等。非线性降维技术包括两种，一类是基于核的核主成分分析（KPCA）、基于核函数独立成分分析（KICA）；另一类采用从高维采样数据中恢复出低维流形结构，即从高维空间中找出低维流形，并求出相应的嵌入映射，其主要方法包括等距映射（Isomap）、局部线性嵌入（LLE）、拉普拉斯特征映射（UE）等。本章主要对主成分分析法的降维技术进行具体介绍。

12.2 PCA 降维技术的原理与实现

12.2.1 主成分分析（PCA）的基本原理

主成分分析又称为主元分析、K-L 变换（Karhunen-Loeve Transform），该方法的主要思想是通过对原始特征进行变换，从而找出一组互相不相关且重要性从大到小排列的新特征，以达到用更少主成分表示数据的目的。其中，主成分的意思就是力保在数据信息丢失最少的原则下，对这种多变量的数据进行最佳综合简化，其主成分就是其中用以简化的这些综合指标。

那么如何实现特征的转换，寻找到高维数据的主成分，从而实现向低维数据的降维？这就是主成分分析的关键所在。通常，主成分分析数学上的处理方法就是将原来的变量进行线性组合，通过线性组合的方法将多个特征综合为少数特征，且综合后的特征相互独立，又可以表示原始特征的大部分信息。而从空间的角度来看，这种构建线性组合简化信息的方式类似于坐标系的转换或旋转，通过坐标转换或旋转可以将原始数据的主要信息保留在其中的几个坐标系中。同时这些坐标系的坐标轴之间是正交的（在二维平面就是垂直），以保证坐标轴之间能够覆盖数据的最大差异性。

对于主成分分析来说，变量间的线性组合或者坐标系的转换都有很多种选择，若要实现对原有数据特征最大保留的同时实现数据的降维，就需要寻找最有效的方式。在这里，这种最有效的方式就是选择方差最大的线性组合或坐标系旋转方向。例如，如果将选取的第一个线性组合即第一个综合变量记为 F_1，在所有的线性组合中所选取的 F_1 应该是方差最大的，$\text{Var}(F_1)$ 越大，表示 F_1 包含的信息越多。F_1 就可以称为第一主成分。

如果第一主成分不足以代表原来 p 个变量的信息，再考虑选取 F_2，即第二个线性组合，为避免 F_1 与 F_2 之间过多的信息重叠，也就是保证提取主成分的独立性，那就要求 F_1 与 F_2 之间的信息包含量相关性较小，用数学语言表达就是要求协方差 $\text{Cov}(F_1, F_2) = 0$，称 F_2 为第二主成分，以此类推，可以构造出第三、第四……第 p 个主成分。

而从坐标系转换或旋转的角度，那就是要在新坐标系中，第一个坐标轴选择的是原始数据中方差最大的方向，第二个坐标轴选择的是和第一个坐标轴正交且具有最大方差的方向，以此类推，这样执行后会发现前几个坐标轴已经差不多囊括所有大差异了，剩下的就不要了，所以实现了降维。

以二维空间为例，假设有 n 个样品，每个样品有两个特征变量，设 n 个样品在二维空间中的分布大致为一个椭圆形，如图 12.3 所示。

将坐标系进行正交旋转一个角度 θ，使其椭圆长轴方向取坐标 y_1，在椭圆短轴方向取坐标 y_2，旋转公式为：

$$\begin{cases} y_{1j} = x_{1j}\cos\theta + x_{2j}\sin\theta \\ y_{2j} = x_{1j}(-\sin\theta) + x_{2j}\cos\theta \end{cases} \tag{12.1}$$

式中，$j = 1,2\cdots,n$。将这 n 个变量的坐标转换写成矩阵形式为：

$$Y = \begin{bmatrix} y_{11} & y_{12} & \cdots & y_{1n} \\ y_{21} & y_{22} & \cdots & y_{2n} \end{bmatrix}$$

$$= \begin{bmatrix} \cos\theta & \sin\theta \\ -\sin\theta & \cos\theta \end{bmatrix} \cdot \begin{bmatrix} x_{11} & x_{12} & \cdots & x_{1n} \\ x_{21} & x_{22} & \cdots & x_{2n} \end{bmatrix} = \boldsymbol{A} \cdot \boldsymbol{X} \tag{12.2}$$

式中，$\boldsymbol{X}$ 为坐标旋转变换矩阵，它是正交矩阵，即有 $\boldsymbol{X}' = \boldsymbol{X}^{-1}$，$\boldsymbol{X}\boldsymbol{X}' = \boldsymbol{I}$，即满足 $\sin^2\theta + \cos^2\theta = 1$。经过旋转变换后，可以得到新坐标，如图 12.4 所示。

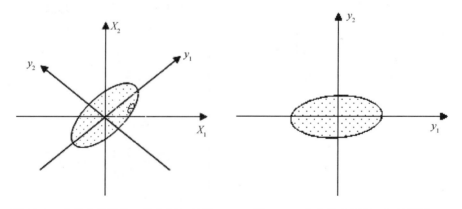

图 12.3　主成分分析的二维空间解释图　　图 12.4　主成分分析的坐标旋转图

新坐标 $y_1 - y_2$ 有如下性质：

（1）n 个点的坐标 y_1 和 y_2 的相关性几乎为零。

（2）二维平面上的 n 个点的方差大部分归结为 y_1 轴上，而 y_2 轴上的方差较小。

y_1 和 y_2 称为原始变量 x_1 和 x_2 的综合变量。由于 n 个点在 y_1 轴上的方差最大，因而将二维空间的点用在 y_1 轴上的一维综合变量来代替，所损失的信息量最小，由此称 y_1 轴为第一主成分，y_2 轴与 y_1 轴正交，有较小的方差，称它为第二主成分。通过旋转变换，将原始数据的大部分信息集中到 y_1 轴上，对数据中包含的信息起到了浓缩作用。

主成分分析的目的是找到数据中最主要的元素和结构，去除噪声和冗余，将原有的复杂数据降维，揭露出隐藏在复杂数据背后的简单结构。

12.2.2 主成分分析（PCA）的步骤

假设有 $n \times p$ 维的样本数据集 X，n 为样本数量，p 为每个样本数据所包含的随机变量，代表了该数据集的 p 个属性或者指标，从而该数据映射到空间中就是 p 维，即

$$X = (X_1 \quad X_2 \quad \cdots \quad X_p) = \begin{pmatrix} x_{11} & x_{12} & \cdots & x_{1p} \\ x_{21} & x_{22} & \cdots & x_{2p} \\ \vdots & \vdots & & \vdots \\ x_{n1} & x_{n2} & \cdots & x_{np} \end{pmatrix}$$

第一步，原始数据集的预处理。由于原始数据集中不同的元素存在着不同的量纲，若不消除量纲，会导致数据值较大的数对数据处理过程产生过度影响，不利于数据分析。这里对数据进行标准化处理，计算公式为：

$$x_{ij}^* = \frac{x_{ij} - \bar{x}_j}{\sqrt{\text{var}(x_j)}} \quad i = 1,2,\cdots,n; j = 1,2,\cdots,p \tag{12.3}$$

式中，$\bar{x}_j = \frac{1}{n}\sum_{i=1}^n x_{ij}$、$\text{var}(x_j) = \frac{1}{n-1}\sum_{i=1}^n (x_{ij} - \bar{x}_j)^2$ 为数据集 X 每一行数据 X_i（每个观测样本）的平均值、方差。预处理的实质是将坐标原点移到样本点的中心点。

第二步，计算数据集的协方差矩阵 $\boldsymbol{\Omega}$。矩阵 $\boldsymbol{\Omega}$ 中第 i 行第 j 列元素 c_{ij} 的计算公式为：

$$c_{ij} = \text{Cov}(X_i, X_j) = E\{[X_i - E(X_i)][X_j - E(X_j)]\} \tag{12.4}$$

式中，$i,j = 1,2,\cdots,p$，因此协方差矩阵是一个对称矩阵。需要注意的是，这里的 X_i 是标准化处理后元素 x_{ij}^* 所组成的矩阵，为方便说明，这里没有引入新的变量。

第三步，计算协方差矩阵的特征值和特征向量。

由特征方程 $(\boldsymbol{\Omega} - \lambda \boldsymbol{I})\boldsymbol{A} = 0$，计算协方差矩阵 $\boldsymbol{\Omega}$ 的 n 个特征值 λ_1，$\lambda_2, \cdots, \lambda_p$ 和特征向量 $\boldsymbol{A}$，$\boldsymbol{I}$ 为 n 维单位向量。其中，特征根的求解采用矩阵行列式 $|\boldsymbol{\Omega} - \lambda \boldsymbol{I}| = 0$，然后根据特征方程求出特征向量。

第四步，选择主成分。

将计算出来的 n 个特征值 $\lambda_1, \lambda_2, \cdots, \lambda_p$ 按照从大到小排序，选取前 m 个最大的特征值作为主成分。这里 m 是通过主成分的累计方差贡献率来确定的，因此还需要计算每个主成分的方差贡献率，这里贡献率就是指某个主成分的方差占全部方差的比重，实际也就是某个特征值占全部特征值合计的比重，即

$$\varphi_i = \frac{\lambda_i}{\sum_{i=1}^{p} \lambda_i} \tag{12.5}$$

贡献率越大，说明该主成分所包含的原始变量的信息越强。前 m 个主成分的选取，主要由将 m 个主成分的贡献率相加所得到的累计贡献率来决定。一般会对累计贡献率设置一个阈值，即达到80%以上，才能保证综合变量能包括原始变量的绝大多数信息。

第五步，计算主成分得分，实现降维。

在选取 m 个主成分的情况下，根据主成分所对应的特征向量，计算样本的主成分得分，即

$$\begin{cases} F_1 = a_{11}x_1 + a_{12}x_2 + \cdots + a_{1p}x_p \\ F_2 = a_{21}x_1 + a_{22}x_2 + \cdots + a_{2p}x_p \\ \vdots \\ F_p = a_{p1}x_1 + a_{p2}x_2 + \cdots + a_{pp}x_p \end{cases} \tag{12.6}$$

注意这里的 $\boldsymbol{X}_i$ 也是标准化处理后元素 x_{ij}^* 所组成的矩阵，通过式 (12.6) 可以看出，特征向量相当于在每个指标上赋予一定的载荷 (a_{ij})，由此形成对 p 维指标 X 的线性组合，所得到 m 个主成分得分 F 就实现了对数据的降维处理 $(m \ll p)$。同时，通过协方差矩阵与特征方程求得的特征向量 A，既满足了正交性（综合指标 F 之间相互独立），又包含较多的原有信息。

12.2.3　PCA 降维的一个简单案例：二维样本的降维（一）

接下来以一个简单的样本数据案例来说明 PCA 降维的原理与过程。假

如有以下数据，如表 12.1 所示。

表 12.1　PCA 降维的原始数据

变量	1	2	3	4	5	6	7	8	9	10
x	2.5	0.5	2.2	1.9	3.1	2.3	2	1	1.5	1.1
y	2.4	0.7	2.9	2.2	3.0	2.7	1.6	1.1	1.6	0.9

第一，对原始数据进行预处理。分别求 X 和 Y 的均值，得到 $\bar{X} = 1.81$，$\bar{Y} = 1.91$，再用原始样本数据减去对应均值，为简化计算，这里不再除以 X、Y 变量的标准差，得到去中心化的 X、Y 变量值，如表 12.2 所示。

表 12.2　PCA 降维去中心化后的数据

变量	1	2	3	4	5	6	7	8	9	10
x	0.69	-1.31	0.39	0.09	1.29	0.49	0.19	-0.81	-0.31	-0.71
y	0.49	-1.21	0.99	0.29	1.09	0.79	-0.31	-0.81	-0.31	-1.01

第二，计算数据集的协方差矩阵 $\boldsymbol{\Omega}$。

根据公式 $c_{ij} = \mathrm{Cov}(X_i, X_j) = E\{[X_i - E(X_i)][X_j - E(X_j)]\}$，协方差矩阵 $\boldsymbol{\Omega}$ 第 1 行第 1 列元素的值就是变量 x 的方差；第 1 行第 2 列就是 $E[(X_i - \bar{X})(Y_i - \bar{Y})]$，也就是 $\dfrac{1}{n-1}\sum_{i=1}^{n}[(X_i - \bar{X})(Y_i - \bar{Y})]$。以此类推，可以得到协方差矩阵为：

$$\boldsymbol{\Omega} = \begin{pmatrix} 0.6166 & 0.6454 \\ 0.6156 & 0.7166 \end{pmatrix}$$

第三，求协方差矩阵的特征值与特征向量。

根据 $|\boldsymbol{\Omega} - \lambda I| = 0$，可得：

$$\begin{vmatrix} 0.6166 - \lambda & 0.6454 \\ 0.6156 & 0.7166 - \lambda \end{vmatrix} = 0$$

将上式转化为多项式可得：$(0.6166 - \lambda)(0.7166 - \lambda) - 0.6454 \times 0.6156 = 0$，那么可以求得 λ 两个特征值分别为：$\lambda_1 = 0.0491$，$\lambda_2 = 0.0765$。进一步根据 $(\boldsymbol{\Omega} - \lambda I)A = 0$，求得特征向量为：

$$A = \begin{pmatrix} -0.7352 & -0.6779 \\ 0.6779 & -0.7352 \end{pmatrix}$$

第四，根据求得的特征值，按照从大到小的顺序排序，即 (λ_2, λ_1)，其

中 λ_2 的方差贡献率为 $0.0765/(0.0765 + 0.0491) = 90.66\%$，因此选择最大的 1 个，其对应的 k 个特征向量分别作为列向量组成特征向量矩阵：$(-0.6779, -0.7352)^T$。

第五，将最终选取的特征矩阵作为相对应变量的载荷，与去中心化的数据进行线性组合，计算主成分得分。

其中，$F_1 = -0.6779 \times 0.69 + (-0.7352) \times 0.49 = -0.8280$，以此类推，得到降维后的变量，如表 12.3 所示。

表 12.3　PCA 降维后的变量

变量	1	2	3	4	5	6	7	8	9	10
F	−0.8280	1.7776	−0.9922	−0.2742	−1.6759	−0.9130	0.0991	1.1446	0.4381	1.2239

由此，从二维变量 (X, Y) 转换到变量 F，实现了数据的降维。将该过程通过二维平面可视化，如图 12.5 所示。

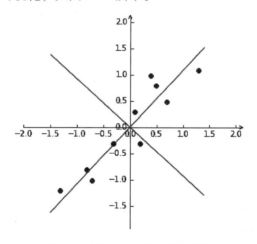

图 12.5　变量 x、y 的坐标轴旋转

图 12.5 中的点为经过数据预处理后的 x、y 变量的分布，通过特征向量的降维处理过程，新变量可视为原始变量向图中两条垂直直线的投影。

12.2.4　PCA 降维的 Python 实现：二维样本的降维（二）

PCA 降维技术可以在 Python 的 Scikit-learn 库中调用 decomposition（分解）程序包来实现，与之对应是 PCA() 函数等主成分降维模块，另外还有

KernelPCA()、SparsePCA()和 MiniBatchSparsePCA()等使用核技巧与正则化技术的主成分降维模块。在这里主要使用 PCA()函数，基于 12.2.3 节中的简单数据案例，来进行 PCA 降维技术的 Python 实现。

❑ 导入数据

```
01   import matplotlib.pyplot as plt   #导入 matplotlib 库
02   import numpy as np                 #导入 numpy 库
03
04   x=[0.69,-1.31,0.39,0.09,1.29,0.49,0.19,-0.81,-0.31,
     -0.71]                             #创建 x 变量
05   y=[0.49,-1.21,0.99,0.29,1.09,0.79,-0.31,-0.81,-0.31,
     -1.01]                             #创建 y 变量
06
07   X=np.c_[x,y]            #两变量列合并,形成 10×2 维的变量 X
08   X
```

第 4、5 行分别按照图 12.1 中的数据创建变量，第 7 行采用 np.c_函数进行两变量的合并，合并后的变量为 10×2 维变量。输出结果为：

```
array([[ 0.69,  0.49],
       [-1.31, -1.21],
       [ 0.39,  0.99],
       [ 0.09,  0.29],
       [ 1.29,  1.09],
       [ 0.49,  0.79],
       [ 0.19, -0.31],
       [-0.81, -0.81],
       [-0.31, -0.31],
       [-0.71, -1.01]])
```

❑ 进行 PCA 的训练，并输出结果

```
09   from sklearn.decomposition import PCA   #导入 PCA 程序包
10   pca=PCA(n_components=2)
                              #创建一个 PCA 对象,设定保留的特征数 2
11   pca.fit(X)               #进行 PCA 降维
```

第 10 行对 PCA 方法的相关参数进行了设置，其中 n_components=2 代表了保留的特征数，默认为 1，除此之外的参数设定为默认，得到输出结果为：

```
PCA(copy=True,iterated_power='auto',n_components=2,random_
state=None,
  svd_solver='auto',tol=0.0,whiten=False)
```

以上结果代表了本次 PCA 方法训练数据时的参数设置情况，其中主要的参数有：

n_components 表示 PCA 算法中所要保留的主成分个数 n，即保留下来的特征个数 n，默认为 1。如果设置成'mle'，那么会自动确定保留的特征数。

svd_solver 即指定奇异值分解 SVD 的方法，由于特征分解是奇异值分解 SVD 的一个特例，这涉及 PCA 的奇异值分解求解的内容，默认是'auto'，即由 PCA 类自己去选择一个合适的 SVD 算法来降维。

whiten 表示判断是否进行白化。所谓白化，就是对降维后的数据的每个特征进行归一化，让方差都为 1，一般默认值是 False，即不需要白化。

❏　输出相关 PCA 训练结果

```
12  print '特征值:',pca.explained_variance_
13  print '特征值的贡献率:',pca.explained_variance_ratio_
```

第 12 行为 PCA 训练所保留的特征值，这里设置 n_components = 2，故特征值（也就是主成分）为两个，第 13 行为 PCA 训练所得到的前 m 个主成分的各自方差贡献率。分别得到输出结果为：

```
特征值: [1.28402771 0.0490834 ]
特征值的贡献率: [0.96318131 0.03681869]
```

由于本案例的特征值也就两个，这里对特征值进行了排序，得到两个特征值分别为 1.28402771、0.0490834；特征值的贡献率分别为 0.96318131、0.03681869。结果与前面计算结果相同。

❏　保留主成分为 1 进行 PCA 的训练，并输出结果

```
14  pca_one = PCA(n_components = 1)
                                    #创建一个 PCA 对象,设定保留的特征数 1
15  pca_one.fit(X)                  #进行 PCA 降维
16
17  print '特征值:',pca_one.explained_variance_ratio_
18  print '特征值的贡献率:',pca_one.explained_variance_
19
20  X_new = pca_one.transform(X)  #生成降维后的数据
21  X_new
```

这里需要将二维的原始变量降为一维，因此，这里保留主成分为 1，即 n_components = 1，再次训练。第 20 行使用 transform(X) 来将数据 X 转换成降维后的数据。分别得到结果：

```
特征值: [0.96318131]
特征值的贡献率: [1.28402771]
array([[ -0.82797019],
       [ 1.77758033],
       [ -0.99219749],
       [ -0.27421042],
       [ -1.67580142],
       [ -0.9129491 ],
       [ 0.09910944],
       [ 1.14457216],
       [ 0.43804614],
       [ 1.22382056]])
```

最终得到的新变量 X_new 就是变量 X 经过降维后的新变量。

12.3　LDA 降维技术的原理与实现

12.3.1　判别问题与线性判别函数

在日常生活和工作实践中，常常会遇到判别分析问题，即根据历史上划分类别的有关资料和某种最优准则，确定一种判别方法，判定一个新的样本属于哪一类。例如机器学习中经典的鸢尾花（Iris）案例，我们已经搜集了山鸢尾花、变色鸢尾花和维吉尼亚鸢尾花 3 种类型花的相关指标，包括花萼长度、花萼宽度、花瓣长度、花瓣宽度等数据，若有一个新的鸢尾花，想根据上述已知信息采用某种方法来判断这个花归属哪一类。再如，某医院有部分患有肺炎、肝炎、冠心病、糖尿病等病人的资料，记录了每个患者若干项症状指标数据，现在对于一个新的病人，想通过上述资料以及该病人指标来断定其得了哪种病。

这些都是判别问题，可以看出判别不同于分类问题的是，它把已有的分类作为已经确定的信息，通过一定方法把未知信息的数据划归到哪一类，而分类则是根据已知信息来训练数据，找到其中的规律，从而进行拟合与预测。

线性判别分析（Linear Discriminant Analysis，LDA），是模式识别中经典的有监督识别算法之一，广义上所有判别式为线性函数的识别方法都可以称为线性判别分析，其中，Ronald Fisher 于 1938 年提出的线性判别分析方法是压缩信息和数据降维的有效判别方法之一，为各种线性判别分析奠定了基础。

对于一个二分类问题，线性判别函数的一般表达式如下：

$$g(x) = w^T x + w_0 \tag{12.7}$$

式中，x 是 d 维特征向量；w 是一个权向量；w_0 是一个阈值，为常数项。对于一个二分类问题的线性分类器，可以采用以下判别规则：

$$g(x) = g_1(x) - g_2(x) \tag{12.8}$$

如果：

$$\begin{cases} g(x) > 0, 则\ x \in w_1 \\ g(x) < 0, 则\ x \in w_2 \\ g(x) = 0, 则分到任一类 \end{cases} \tag{12.9}$$

式（12.9）中，$g(x) = 0$ 定义了一个决策面，通过此决策面将两类样本分离开。当 $g(x)$ 为线性函数时，这个决策面称为超平面（类似于支持向量机的超平面）。利用线性判别函数进行分类，即用一个超平面把特征空间分割成两个决策区，超平面的方向由函数中的权向量 w 决定，通过计算判别函数的正负值即可把样本区分开来，以保证坐标轴之间能够覆盖数据的最大差异性。

12.3.2　线性判别分析（LDA）的基本原理

线性判别分析（LDA）的主要思想是寻找一个低维投影空间，使得样本集中的各个类别在低维特征空间中形成若干个聚合的可分离的子集。在一般情况下，总能找到一个最优的投影方向，从而使样本在该方向上投影后，能够达到最大的类间分散程度（可用方差表示）和最小的类内分散程度，如图 12.6 所示。

图 12.6（a）所示两类样本的散点经过投影后存在交叉的情况，即类间分散程度较小，而图 12.6（b）对于同样的两类样本，所投影的方向能够较好地把两类分开，线性判别分析就是解决这个问题的方法。该算法通过将带类别标签的高维数据投影到低维空间中，使得投影后，类别相同的点在投影空间中聚集成簇。

对二分类问题，假设训练集 $x_i \in R^d (i = 1, 2, \cdots, N)$，共有 N 个 d 维样本。前 N_1 个样本属于 X_1 类，后面 N_2 个样本属于 X_2 类，$N_1 + N_2 = N$。假设

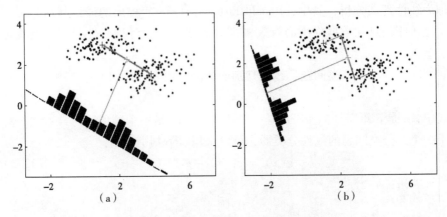

图 12.6   二分类问题 LDA 的投影原理

投影函数为：

$$y_i = w^T x_i, \quad i = 1,2,\cdots,N \tag{12.10}$$

式中，x 为样本集合；y 为转换后的特征空间；w 则是转换矩阵，通过 w 可以将两类 x 转换成 N 个一维样本 y_i，按照投影后特征空间仍能有较好的分类，那么 y_i 也可以分为两个子集 Y_1 和 Y_2。记各类样本均值向量为 m_i，那么：

$$m_i = \frac{1}{N_i} \sum_{x \in X_i} x, \quad i = 1,2 \tag{12.11}$$

由此可得样本 x 的各类内分散程度（方差）矩阵 S_i 为：

$$S_i = \sum_{x \in X_i} (x - m_i)(x - m_i)^T, \quad i = 1,2 \tag{12.12}$$

也就是两类样本内的数据的方差，总类内分散程度矩阵 S_w 为：

$$S_w = S_1 + S_2 \tag{12.13}$$

样本的类间分散程度矩阵 S_b 为：

$$S_b = (m_1 - m_2)(m_1 - m_2)^T \tag{12.14}$$

也就是两类样本均值的方差。

为了寻找分类效果最好的投影方向 w，按照 Fisher 的线性判别分析要求，投影后的 Y_1 和 Y_2 两类的类间距和类内距之比能够达到最大值，即

$$J_F(w) = \frac{(\bar{m}_1 - \bar{m}_2)^T}{\bar{S}_1^2 + \bar{S}_2^2} \tag{12.15}$$

式中，$J_F(w)$ 也称为损失函数；$\bar{m}_i$ 表示投影后的各类样本均值，即

$$\bar{m}_i = \frac{1}{N_i} \sum_{y \in Y_i} y, \quad i = 1,2 \tag{12.16}$$

$\bar{S}_i^{\,2}$ 表示投影后的类内分散程度，即

$$\bar{S}_i^{\,2} = \sum_{y \in Y_i} (y - \bar{m}_i)^2, \quad i = 1,2 \tag{12.17}$$

将式（12.10）分别代入式（12.16）、式（12.17）中，可得：

$$\bar{m}_i = \frac{1}{N_i} \sum_{y \in Y_i} w^T x = w^T m_i, \quad i = 1,2 \tag{12.18}$$

$$\begin{aligned}
\bar{S}_i^{\,2} &= \sum_{y \in Y_i} (y - \bar{m}_i)^2 = \sum_{x \in X_i} (w^T x - w^T m_i)^2 \\
&= w^T \Big[\sum_{x \in X_i} (x - m_i)(x - m_i)^T \Big] w \\
&= w^T S_i w, \quad i = 1,2
\end{aligned} \tag{12.19}$$

同理，可以得到：

$$(\bar{m}_1 - \bar{m}_2)^2 = (w^T m_1 - w^T m_2)^2 = w^T S_b w \tag{12.20}$$

$$\bar{S}_1^{\,2} + \bar{S}_2^{\,2} = w^T (S_1 + S_2) w = w^T S_w w \tag{12.21}$$

因此，Fisher 准则函数可以表述为：

$$J_F(w) = \frac{(\bar{m}_1 - \bar{m}_2)^T}{\bar{S}_1^{\,2} + \bar{S}_2^{\,2}} = \frac{w^T S_b w}{w^T S_w w} \tag{12.22}$$

Fisher 准则函数的求解可以用 Lagrange 乘子法求解，令分母为非零常数，即 $w^T S_w w = c \neq 0$。定义 Lagrange 函数为：

$$L(w, \lambda) = w^T S_b w - \lambda (w^T S_w w - c) \tag{12.23}$$

式中，λ 为 Lagrange 乘子。将式（12.23）对 w 求偏导且令该偏导为 0，得到：

$$S_b w - \lambda S_w w = 0 \tag{12.24}$$

也就是 $S_b w = \lambda S_w w$，由于 S_w 非奇异，因此，可得：

$$S_w^{-1} S_b w = \lambda w \tag{12.25}$$

式（12.25）的解即为求式（12.22）的最优解，这就是一个求特征值的问题。可以通过把 $S_w^{-1} S_b$ 看作一个整体变量，对其进行特征分解，求取最大特征值所对应的特征向量，即可得最优投影向量。

对于多分类的样本，仍然可用式（12.22）作为准则函数，式中的向量 w 则变成了矩阵，新的准则函数为：

$$J_F(w) = \mathrm{tr}\Big(\frac{w^T S_b w}{w^T S_w w} \Big) \tag{12.26}$$

式中，tr( ) 是矩阵的迹。对该式的求解可以仿照两类求解的情况，经过 Lagrange 乘子法求偏导，转换成求特征值的问题，然后得到 $S_w^{-1} S_b$ 的 r 个最大

的特征值对应的特征向量，即为转换矩阵 w，其中 r 为子空间的维度，且 $r \leqslant c-1$。

上述步骤虽然较为复杂，但是原理还是相对简单的，即先设置高维向低维的转换矩阵 w，然后根据不同类别样本的类内方差最小、类间方差最大的原则，通过 Lagrange 乘子法求偏导，转换成求特征值的问题，所求得的特征向量就是转换矩阵。

12.3.3　LDA 的特点与局限性

LDA 算法可以很好地解决两类降维分类问题，它能够找到一个合适的投影方向，使得样本投影到子空间时类间距尽可能大。相比较于主成分分析（PCA）的降维方法，二者的共同点在于：两者在降维时均使用了矩阵特征分解的思想，在空间中表现为投影矩阵的线性映射。

不同之处在于，PCA 是通过重构的方式进行数据降维和特征提取的，它能最大化样本方差，尽可能地保留样本信息，但该方法没有利用已知的训练样本的类别标签信息，是一种无监督的人脸识别方法。而 LDA 方法是从模式分类的角度出发的，它能最大化样本类别之间的距离，使同一类样本尽可能地聚集在一起，不同类别的样本尽可能地分离开来，它充分地利用了样本类别标签信息。LDA 选择分类性能最好的投影方向，而 PCA 选择样本点投影具有最大方差的方向，但该方向不一定分类最好，如图 12.7 所示。

图 12.7 中，对于同样的样本，PCA 可能将样本投影到直线 ϕ_2 的方向上，而 LDA 则会将样本投影到直线 ϕ_1 的方向上，此时两类样本在一维空间中也能很好地区分开，主要在于 LDA 充分地利用了样本类别标签信息。

LDA 算法的局限性在于，对于多类问题，LDA 算法最大化了所有的类与类之间距离之

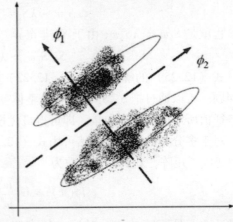

图 12.7　LDA 与 PCA 降维的比较

和，该目标函数强调距离大的类间距而忽略距离小的类间距，这就导致样本在原始空间中距离较近的类中的样本点在投影空间中发生严重的重叠，进而降低了分类性能。

对于一个 n 维的样本集，将其降低到一维空间：假设该样本集在原空间中有一个类分布得离其他类非常远，在这种情况下，Fisher 准则的最优解得出的投影方向仍然最大地分离了该类与其他类，而原本靠近的类并没有得到分离。也就是说，大距离的类间距会控制 Fisher 准则的特征值分解，使得原本很好分离的类仍然很好地被分开，而原本靠近的类仍然靠得很近，这远不符合理想的投影结果。

对于普通线性可分数据，当训练样本的特征过少或特征不完整时，使用 LDA 算法训练精度会降低，对数据无法进行有效分类。目前有很多基于 LDA 算法的改进，比如基于几何平均值的子空间选择算法（GMSS）、最大最小距离分析算法（MMDA）等。

12.3.4　LDA 降维技术的 Python 实现：二维样本的降维（三）

在这里仍以 12.2.3 节中的简单数据案例为基础，进行 LDA 降维技术的实现。由于 LDA 降维技术需要样本具有类别标签，因此，在这里引入类别变量 z，并设置前面 x、y 样本数据的前 5 个类别为 0，后 5 个类别为 1，如表 12.4 所示。

表 12.4　LDA 降维的原始数据

变量	1	2	3	4	5	6	7	8	9	10
x	2.5	0.5	2.2	1.9	3.1	2.3	2	1	1.5	1.1
y	2.4	0.7	2.9	2.2	3.0	2.7	1.6	1.1	1.6	0.9
z	0	0	0	0	0	1	1	1	1	1

在采用 Python 对该数据进行降维之前，先基于 12.2.2 节的 LDA 数学运算过程，讲一下如何手动计算该数据的 LDA 降维过程。由于这里引入类别变量，所以要将特征变量 $[x,y]$ 分开，即

$$x_1 = \begin{bmatrix} 2.5 & 0.5 & 2.2 & 1.9 & 3.1 \\ 2.4 & 0.7 & 2.9 & 2.2 & 3.0 \end{bmatrix}^T \quad x_2 = \begin{bmatrix} 2.3 & 2 & 1 & 1.5 & 1.1 \\ 2.7 & 1.6 & 1.1 & 1.6 & 1.9 \end{bmatrix}^T$$

对 x_1、x_2 分别求各样本的均值向量，以及 $[x,y]$ 的总均值向量，并根

据式（12.12）~式（12.14），求类内离散度（方差）S_w、类间离散度（方差）S_b，然后计算 $S_w^{-1}S_b$ 并求其特征值以及对应的特征向量，最后取最大特征值对应的特征向量，该向量即为要求的子空间。根据特征向量将 x_1、x_2 分别投影为一维的样本值，这两个类别的样本值在一维子空间（直线）也能很好地区分开。

而在 Python 中，LDA 降维技术则可以通过在 Scikit-learn 库中调用 discriminant_analysis（判别分析）程序包来实现，与之对应的是 LinearDiscriminantAnalysis() 函数，即线性判别分析函数。因此，在这里主要使用 LinearDiscriminantAnalysis() 函数，对基于表 12.4 中的简单数据案例来进行 LDA 降维技术的 Python 实现。

❑ 导入数据

```
01   import matplotlib.pyplot as plt      #导入 matplotlib 库
02   import numpy as np                    #导入 numpy 库
03
04   x = [0.69, -1.31,0.39,0.09,1.29,0.49,0.19, -0.81, -0.31,
      -0.71]                              #创建 x 变量
05   y = [0.49, -1.21,0.99,0.29,1.09,0.79, -0.31, -0.81, -0.31,
      -1.01]                              #创建 y 变量
06   z = [0,0,0,0,0,1,1,1,1,1]             #创建 z 变量
07
08   X = np.c_[x,y]                        #两变量列合并，形成 10×2 维的
变量 X
09   X
```

第 4、5 行分别按照图 12.1 中的数据创建变量，第 8 行采用 np.c_ 函数进行两变量的合并，合并后的变量为 10×2 维变量。输出结果为：

```
array([[ 0.69,  0.49],
       [-1.31, -1.21],
       [ 0.39,  0.99],
       [ 0.09,  0.29],
       [ 1.29,  1.09],
       [ 0.49,  0.79],
       [ 0.19, -0.31],
       [-0.81, -0.81],
       [-0.31, -0.31],
       [-0.71, -1.01]])
```

❑ 进行 LDA 的训练，并输出结果

```
10   #导入 LDA 模块
```

```
11   from sklearn.discriminant_analysis import LinearDiscrimi-
     nantAnalysis
12   #设置 LDA 降维参数,并将降维后的维度设为 1
13   lda = LinearDiscriminantAnalysis(n_components = 1)
14   lda.fit(X,z)   #进行降维训练
```

第 13 行对 LDA 方法的相关参数进行了设置,其中 n_components = 1 代表了保留的特征数为 1,除此之外的参数设定为默认,得到输出结果为:

```
LinearDiscriminantAnalysis(n_components = 1,priors = None,
shrinkage = None,
          solver = 'svd',store_covariance = False,tol = 0.0001)
```

以上结果代表了本次 LDA 方法训练数据时的参数设置情况,其中主要的参数有:

n_components 表示 LDA 算法中保留下来的特征个数 n,即降维的子空间维数,默认为 1。如果设置成'mle',那么会自动确定保留的特征数。

solver 指定了求解最优化问题的算法,默认是'svd',即奇异值分解,另外还有'lsqr',表示最小平方差,'eigen'表示特征分解算法,后两个都需要结合 shrinkage 参数。

shrinkage 参数通常在训练样本数量小于特征数量的场合下使用。该参数只有在 solver = 'lsqr'或者'eigen'下才有意义。

store_covariance 为布尔值,若取值为 True,则需要额外计算每个类别的协方差矩阵。

❑　输出相关 LDA 训练结果

```
15   X_new = lda.transform(X)   #生成的降维后的新变量 X
16   print "降维后变量:",X_new
17   print "权重向量: ",lda.coef_
```

第 15 行为 LDA 降维后生成的新样本值,第 16、17 行分别输出 LDA 算法训练后的相关结果。

```
降维后变量: [[ -0.15302111]
 [ 0.96700976]
 [ -1.81101752]
 [ -0.56676062]
 [ -0.70669937]
 [ -1.17773391]
 [ 1.03394076]
 [ 0.74746565]
```

```
[ 0.2860671 ]
[ 1.38074927]]
权重向量: [[ 1.35843106 -2.19651128]]
```

输出的降维后的一维变量 X_new，可以与前面 PCA 降维算法的结果比较，结果完全不同。得到的权重向量，也就是转换矩阵 $w = [1.35843106, -2.19651128]$。

❑ 输出其他结果

```
18  print "每个类别的均值向量: ",lda.means_
19  print "整体样本的均值向量: ",lda.xbar_
```

得到结果：

```
每个类别的均值向量: [[ 0.23  0.33]
[ -0.23 -0.33]]
整体样本的均值向量: [ -2.77555756e-17  2.77555756e-17]
```

上述结果为 LDA 算法计算过程中的类间均值与总样本的均值向量。

将该 LDA 降维过程通过二维平面可视化，如图 12.8 所示。

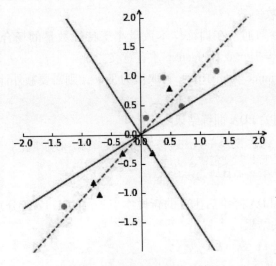

图 12.8 变量 x、y 的 LDA 降维

图 12.8 中的点为经过数据预处理后的 x、y 变量的分布，通过特征向量的降维处理过程，新变量可视为原始变量向图中两条垂直实线的投影，与虚线——PCA 降维的投影直线相比，明显看到 PCA 降维须使得投影后数据的方差最大，因此该虚线是从原始样本点穿过的。而 LDA 降维须保证类内

方差最小，类间方差最大，因此其投影直线对应的实线在区分开两类样本后，使得其类间方差最大。

12.4 关联规则挖掘概述

关联规则（Association Rule）的概念最早是由 Agrawal 等人在 1993 年提出的，他们在顾客交易数据库中发现了商品与商品之间的关联性，从而发现顾客在购买商品时的规律，最终可以利用这样的分析结果来实施商品货架摆放、存货等。当然，利用购买行为模式还可对顾客群实施分类。"购物篮分析"就是关联规则挖掘的典型代表之一。

随着数据采集的便利化，关联规则挖掘在其他领域的应用也愈加广泛。例如，在医院病人信息数据库中，医生可能发现病人得了肠炎又同时被诊断患了胃炎的可能性是 79%。通过这些事务之间的关联性，医院可以采取一定措施，例如一旦发现某个病人被诊断为肠炎就可以建议患者去做一下胃炎检查；"购物篮分析"中若超市管理者发现牛奶、面包和奶油商品交易具有关联性，就可以考虑将它们摆放在同一货架上，提高顾客购买时的方便性或者可以考虑将这三种商品搭配销售，以增加销量。

12.4.1 关联规则挖掘的相关定义

关联规则挖掘就是在交易数据、关系数据或其他信息载体中，对于存在于项目集合或者对象集合之间的频繁模式、关联结构等进行挖掘。关联规则挖掘从数据库和事务关联的角度，设定了一些定义与概念，用于关联规则分析的构建。

❑ 项与项集

项是关联规则中数据库 D 的最小不可分割单位信息，项的集合称为项集，设 $I = \{i_1, i_2, \cdots, i_n\}$ 为所有项的集合，集合中的每一个元素就是项，包含 k 个项的项集为 k-项集。如"购物篮分析"中牛奶就是一个项，{牛奶,面包,奶油}是一个 3-项集。

❑ 事务

I 是数据库中所有项目构成的集合，$T = \{t_1, t_2, \cdots, t_n\}$ 则是所有事务的组合，每个 t_i 就是事务，T 是 I 的一个子集，例如某个顾客在一次交易中购买了 {牛奶,面包}，这就是事务，另一个顾客在一次交易中购买了 {牛奶}，也是事务，这两个事务构成的集合 {牛奶,面包} 是 {牛奶,面包,奶油} 的子集，事务中的每个元素也是一个项，一个事务也是一个项集。

❑ 支持度与置信度

关联规则是形如 $X \Rightarrow Y$ 的蕴含式，其中 X、Y 分别是 I 的真子集，即 $X \subset I$，$Y \subset I$ 且 $X \cap Y = \varnothing$，称 X 为关联规则 $X \Rightarrow Y$ 的前件，Y 为关联规则的后件。

在数据库 D 中，若 $s\%$ 的事务包含 $X \cup Y$（X 和 Y 同时出现），则称 $s\%$ 为关联规则 $X \Rightarrow Y$ 的支持度（Support），它代表了 X 和 Y 中所含的项在事务集中同时出现的频率；若 $c\%$ 的包含项集 X 的事务也包含项集 Y，则称 $c\%$ 为关联规则 $X \Rightarrow Y$ 的置信度（Confidence），它代表了包含 X 的事务中，出现 Y 的条件概率。

❑ 频繁项目集

如果一个项集 X 的支持度大于或者等于给定的最小支持度阈值，那么就可以称它为频繁项目集（Frequent Itemset），否则称 X 为非频繁项目集。

❑ 强关联规则

若关联规则 $X \Rightarrow Y$ 的支持度和置信度分别大于或等于用户指定的最小支持度 min_s 和最小置信度 min_c，则称关联规则 $X \Rightarrow Y$ 为强关联规则，否则为弱关联规则。

从以上定义可以看出，关联规则的建立是以不同事务中项集出现的频率以及相互出现的条件概率为基础的，支持度是关联规则的一个重要的度量方法，因为支持度低的规则往往被认为是偶然发生的，不具价值，一般令人不感兴趣。同时置信度对于关联规则也相当重要。对于规则 $X \Rightarrow Y$，置信度越高，说明包含 X 的事务中出现 Y 的概率就越高。

12.4.2 关联规则的挖掘过程

关联规则挖掘的终极目标就是找出所要研究的事务数据库 D 中所有的强关联规则，也就是说，需要挖掘出的关联规则的支持度都必须不小于最小支持度，并且置信度要大于或者等于最小置信度。整个过程分为以下两个步骤：

（1）找出频繁项目集。在目标事务数据库 D 中，计算项集出现次数和支持度，若该项目集的支持度不小于最小支持度，则该项目集即为频繁项目集。

（2）计算强关联规则。通过第一步中获得的频繁项目集，可以利用置信度计算公式，以及设置最小阈值，很简单地计算出所有的强关联规则。

整个过程如图 12.9 所示。

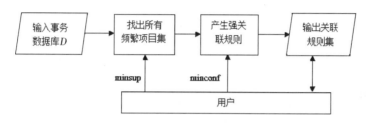

图 12.9　关联规则的挖掘过程

综上可以看出，关联规则挖掘的效率取决于挖掘频繁项目集的效率，所以，一个好的关联规则挖掘算法最根本的还是在于该算法能够有效地挖掘出频繁项目集。

12.4.3　关联规则挖掘的分类

根据不同的分类标准，可以按以下三种方法对关联规则进行分类：

（1）布尔型和数值型。该分类的依据是关联规则中处理变量的数据类型，布尔型关联规则处理的值都是种类化的、离散化数据，它所关注的是项之间的存在和不存在关系，例如 |购买尿布| ⇒ |购买啤酒|。数值型关联规则量化项和属性之间的关联，所表示的是项或属性值之间的相关关联规则，如 |年龄：30 ~ 40 岁，年收入：5 万 ~ 7 万元| ⇒ |购买计算机|。

（2）单维规则和多维规则。该分类是根据不同数据集的维数来划分的。在单维关联规则中只考虑数据的一个维度，如 |购买尿布| ⇒ |购买啤酒| 只涉及顾客购买物品这一维；多维关联规则中会从数据的多层维度上考虑挖掘规则，如 |年龄：30 ~ 40 岁，年收入：5 万 ~ 7 万元| ⇒ |购买计算机| 就涉及年龄、年收入、购买等多个维度。

（3）单层规则和多层规则。该分类方法的依据为规则中是否考虑到数据的层次性。在单层关联规则中没有考虑数据中的层次性，简单地将数据理解为一层，如 {年龄：30~40 岁，年收入：5 万~7 万元}⇒{购买计算机} 就是单层关联规则，项目集均涉及数据的一个属性或项；多层关联规则将现实数据分为多个层次，充分考虑到了数据的层次性，如 {年龄：30~40 岁，年收入：5 万~7 万元}⇒{购买苹果电脑} 就涉及数据集抽象层的多个属性或者项。

12.5 关联规则挖掘的主要算法

关联规则挖掘算法主要以 Apriori 算法和 FP-Growth 算法为代表，接下来将对这两种算法进行详细说明。

12.5.1 Apriori 算法简介及案例：用户资讯浏览的挖掘（一）

Apriori 算法由 Rakesh Agrawal 和 Ramakrishnan Skrikan 于 1994 年提出，是第一个关联规则算法，也是最经典的一个算法。Apriori 在拉丁语中指"来自之前"，当定义问题时，通常会使用先验知识或者假设，这被称作"一个先验"（Apriori）。算法使用频繁项目集性质的先验性质，即频繁项目集的所有非空子集也一定是频繁的，其核心思想就是对数据库采用逐层迭代搜索的方式挖掘 k 阶频繁项目集，直至找到最高阶的频繁项目集为止，最后通过获得的频繁项目集进行关联规则挖掘，从而实现挖掘目标数据间关联关系的最终目标。

具体来说，Apriori 算法使用重复迭代的方法，k-项目集用于探索 $(k+1)$-项目集。首先，从 1-项目集开始，根据给定的支持度阈值 min_s 找出 1-频繁项目集，该集合记为 L_1，然后由 L_1 得到 L_2，由 L_2 得到 L_3，如此下去，直到不能找到 k-频繁项目集。每找一层 L_k 均需要扫描一次数据库。为了生成 k-项目集，则需要扫描 k 次数据库。

通过 Apriori 算法最终得出所有频繁项目集中 L_k，然后根据 k-频繁项目集构建所有关联规则，在此基础上还可以根据给定的置信度阈值 min_c，提取出强关联规则。

下面以一个简单的案例来演示 Apriori 算法的主要原理与步骤。假设某新闻资讯类手机应用软件根据不同用户某次在该软件浏览资讯的关键词，得到用户浏览资讯关键词的数据库，如表 12.5 所示。

表 12.5　用户浏览资讯关键词的数据库

事　务	项　目　集
1	美食，股市，世界杯，职场成长
2	美食，股市，世界杯
3	世界杯，职场成长
4	美食，股市，人工智能

根据表 12.5 所示事务数据库及其项目集，并设定最小支持度 min_s 为 50%，最小置信度 min_c 为 70%，采用 Apriori 算法进行用户资讯浏览的关联规则挖掘。其步骤如下：

（1）生成候选 1-频繁项目集：{{美食}，{股市}，{世界杯}，{人工智能}，{职场成长}}。

（2）扫描事务数据库 D，计算 1-频繁项目集中每个项目集在 D 中的支持度，根据各项目集在 D 中出现的频率得出每个项目集的支持数分别为 3、3、3、1、2，事务数据库 D 的项目集总数为 4，因此可得出 1-频繁项目集中每个项目集的支持度分别为 75%、75%、75%、25%、50%。根据最小支持度为 50%，只有项目集 {人工智能} 的支持度小于 50%，所以可以得出频繁 1-项目集 L_1 = {{美食}，{股市}，{世界杯}，{职场成长}}。

（3）继续向 1-频繁项目集搜索。根据 L_1 生成候选频繁 2-项目集：{{美食，股市}，{美食，世界杯}，{美食，职场成长}，{股市，世界杯}，{股市，职场成长}，{世界杯，职场成长}}。频繁 2-项目集就是在 L_1 的基础上项目集两两组合且不重复，所形成的并集。

（4）按照步骤（2）的思路，扫描事务数据库 D，计算 2-频繁项目集中每个项目集在 D 中的支持度。如 {美食，股市} 作为并集在 D 中出现 3 次，其支持度为 75%；{美食，世界杯} 则出现 2 次，故支持度为 50%，从而得到 2-频繁项目集中每个项目集的支持度分别为 75%、50%、25%、50%、25%、50%。根据最小支持度为 50%，可以得出频繁 2-项目集 L_2 = {{美食，股市}，{美食，世界杯}，{股市，世界杯}，{世界杯，职场成长}}。

（5）继续向 $k+1$ 层探索，根据 L_2 生成候选 3-频繁项目集：{{美食，股

市，世界杯}}，{美食，股市，职场成长}，{美食，世界杯，职场成长}，
{股市，世界杯，职场成长}}，观察所生成的 3-频繁项目集，项目集 {美
食，股市，职场成长} 中的一个子集 {股市，职场成长} 是 L_2 中不存在的，
因此可以剔除。同理项目集 {美食，世界杯，职场成长}、{股市，世界杯，
职场成长} 也可剔除。最终得到候选 3-频繁项目集为 {{美食，股市，世界
杯}}。

（6）扫描事务数据库 D，计算 3-频繁项目集中每个项目集在 D 中的支
持度。{美食，股市，世界杯} 在 D 中出现 2 次，其支持度为 50%。根据最
小支持度为 50%，可以得出 3-频繁项目集 L_3 = {{美食，股市，世界杯}}。

到此，频繁项目集生成过程结束。注意由于该案例中数据库所有事务
包含的元素总共有 5 个，因此最多只能生成 5-频繁项目集，在这里到 3-频繁
项目集就结束了。

（7）生成关联规则。只考虑项目集长度大于 1 的项目集，对于 3-频繁
项目集 L_3 = {{美食，股市，世界杯}}，它的所有非真子集为 {美食}、{股
市}、{世界杯}、{美食，股市}、{美食，世界杯}、{股市，世界杯}，那
么分别计算关联规则及其置信度为：

{美食}⇒{股市，世界杯}，美食在数据库 D 中出现 3 次，而当美食出现
时股市、世界杯同时出现的系数为 2，因此其置信度为 67%。

按照同样道理，分别计算 {股市}⇒{美食，世界杯}、{世界杯}⇒{美
食，股市}、{美食，股市}⇒{世界杯}、{美食，世界杯}⇒{股市}、{股市，
世界杯}⇒{美食} 的置信度，其值分别为 67%、67%、67%、100%、
100%。由于最小置信度为 70%，因此，经过判定，{美食，世界杯}⇒{股
市}、{股市，世界杯}⇒{美食} 为频繁关联规则，也就是说浏览美食和世界
杯相关资讯的同时肯定会浏览股市的资讯，看股市和世界杯相关资讯的同
时也会浏览美食的资讯。这就为客户进行相关新闻资讯的推荐提供了参考。
同样，也可以对 2-频繁项目集构建关联规则，并挖掘其中的强关联。

以上就是一个完整的 Apriori 算法关联规则挖掘过程。经典 Apriori 算法
的最大优势在于结构简单，推导步骤简洁，易于理解。另外，Apriori 算法
应用其基本性质可以使得所产生的候选频繁项目集在候选项目集中得到很
大程度上的缩减，从而使得效率也得到大幅度的提高。

但是，在规则产生过程中，Apriori 算法必须反复地扫描数据库，若生
成最大频繁项目集数较为庞大时，就会对计算机存储和算法运行时间造成

影响。另外，Apriori 算法不可避免地产生特别多的候选项集，也会造成算法时间及空间性能上的影响。因此，找到一个既可靠又高效的发现频繁项集算法是非常有必要的。

12.5.2　FP-Growth 算法简介及案例：用户资讯浏览的挖掘（二）

FP-Growth 算法，即频繁模式增长算法，就是针对 Apriori 算法的不足进行改进而产生的一种算法，该算法不产生候选项目集而可以生成频繁项目集，它通过构造一个树结构来压缩数据记录，使得挖掘频繁项目集只需要扫描两次数据记录，而且该算法不需要生成候选集合，所以效率较高。

FP-Growth 算法主要是采取分而治之的思想，整个挖掘流程为以下两个步骤：

（1）将目标事务数据库中的事务压缩到频繁模式树上（FP-tree）进行反射，仍然保留项目集之间的关联关系。

（2）用 FP-tree 进行挖掘频繁项目集。

接下来仍以表 12.5 中某新闻资讯类手机应用软件的用户浏览资讯关键词数据库为例，演示 FP-Growth 算法的主要原理与步骤，这里仍然设定最小支持度 min_s 为 50%，最小置信度 min_c 为 70%。

❑　构建 FP-tree

第一步，扫描数据库，生成 1-频繁项目集，并按出现次数由多到少排序，如表 12.6 所示。

表 12.6　用户浏览资讯数据库的 1-频繁项目集

项	美食	股市	世界杯	职场成长
出 现 次 数	3	3	3	2

可以看到，人工智能没有出现在表 12.6 中，因为人工智能只出现 1 次，其支持度为 25%，小于最小支持度，因此不是频繁项目集。

第二步，再次扫描数据库，对每个事务中出现项按照表 12.6 中的顺序，重新调整每个项在每一事务产生的顺序，如表 12.7 所示。

由于这里美食、股市与世界杯的出现次数相等，所以表 12.7 与表 12.5 相比没有变化。

表 12.7　按照项出现的次数进行排序后的数据库

事　务	项　目　集
1	美食，股市，世界杯，职场成长
2	美食，股市，世界杯
3	世界杯，职场成长
4	美食，股市，人工智能

第三步，构建根节点与分支。根据第 1 条记录的事务，按照表 12.7 排序后的项出现顺序，初始时，新建一个根节点，标记为 null；接下来的分支依次是美食、股市、世界杯、职场成长，如图 12.10 所示。

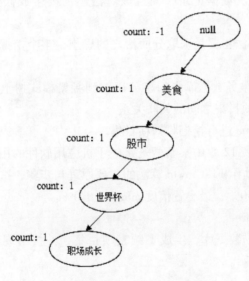

图 12.10　事务 1 的 FP-tree 结构

图 12.10 中，除了 null 节点没有记录，因而没有计数外，美食、股市、世界杯、职场成长分别标记其记录次数为 1。

第四步，根据第 2 条记录的事务，按照表 12.7 排序后的项出现顺序，构建 FP-tree 分支。这时发现根节点有子节点美食，那么就不用再新建节点，只需将原来的 ｛美食｝节点的 count 加 1，再往下构建另一个分支，如图 12.11 所示。

第五步，按照第三步和第四步的思路，依次加入第 3 条和第 4 条记录的事务，并按照表 12.7 排序后的项出现顺序，构建 FP-tree 分支，其中人工智能由于不是频繁项目集被排除在外。最终得到的 FP-tree 结构如图 12.12 所示。

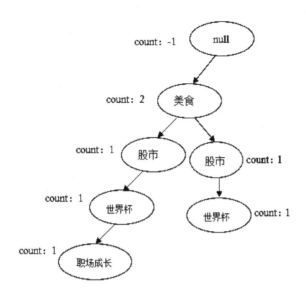

图 12.11　加入事务 2 的 FP-tree 结构

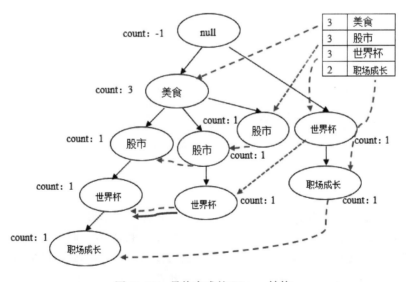

图 12.12　最终完成的 FP-tree 结构

　　按照上面的步骤，一棵 FP-tree 已构造完成，树中每条路径代表一个项集，这其中以美食为代表的公共项，对原有数据库的频繁项目集进行了梳理，形成一个公共项所组成的频繁项目集，按出现次数由多到少的顺序可以节省空间，实现压缩存储的目的。除此之外，有时候还需要一个表头和对每一个项相同的节点做一个线索，以方便后面使用，这里由于篇幅有限，不再构建。

❑ 用 FP-tree 挖掘频繁项目集

挖掘频繁项目集按照从下往上的顺序，从中抽取条件模式基，即以所查找元素项为结尾的路径集合。简而言之，一条前缀路径就是介于所查找元素与树根节点之间的所有内容。在此基础上构建条件 FP-tree。

第一步，根据表 12.6 中的最后一项，这里从 {职场成长} 开始，根据图 12.10 中职场成长的节点，其分支为 {美食，股市，世界杯，职场成长：1}、{世界杯，职场成长：1}，1 表示出现 1 次。除去 {职场成长}，得到对应的前缀路径 {美食，股市，世界杯：1}、{世界杯：1}，根据前缀路径可以生成条件 FP-tree，如图 12.13 所示。

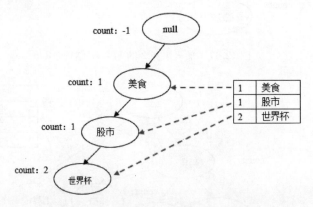

图 12.13　职场成长的条件 FP-tree 结构

从图 12.13 可以看出，职场成长的条件 FP-tree 是单路径的，在 FP-Growth 中直接列举 {美食：1，股市：1，世界杯：2} 的所有组合，之后和模式后缀 {职场成长} 取并集得到支持度大于等于 50% 的所有模式：{世界杯，职场成长：2}，于是 {职场成长} 的频繁项目集为 {职场成长}、{世界杯，职场成长}，这两个集合分别为 1-频繁项目集、2-频繁项目集。

第二步，按照第一步的方式，依次对世界杯、股市、美食构建条件 FP-tree，并生成形如图 12.13 所示的条件树结构。这里要注意的是，世界杯会有两个分支，而不是单路径的。根据对每个项的 FP-tree 挖掘，最终会得到该事务数据库的所有 k-频繁项目集，包括一个 3-频繁项目集为 {{美食，股市，世界杯}}。

在此基础上，按照 Apriori 算法的关联规则挖掘，特别是强关联规则的挖掘方法，得到该事务数据库的关联规则。可以看到，FP-Growth 算法利用频繁模式树 FP-tree，可以对事务库进行高效压缩，不需要进行重复遍历和扫描，不需要生成候选项集，该算法可以极其有效地挖掘频繁项目集。但是，该算法构造频繁模式树 FP-tree 需要占用较大的内存，当事务库特别庞大时，这种方法很难实现，再加上该算法需要使用大量的递归，当频繁模式树 FP-tree 分支较多时挖掘效率并不佳。

目前，已出现了很多对 Apriori 算法的改进与优化，例如基于采样的方法、基于杂凑（hash）函数产生频集的高效算法，对关联规则的应用提供了更大的帮助。另外，Apriori 算法与 FP-Growth 算法在 Python 中均没有现成的程序包或模块来快速实现，若要完成 Apriori、FP-Growth 等关联规则算法，还需手动编写程序来实现。

12.6　小结

本章主要介绍了降维技术与关联规则挖掘，降维技术是根据数据统计等信息寻找合适的几何表征，将高维数据转化为低维数据，从而解决"维度灾难"的问题，关联规则挖掘则是在大型数据集中发现隐含的让人感兴趣的联系，这种联系是人们事先不知道的但又潜在有用的信息或知识。

降维技术主要采用了空间映射的思路，其应用的最大两个方向就是特征选择与特征提取，前者是对高维数据进行空间压缩，从中提取有效的关键特征，后者是通过对已有的特征集合从高维映射到低维变换，得到新的包含原有特征主要信息的特征集合。主成分分析就是这种技术，它通过对原始数据的线性组合，将多个特征综合为少数特征，且综合后的特征相互独立，又可以表示原始特征的大部分信息。线性判别分析则是基于已有样本类别标签的基础上，通过构建线性判别函数，并采用 Lagrange 乘子求解转换函数，降维的最终目的是使得降维后样本值仍然保持类内分散程度最小，类间分散程度最大。

主成分分析的步骤包括原始数据集的预处理、计算数据集的协方差矩阵、计算协方差矩阵的特征值和特征向量、选择主成分、计算主成分得分，从而实现降维。主成分分析可以在 Scikit-learn 库中调用 decomposition. PCA( )

函数来实现。线性判别分析的步骤包括计算数据集不同类别的均值、总体均值，以及类内方差 S_w、类间方差 S_b，然后计算 $S_w^{-1}S_b$ 并求其特征值以及对应的特征向量，最后取最大特征值对应的特征向量为转换矩阵，在 Scikit-learn 库中可以调用 discriminant_analysis.LinearDiscriminantAnalysis() 函数来实现。

关联规则挖掘就是在交易数据、关系数据或其他信息载体中，查找存在于项目集合或者对象集合之间的频繁模式、关联结构，通常应用于顾客购买的"购物篮分析"。关联规则挖掘通过设定项、项集、事务、支持度、置信度与频繁项目集等概念来构建算法的理论体系。其中，支持度与置信度是关联规则挖掘中的重要度量方法，频繁项目集是建立关联规则的一个主要任务。

关联规则挖掘算法主要以 Apriori 算法和 FP-Growth 算法为代表。Apriori 算法的思想就是对数据库采用逐层迭代搜索的方式挖掘 k 阶频繁项目集，直至找到最高阶的频繁项目集为止，最后通过获得的频繁项目集进行关联规则挖掘，从而实现挖掘目标数据间关联关系的最终目标。FP-Growth 算法，即频繁模式增长算法，就是针对 Apriori 算法的不足进行改进而产生的一种算法，该算法不产生候选项目集而可以生成频繁项目集，它通过构造一个树结构来压缩数据记录，使得挖掘频繁项目集只需要扫描两次数据记录，而且该算法不需要生成候选集合，所以效率会比较高。

第 13 章　机器学习项目实战全流程入门

本章进入机器学习项目实战全流程入门的学习，主要是从一个简单的项目入手，介绍如何运用前面章节讲的各种算法解决一个现实问题。对于一个机器学习项目来说，算法是核心，但是数据的预处理、寻找关键特征等工作也是非常重要的一环。

在机器学习中有一个著名的说法，那就是数据和特征决定了机器学习的上限，而模型和算法只是逼近这个上限而已。因此，从一个机器学习的项目来说，包含对项目的认知与研判、数据清洗与预处理、特征工程、算法的训练与效果评估、算法的优化以及最终的预测等。本章将从机器学习项目实战全流程的角度作入门的介绍说明。

13.1　机器学习项目实战概述

13.1.1　机器学习项目实战的意义

学习的目的在于应用，在于能够用理论去指导实践。机器学习的产生，其本质就在于能够让机器去学习，从而使机器能够完成更复杂、更智能化的任务。就像学习机器学习的各种理论与方法，其目的也是能够掌握机器学习工具，将其应用到更多领域上，帮助人们解决更多的问题。因此，通过前面的学习，最终要回归到机器学习项目的实战中，这也是本章写作的原因之一。

另外，对于机器学习的学习，对于各种算法的学习，也需要借助项目实践去加深理解，去积累相关经验，而不仅仅是找几本理论书籍或者模仿几个案例就能完全掌握。机器学习的理论深度之深，学科跨度之大，没有人简简单单就能掌握。当前，一个优秀的机器学习工程师、算法工程师、数据分析师直到数据科学家等，无不是以大量的项目积累而淬炼出来的。

就像《纽约时报》的一个说法，"在硅谷招募机器学习工程师、数据科学家的情形，越来越像 NFL 选拔职业运动员，没有苛刻的训练很难上场了。"只有在机器学习实战中磨炼自己，才能不断保持强劲的竞争力。类似于学习武功一样，降龙十八掌、七伤拳、六脉神剑、无相神功等功夫就像各种机器学习的算法，在实战对决中要不断把这些功夫应用纯熟，结合对手不同招术灵活运用，从而破解对手招术直至战胜他，这才是一个优秀的武术家。

关于机器学习的项目，其实在每一章讲解相关算法的时候，都会辅以一些简单的案例来演示该算法的学习原理以及主要步骤等。例如在线性回归算法中采用了影厅观影人数的案例，在逻辑回归中采用了学生是否被学校录取的案例，直至在关联规则挖掘的介绍中采用了用户浏览某手机软件的资讯关键词案例等。这些案例虽然简单，但是仍然展现了机器学习在多个领域的应用。

更重要的是，在每一章的相应案例实战中，不仅仅展示了对应算法的训练与预测过程，还包括了一些数据的预处理、关键特征的可视化展示、训练集与测试集的划分、算法的优化、预测结果的评估等相关内容，初步展示了机器学习项目实战的一些基础内容。特别是在第 3 章，基于机器学习中最基础的算法，介绍了机器学习的一些基本流程，并进行了一些总结，为初学者提供了一个机器学习的初步印象。

在现实中，随着机器学习应用的不断扩展，越来越复杂的项目需要寻求机器学习进行解决，例如图像处理、模式识别、自动驾驶、文本挖掘、自然语言处理等，对于这些项目，一方面数据结构更复杂，另一方面样本量更大，其中包含的"噪声"也不少。这就不是简单地依靠基础的算法。采用 Python 的相关程序库输入参数就能解决得了，即便能够解决，其预测效果也不是很好。这时就需要结合相关的数据预处理、特征工程，选择相应算法及其求解方法，并不断调整参数，才能得到很好的结果。这整个过程是相对复杂甚至烦琐的。

对于初学者来说，鉴于自身的水平可能很难接触到现实中的机器学习实战项目，例如互联网公司或者科技企业自身的商业项目、研发计划等，若要不断通过实战项目来提升自己，一个比较好的渠道就是去一些在线机器学习题库或参加各种机器学习竞赛来真正获取实战经验，如谷歌旗下的 Kaggle 竞赛、阿里巴巴旗下的天池大赛等。

13.1.2　如何入门一个机器学习竞赛项目

那么如何入门这些比赛呢？在这里简单介绍一下。

首先打开相关网站，如天池大赛的官网为 https：//tianchi.aliyun.com/，需要注册，然后登录，也可以使用已有的淘宝会员账户登录。登录后进入主页，主页的部分界面如图 13.1 所示。

图 13.1　天池大赛主页的界面

在该界面中单击"天池大赛"命令按钮或者"我要参赛"的模块，就可以进入天池大赛的主页面，在主页面单击"算法大赛"，就进入与机器学习算法相关的竞赛页面，如图 13.2 所示。

从图 13.2 可以看到，每个算法大赛都包含了该比赛的名称、赛事简要、举办方、奖金、已报名的参赛队伍数量、截止日期等信息。打开其中一个比赛，就可以看到该比赛的详细信息。以"阿里巴巴大数据智能云上编程大赛"为例，进入该比赛页面，就会出现对该比赛的赛制介绍、赛题与数据、FAQ、排行榜等内容的介绍，其中赛制介绍主要是对比赛的背景、报名入口、赛题描述、赛程安排、参赛条件作了详细说明，赛题与数据则是该比赛的核心部分，包括比赛所用的训练集、测试集及其他数据集等，对赛题的描述、对数据的描述、提交说明、评估指标等。接着是选手提交成绩之后的排行榜以及供选手讨论的论坛等。

对于一个入门者，首先在报名入口进行报名，提交相关信息后，比赛页面会增加相关栏目，如图 13.3 所示。

图 13.2　天池大赛的算法大赛页面

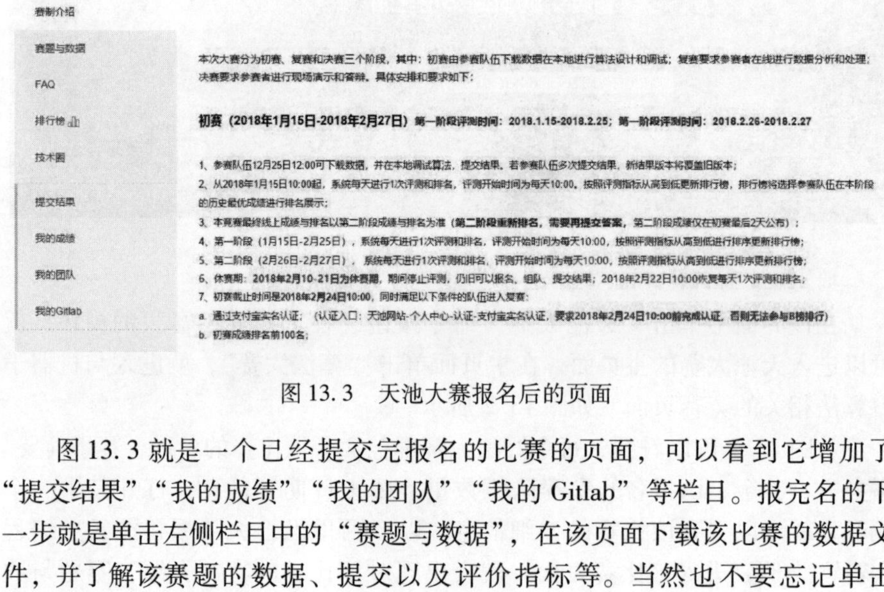

图 13.3　天池大赛报名后的页面

图 13.3 就是一个已经提交完报名的比赛的页面，可以看到它增加了"提交结果""我的成绩""我的团队""我的 Gitlab"等栏目。报完名的下一步就是单击左侧栏目中的"赛题与数据"，在该页面下载该比赛的数据文件，并了解该赛题的数据、提交以及评价指标等。当然也不要忘记单击"赛制介绍"，注意一下其中的相关截止时间。

一般的数据文件有训练数据（如 train. csv）、测试数据（如 test. csv），除此之外还有其他相关数据，如图 13.4 所示。

图 13.4 是有两个预测文件的数据文件，下面会有对赛题背景、数据文件内容的介绍等。下载了相关数据文件之后，就可以通过 Python 导入文件，然后进行各种操作，例如数据预处理、可视化与算法训练等。根据训练结果再对预测文件进行预测，得到的结果按照一定的形式（注意提交形式，

文件名称	文件格式
[new] yancheng_train_20171226.csv	.csv (2MB) ⬇
yancheng_testA_20171225.csv	.csv (2KB) ⬇
yancheng_testB_20180224.csv	.csv (2KB) ⬇

赛题背景：

　　"十三五"是汽车工业发展的新时期，经济形势复杂多变，汽车产业政策频出，因此准确预测汽车销量对于政府和企业都具有极其重要的现实意义。分区域的销量预测有利于各地政府准确地把握汽车市场发育与成长态势，及时调整宏观行业政策，同时有助于行业监管部门对汽车厂商实现产能监控。对于企业，在市场环境瞬息万变的信息时代，需要充分了解消费者诉求，预见市场未来的需求量和可能存在的销售变化趋势，合理规划产能，正确制定生产计划，实施以销定产的生产策略。

　　现有汽车销量预测研究大多是宏观预测，预测对象是整个市场的总体销量，预测粒度宽泛。对于政府、行业监管部门以及汽车企业需要有更细化粒度的销量预测解决方案。

图 13.4　天池大赛报名后的页面

形式不正确会影响结果的评价），在"提交结果"栏目中提交上去，至此一个基本的比赛过程就完成了。

　　最后在"排行榜"中就会看到自己预测结果的排名情况、预测结果评价得分等信息，若排名比较靠后，在规定时间内还可以进一步优化自己的算法，获取更好的评价得分，使得排名向上提升。

　　以上就是一个机器学习竞赛项目的入门流程，一般来说，大型的机器学习竞赛项目，其样本量都比较大，有上万甚至几十万，数据结构复杂，变量通常有十几个甚至几十个，包含离散型、连续型变量，甚至非数值型变量；同时部分变量存在数据缺失的情况，等等。这对参加者的数据处理、特征提取以及学习算法等基本功都是一个考验，所以参加机器学习是一个不错的锻炼自己机器学习知识水平的机会。

13.2　一个简单的机器学习项目实战：房价预测

　　接下来就以一个简单的数据案例来进入机器学习项目的实战，说简单是因为相比于机器学习竞赛中的案例，其样本量与变量数量都较少，该案例的训练集样本量有 2000 个，测试集样本量有 1000 个，变量有 13 个，一般的机器学习竞赛中的案例样本量甚至会在上万个，变量在几十甚至几百个也有。该案例虽然数据规模小，却再现了竞赛中存在的一些问题，比如存在缺失值的情况，存在文本属性变量，需要进行特征提取以更好地寻找拟合目标变量的特征变量等。

案例背景：对房价的预测，通过抽取不同区域的不同房子，搜集其价格与房屋面积、绿化率、所在区域的交通情况、犯罪率、PM2.5 浓度等变量，来预测相应房子的价格。数据均为自己设计，无现实对应的真实数据。

本次机器学习项目共有数据集 3 个，分别是 house_train. csv、house_test. csv、pred_test. csv，其中 house_train. csv 是项目的训练数据集，包含 12 个特征变量、1 个目标变量 price，特征变量中包含训练样本的 id 1~2000；house_test. csv 是用于预测的数据集，包含 12 个特征变量，不包含目标变量 price，需要通过训练数据集的训练结果，得到相应参数来对该数据集的样本进行预测，得到预测 price，house_test. csv 的特征变量中包含预测样本的 id 2001~3000；pred_test. csv 为用于提交结果的数据集，只包含预测样本的 id 2001~3000，需要把 house_test. csv 中得到的预测 price 按照相应 id 输入，以便于计算其预测效果。

该案例中各变量的取值及代表意义如表 13.1 所示。

表 13.1　房价预测数据集的变量说明

变 量 类 型	变 量 名	变 量 含 义
特征变量	id	数据样本编号
	district	房子所在区域的编号
	built_date	房子的建成时间，数据形式为年/月/日
	green_rate	该房子所在小区的绿化率，单位为%
	area	该房子的面积，单位为 m^2
	floor	该房子所在的楼层，按照房子的层数分为 Low、Medium、High，分别对应低楼层、中间楼层、高楼层
	oriented	该房子的朝向，0 代表房子不朝南，1 代表房子朝南
	traffic	房子所在区域的交通便利指数，指数区间为 0~100，越接近 100，代表交通越便利
	shock-proof	房子的抗震指数，指数区间为 0~100，越接近 100，代表房子越抗震
	school	房子所在区域拥有的学校数，单位为个
	crime_rate	房子所在城镇的犯罪率，单位为%
	pm25	房子所在区域 PM2.5 的平均浓度，浓度越低代表空气环境越好，单位为 $\mu g/m^3$
目标变量	price	房子的市场估价，单位为万元

该项目的评价标准为均方根误差 RMSE，即

$$RMSE = \sqrt{\frac{1}{m}\sum_{i=1}^{m}\left(yf^{(i)} - y^{(i)}\right)^2} \qquad (13.1)$$

在本书第 3 章对该指标有相应介绍，RMSE 越小，说明模型预测得越准确。

另外，提交前请确保预测结果的格式与 pred_test. csv 中的格式一致，以及提交文件后缀名为 csv。

以上就是该机器学习项目的相关内容，接下来就开始一次较为完整的机器学习项目实战之旅。

13.3　项目实战之数据预处理

13.3.1　数据加载与预览

通过数据的加载与预览对数据有个初步印象，包括每个变量的取值、属性等。

❑　导入数据

```
01   import pandas as pd                        #导入 pandas 库
02   import numpy as np                         #导入 numpy 库
03   from pandas import Series,DataFrame
                                                 #导入 Series,DataFrame 模块
04   import matplotlib.pyplot as plt            #导入 matplotlib 库
05
06   df = pd. read_csv(D:/house_train.csv')     #读取 csv 数据
07   df.head( )                                  #展示前 5 行数据
```

前 5 行的数据展示结果如图 13.5 所示。

	id	distirct	built_date	green_rate	area	floor	oriented	traffic	shockproof	school	crime_rate	pm25	price
0	1	164	2003/1/4	45.0	90	Medium	0	74	70	2	6.5	72	380.00
1	2	111	2000/6/18	51.0	72	Low	0	61	65	3	5.8	55	245.00
2	3	28	1993/9/27	58.0	92	Medium	1	94	39	2	7.0	87	212.50
3	4	90	1993/6/6	45.0	83	Medium	1	81	39	3	7.4	74	480.00
4	5	63	1997/7/15	62.0	77	Medium	1	71	83	1	6.5	71	293.75

图 13.5　房价预测数据集的前 5 行数据

图 13.5 中展示了 house_train. csv 数据集中前 5 行的数据，通过部分数据，可以逐步了解特征变量与响应变量的取值情况。可以看到，built_date 为日期型变量数据，floor 为文本属性变量，oriented、school 为离散型变量的数据，其他均为连续型变量。

❑ 数据预览

```
08  print(df.info())  #快速查看数据的描述
```

输出结果为：

```
<class 'pandas.core.frame.DataFrame'>
RangeIndex: 2000 entries,0 to 1999
Data columns (total 13 columns):
id              2000 non-null int64
distirct        2000 non-null int64
built_date      2000 non-null object
green_rate      1997 non-null float64
area            2000 non-null int64
floor           2000 non-null object
oriented        2000 non-null int64
traffic         2000 non-null int64
shockproof      2000 non-null int64
school          2000 non-null int64
crime_rate      1996 non-null float64
pm25            2000 non-null int64
price           2000 non-null float64
dtypes: float64(3),int64(8),object(2)
memory usage: 203.2 + KB
None
```

可以看到该数据集的样本量有 2000 个，变量有 13 个，其中 green_rate（非空样本量有 1997 个）、crime_rate（非空样本量有 1996 个）均存在缺失值。

❑ 数据统计信息预览

```
09  df.describe()  #数据的描述性统计信息
```

输出结果如图 13.6 所示。

图 13.6 中展示了 house_train. csv 数据集中各变量的个数、平均值、方差、最小值、25% 分位数、中位数、75% 分位数、最大值等。通过各变量的个数 count 也可以看出，green_rate、crime_rate 均存在缺失值。

	id	distirct	green_rate	area	oriented	traffic	shockproof	school	crime_rate	pm25	price
count	2000.000000	2000.000000	1997.000000	2000.000000	2000.000000	2000.000000	2000.000000	2000.000000	1996.000000	2000.00000	2000.000000
mean	1000.500000	91.559000	52.382574	81.536000	0.75200	64.779000	57.931500	2.355500	5.787625	63.02400	324.807875
std	577.494589	48.836687	7.062125	6.237721	0.43195	13.901899	15.168614	0.752597	1.035337	10.44653	99.872583
min	1.000000	1.000000	28.000000	65.000000	0.00000	27.000000	12.000000	1.000000	2.500000	28.00000	210.000000
25%	500.750000	54.000000	47.000000	77.000000	1.00000	55.000000	50.000000	2.000000	5.100000	57.00000	256.625000
50%	1000.500000	96.000000	52.000000	81.000000	1.00000	67.000000	61.000000	2.000000	5.900000	64.00000	297.500000
75%	1500.250000	134.000000	57.000000	85.000000	1.00000	75.000000	68.000000	3.000000	6.500000	70.00000	360.000000
max	2000.000000	164.000000	83.000000	140.000000	1.00000	97.000000	90.000000	4.000000	8.700000	89.00000	900.000000

图 13.6　房价预测数据集的描述性统计信息

13.3.2　缺失值处理

接下来就对 green_rate、crime_rate 变量存在的缺失值进行处理，在 Python 中 pandas 采用 NaN 表示数组里的缺失数据，使用 isnull( ) 和 notnull( ) 函数来判断缺失情况。对缺失值的处理采用删除和填充两种方法，分别采用 dropna( ) 函数和 fillna( ) 函数。

❏　显示缺失值的位置

```
10    '''缺失值处理'''
11    df[df.isnull().values = = True]    #显示存在缺失值的行列
```

缺失值所在的行与列如图 13.7 所示。

	id	distirct	built_date	green_rate	area	floor	oriented	traffic	shockproof	school	crime_rate	pm25	price
20	21	1	2006/4/24	NaN	84	Medium	1	59	75	3	6.1	67	293.75
21	22	164	1992/2/18	45.0	77	High	1	75	77	1	NaN	68	286.25
56	57	90	2001/6/25	NaN	83	Medium	1	67	81	3	5.7	74	395.00
95	96	108	1998/9/16	NaN	85	High	1	84	45	3	NaN	75	690.00
95	96	108	1998/9/16	NaN	85	High	1	84	45	3	NaN	75	690.00
142	143	132	2003/12/25	52.0	82	Medium	1	54	47	2	NaN	58	286.25
161	162	49	1999/9/25	49.0	78	Low	0	56	43	2	NaN	64	312.50

图 13.7　房价预测数据集的缺失值情况

图 13.7 中展示了该数据集中缺失值的位置。

❏　填充缺失值

```
12    df = df.fillna(df.mean())    #用该列平均值填充缺失值
13    df.loc[95]                   #定位第 96 行数据
```

第 12 行采用了各变量的平均值来填充缺失值，除此之外，fillna( ) 函数还可以采用其他值填充，例如 df.fillna(0) 表示用 0 填充，df.fillna(method = 'pad') 表示用前一个数值填充等。

对于填充之后的结果，对其中一个缺失值所在的行进行定位，查看填充后的结果，即：

```
id                    96
distirct             108
built_date  1998/9/16
green_rate      52.3826
area                  85
floor              High
oriented              1
traffic              84
shockproof           45
school                3
crime_rate      5.78763
pm25                 75
price               690
Name: 95,dtype: object
```

可以看到 green_rate 的缺失值已用该变量均值 52.3826 填充，crime_rate 的缺失值已用该变量均值 5.78763 填充。

13.3.3 数据转换

接下来将样本中日期型变量、文本属性变量转换为数值型，以方便后面的计算。

❑ 日期数据转换

```
14  '''数据转换'''
15  df['built_date'] = pd.to_datetime(df['built_date'])
                        #采用 to_datetime 转换为日期标准格式
16  df.head()
```

第 15 行采用 to_ datetime 转换为日期标准格式，转换后的数据展示结果如图 13.8 所示。

	id	distirct	built_date	green_rate	area	floor	oriented	traffic	shockproof	school	crime_rate	pm25	price
0	1	164	2003-01-04	45.0	90	Medium	0	74	70	2	6.5	72	380.00
1	2	111	2000-06-18	51.0	72	Low	0	61	65	3	5.8	55	245.00
2	3	28	1993-09-27	58.0	92	Medium	1	94	39	2	7.0	87	212.50
3	4	90	1993-06-06	45.0	83	Medium	1	81	39	3	7.4	74	480.00
4	5	63	1997-07-15	62.0	77	Medium	1	71	83	1	6.5	71	293.75

图 13.8　数据集的日期数据转换

图 13.8 中展示了 house_train.csv 数据集中前 5 行的数据，可以看到
built_date 的数据已经转换成形如"2003-01-04"格式的日期数据。

❑　日期数据转换成建筑年龄 age 并被替换

```
17  import datetime as dt                    #导入 datetime 库
18  now_year = dt.datetime.today().year      #当前的年份
19  age = now_year-df.built_date.dt.year
                                             #用当前时间减去 built_date 的年份
20
21  df.pop('built_date')                     #删除 built_date 列，方便后面计算
22  df.insert(2,'age',age)                   #将 age 列移动到第 4 列
23  df.head()
```

第 17 行中导入了用于处理时间的 datetime 库，第 18 行中则采用
dt.datetime.today().year 求得当前的年份，第 19 行采用相减的方法求得每
个房子的年龄 age，第 21、22 行则将 age 变量替换掉 built_date 变量，得到
的数据集前 5 行展示结果如图 13.9 所示。

	id	distirct	age	green_rate	area	floor	oriented	traffic	shockproof	school	crime_rate	pm25	price
0	1	164	15	45.0	90	Medium	0	74	70	2	6.5	72	380.00
1	2	111	18	51.0	72	Low	0	61	65	3	5.8	55	245.00
2	3	28	25	58.0	92	Medium	1	94	39	2	7.0	87	212.50
3	4	90	25	45.0	83	Medium	1	81	39	3	7.4	74	480.00
4	5	63	21	62.0	77	Medium	1	71	83	1	6.5	71	293.75

图 13.9　数据集的日期数据转换成建筑年龄

从图 13.9 可以看到数据集的日期数据已转换成建筑年龄 age 变量。

接下来对文本属性变量 floor 进行转换。

❑　文本属性数据转换成数值型

```
24  print (df['floor'].unique())   #提取 floor 的取值
```

第 24 行首先提取 floor 的取值，输出结果为：

```
['Medium' 'Low' 'High']
```

可以看到 floor 的取值有三个，分别为 Medium、Low、High，因此将这
三个值分别用数值取代。

```
25  df.loc[df['floor'] = ='Low','floor'] = 0
                              #将 floor 中的 Low 转换为 0
```

```
26  df.loc[df['floor'] = ='Medium','floor'] =1
                                        #将 floor 中的 Medium 转换为 1
27  df.loc[df['floor'] = ='High','floor'] =2
                                        #将 floor 中的 High 转换为 2
28
29  df.head( )
```

第 25 ~ 27 行采用定位 floor 某个取值的方式，将文本属性变量分别替换成 0、1、2，转换结果如图 13.10 所示。

	id	distirct	age	green_rate	area	floor	oriented	traffic	shockproof	school	crime_rate	pm25	price
0	1	164	15	45.0	90	1	0	74	70	2	6.5	72	380.00
1	2	111	18	51.0	72	0	0	61	65	3	5.8	55	245.00
2	3	28	25	58.0	92	1	1	94	39	2	7.0	87	212.50
3	4	90	25	45.0	83	1	1	81	39	3	7.4	74	480.00
4	5	63	21	62.0	77	1	1	71	83	1	6.5	71	293.75

图 13.10 数据集的文本数据转换

从图 13.10 中可以看到，floor 的变量取值也进行了转换。

❑ 数据信息展示

```
30  print(df.info())   #快速查看数据的描述
```

在上述数据处理完毕的情况下，再一次查看数据的描述情况，观察以上数据处理的效果，其输出结果为：

```
<class 'pandas.core.frame.DataFrame'>
RangeIndex: 2000 entries,0 to 1999
Data columns (total 13 columns):
id            2000 non-null int64
distirct      2000 non-null int64
age           2000 non-null int64
green_rate    2000 non-null float64
area          2000 non-null int64
floor         2000 non-null int64
oriented      2000 non-null int64
traffic       2000 non-null int64
shockproof    2000 non-null int64
school        2000 non-null int64
crime_rate    2000 non-null float64
pm25          2000 non-null int64
price         2000 non-null float64
dtypes: float64(3),int64(10)
```

```
memory usage：203.2 KB
None
```

可以看到相关的缺失值均已得到填充，各变量的数据属性为整点型
（int64）或浮点型（float64），无其他类型变量。

13.4　项目实战之特征提取

对于包含 12 个特征变量的数据集，并不一定每个特征变量都与目标变
量有显著关系，特别是还有样本 id 以及区域编号等需要进行特征提取，一
方面观察每个变量的数据分布情况，另一方面筛选与目标变量关系显著特
征、摒弃非显著特征。这些做法可以有效提高算法的效果和性能，机器学
习中不是所有相关数据都要纳入进来，训练的效果才好，有时简单模型的
效果也可能比复杂模型的效果要好。

13.4.1　变量特征图表

对各变量作直方图、箱线图等可视化分析，观察各变量的样本分布情况。
❏ 　变量直方图

```
31  df.hist(xlabelsize = 8,ylabelsize = 8,layout = (3,5),figsize
    = (20,12))  #绘制直方图
32  plt.show()
```

所用代码已在前面章节有所涉及，直方图结果如图 13.11 所示。
❏ 　变量箱线图

```
33  df.plot(kind = 'box',subplots = True,layout = (3,5),
34              sharex = False,sharey = False,fontsize = 12,fig-
                size = (20,12))  #绘制箱线图
35  plt.show()
```

箱线图结果如图 13.12 所示。
通过图 13.11、图 13.12 的可视化结果，可以看到部分变量的分布并非正
态分布，且存在一些异常值的情况，特别是目标变量 price。对于这种情况，
可以通过取对数的方式进行数值转换，使得变量呈现相对正态分布的情况。

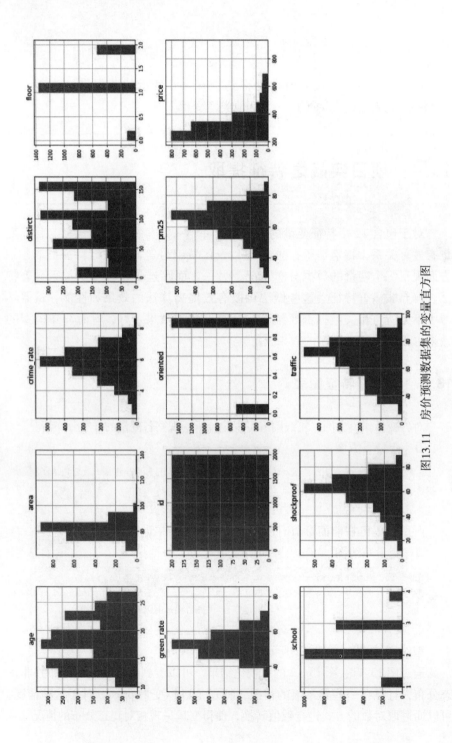

图13.11 房价预测数据集的变量直方图

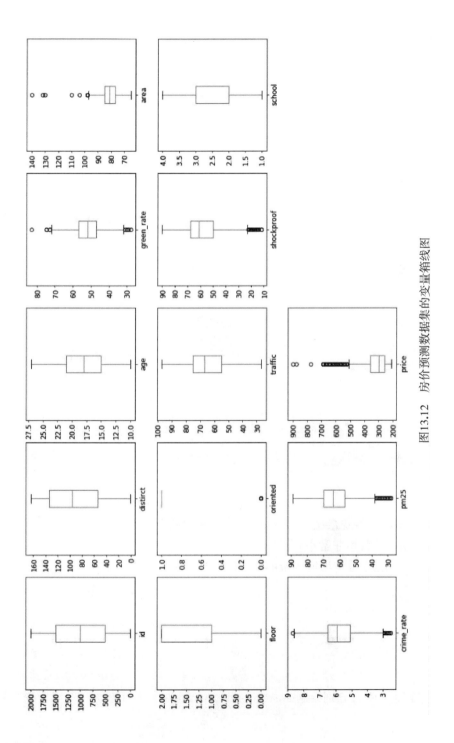

图 13.12　房价预测数据集的变量箱线图

13.4.2 变量关联性分析

接下来观察各特征变量与目标变量的关联情况，从而更好地筛选显著特征变量。

❑ 与目标变量的相关系数

```
36  corr_matrix = df.corr()   #生成相关系数矩阵
37  print(corr_matrix['price'].sort_values(ascending = False))
                              #打印 price 与其他变量的相关系数
```

第 36 行生成数据集的相关系数矩阵，第 37 行从相关系数矩阵中提取 price 的相关系数，并按降序排序，输出结果为：

```
price       1.000000
area        0.543570
crime_rate  0.408237
pm25        0.406060
traffic     0.339307
shockproof  0.281248
school      0.225293
age         0.156151
floor       0.112541
green_rate  0.052456
id         -0.003486
oriented   -0.033219
distirct   -0.047704
Name: price,dtype: float64
```

可以看到与目标变量 price 相关系数最大的为房屋面积 area，相关系数为 0.543570，各变量按照相关系数大小依次排列，其中 id、oriented、distirct 的相关系数均非常小。

❑ 目标变量与特征变量的散点图

```
38  plt.figure(figsize = (8,3))                    #设置图形大小
39  plt.subplot(121)                               #1 行 2 列,第 1 个图
40  plt.scatter(df['price'],df['area'])            #绘制 area 与 price 的散点图
41  plt.subplot(122)                               #1 行 2 列,第 2 个图
42  plt.scatter(df['price'],df['pm25'])            #绘制 pm25 与 price 的散点图
43  plt.show()
```

第 38 ~ 43 行分别绘制 area 与 price、pm25 与 price 的散点图，且在同一

个区域内展示，结果如图 13.13 所示。

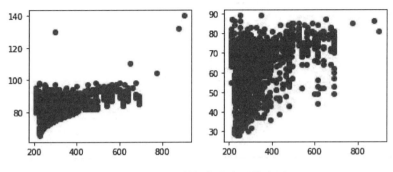

图 13.13　房价预测数据集的变量散点图（一）

从图 13.13 中的散点图可以看到目标变量 price 与 area、pm25 有一定的线性变化关系。

❑　目标变量与特征变量的散点图

```
44  plt.figure(figsize =(8,3))        #设置图形大小
45  plt.subplot(121)                  #1 行 2 列,第 1 个图
46  plt.scatter(df['price'],df['age']) #绘制 price 与 age 的散点图
47  plt.subplot(122)                  #1 行 2 列,第 2 个图
48  plt.scatter(df['price'],df['green_rate'])
                                      #绘制 price 与 green_rate 的散点图
49  plt.show()
```

第 44～49 行分别绘制 age 与 price、green_rate 与 price 的散点图，且在同一个区域内展示，结果如图 13.14 所示。

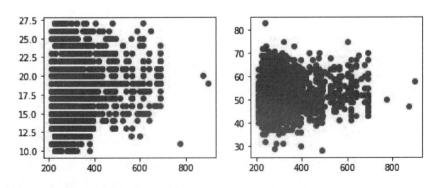

图 13.14　房价预测数据集的变量散点图（二）

从图 13.14 中的散点图可以看到目标变量 price 与 age、green_rate 的线性变化关系相对较弱。

13.5　项目实战之建模训练

13.5.1　对训练数据集的划分

本项目中虽然提供了要预测的数据集 house_test. csv，但是该数据集没有目标变量 price，因此无法帮助我们对所采用的算法进行效果评估，因此，在这里仍采用本书前面章节相关方式，对 house_train. csv 数据集进行划分，获取训练集与验证集，从而对所使用的算法进行评估。注意，由于本项目中 house_test. csv 为测试集，故 house_train. csv 划分的数据称为训练集与验证集。

❑　选取特征变量并划分数据集

```
50   col_n =['area','crime_rate','pm25','traffic','shockproof','school
     ','age','floor'] #设置变量列表
51   X =df[col_n]   #选取特征变量
52   y =df.price   #设定 price 为 y
53
54   from sklearn.cross_validation import train_test_split
                         #导入数据划分包
55   #把 X、y 转化为数组形式,以便于计算
56   X =np.array(X.values)
57   y =np.array(y.values)
58   #以 25% 的数据构建测试样本,剩余作为训练样本
59   X_train,X_test,y_train,y_test =train_test_split(X,y,test_
     size =0.25,random_state =1)
60
61   X_train.shape,X_test.shape,y_train.shape,y_test.shape
```

第 50 行将筛选的特征变量的变量名提取出来形成一个数组，这些变量均是与 price 关系较为显著的变量，在这里处理也为后面对于 house_test. csv 的相关处理提供便利。第 54 ~ 61 行的代码均与前面章节的处理方式相同，数据集划分比例也采用 25%，输出结果为：

```
((1500L,8L),(500L,8L),(1500L,),(500L,))
```

训练集的样本量有 1500 个，验证集的样本量有 500 个，使用的特征变量有 8 个。

13.5.2　采用不同算法的建模训练

结合前面章节的学习内容，对于回归问题，可以由不同的算法，例如岭回归、Lasso 回归，甚至在决策树、K 近邻、支持向量机等算法中也有对回归问题的解决方法。因此，为更好地得到最优预测结果，选择不同的算法模型并进行训练，通过评估结果来选择最优算法。

❑　岭回归算法

```
62  '"建模之岭回归'"
63  from sklearn import linear_model        #导入 linear_model 库
64  ridge = linear_model.Ridge(alpha = 0.1)  #设置 alpha 值
65  ridge.fit(X_train,y_train)
                                             #使用训练数据进行参数求解
66
67  y_hat = ridge.predict(X_test)            #对验证集的预测
68  from sklearn import metrics
69  #用 scikit-learn 计算 RMSE
70  print "RMSE_Ridge:",np.sqrt(metrics.mean_squared_error(y_
    test,y_hat))
```

第 63～70 行的代码在前面章节均有所涉及，这里不再详细解释，其输出结果为：

```
Ridge(alpha = 0.1,copy_X = True,fit_intercept = True,max_iter =
None,
  normalize = False,random_state = None,solver = 'auto',tol =
  0.001)
RMSE_Ridge: 77.0692724790796
```

输出结果为参数设置的情况，不同的参数设置也能得到不同的训练结果，后面也涉及了对参数调优的分析过程。这里主要注意 alpha 惩罚项的设置为 0.1。

得到的均方误差根 RMSE = 77.069272。

❑ Lasso 回归算法

```
71  '''建模之 Lasso 回归'''
72  from sklearn import linear_model          #导入 linear_model 库
73  lasso = linear_model.Lasso(alpha = 0.1)   #设置 alpha 值
74  lasso.fit(X_train,y_train)
                                              #使用训练数据进行参数求解
75
76  y_hat_lasso = lasso.predict(X_test)       #对验证集的预测
77  #用 scikit-learn 计算 RMSE
78  print "RMSE_losso:",np.sqrt(metrics.mean_squared_error(y_
    test,y_hat_lasso))
```

第 72 ~ 78 行的代码也在前面章节均有所涉及，其输出结果为：

```
Lasso(alpha = 0.1,copy_X = True,fit_intercept = True,max_iter
 =1000,
  normalize = False,positive = False,precompute = False,random_
  state = None,
  selection ='cyclic',tol = 0.0001,warm_start = False)
RMSE_losso: 77.0693570975086
```

这里也是主要注意 alpha 惩罚项的设置为 0.1。

得到的均方误差根 RMSE = 77.069357。

❑ 支持向量机回归算法

```
79  '''建模之支持向量机回归'''
80  #从 sklearn.svm 中导入支持向量机回归模型 SVR
81  from sklearn.svm import SVR
82  #使用线性核函数配置的支持向量机进行回归训练并预测
83  linear_svr = SVR(kernel ='linear')
84  linear_svr.fit(X_train,y_train)           #训练模型
85
86  y_hat_svr = linear_svr.predict(X_test)    #对验证集的预测
87  #用 scikit-learn 计算 RMSE
88  print "RMSE_svr:",np.sqrt(metrics.mean_squared_error(y_
    test,y_hat_svr))
```

第 83 行的代码中支持向量机回归算法采用的是线性核函数，即 kernel ='
linear'，其结果为：

```
SVR(C = 1.0,cache_size = 200,coef0 = 0.0,degree = 3,epsilon = 0.1,
gamma ='auto',
  kernel ='linear',max_iter = -1,shrinking = True,tol = 0.001,ver-
  bose = False)
RMSE_svr: 76.96508632833931
```

这里也是主要注意惩罚项的设置，即 C = 1.0。

得到的均方误差根 RMSE = 76.965086。

❑　随机森林回归算法

```
89    '''建模之随机森林回归'''
90    #从 sklearn 中导入随机森林回归
91    from sklearn.ensemble import RandomForestRegressor
92    #使用随机森林进行回归训练并预测
93    rf = RandomForestRegressor(random_state = 200,max_features =
      0.3)
94    rf.fit(X_train,y_train)
95
96    y_hat_rf = rf.predict(X_test) #对验证集的预测
97    #用 scikit-learn 计算 RMSE
98    print "RMSE_rf:",np.sqrt(metrics.mean_squared_error(y_
      test,y_hat_rf))
```

这里采用的是随机森林回归的算法，第 91 行导入了随机森林回归的程序包 RandomForestRegressor，由于随机森林属于集成算法，故从 sklearn.ensemble 中导入；第 93 行设定了随机森林回归算法的参数，其中 random_state = 200 代表设定随机种子，max_features = 0.3 代表随机森林允许单个决策树使用特征的最大数量。其结果为：

```
RandomForestRegressor(bootstrap = True,criterion = 'mse',max_
depth = None,
        max_features = 0.3,max_leaf_nodes = None,
        min_impurity_decrease = 0.0,min_impurity_split = None,
        min_samples_leaf = 1,min_samples_split = 2,
         min_weight_fraction_leaf = 0.0,n_estimators = 10,n_
         jobs = 1,
        oob_score = False,random_state = 200,verbose = 0,warm_
        start = False)
RMSE_rf: 77.59913631929159
```

这里要注意建立子树的数量为默认值，即 n_estimators = 10。

得到的均方误差根 RMSE = 77.599136。

经过不同算法的训练以及得到的 RMSE，可以看到不同算法的 RMSE 从小到大依次是：支持向量机回归、岭回归、Lasso 回归、随机森林。接下来就对其中的支持向量机回归、Lasso 回归两个算法的参数进行调优。

13.5.3　参数调优

在这里对支持向量机回归、Lasso 回归算法的关键参数设置一系列数值，对每个数值均作相应训练，输出 RMSE 结果，最终找到使得 RMSE 最小的参数值。

❑　支持向量机回归参数调优

```
99   '''建模之 SVR 参数调优'''
100  alphas_svr = np.linspace(0.1,1.2,20)
                                        #设置惩罚项 C 的等差参数序列
101  rmse_svr = []                      #设置 RMSE 列表
102  for c in alphas_svr:
103      model = SVR(kernel ='linear',C = c)  #设定模型为 SVR
104      model.fit(X_train,y_train)    #使用训练数据进行参数求解
105      y_hat = model.predict(X_test)         #预测划分训练集
106      #将得到的均方误差结果加入 RMSE 列表中
107       rmse_svr.append(np.sqrt(metrics.mean_squared_error
         (y_test,y_hat)))
108
109  plt.plot(alphas_svr,rmse_svr)    #绘制不同 C 取值的 RMSE 结果
110  plt.title ('Cross Validation Score with Model SVR') #添加标题
111  plt.xlabel("alpha")              #添加 x 轴标签
112  plt.ylabel("rmse")               #添加 y 轴标签
113  plt.show()
```

第 100 行将支持向量机回归中的惩罚项 C 设置为 0.1～1.2 之间的等差序列列表 alphas_svr，数量为 20 个；第 102～107 行采用 for 循环的方式，将 C 从列表 alphas_svr 中依次取值，进行 SVR 训练，并得到 RMSE 值，将获取的不同的 RMSE 值也加入列表 rmse_svr 中；第 109 行绘制不同 C 取值下对应 RMSE 值的折线图，并设置相应的标题、坐标轴标签等。最终展示结果如图 13.15所示。

从图 13.15 中可以看到随着惩罚项 C 的取值越大，SVR 算法的 RMSE 越小，但是在 C = 1.0 处 RMSE 值的变化趋缓，基本上在 1.0～1.2 之间，能得到最小的 RMSE，其值在 76.95～77.00 之间。

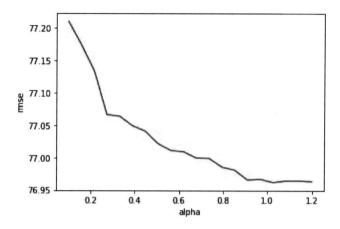

图 13.15　房价预测数据集的 SVR 交叉验证结果

❑　Lasso 回归的参数调优

```
114  '''建模之 Lasso 回归参数调优'''
115  alphas_lasso = np.linspace( -0.1,0.1,20)
                              #设置惩罚项 alpha 的参数序列
116  rmse_lasso =[ ]              #设置 RMSE 列表
117  for alpha in alphas_lasso:
118      model = linear_model.Lasso(alpha)
                              #设定模型为 Lasso
119      model.fit(X_train,y_train)
                              #使用训练数据进行参数求解
120      y_hat = model.predict(X_test)
                              #预测划分训练集
121      #将得到的均方误差结果加入 RMSE 列表中
122      rmse_lasso.append(np.sqrt(metrics.mean_squared_error
         (y_test,y_hat)))
123
124  plt.plot(alphas_lasso,rmse_lasso)
                              #绘制不同 C 取值的 RMSE 结果
125  plt.title ('Cross Validation Score with Model Lasso') #添加标题
126  plt.xlabel("alpha")        #添加 x 轴标签
127  plt.ylabel("rmse")         #添加 y 轴标签
128  plt.show( )
```

这里采用了与上述 SVR 算法相同的方式，第 115 行设置 Lasso 回归中惩罚项的等差参数序列，区间为 [- 0.1,0.1]，共计 20 个，第 117 ~ 122 行采用 for 循环进行不同参数之下的模型训练，并得到对应的 RMSE 值；第124 ~

128 行绘制不同 alpha 取值下对应 RMSE 值的折线图，并设置相应的标题、坐标轴标签等。最终展示结果如图 13.16 所示。

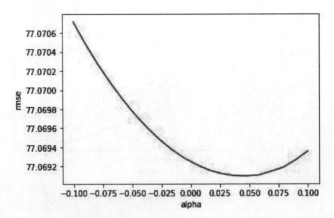

图 13.16　房价预测数据集的 Lasso 回归交叉验证结果

从图 13.16 中可以看到随着惩罚项 alpha 取值的增大，Lasso 回归算法的 RMSE 先变小再变大，在 0.025～0.050 之间，能得到最小的 RMSE，其值在 77.0690～77.0692 之间。

综合比较上述算法的参数调整，以及所对应的 RMSE 取值，可以看出，C = 1.0 时的 SVR 算法是上述整个模型训练过程中 RMSE 取值最小的模型，故在这里选择 C = 1.0 时的 SVR 算法为本项目的最终确定模型。

13.6　预测与提交结果

在对训练模型以及最优参数确定之后，对 house_test. csv 数据进行预测，并提交预测结果。

❑　预测 house_test 数据并提交结果

```
129   '''预测 house_test 数据并提交结果'''
130   df_test = pd.read_csv('D:/house_test.csv')    #读取 csv 数据
131   df_test.head()                                #展示前 5 行数据
```

先对 house_test. csv 数据进行加载与预览，如图 13.17 所示。

从图 13.17 可以看到，house_test. csv 数据也包含日期变量、文本属性

	id	distirct	built_date	green_rate	area	floor	oriented	traffic	shockproof	school	crime_rate	pm25
0	2001	119	2006/1/19	41	84	High	1	67	51	3	4.9	58
1	2002	52	2008/8/3	52	72	Medium	1	61	42	2	3.9	53
2	2003	68	1994/8/2	50	81	High	1	81	61	3	6.2	68
3	2004	54	2000/5/17	56	84	Medium	1	57	67	2	5.9	50
4	2005	51	2005/6/12	41	87	High	0	67	65	3	5.8	71

图 13.17　房价预测的 house_test 数据集

变量等。由于这几个变量均参与模型的训练过程，所以在建模之前需要对数据进行转换。

❑　预览 house_test 数据信息

```
132  'print(df_test.info())   #快速查看数据的描述
```

对 house_test. csv 数据进行查看有无缺失值存在的情况，输出结果为：

```
<class 'pandas. core. frame. DataFrame'>
RangeIndex: 1000 entries, 0 to 999
Data columns (total 12 columns):
id            1000 non-null int64
distirct      1000 non-null int64
built_date    1000 non-null object
green_rate    1000 non-null int64
area          1000 non-null int64
floor         1000 non-null object
oriented      1000 non-null int64
traffic       1000 non-null int64
shockproof    1000 non-null int64
school        1000 non-null int64
crime_rate    1000 non-null float64
pm25          1000 non-null int64
dtypes: float64(1), int64(9), object(2)
memory usage: 93.8 + KB
None
```

可以看到预测数据 house_test. csv 不存在缺失值情况，故不需要进行缺失值处理。

❑　house_test 数据转换

```
133  '''数据转换'''
134  df_test['built_date'] = pd.to_datetime(df_test['built_date'])
135  age = now_year-df_test.built_date.dt.year
```

```
                                     #用当前时间减去 built_date 的年份
136   df_test.pop('built_date')      #删除 built_date 列,方便后面计算
137   df_test.insert(2,'age',age)    #将 age 列移动到第 4 列
138
139   df_test.loc[df_test['floor'] = ='Low','floor'] = 0
                                     #将 floor 中的 Low 转换为 0
140   df_test.loc[df_test['floor'] = ='Medium','floor'] = 1
                                     #将 floor 中的 Medium 转换为 1
141   df_test.loc[df_test['floor'] = ='High','floor'] = 2
                                     #将 floor 中的 High 转换为 2
142   df_test.head()
```

数据转换的过程同 house_train. csv 数据转换过程，包括日期变量的转换、文本属性变量转换为数值型等。数据转换后结果如图 13. 18 所示。

	id	distirct	age	green_rate	area	floor	oriented	traffic	shockproof	school	crime_rate	pm25
0	2001	119	12		41	84	2	1	67		51	3	4.9	58
1	2002	52	10		52	72	1	1	61		42	2	3.9	53
2	2003	68	24		50	81	2	1	81		61	3	6.2	68
3	2004	54	18		56	84	1	1	57		67	2	5.9	50
4	2005	51	13		41	87	2	0	67		65	3	5.8	71

图 13. 18　house_test 数据集的数据转换

从图 13. 18 结果可以看到，house_test. csv 数据完成了数据转换。

❑　house_test 数据的预测与结果的提交

```
143   testX = df_test[col_n]                          #选取特征变量
144   #使用线性核函数配置的支持向量机进行回归训练并预测
145   svr_test = SVR(kernel ='linear',C =1.0)
146   svr_test.fit(X,y)                               #训练模型
147
148   testy_svr = svr_test.predict(testX)             #对测试集的预测
149
150   submit = pd.read_csv('D:/pred_test.csv')        #读取 csv 数据
151   submit['price'] = testy_svr
152   submit.head()                                   #展示前 5 行数据
```

由于前面在对 house_train. csv 数据集进行训练的时候，只选取了部分显著的特征变量，故第 143 行仍将筛选的特征变量名数组 col_n 作为预测的特征变量；第 144 ~ 146 行就是建立模型并训练，这里的参数设置为 C = 1. 0，值得注意的是，第 146 行是对 house_train. csv 全部样本数据进行模型训练，

然后对测试集 house_test 进行预测。

第 148～150 行是将已得到的预测值导入 pred_test. csv 文档中，同时在该文档中形成新的变量——price，即对预测集的数据预测得到的目标变量。前 5 行数据的展示结果如图 13.19 所示。

至此完成了一个完整的机器学习实战项目，将 pred_test. csv 中预测的

	id	price
0	2001	312.065002
1	2002	180.929998
2	2003	369.153808
3	2004	339.450614
4	2005	348.843168

图 13.19　pred_test 数据预测的前 5 行

price 数据与实际 price 数据进行对比，采用 RMSE 等形式进行评估，就可以判断你的算法效果。若效果不好，还可以采用其他方法，进一步设置最优参数进行训练，降低 RMSE 值。

13.7　小结

本章主要介绍了机器学习项目实战的意义、入门途径，并完整地再现了机器学习项目实战全流程过程，包括项目背景介绍、评价方法、数据预处理、特征提取、建模训练与参数调优、预测与提交结果等，全面而系统地概括了入门一个机器学习项目的全流程。

对于机器学习爱好者来说，仅仅依赖书本上的理论学习是不够的，也很难深刻理解并记住机器学习的理论、各算法的原理与实现过程等，只有通过不断的实战训练，才能更好地掌握机器学习以及 Python 的使用，并积累大量经验，逐步成为相关领域的专家。这其中参加机器学习竞赛是一个较好的渠道。

本章以一个简单的数据案例来进入机器学习项目的实战，在数据的预处理中包含了缺失值的处理、数据转换等，在特征提取中包含了变量特征可视化、变量关联性分析等，在建模训练中包含了数据集的划分、不同算法的建模训练、参数调优等，最终实现了对测试数据的预测。

以上内容既是对本书前面章节相关内容的概括总结，又通过一个完整的项目流程将相关内容串联起来，形成一个体系，让读者更好地理解机器

学习的原理与应用。但是机器学习本身以及实际问题的复杂性，仅仅依靠本章内容还不能涵盖所有内容。比如在机器学习项目实战中，对于样本量更大的数据集，需要使用 MySQL、MongoDB 等数据库来存储数据，这就涉及 Python 对相关数据库的操作，在数据预处理过程还有独热编码（One-Hot）、标准化、变量的对数化处理等内容，在算法上还有更多的算法，如集成的 bagging 回归、GDBT 回归等未涉及，此外还有特征工程的内容也没有具体介绍。

本章主要意义在于通过一个完整的机器学习项目，让大家有一个初步的印象与理解，在此基础上，剩下的就是不断地训练，不断地积累，像机器一样去学习，这也是我们自己需要努力的方向。